全国中医药行业高等教育“十二五”规划教材配套教学用书

无机化学学习精要

（第二版）

（供中药、药学类、制药工程等专业用）

主　编　吴巧凤（浙江中医药大学）
张师愚（天津中医药大学）
主　审　黄　莺（湖南中医药大学）
副主编　吴培云（安徽中医药大学）
李　伟（山东中医药大学）
杨　春（贵州理工学院）
卞金辉（成都中医药大学）
杨怀霞（河南中医药大学）
王　萍（湖北中医药大学）
杨　婕（江西中医药大学）
于智莘（长春中医药大学）

中国中医药出版社
·北　京·

图书在版编目（CIP）数据

无机化学学习精要/吴巧凤，张师愚主编. —2版. —北京：中国中医药出版社，2014.6（2016.7重印）
全国中医药行业高等教育“十二五”规划教材配套教学用书
ISBN 978-7-5132-1882-5

Ⅰ.①无… Ⅱ.①吴…②张… Ⅲ.①无机化学—中医院校—教学参考资料
Ⅳ.①O61

中国版本图书馆CIP数据核字（2014）第071699号

中国中医药出版社出版
北京市朝阳区北三环东路28号易亨大厦16层
邮政编码 100013
传真 010 64405750
河北省涿州市新华印刷有限公司印刷
各地新华书店经销
*
开本 850×1168 1/16 印张 20 字数 441千字
2014年6月第2版 2016年7月第3次印刷
书 号 ISBN 978-7-5132-1882-5
*
定价 39.00元
网址 www.cptcm.com

社长热线 010 64405720
购书热线 010 64065415 010 64065413
书店网址 csln.net/qksd/
官方微博 http://e.weibo.com/cptcm

全国中医药行业高等教育"十二五"规划教材

配套教学用书

《无机化学学习精要》编委会

主　编　吴巧凤（浙江中医药大学）
　　　　　张师愚（天津中医药大学）

主　审　黄　莺（湖南中医药大学）

副主编　吴培云（安徽中医药大学）
　　　　　李　伟（山东中医药大学）
　　　　　杨　春（贵州理工学院）
　　　　　卞金辉（成都中医药大学）
　　　　　杨怀霞（河南中医药大学）
　　　　　王　萍（湖北中医药大学）
　　　　　杨　婕（江西中医药大学）
　　　　　于智莘（长春中医药大学）

编　委（以姓氏笔画为序）
　　　　　于智莘（长春中医药大学）
　　　　　马鸿雁（成都中医药大学）
　　　　　王　萍（湖北中医药大学）
　　　　　卞金辉（成都中医药大学）
　　　　　冯晓琴（贵州理工学院）
　　　　　吕惠卿（浙江中医药大学）
　　　　　杨　春（贵州理工学院）
　　　　　杨　婕（江西中医药大学）
　　　　　杨怀霞（河南中医药大学）
　　　　　杨爱红（天津中医药大学）
　　　　　李　伟（山东中医药大学）
　　　　　吴巧凤（浙江中医药大学）
　　　　　吴品昌（辽宁中医药大学）
　　　　　吴培云（安徽中医药大学）
　　　　　邹淑君（黑龙江中医药大学）
　　　　　张　拴（陕西中医学院）
　　　　　张师愚（天津中医药大学）
　　　　　庞维荣（山西中医学院）
　　　　　徐　飞（南京中医药大学）
　　　　　黄　珍（成都中医药大学）
　　　　　梁　琨（上海中医药大学）
　　　　　戴　航（广西中医药大学）

再版说明

本书作为全国中医药行业高等教育“十二五”规划教材《无机化学》（供中药、药学类、制药工程等专业用）的配套教学用书，目的仍然是为培养和提高自主学习能力，帮助学生更好地学习无机化学课程。编写中仍然遵循为原教材服务，力争做到教师好教、学生易学的基本原则。

《无机化学学习精要》自2008年出版使用以来，受到教师和学生的众多好评，一些学校的教师和读者提出了不少好的建议，为此在综合多方面的意见和建议的基础上，对教材某些章节内容进行了修订。本书在保留上版《无机化学学习精要》优点的基础上修订完成，仍然保持了原来的教学大纲要求、重点内容、疑难解析、补充习题和补充习题参考答案五大部分。此外，对模拟试卷五进行了调整，并增加了模拟试题八至十六9套试题。更有利于读者掌握无机化学的基本要求、具体内容及提高应试能力。

本书既便于学生复习，又便于学生自测练习，其再版将对《无机化学》的教学起到有益的促进作用。

感谢各位读者所提的宝贵意见，本书虽有特点，但仍不完美，尚需在实践应用中不断地改进和完善，大家的建议将有利于我们编写工作。鉴于编者的水平和时间的缘故，难免存在不妥之处，恳请各位同仁提出宝贵意见，以便今后进一步修订提高。

《无机化学学习精要》编委会

2014年5月

原编写说明

无机化学是中药、药学等相关专业的专业基础课，也是后续三大化学（有机化学、分析化学、物理化学）及中药化学（或天然药物化学）的基础课。其内容主要包括四大化学平衡（酸碱平衡、沉淀平衡、氧化还原平衡、配位平衡）、两大结构理论（原子结构和分子结构）和元素化学。

在21世纪全面推进素质教育，培养高素质创新人才的形势下，根据教学时数不断减少，国家扩大招生规模，学生高中化学基础普遍降低的实际情况，在新世纪全国高等中医药院校规划教材《无机化学》全面启用之际，针对学生在学习中普遍反映课本内容多，抓不住重点，理解记忆困难，对所学知识实际运用能力差等问题，我们在总结多年来教学工作经验的基础上，并参考兄弟院校的多种相关教材，适时编写了《无机化学学习精要》一书，作为普通高等教育"十一五"国家级规划教材《无机化学》的配套教学用书。在编写过程中，力争为原教材服务，做到教师易教，学生易学。

本书共十三章，紧扣教学大纲，将教材中必须掌握的要点、重点及难点等核心内容提炼、浓缩，以类似教师授课板书和学生课堂笔记的新颖形式精心编排，旨在起一种复习作用；然后举出若干例题及其解答，作为解题示范；最后是试题部分。全部试题均附有参考答案（注意有的题目并非只有唯一的解答）以资参考，便于学生检验复习效果，对于问答题，仅给出答案要点。这些试题内容新颖、类型多样，注重考查学生对基本概念和基本理论的掌握情况。这种安排既便于学生复习，又便于学生自测练习，以期达到较好的效果。（注：在"教学大纲要求"项中"掌握""熟悉""了解"三个不同层次分别以"★""▲""●"符号表示。）

本书主要作为中医药院校无机化学的教学辅导用书或考研参考书，同时也可供高等院校相关专业学习无机化学或普通化学的一年级学生使用，还可供从事无机化学或普通化学教学工作的教师参考。

由于编者水平有限，时间仓促，难免存在错误、疏漏及不妥之处，恳请广大读者提出宝贵意见，以便再版时修订提高。

《无机化学学习精要》编委会

2008年6月

目　录

第一章 常用溶液浓度和非电解质稀溶液的依数性

一、教学大纲要求

★掌握质量摩尔浓度、物质的量浓度、摩尔分数的概念及计算。

●了解质量分数、体积分数、质量浓度的概念及计算。

▲熟悉浓度间的换算。

★掌握稀溶液依数性及其应用。

二、重点内容

（一）常用浓度的表示方法

1. 质量摩尔浓度

定义：**【溶液中溶质 B 的物质的量 n_B（以 mol 为单位）与溶剂 A 的质量 m_A（以 kg 为单位）之比，称为溶质 B 的质量摩尔浓度。】**质量摩尔浓度符号以 b_B 表示，即：

$$b_B=\frac{n_B}{m_A}$$

SI 单位为：$mol\cdot kg^{-1}$。

2. 物质的量浓度（简称浓度）

定义：**【溶液中溶质 B 的物质的量 n_B（以 mol 为单位）与溶液的体积 V（以 L 为单位）之比。】**物质的量浓度符号以 c_B 表示，即：

$$c_B=\frac{n_B}{V}$$

SI 单位用 $mol\cdot m^{-3}$，但 m^3 的单位太大，不适用，故常用单位为 $mol\cdot L^{-1}$。

在很稀的水溶液中，可近似认为 $c_B\approx b_B$。因水溶液很稀时，可忽略不计溶质的质量，水的密度可视为 $1kg\cdot L^{-1}$，则水的体积与水的质量相等。

3. 摩尔分数

定义：**【混合物中物质 B 的物质的量 n_B（以 mol 为单位）与混合物总物质的量 $n_{总}$（以 mol 为单位）之比，称为物质的摩尔分数。】**摩尔分数符号以 x_B 表示，即：

$$x_B=\frac{n_B}{n_{总}}$$

SI 单位为 1。显然，溶液中各物质的摩尔分数之和等于 1，即：$\sum_i x_i=1$

4. 质量分数

定义：**【溶质 B 的质量 m_B 与溶液的质量 m 之比称为溶质 B 的质量分数。】**质量分数符号以 ω_B 表示，即：

$$\omega_B=\frac{m_B}{m}$$

SI 单位为 1。质量分数 ω_B 用百分数表示，就是原来使用的质量百分比浓度。常附有密度，方便换算使用。

5. 体积分数

定义：**【在与混合气体相同温度和压强的条件下，混合气体中组分 B 单独占有的体积 V_B 与混合气体总体积 $V_总$ 之比，称为组分 B 的体积分数。】**体积分数符号以 φ_B 表示，即：

$$\varphi_B=\frac{V_B}{V_总}$$

SI 单位为 1。

6. 质量浓度

定义：**【溶质 B 的质量 m_B 与溶液的体积 V 之比。】**质量浓度符号以 ρ_B 表示，即：

$$\rho_B=\frac{m_B}{V}$$

SI 单位为 $kg\cdot m^{-3}$，常用单位为 $g\cdot L^{-1}$ 或 $g\cdot ml^{-1}$。

（二）稀溶液的依数性

非电解质稀溶液中，**【溶液的某些性质只取决于其所含溶质分子的数目，而与溶质的种类和本性无关，这些性质叫做依数性。】**稀溶液的依数性共有四种，分别是：溶液的蒸气压下降、沸点升高、凝固点降低、渗透压。

1. 溶液的蒸气压下降

一定温度下，水（或其他纯溶剂）的饱和蒸气压是一个定值。如果在水中加入少量难挥发的非电解质后，溶液的蒸气压会下降。其定量关系可用拉乌尔定律表示：**【在一定温度下，难挥发非电解质稀溶液的蒸气压下降值 Δp 和溶质的摩尔分数成正比，而与溶质本性无关。】**用公式表示为：

$$\Delta p=p_A^{\ominus}x_B$$

Δp 表示蒸气压下降值，$p_A^{\ominus}$表示纯溶剂 A 的蒸气压，x_B 为溶质 B 的摩尔分数。

拉乌尔定律也可表示为：**【在一定温度下，难挥发非电解质稀溶液的蒸气压下降，近似地与溶液的质量摩尔浓度成正比，与溶质的本性无关。】**用公式表示为：

$$\Delta p=Kb_B$$

式中 $K=p_A^{\ominus}\frac{M_A}{1000}$，$M_A$ 为溶剂的摩尔质量($g\cdot mol^{-1}$)。

2. 溶液的沸点升高和凝固点降低

溶液蒸气压的下降，导致溶液的沸点升高和溶液凝固点降低。因溶液蒸气压下降程度仅与溶液的浓度有关，因此溶液沸点的升高、凝固点降低程度也只与溶液的质量摩尔浓度成正比，而与溶质的性质无关。

根据拉乌尔定律，稀溶液的沸点升高数学近似表达式为：

$$\Delta T_b = K_b b_B$$

式中，ΔT_b 表示溶液沸点的升高值(K)，K_b 为溶剂的沸点升高常数($K \cdot mol^{-1} \cdot kg$)。

稀溶液的凝固点下降数学近似表达式为：

$$\Delta T_f = K_f b_B$$

式中，ΔT_f 表示溶液凝固点下降值(K)，K_f 为溶剂的凝固点下降常数($K \cdot mol^{-1} \cdot kg$)。

不同溶剂的 K_b 值和 K_f 值不同。有机溶剂的 K_b 值和 K_f 值一般都大于纯水的 K_b 值和 K_f 值。

3. 溶液的渗透压

允许溶剂分子通过而溶质分子不能通过的膜称为**半透膜**。例如：许多动植物的膜（如细胞膜、动物膀胱、肠衣、蛋衣、萝卜皮等），以及人造的火棉胶膜等。溶剂分子通过半透膜从纯溶剂或从稀溶液向较浓溶液单向扩散的现象称为**渗透**。阻止渗透作用进行所需施加的压力称为溶液的**渗透压**。

稀溶液渗透压与浓度、温度的关系，根据范特霍甫理论：**【理想稀释溶液的渗透压与溶液的浓度和温度的关系同理想气体方程式一致】**，其数学表达式为：

$$\pi V = nRT$$

$$\pi = c_B RT$$

对于极稀的溶液，$\boldsymbol{b_B \approx c_B}$。

上式中，π 为溶液的渗透压(kPa)，V 为溶液的体积(L)，n 是溶质的物质的量(mol)，R 是气体常数($8.314kPa \cdot L \cdot mol^{-1} \cdot K^{-1}$)，$T$ 是绝对温度(K)，c_B 是物质的量浓度($mol \cdot L^{-1}$)，b_B 是质量摩尔浓度 ($mol \cdot kg^{-1}$)。

从上面式子可以看出，**稀溶液的渗透压，在一定体积和一定温度下，与溶液中所含溶质的物质的量成正比，而与溶质的本性无关。**

（三）依数性的应用

1. 根据沸点上升与凝固点下降与浓度的关系可以测定溶质的相对分子质量。

溶液的凝固点降低在生产、科研方面应用广泛。例如：严寒的冬天，在汽车散热水箱中加入甘油或乙二醇等物质防止水结冰；用食盐和冰的混合物作冷冻剂，可获得－22.4℃的低温。

2. 人体的体液、血液、组织液等，都具有一定的渗透压。对人体进行静脉注射时，必须使用与人体体液渗透压相等的等渗溶液，如临床常用的0.9%的生理盐水和5%的葡萄糖溶液。否则将引起血球膨胀或萎缩而产生严重后果。如果土壤溶液的渗透压高于植物细胞液的渗透压，将导致植物枯死。在化学上可以利用渗透作用来分离溶液中的杂质。

3. 近年来，电渗析法和反渗透法的新技术引起了人们的关注，普遍应用于海水、咸水的淡化及净化废水等。

三、疑难辨析

(一)典型例题分析

1. 有关浓度的计算

【例 1-1】 10.00ml NaCl 饱和溶液的质量为12.003g，将其蒸干后得 3.173g，计算：(1) 溶液物质的量浓度；(2) 溶液的质量摩尔浓度；(3) 溶液中 NaCl 和水的摩尔分数。

解：(1) NaCl 溶液的物质的量浓度：$c_B=n_B/V$

$$n_B=\frac{3.173}{58.5}=0.0542\text{mol}$$

$$c_B=\frac{0.0542}{10\times10^{-3}}=5.42\text{mol}\cdot\text{L}^{-1}$$

(2) NaCl 溶液的质量摩尔浓度：$b_B=n_B/m_A$

$$m_A=m_{H_2O}=12.003-3.173=8.830\text{g}$$

$$b_B=\frac{0.0542}{8.830\times10^{-3}}=6.14\text{mol}\cdot\text{kg}^{-1}$$

(3) 溶液中 NaCl 和水的摩尔分数：$x_B=n_B/n_{总}$

$$n_{H_2O}=\frac{8.830}{18}=0.491\text{mol}$$

$$x_{NaCl}=\frac{0.0542}{0.0542+0.491}=0.099$$

$$x_{H_2O}=1-0.099=0.901$$

【解题思路】 关键是要掌握各种浓度的概念及表示方法，熟悉不同浓度之间的共同点和不同点。物质的量浓度、质量摩尔浓度、摩尔分数的共同点是溶质都用物质的量表示。不同点是物质的量浓度涉及溶液的体积，而温度改变将引起物质浓度数值上的改变，这对一些进行精确测量的实验和理论模型是不容许的，在这种情况下，常用质量摩尔浓度。质量摩尔浓度的溶剂是用质量表示，优点是不受温度影响，但称量液体很不方便。因此物质的量浓度和质量摩尔浓度常互相换算，有时需用溶液的密度。摩尔分数的表示方法较直观反映溶质或溶剂的比值。

【例 1-2】 将 60g 草酸晶体($H_2C_2O_4\cdot2H_2O$)溶于水中，使之成为体积 1L，密度为 $1.02\text{g}\cdot\text{ml}^{-1}$的草酸溶液，求溶液物质的量浓度和质量摩尔浓度。

解：(1) 求溶液物质的量浓度：

因为 $M_{H_2C_2O_4}=90\text{g}\cdot\text{mol}^{-1}$　　$M_{H_2C_2O_4\cdot2H_2O}=126\text{g}\cdot\text{mol}^{-1}$

所以 60g 草酸晶体中草酸的质量为：$\frac{60\text{g}\times90}{126}=42.9\text{g}$

$$c_B=\frac{m}{M\times V}=\frac{42.9}{90\times1}=0.477\text{mol}\cdot\text{L}^{-1}$$

(2) 求质量摩尔浓度：

溶剂的质量为：$1000\times1.02-42.9=1020-42.9=977.1\text{g}$

$b_B=42.9/(90\times977.1\times10^{-3})=0.488\text{mol}\cdot\text{kg}^{-1}$

【解题思路】 在含有结晶水的溶液中，溶质的质量必须除掉结晶水，否则浓度计算会出现错误。对于稀溶液，要求不严格时，可以近似地用物质的量浓度代替质量摩尔浓度。

【例 1-3】 现需 2.2L 浓度为 2.0mol·L^{-1}的盐酸，问：

(1) 应取多少毫升质量分数为 0.20，密度为 1.10g·ml^{-1}的盐酸来配制？

(2) 现已有 550ml 1.0mol·L^{-1} 的稀盐酸，应加多少毫升质量分数为 0.20 的盐酸来配制？

解：(1) 先将质量分数换算为物质的量浓度，再根据稀释公式：$c_1 \times v_1 = c_2 \times v_2$，"取浓配稀"：

$$c(\text{HCl}) = \frac{0.20 \times 1.10 \times 1000}{36.5} = 6.03\text{mol}\cdot\text{L}^{-1}$$

$$6.03 \times v = 2200 \times 2.0$$

$$v(\text{浓 HCl}) = 730\text{ml}$$

(2) 根据稀释原理：$c_1 \times v_1 + c_2 \times v_2 = c \times v$，用稀盐酸＋浓盐酸，配成中间浓度的盐酸：

$$1.0 \times 550 + 6.03 \times v_2 = 2.0 \times 2200$$

$$v_2 = 638.5\text{ml}$$

【解题思路】 质量分数是溶质的质量(g)与溶液的质量(g)之比，物质的量浓度是溶质的物质的量(mol)与溶液的体积(L)之比。两者换算必用密度(溶液 g/溶液 ml)，把溶液的质量(g)转变为用体积(ml)表示，进而求出 1L 溶液中溶质的物质的量。根据稀释定律，稀释前后溶液中溶质的量不变($c \times V$＝物质的量)；又根据稀释原理，溶液混合后，溶质的量等于混合前两溶液中溶质的量之和，进行稀释配制计算。

2. 有关稀溶液依数性的计算

【例 1-4】 计算 5.0％的蔗糖($C_{12}H_{22}O_{11}$)水溶液与 5.0％的葡萄糖($C_6H_{12}O_6$)水溶液的沸点。

(其中水的 K_b＝0.52K·kg·mol^{-1})

解：①蔗糖的 $b_B = \frac{n_B}{m_A} = \frac{5.0}{342 \times 0.095} = 0.15\text{mol}\cdot\text{kg}^{-1}$

蔗糖溶液沸点上升：$\Delta T_b = K_b b_B = 0.52 \times 0.15 = 0.078\text{K}$

蔗糖溶液沸点为：373.15＋0.078＝373.23K

②葡萄糖的 $b_B = \frac{n_B}{m_A} = \frac{5.0}{180 \times 0.095} = 0.29\text{mol}\cdot\text{kg}^{-1}$

葡萄糖溶液沸点上升：$\Delta T_b = K_b b_B = 0.52 \times 0.29 = 0.15\text{K}$

葡萄糖溶液沸点为：373.15＋0.15＝373.30K。

【解题思路】 稀溶液依数性的计算公式是解本题的关键，稀溶液的沸点升高与溶液的质量摩尔浓度成正比，定量关系表示为：$\Delta T_b = K_b b_B$。其次，把质量分数换算为质量摩尔浓度(溶质 n/溶剂 kg)。

【例 1-5】 将 5.50g 某纯净试样溶于 250g 苯中，测得该溶液的凝固点为 4.51℃，求该试样的相对分子质量。(纯苯的凝固点 5.53℃，K_f＝5.12K·kg·mol^{-1})

解：设该试样的摩尔质量为 M

$$\Delta T_f = K_f b_B = 5.12 \times 5.50/(M \times 0.250)$$

$$\therefore M = \frac{5.12 \times 5.50}{(5.53-4.51) \times 0.250} = 110.43\text{g} \cdot \text{mol}^{-1}$$

【解题思路】 稀溶液的凝固点下降与溶液的质量摩尔浓度成正比，定量关系表示为：$\Delta T_b = K_b b_B$。

溶液凝固点下降值 ΔT_b = 纯苯的凝固点－溶液的凝固点。依据质量摩尔浓度含义(1kg溶剂中含溶质的物质的量)求出纯净试样的相对分子质量。

【例 1-6】 下列物质的水溶液浓度均为 $0.01\text{mol} \cdot \text{L}^{-1}$，凝固点最高的是（　　），渗透压最大的是（　　）：

A. Na_2SO_4　　B. CH_3COOH　　C. $C_6H_{12}O_6$　　D. NaCl

答：凝固点最高的是 C，渗透压最大的是 A。

【解题思路】 稀溶液通性的计算公式不适用于浓溶液和电解质溶液，但可以根据单位体积的溶液中溶质的微粒数的多少来定量地判断溶液的凝固点的高低和渗透压的大小。单位体积内的微粒数则根据溶液的浓度和溶质的解离情况而定，相同浓度的溶液中电解质的粒子数最多，弱电解质其次，非电解质最少。$C_6H_{12}O_6$ 为非电解质，分子量最大，所以在溶液中的粒子数最少，故凝固点最高。Na_2SO_4 是强电解质，在溶液中的粒子数最多，所以渗透压最大。

（二）考点分析

【例 1-7】 是非题

（1）在一定温度下，将相同质量的葡萄糖和蔗糖溶于相同体积的水中，则两溶液的沸点升高值和凝固点下降值相同。

答：错。

考点：据公式：$\Delta T_b = K_b b_B$，$\Delta T_f = K_f b_B$。葡萄糖和蔗糖的摩尔质量不同，相同质量溶于相同体积的水中，所得质量摩尔浓度(b_B)不同。且大多数溶剂的 K_f 大于 K_b，所以测得两溶液的沸点升高值和凝固点下降值不相同。

（2）雪地里洒些盐，雪就融化的现象可用渗透压的差别来解释。

答：错。

考点：雪融化是因为在雪地里洒些盐相当于在溶剂中加入电解质，溶液的凝固点下降的缘故，而非渗透压的差别。

【例 1-8】选择题

（1）$0.01\text{mol} \cdot \text{L}^{-1}$蔗糖水溶液 100℃时的蒸气压为（　　）：

A. 101.3kPa　B. 10.1kPa　C. 略低于 101.3kPa　D. 略高于 101.3kPa

答：C。

考点：溶液的蒸气压下降是非电解质稀溶液依数性之一。100℃时水的蒸气压正好等于101.3kPa。如果在水中加入少量难挥发的非电解质后，溶液的蒸气压会下降。则 $0.01\text{mol} \cdot \text{L}^{-1}$蔗糖水溶液在 100℃时蒸气压会下降，略低于 101.3kPa。

(2) 在一定温度下，甲醛（CH_2O）溶液和葡萄糖（$C_6H_{12}O_6$）溶液渗透压相等，同体积甲醛和葡萄糖两种溶液中，所含甲醛和葡萄糖质量之比是（ ）：

A. 6∶1　　B. 1∶6　　C. 1∶1　　D. 1∶2

答：B。

考点：根据稀溶液渗透压与浓度、温度的关系：$\pi=cRT$，在一定温度下，非电解质稀溶液的渗透压相等，即所含物质的量（mol）相等。所以同体积的甲醛和葡萄糖两种溶液质量之比即分子量之比。

【例 1-9】 填空题

(1) 非电解质稀溶液的蒸气压下降、沸点上升、凝固点下降和渗透压均与一定量的溶剂中所含溶质的__________成正比，与__________无关。溶液的凝固点下降和沸点升高的根本原因是__________。

答：质量摩尔浓度；溶质的本性；溶液的蒸气压下降。

考点：非电解质稀溶液的依数性包括溶液的蒸气压下降、沸点升高、凝固点降低和渗透压，依数性的本质是蒸气压下降。

(2) 在严寒的季节里为了防止仪器中的水结冰，可加入甘油降低凝固点，若需将冰点降低 3.00K，每 100g 水中加入甘油__________g。（$M_{甘油}=92.09g\cdot mol^{-1}$，水的 $K_f=1.86K\cdot kg\cdot mol^{-1}$）

解：根据稀溶液凝固点降低的计算公式：$\Delta T_f=K_f b_B$

$$b_B=\Delta T_f/K_f=3.00/1.86=1.61mol\cdot kg^{-1}$$

$$因：b_B=\frac{n_B}{m_A}=\frac{m_B/M}{m_A}，\therefore m_B=b_B\times m_A\times M$$

$$m_B=1.61\times0.1\times92.09=14.8g。$$

考点：稀溶液凝固点降低的计算公式。

【例 1-10】 计算题

1. 临床上用的葡萄糖($C_6H_{12}O_6$)注射液是血液的等渗溶液，葡萄糖注射液的凝固点降低值为 0.543K(水的 $K_f=1.86K\cdot kg\cdot mol^{-1}$，葡萄糖的摩尔质量为 $180g\cdot mol^{-1}$)，求：

(1) 葡萄糖溶液的质量分数。

(2) 体温 310K（37℃）时，血液的渗透压。

解：(1) $\Delta T_f=K_f b_B$

$$b_B=\Delta T_f/K_f=0.543/1.86=0.292mol\cdot kg^{-1}$$

设溶剂质量为 1kg

$$\omega=\frac{m_B}{m}=\frac{0.292\times1\times180}{0.292\times1\times180+1000g}=0.0499$$

(2) $\pi=cRT=0.292\times8.314\times310=753kPa$

考点：稀溶液凝固点降低、质量分数、渗透压的计算公式。

2. 1,2-亚乙基二醇 $CH_2(OH)CH_2(OH)$是一种常用的汽车防冻剂，它溶于水并完全是非挥发性的(1,2-亚乙基二醇的摩尔质量为 $62.01g\cdot mol^{-1}$，水的 $K_f=1.86K\cdot kg\cdot mol^{-1}$，

$K_b=0.512K\cdot kg\cdot mol^{-1}$)，计算：

(1) 在2505g水中溶解651g该物质的溶液的凝固点？

(2) 夏天能否将它用于汽车散热器中？

解：(1) 溶液的质量摩尔浓度：$b_B=\frac{651}{62.01\times2.505}=4.19mol\cdot kg^{-1}$

凝固点降低值：$\Delta T_f=K_f b_B=1.86\times4.19=7.79K$

∵ 纯水的凝固点是273K，

∴ 该物质溶液的凝固点：$T_f=273-7.79=265.21K$

(2) 溶液的沸点升高：$\Delta T_b=K_b b_B=0.512\times4.19=2.14K$

纯水的沸点为373K，溶液的沸点为373+2.2=375.2K

此溶液在375.2K沸腾，所以夏天能用于汽车散热器中防止溶液沸腾。

考点：稀溶液凝固点降低、沸点升高的计算公式。

四、补充习题

(一) 是非题

1. 质量摩尔浓度是指溶液中溶质的物质的量除以溶液的质量。(　　)

2. 溶液中溶质的物质的量除以溶剂的体积称为物质的量浓度。(　　)

3. 同温度同体积的两杯蔗糖溶液，浓度分别为$1mol\cdot L^{-1}$和$1mol\cdot kg^{-1}$，则溶液中的蔗糖含量应是浓度为$1mol\cdot L^{-1}$的较多。(　　)

4. 质量相等的阻冻剂乙醇、甘油、葡萄糖，效果相同。(　　)

5. 任何两种溶液用半透膜隔开，都有渗透现象发生。(　　)

6. 稀溶液的依数性源于蒸气压降低。(　　)

7. 在冬天抢修土建工程时，常用掺盐水泥沙浆，是因为盐可使水的凝固点降低。(　　)

8. 因为溶入溶质，所以溶液的沸点一定高于纯溶剂的沸点。(　　)

9. 凝固点下降常数K_f的数值主要取决于溶液的浓度。(　　)

10. 0.1mol食盐和0.1mol葡萄糖分别溶解在1kg水中，在101.3kPa压力下，两溶液的沸点都高于100℃，但葡萄糖水比食盐水要低。(　　)

(二) 选择题

1. 单选题

(1) 硫酸瓶上的标记是：H_2SO_4 80%(质量分数)，密度$1.727g\cdot ml^{-1}$，摩尔质量$98.0g\cdot mol^{-1}$，则该酸的物质的量浓度($mol\cdot L^{-1}$)是(　　)

A. 10.2　　B. 14.1　　C. 15.6　　D. 16.8

(2) 将100ml $0.90mol\cdot L^{-1}$的KNO_3溶液与300ml $0.10mol\cdot L^{-1}$的KNO_3溶液混合，所制得的KNO_3溶液的浓度为(　　)

A. $0.50mol\cdot L^{-1}$　　B. $0.40mol\cdot L^{-1}$

C. $0.30mol\cdot L^{-1}$　　D. $0.20mol\cdot L^{-1}$

(3) 用$0.40mol\cdot L^{-1}$的KCl溶液100ml配制$0.50mol\cdot L^{-1}$的KCl溶液(已知KCl的摩尔

质量为 74.6g·mol^{-1}，假定加入溶质后溶液的体积不变)，下列操作正确的是（　）

A. 加入 0.10mol KCl　　B. 加入 20ml H_2O

C. 加入 0.75g KCl　　D. 蒸发掉 10mol H_2O

(4) 某难挥发非电解质 10.4g 溶于 250g 水中，该溶液的沸点为 100.78℃，则该溶质的摩尔质量为(已知水的 K_b＝0.512K·kg·mol^{-1})（　）

A. 27　　B. 35　　C. 41　　D. 55

(5) 下列混合物中，可以制成温度最低的制冷剂体系是（　）

A. 水＋甘油　　B. 水＋食盐　　C. 水＋冰　　D. 冰＋氯化钙

(6) 下列溶液中，凝固点最低的是（　）

A. 0.01mol·kg^{-1} Na_2SO_4　　B. 0.02mol·kg^{-1} NaAc

C. 0.02mol·kg^{-1} HAc　　D. 0.03mol·kg^{-1}尿素溶液

(7) 下列四种水溶液渗透压较高的是（　）

A. 质量分数为 5%的葡萄糖　　B. 质量摩尔浓度为 0.15mol·kg^{-1}的蔗糖

C. 0.5mol·L^{-1}的 NaCl　　D. 0.5mol·L^{-1}的 $CaCl_2$

(8) 设某不合格生理盐水的浓度远高于药典规定，此生理盐水注入血管后将导致（　）

A. 血红细胞中部分水渗出细胞　　B. 血液中部分水渗入血红细胞内

C. 内外均有渗透但相等　　D. 相互之间没有关联

(9) 某尿素水溶液的凝固点是－0.372℃，则该溶液的质量摩尔浓度为（　）

(已知水的 K_f＝1.86K·kg·mol^{-1})

A. 0.100mol·kg^{-1}　　B. 0.150mol·kg^{-1}

C. 0.200mol·kg^{-1}　　D. 0.250mol·kg^{-1}

(10) 5.0g 某聚合物溶于 400ml 水中，20℃时的渗透压为 100Pa，则该聚合物的摩尔质量为（　）

A. 4.0×10^6　　B. 3.0×10^5　　C. 2.1×10^4　　D. 6.0×10^2

2. 多选题

(1) 下列有关稀溶液依数性的叙述不正确的是（　）

A. 非电解质的稀溶液不一定都遵守依数性规律

B. 稀溶液的某些性质只决定于溶质的粒子数而与溶质的本性无关

C. 稀溶液的依数性是因为溶液的部分表面被难挥发的溶质粒子占据，在单位时间内逸出液面的溶剂分子数减少，引起蒸气压降低

D. 遵守依数性规律的性质有：蒸气压下降、沸点升高和凝固点降低

(2) 下列现象，是因为溶液的渗透压不相等而引起的是（　）

A. 用 9g·L^{-1}的生理食盐水对人体输液补充病人的血容量

B. 用淡水饲养海鱼，易引起死亡

C. 用食盐腌制蔬菜，是蔬菜储藏的一种办法

D. 施肥时兑水过少会“烧死”作物

(3) 下列几种溶液中，蒸气压相等的是（　）

A. $1mol\cdot kg^{-1}$ NaCl　　B. $1mol\cdot kg^{-1}$ HAc

C. $1mol\cdot kg^{-1}$ NH_3H_2O　　D. $1mol\cdot kg^{-1}$ HCOOH

(4) 同温同浓度的下列水溶液中，使溶液沸点升高最多的溶质是（　）

A. $Al_2(SO_4)_3$　　B. $Ba(NO_3)_2$

C. $Ca_3(PO_4)_2$　　D. K_2SO_4

(5) 下列溶液中，凝固点一样的是（　）

A. $0.01mol\cdot kg^{-1}$ Na_2SO_4　　B. $0.03mol\cdot kg^{-1}$ 尿素

C. $0.015mol\cdot kg^{-1}$ HAc　　D. $0.015mol\cdot kg^{-1}$ NaAc

(6) 与0.9%的NaCl(摩尔质量为 $58.5g\cdot mol^{-1}$) 溶液产生的渗透压相等的是（　）

A. $0.15mol\cdot L^{-1}$ 的蔗糖溶液　　B. 0.9%的KCl溶液

C. $0.30mol\cdot L^{-1}$ 葡萄糖溶液　　D. $0.15mol\cdot L^{-1}$ 的 $NaHCO_3$ 溶液

(三) 填空题

1. 将0.845g NaCl(摩尔质量为 $58.5g\cdot mol^{-1}$) 溶于435g水中，溶液的质量摩尔浓度是________。

2. 若萘($C_{10}H_8$)的苯(C_6H_6)溶液中，萘的摩尔分数为0.100，则该溶液的质量摩尔浓度为________。(原子量:C 12,H 1)

3. 向15ml浓度为 $6.0mol\cdot L^{-1}$ 的 HNO_3 溶液中加水10ml，则溶液的浓度变为________ $mol\cdot L^{-1}$。

4. 一瓶 HNO_3 溶液的标签上写有"HNO_3 分子量63.0，密度 $1.42g\cdot ml^{-1}$，质量分数0.70"，其物质的量浓度为________ $mol\cdot L^{-1}$。

5. ①把一块冰放在0℃的纯水中。②另一块冰放在0℃的盐水中。发生的现象是________。

6. 今有葡萄糖($C_6H_{12}O_6$)、蔗糖($C_{12}H_{22}O_{11}$)和氯化钠三种溶液，它们的质量分数都是1%，三者渗透压的大小为：________________。

7. 将6.89g某难挥发非电解质溶于100g水中，测得该溶液的沸点为100.275℃，则溶质的摩尔质量为________________。(水的 $K_b=0.512K\cdot kg\cdot mol^{-1}$)

8. 在30℃时纯水的蒸气压为4243Pa。含有1000g水和3.00mol的葡萄糖溶液，在30℃时的蒸气压为________Pa。($M_{H_2O}=18.0$)

9. 若37℃时人眼睛的渗透压为770kPa，则所用眼药水的总浓度(假定溶质全是非电解质)应为________________ $mol\cdot L^{-1}$。

10. 难挥发物质的水溶液，在不断沸腾时，它的沸点________；在冷却时，它的凝固点________。(填升高、下降或不变)

(四) 简答题

1. 乙二醇的沸点是197.9℃，乙醇的沸点是78.3℃，用作汽车散热器水箱中的防冻剂，哪一种物质较好？简述理由。

2. 把相同质量的葡萄糖和甘油分别溶于100g水中，所得溶液的沸点、凝固点、蒸气压和渗透压是否相同？为什么？如果把相同物质的量的葡萄糖和甘油分别溶于100g水中，结果又怎样？试简要解释之。

3. 稀溶液的沸点是否一定比纯溶剂高？为什么？

4. 盐碱地的农作物长势不良，甚至枯萎，施了太浓的肥料，作物也会被“烧死”，试作出解释。

5. 北方冬天吃梨前，先将冻梨放入凉水中浸泡一段时间，发现冻梨表面结了一层冰，则知道梨里边已解冻了。试解释这一现象。

（五）计算题

1. 下列几种商品溶液都是常用试剂，试计算它们的物质的量浓度、质量摩尔浓度和摩尔分数：

(1) 浓盐酸　含 HCl 37%(质量分数,下同)，密度 $1.19g\cdot ml^{-1}$。

(2) 浓硫酸　含 H_2SO_4 98%，密度 $1.84g\cdot ml^{-1}$。

(3) 浓硝酸　含 HNO_3 70%，密度 $1.42g\cdot ml^{-1}$。

(4) 浓氨水　含 NH_3 28%，密度 $0.90g\cdot ml^{-1}$。

2. 实验室需要 $4.0mol\cdot L^{-1}$ 的 H_2SO_4 溶液 1.0L，若已有 300ml 密度为 $1.07g\cdot ml^{-1}$ 的 10%的 H_2SO_4 溶液，应加入多少毫升密度为 $1.82g\cdot ml^{-1}$ 的 90%的 H_2SO_4，然后稀释至 1.0L。

3. 为防止 1L 水在 −10℃凝结，问需要向其中加入多少克甲醛？

4. 烟草的有害成分尼古丁的实验式为 C_5H_7N，今有 0.60g 尼古丁溶于 12.0g 水中，所得溶液在 101kPa 下的沸点是 373.158K，求尼古丁的相对分子质量。（水的 $K_b = 0.512K\cdot kg\cdot mol^{-1}$）

5. 取 0.749g 的谷氨酸溶于 50.0g 水，测得凝固点为 −0.188℃，求谷氨酸的摩尔质量。

6. 25℃海水的平均渗透压约为 3.04×10^6Pa，计算一个与海水等渗的尿素 (NH_2CONH_2) 溶液的浓度？

7. 将 35.0g 血红蛋白(Hb)溶于足量水中配成 1L 溶液，若此溶液在 298K 的渗透压是 1.33kPa，计算 Hb 的摩尔质量。

五、补充习题参考答案

（一）是非题

1. ×　2. ×　3. √　4. ×　5. ×　6. √　7. √　8. ×　9. ×　10. √

（二）选择题

1. 单选题

(1) B　(2) C　(3) C　(4) A　(5) D

(6) B　(7) D　(8) A　(9) C　(10) B

2. 多选题

(1) A、D　(2) B、C、D　(3) B、C　(4) A、C　(5) A、B、D　(6) C、D

（三）填空题

1. $0.0332mol\cdot kg^{-1}$　2. $1.42mol\cdot kg^{-1}$　3. 3.6　4. 15.8　5. ①冰不溶；②冰溶解

6. 渗透压：氯化钠＞葡萄糖＞蔗糖 7. $128g\cdot mol^{-1}$ 8. 4026 9. 0.299 10. 升高；下降

（四）简答题

1. **答**：用乙二醇较好。因为沸点高，难挥发。

2. **答**：葡萄糖和甘油溶液的沸点、凝固点、蒸气压和渗透压不相同。因为它们的摩尔质量不同，所得溶液的质量摩尔浓度不同。相同物质的量的葡萄糖和甘油分别溶于100g水中，两溶液的质量摩尔浓度相同，所得溶液的沸点、凝固点、蒸气压和渗透压相同。

3. **答**：不一定。当溶质的挥发性比纯溶剂大时（如水中加入乙醇），则溶液的蒸气压比纯溶剂高，溶液的沸点比纯溶剂低。

4. **答**：因为土壤溶液的渗透压或肥料的渗透压高于植物细胞液的渗透压，都将导致植物枯死。

5. **答**：因为梨内是糖水溶液，由于冰点下降，梨内温度低于零度。冻梨在凉水中浸泡，会从凉水中吸热，使梨表面的水失热而结冰，但内部因吸热而解冻。

（五）计算题

1. （1）$c_{HCl}=12.06mol\cdot L^{-1}$； $b_{HCl}=16.09mol\cdot kg^{-1}$； $x_{HCl}=0.23$； $x_{H_2O}=0.77$

（2）$c_{H_2SO_4}=18.4mol\cdot L^{-1}$； $b_{H_2SO_4}=500mol\cdot kg^{-1}$； $x_{H_2SO_4}=0.90$； $x_{H_2O}=0.10$

（3）$c_{HNO_3}=15.78mol\cdot L^{-1}$； $b_{HNO_3}=37.04mol\cdot kg^{-1}$； $x_{HNO_3}=0.40$； $x_{H_2O}=0.60$

（4）$c_{NH_3}=14.82mol\cdot L^{-1}$； $b_{NH_3}=22.88mol\cdot kg^{-1}$； $x_{NH_3}=0.29$； $x_{H_2O}=0.71$

2. 约220ml

3. 161.3g

4. 162.0

5. $148g\cdot mol^{-1}$

6. $1.23mol\cdot L^{-1}$

7. $6.52\times10^4 g\cdot mol^{-1}$

第二章 化学热力学基础

一、教学大纲要求

★掌握热力学第一定律及数学表达式。

★掌握标准状态下化学反应的摩尔吉布斯自由能变的计算。

▲熟悉热力学的一些基本概念。

▲熟悉焓的概念。

●了解反应的摩尔热力学能变和摩尔焓变及 Hess 定律。

●了解熵变和吉布斯自由能变与化学反应方向的关系。

二、重点内容

(一) 热力学第一定律

1. 热力学的一些基本概念

(1) 体系和环境

人们把热力学研究的对象称为体系，而体系以外与体系密切相关的部分则称为环境。

根据体系和环境之间能量和物质交换的不同情况，体系可分为三种：

敞开体系：体系和环境之间既有物质交换，又有能量交换。

封闭体系：体系和环境之间只有能量交换，无物质交换。

孤立体系：体系和环境之间既无物质交换，也无能量交换，是一种理想体系。

(2) 状态和状态函数

体系的状态是指体系所处的状况，是体系物理、化学性质的综合表现。用来描述体系状态的物理量称为状态函数。

状态函数的最重要特点是它的数值仅仅取决于体系的状态，当体系状态发生变化时，状态函数的数值随之改变。但状态函数的改变值(增量)只取决于体系的始态和终态，与体系变化过程所经历的途径无关。

热力学中用来描述体系状态的宏观性质可分为广度性质和强度性质两大类。广度性质也称容量性质，其数值与体系中物质的量成正比，具有简单加和性，如体积、质量、焓、熵等。强度性质也称强度量，其数值仅取决于体系的特性而与体系所含物质的量无关，不具有简单加和性，如温度、压力、浓度等。

(3) 过程和途径

在一定环境条件下，体系由始态到终态的变化经过称为过程。如过程中体系温度不变，或始态、终态温度相同而中间可以有波动并等于环境温度的过程称为等温过程；过程中体系压力不变，或始态、终态压力相同而中间可以有波动并等于环境压力的过程称为等压过程；体系的始态和终态的体积相等的过程，称为等容过程；体系从某一状态出发，经过一系列变化后又回到原来状态即始态和终态相同的过程称为循环过程。

所谓途径是指体系由始态到终态变化所经历的具体路线或步骤。

(4) 热和功

热和功是热力学体系状态发生变化时与环境之间的两种能量交换形式。

体系与环境之间由于温度差存在而使体系和环境间传递的能量称为热量，简称为热，用符号“Q”表示。体系从环境吸收热量为正值，$Q>0$；体系放热给环境时为负值，$Q<0$。

除热传递以外体系和环境之间交换的其他各种形式的能量称为功，用符号“W”表示。体系对环境作功为正值，$W>0$；环境对体系作功为负值，$W<0$。

由于体系体积变化而与环境交换的功称体积功；除体积功以外的所有其他功称为非体积功 W_f。

2. 热力学第一定律

(1) 热力学能

热力学体系内部各种形式能量的总和称为热力学能 U，是体系的状态函数。

(2) 热力学第一定律的数学表达式

热力学第一定律(能量守恒定律)的主要内容是：自然界中一切物质都具有能量，能量可以在体系和环境之间传递，或从一种形式转变为另一种形式，但其总量不变。数学表达式为 $\Delta U=U_2-U_1=Q-W$。

式中 U_1、U_2 分别为体系始态和终态的热力学能。

注意：以上三项的单位必须一致，若单位不同时，须将它们换算后再计算。

3. 焓

焓，用“H”表示，即：

$$H=U+pV$$

U、p、V 都是状态函数，故焓也是状态函数。当体系处于一定状态时，焓 H 有完全确定值。体系发生变化时，ΔH 仅取决于体系的始态和终态，而与变化的途径无关。

(二) 热化学

1. 反应进度

反应进度表示化学反应进行的程度，常用符号“ξ”（音克赛）表示。

$$\xi=\frac{n_B-n_{B(0)}}{\nu_B}=\frac{\Delta n_B}{\nu_B}$$

对任一化学反应

$$0=\sum_B \nu_B B$$

式中 B——各种反应物或产物；

$n_{B(0)}$——反应初始状态、反应进度 $\xi=0$ 时 B 的物质的量；

n_B——反应在某一状态 t 时刻，反应进度为 ξ 时 B 的物质的量；

ν_B——反应物和产物的化学计量系数，其中反应物的 $\nu_B<0$，产物的 $\nu_B>0$。

2. 反应的摩尔热力学能变和摩尔焓变

各物质按化学反应计量方程式发生了一个摩尔反应时反应的热力学能改变和焓的改变分别称为反应的摩尔热力学能变 $\Delta_r U_m$ 和摩尔焓变 $\Delta_r H_m$，单位为 $J \cdot mol^{-1}$ 或 $kJ \cdot mol^{-1}$。

即
$$\Delta_r U_m = \frac{\Delta_r U}{\Delta \xi}$$
$$\Delta_r H_m = \frac{\Delta_r H}{\Delta \xi}$$

3. 热化学方程式

表示化学反应与热效应关系的化学反应计量式称为热化学方程式。

4. Hess 定律

一个化学反应在不做其他功和处于恒压或恒容的情况下，不论该反应是一步完成或是分几步完成，其热效应总值相同。即反应的热效应取决于反应的始态和终态，与变化的途径无关。Hess 定律的热力学依据是 $Q_V = \Delta_r U$ 和 $Q_p = \Delta_r H$ 两个关系式。热虽是一种途径函数，但与状态函数增量 ΔH 和 ΔU 相等，因此他们的数值只取决于反应的始态和终态，与途径无关，即具有状态函数增量的性质。

5. 标准摩尔生成焓和标准摩尔燃烧焓

在一定温度和标准状态(100kPa)下，由元素的最稳定单质化合生成 1mol 化合物的反应焓变称为该物质的标准摩尔生成焓或标准摩尔生成热，用符号 $\Delta_f H_m^{\ominus}$ 表示。若温度不是 298K，需要注明温度，单位为 $kJ \cdot mol^{-1}$ 或 $J \cdot mol^{-1}$。

在一定温度和标准状态下，1mol 有机物质完全燃烧时的焓变称为该物质的标准摩尔燃烧焓或标准摩尔燃烧热，用符号 $\Delta_c H_m^{\ominus}$ 表示，单位为 $kJ \cdot mol^{-1}$ 或 $J \cdot mol^{-1}$。所谓完全燃烧或完全氧化是指被燃烧的物质变成最稳定单质，如化合物中的 C、H、S、N 等元素分别氧化为 $CO_2(g)$，$H_2O(l)$，$SO_2(g)$，$N_2(g)$。规定这些产物的燃烧焓为零。

(三) 化学反应的方向

1. 熵变与化学反应的方向

体系的混乱度是指一定宏观状态下，体系可能出现的微观状态数目，是体系或物质的一个重要属性，由其状态所决定。

定量描述体系的混乱度即熵，符号为“S”，单位是 $J \cdot K^{-1}$。熵也是状态函数，体系的混乱度越大，熵值就越大。0K 时纯物质的完美晶体熵值为零。

1mol 纯物质在热力学标准态下的规定熵，称为该物质的标准熵，用符号 $S_m^{\ominus}$ 表示。单位为 $J \cdot mol^{-1} \cdot K^{-1}$ 或 $kJ \cdot mol^{-1} \cdot K^{-1}$。

影响体系熵值的主要因素：

(1) 熵与体系的温度和压力有关。同一种物质熵值随温度升高而增大。压力对固态、液态物质的熵值影响较小，而压力对气态物质的熵值影响较大，压力增大，微粒被限制在较小体积内运动，熵值减小。

(2) 熵与物质的聚集状态有关。对同一种物质，气态的熵值 $S_m^{\ominus}$ 总是大于其液态的 $S_m^{\ominus}$，液态的 $S_m^{\ominus}$ 大于其固态的 $S_m^{\ominus}$。

(3) 熵与物质的结构和摩尔质量有关。相同聚集状态，分子结构相似的同类型物质，摩尔质量 M 越大，$S_m^\ominus$ 值越大；当物质的摩尔质量相近时，分子结构复杂的分子其熵值大于简单分子；当分子结构相似且摩尔质量相近时，熵值相近。

2. 吉布斯自由能变与化学反应的方向

吉布斯自由能或吉布斯函数 G 定义为

$$G=H-TS$$

H、S 和 T 均为状态函数，故 G 也是状态函数。

在恒温、恒压和不做非体积功的条件下，吉布斯自由能变 ΔG 为

$$\Delta G=G_2-G_1=\Delta H-T\Delta S$$

ΔG 可以作为判断化学反应能否自发进行的判据，即

$\Delta G<0$　自发进行

$\Delta G=0$　平衡状态

$\Delta G>0$　不能自发进行，或逆向自发进行

(四) 化学反应的摩尔吉布斯自由能变的计算

1. 标准状态下化学反应的摩尔吉布斯自由能变的计算

在一定温度和标准状态下，由最稳定单质生成 1mol 化合物的吉布斯自由能变，称为该化合物的标准摩尔生成吉布斯自由能变，简称标准生成自由能变，用符号"$\Delta_f G_m^\ominus$"表示，单位是 $kJ \cdot mol^{-1}$。

(1) 利用标准摩尔生成吉布斯自由能变计算

$$\Delta_r G_m^\ominus=\sum_B \nu_B \Delta_f G_m^\ominus\text{（生成物）}-\sum_B \nu_B \Delta_f G_m^\ominus\text{（反应物）}$$

(2) 利用反应的标准摩尔焓变和标准摩尔熵变计算

$$\Delta_r G_m^\ominus=\Delta_r H_m^\ominus-T\Delta_r S_m^\ominus$$

一般情况下化学反应的 $\Delta_r H_m$ 和 $\Delta_r S_m$ 随温度变化不明显。

$$\Delta_r H_m^\ominus(T)\approx\Delta_r H_m^\ominus(298K)$$

$$\Delta_r S_m^\ominus(T)\approx\Delta_r S_m^\ominus(298K)$$

所以当反应不在 298.15K 时，$\Delta_r G_m^\ominus(T)\approx\Delta_r H_m^\ominus(298K)-T\Delta_r S_m^\ominus(298K)$

2. 非标准状态下化学反应的摩尔吉布斯自由能变的计算

$$\Delta_r G_m=\Delta_r G_m^\ominus+RT\ln J$$

式中　$\Delta_r G_m$——非标准状态下化学反应的摩尔生成吉布斯自由能变；

$\Delta_r G_m^\ominus$——该反应的准状态摩尔生成吉布斯自由能变；

R——理想气体常数；

T——热力学温度；

J——反应商。

$$\text{溶液反应 } J=\frac{(c_D/c^\ominus)^d(c_E/c^\ominus)^e}{(c_A/c^\ominus)^a(c_B/c^\ominus)^b}$$

$$\text{气体反应 } J=\frac{(p_D/p^\ominus)^d(p_E/p^\ominus)^e}{(p_A/p^\ominus)^a(p_B/p^\ominus)^b}$$

三、疑难辨析

（一）典型例题分析

【例 2-1】 某理想气体在恒定外压 100kPa 下吸热膨胀，体积从 20.0dm^3 膨胀到 50.0dm^3，同时向环境吸收 30kJ 的热量，试计算体系内能的变化。

解： 已知 $Q=30kJ$

根据热力学第一定律得

$$\Delta U=Q-W=Q-p\Delta V=30-100\times(50-20)\times10^{-3}=27kJ$$

【解题思路】 解题关键在于能熟练运用热力学第一定律。

【例 2-2】 利用热力学数据计算 $4NH_3(g)+5O_2(g)=4NO(g)+6H_2O$ 反应在标准状态、298.15K 下的 $\Delta_r S^{\ominus}$、$\Delta_r H_m^{\ominus}$（T）、$\Delta_r G_m^{\ominus}$，并判断反应自发方向。

解： 查表 $4NH_3(g) + 5O_2(g) = 4NO(g) + 6H_2O(l)$

	$4NH_3(g)$	$5O_2(g)$	$4NO(g)$	$6H_2O(l)$	
$S_m^{\ominus}$	192.45	205.138	210.761	188.825	$J\cdot mol^{-1}\cdot K^{-1}$
$\Delta_f H_m^{\ominus}$	−46.11	0	90.25	−285.83	
$\Delta_f G_m^{\ominus}$	−16.45	0	86.55	−228.575	

$\Delta_r S_m^{\ominus}=4\times210.761+6\times188.825-4\times192.45-5\times205.138=180.50J\cdot mol^{-1}\cdot K^{-1}$

$\Delta_r H_m^{\ominus}=4\times90.25+6\times(-285.83)-4\times(-46.11)=-1169.54kJ\cdot mol^{-1}$

$\Delta_r G_m^{\ominus}=4\times86.55+6\times(-228.575)-4\times(-16.45)=-959.45kJ\cdot mol^{-1}$

$\Delta_r G_m^{\ominus}<0$，反应不能自发正向进行。

【解题思路】 记住以下公式是解题的关键。

$$\Delta_r S^{\ominus}=\sum_B \nu_B S_m^{\ominus}(\text{产物})-\sum_B \nu_B S_m^{\ominus}(\text{反应物})$$

$$\Delta_r H_m^{\ominus}(T)=\sum_B \nu_B \Delta_f H_m^{\ominus}(\text{产物})-\sum_B \nu_B \Delta_f H_m^{\ominus}(\text{反应物})$$

$$\Delta_r G_m^{\ominus}=\sum_B \nu_B \Delta_f G_m^{\ominus}(\text{生成物})-\sum_B \nu_B \Delta_f G_m^{\ominus}(\text{反应物})$$ 此式仅适用于 298.15K。

（二）考点分析

本章考点：

1. 基本概念（体系、环境、状态函数、热、功和热力学能）
2. 热力学第一定律
3. 吉布斯自由能
4. Hess 定律

【例 2-3】 是非题

1. 当体系的状态一定时，所有的状态函数都有一定的数值。若状态发生变化，则所有状态函数的数值也随之发生变化。

答： 错误。

考点： 状态函数。（体系状态一定，状态函数有一定的数值，但状态发生变化，状态函数的数值不一定发生改变，如理想气体的等温过程 $\Delta U=0$，$\Delta H=0$）

2. $Q_V=\Delta_r U$ 和 $Q_p=\Delta_r H$，所以 Q_V 与 Q_p 都是状态函数。

答：错误。

考点：状态函数。（热 Q_V 与 Q_p 都是途径函数，分别与状态函数增量 ΔU 和 ΔH 相等，是状态变化的量，但不是由状态决定的量）

【例 2-4】 比较下列各对物质熵值的大小。

(1) 1.00mol 水蒸气(373K,0.10MPa)与 1.00mol 水蒸气(373K,1.00MPa)。

答：前者大于后者。

考点：熵。（压力对气态物质的熵值影响较大,压力增大,熵值减小）

(2) 1.00g 水(273K,100kPa)与 1.00g 冰(273K,100kPa)。

答：前者大于后者。

考点：熵。（熵与物质的聚集状态有关,对同一物质相同温度下液态的熵值总是大于其固态的熵值）

(3) 1.00mol 水(298K,0.10MPa)与 1.00mol 水(373K,0.10MPa)。

答：后者大于前者。

考点：熵。（熵与体系的温度和压力有关,同一种物质熵值随温度升高而增大）

【例 2-5】 人体靠下列一系列反应去除体内酒精影响

$$CH_3CH_2OH\ (l) \xrightarrow{O_2} CH_3CHO\ (l) \xrightarrow{O_2} CH_3COOH\ (l) \xrightarrow{O_2} CO_2\ (g)$$

计算在 298.15K 下人体去除 2molC_2H_5OH 时各步反应的 $\Delta_r H_m^{\ominus}$ 及总反应的 $\Delta_r H_m^{\ominus}$，已知 $\Delta_f H_m^{\ominus}(CH_3CHO,l)=-166.4kJ\cdot mol^{-1}$。

解：查表 $2CH_3CH_2OH(l)+O_2(g)\longrightarrow 2CH_3CHO(l)+2H_2O(l)$

$\Delta_f H_m^{\ominus}$ $\quad -277.69 \quad 0 \quad -166.4 \quad -285.83$

$\Delta_r H_{m(1)}^{\ominus}=2\times(-166.4)+2\times(-285.83)+2\times 277.69=-349kJ\cdot mol^{-1}$

查表 $2CH_3CHO(l)+O_2(g)\longrightarrow 2CH_3COOH(l)$

$\Delta_f H_m^{\ominus}$ $\quad -166.4 \quad 0 \quad -484.5$

$\Delta_r H_{m(2)}^{\ominus}=2\times(-484.5)+2\times 166.4=-636.2kJ\cdot mol^{-1}$

查表 $2CH_3COOH(l)+2O_2(g)\longrightarrow 4CO_2(g)+4H_2O(l)$

$\Delta_f H_m^{\ominus}$ $\quad -484.5 \quad 0 \quad -393.509 \quad -285.83$

$\Delta_r H_{m(3)}^{\ominus}=4\times(-393.509)+4\times(-285.83)+2\times 484.5=-1748.4kJ\cdot mol^{-1}$

$\Delta_r H_m^{\ominus}(总)=\Delta_r H_{m(1)}^{\ominus}+\Delta_r H_{m(2)}^{\ominus}+\Delta_r H_{m(3)}^{\ominus}$

$=-349-636.2-1748.4=-2733.6kJ\cdot mol^{-1}$

考点：标准生成焓，Hess 定律。

四、补充习题

（一）是非题

1. 因为 Q、W 不是状态函数，与过程有关，所以热力学过程中 $Q-W$ 的值也应由具体过程决定。

2. 所谓封闭体系，是指体系和环境之间只有能量交换，无物质交换。

3. 体系温度升高则一定从环境吸热，体系温度不变就不与环境换热。

4. 封闭体系在压力恒定的过程中吸收的热等于该体系的焓。

5. 凡是熵值增加的反应都能自发进行。

6. U、H、S、G 等都是状态函数，只与状态有关，与途径无关。

7. 若一个过程是可逆过程，则该过程中的每一步都是可逆的。

8. 若规定温度 T 时，处于标准态的稳定态单质的标准摩尔生成焓为零，那么该温度下稳定态单质的热力学能的规定值也为零。

9. 一个化学反应不管是一步完成还是分几步完成，其热效应是相同的。

10. 恒温、恒压下，凡能使体系吉布斯自由能变降低的过程都是自发过程。

（二）选择题

1. 单选题

（1）体系的下列各组物理量中都是状态函数的是（　　）

A. T，P，Q，V　　B. m，W，S，V

C. T，P，V，n　　D. T，p，U，W

（2）H_2 和 O_2 化合生成水的反应在绝热、恒容的反应器中进行，则（　　）

A. $Q>0$，$W<0$，$\triangle U<0$　　B. $Q=0$，$W=0$，$\triangle U=0$

C. $Q=0$，$W<0$，$\triangle U<0$　　D. $Q>0$，$W=0$，$\triangle U>0$

（3）对于封闭体系，当过程的始态与终态确定后，下列哪项值不能确定（　　）

A. Q　　B. $Q+W$

C. W（当 $Q=0$ 时）　　D. Q（当 $W=0$ 时）

（4）满足 $\Delta S=0$ 的过程是（　　）

A. 可逆绝热过程　　B. 节流膨胀过程

C. 绝热过程　　D. 等压绝热过程

（5）下列过程中熵值降低的是（　　）

A. 水变成水蒸气　　B. $SnO_2(s)+2H_2(g)=Sn(s)+2H_2O(l)$

C. 电解水生成 H_2 和 O_2　　D. 公路上撒盐使冰融化

（6）关于熵的说法下列不正确的是（　　）

A. 同一种物质的气态的熵值总是大于其液态的熵值

B. 同种物质温度越高熵值越大

C. 分子内含原子数越多熵值越大

D. 0K 时任何纯物质的熵值都等于零

（7）氧气的燃烧热应为（　　）

A. 不存在　　B. 大于零　　C. 小于零　　D. 等于零

（8）体系在恒压不做功时，其热力学第一定律可表示为（　　）

A. $\Delta H=0$　　B. $\Delta U=0$　　C. $\Delta S=0$　　D. $\Delta U=\Delta H$

2. 多选题

（1）体系的下列各组物理量中，属于状态函数的是（　　）

A. Q　　B. W　　C. U　　D. H

(2) 在一定温度和压力下，某化学反应达到平衡状态的特征为（　）

A. $\Delta_r G_m^\ominus = 0$　　B. $v_{正} = v_{逆}$　　C. $\Delta_r G_m^\ominus > 0$　　D. $v_{正} < v_{逆}$

(3) 关于等式 $\Delta H = Q_p$，下列叙述不正确的是（　）

A. 因为 $\Delta H = Q_p$，所以 Q_p 也是状态函数

B. 因为 $\Delta H = Q_p$，所以焓可以被认为是系统所含的热量

C. 因为 $\Delta H = Q_p$，所以只有等压过程才有 ΔH

D. 因为 $\Delta H = Q_p$，在不做非体积功的情况下，等压过程体系所吸收的热量全部用来增加体系的焓

(4) 在等压条件下，反应 $CO(g) \longrightarrow C(s) + \frac{1}{2}O_2(g)$ 在任何温度下都不能自发进行，则该反应的（　）

A. $\Delta_r H_m^\ominus > 0$　　B. $\Delta_r H_m^\ominus < 0$　　C. $\Delta_r S_m^\ominus > 0$　　D. $\Delta_r S_m^\ominus < 0$

(5) CaO（s）$+ CO_2$（g）$\longrightarrow CaCO_3$（s）在室温下能自发进行反应，其逆反应在高温下能自发进行，则该反应一定是（　）

A. $\Delta_r H_m^\ominus > 0$　　B. $\Delta_r H_m^\ominus < 0$　　C. $\Delta_r S_m^\ominus > 0$　　D. $\Delta_r S_m^\ominus < 0$

(6) 下列热力学函数为零的是（　）

A. $\Delta_f H_m^\ominus$（Br_2，l）　　B. $\Delta_f H_m^\ominus$（石墨，s）

C. $S_m^\ominus$（石墨，s）　　D. $\Delta_f G_m^\ominus$（Fe，s）

(7) 当温度一定，反应 2A（g）+3B（g）$\longrightarrow$ 5C（g）在进行过程中，下列物理量会发生变化的是（　）

A. $\Delta_r G_m^\ominus$　　B. $\Delta_r G_m$　　C. 反应速率　　D. 转化率

(8) 在 373K、101.325kPa 下，H_2O（l）$\longrightarrow H_2O$（g），则该反应的（　）

A. $\Delta_r G_m^\ominus = 0$　　B. $\Delta_r H_m^\ominus > 0$　　C. $\Delta_r S_m^\ominus < 0$　　D. $\Delta_r S_m^\ominus > 0$

（三）填空题

1. 根据体系和环境之间能量和物质交换的不同情况，体系可分为三种类型________、________、________。

2. 热和功是热力学体系状态发生变化时与环境之间的两种________形式，体系从环境吸收热量 Q ________ 0；环境对体系作功 W ________ 0。

3. 用 $\Delta G \leqslant 0$ 判断过程的方向和限度的条件是________。

4. 1mol $H_2(g)$的燃烧焓等于 1mol ________的生成焓。

5. 吉布斯自由能的定义是________，焓的定义是________。

6. 稳定单质的标准摩尔生成焓 $\Delta_r S_m^\ominus =$ ________，标准摩尔生成吉布斯自由能变 $\Delta_r G_m^\ominus =$ ________，稳定单质的 $\Delta_r H_m^\ominus =$ ________。

7. 在 298.15K 和 100kPa 的恒定压力下，合成氨反应 $N_2(g) + 3H_2(g) = 2NH_3(g)$ 放热 92.22kJ 时，该反应的 $\Delta H =$ ________，$\Delta U =$ ________。

8. 体系发生状态变化时 $Q = \Delta H$ 的条件是________，$Q = \Delta U$ 的条件是________。

9. 根据体系的性质与体系中物质的数量关系可将体系性质分为两大类，如体积 V、质量 m、焓 H 等为________性质，其特点是________，温度 T、压力 p 等为________性质，其特点是________。

10. 反应进度 ξ 是指____________，对任一化学反应 $\sum_B \nu_B B=$________，ν_B 表示________，其中反应物的 ν_B ________ 0，产物的 ν_B ________ 0。

（四）简答题

1. 写出热力学第一、第二、第三定律的数学表达式，简要说明其主要应用。

2. 分别简述自发过程方向和限度的熵判据与吉布斯(Gibbs)自由能判据的数学表达式及适用条件。

3. 什么是状态函数？它有哪些特征？

4. 影响体系熵值的主要因素有哪些？

（五）计算题

1. 求反应 $Fe_2O_3(s)+3CO(g) \longrightarrow 2Fe(s)+3CO_2(g)$ 的标准熵变。

2. 求反应 $2NaOH(s)+CO_2(g) \longrightarrow Na_2CO_3(s)+H_2O(l)$ 的标准焓变。

3. 汽车尾气无害化的主要反应为 $NO(g)+CO(g) \longrightarrow \frac{1}{2}N_2(g)+CO_2(g)$，计算该反应在 298.15K、标准状态下的吉布斯自由能变 $\Delta_r G_m^{\ominus}$，并判断自发反应方向。

4. 计算五氯化磷分解反应 $PCl_5(g) \longrightarrow PCl_3(g)+Cl_2(g)$ 的 $\Delta_r H_m^{\ominus}$、$\Delta_r S_m^{\ominus}$ 及 $\Delta_r G_m^{\ominus}$，已知 298.15K、标准状态下 $PCl_5(g)$、$PCl_3(g)$ 及 $Cl_2(g)$ 的 $\Delta_f H_m^{\ominus}$ 分别为 −375、−287、0kJ·mol^{-1}，$S_m^{\ominus}$ 分别为 364.6、311.8、223.07J·mol^{-1}·K^{-1}。

五、补充习题参考答案

（一）是非题

1. (×) $Q-W=\Delta U$ 是状态函数的改变值，所以 $(Q-W)$ 只由始终态所决定而与过程无关。
2. (√)
3. (×) 绝热压缩温度升高；理想气体等温可逆膨胀，吸热。
4. (×) 未说明该过程的 W 是否为零。若 $W=0$，该过程的热也只等于体系的焓变。
5. (×)
6. (√)
7. (√)
8. (×) $U=H-pV$。
9. (√)
10. (×) 恒温、恒压，$W'=0$ 时，$\Delta G<0$ 才是自发过程。

（二）选择题

1. 单选题

(1) C　(2) B　(3) A　(4) A　(5) B　(6) D　(7) A　(8) C

2. 多选题

(1) CD　(2) AB　(3) ABC　(4) AD　(5) BD　(6) ABD

(7) BCD　(8) ABD

(三) 填空题

1. 敞开体系、封闭体系、孤立体系

2. 能量交换，>，<

3. 恒温恒压，非体积功为零

4. H_2O (l)

5. $G=H-TS$　　$H=U+pV$

6. 0，0，不等于零

7. $-92.22\text{kJ}\cdot\text{mol}^{-1}$，$-87.26\text{kJ}\cdot\text{mol}^{-1}$

8. 恒压、不做非体积功，恒容、不做非体积功

9. 广度，具有简单加和性，强度，不具有简单加和性

10. 化学反应进行的程度，0，反应物和产物的化学计量系数，<，>

(四) 简答题

1. 热力学第一定律：$\Delta U=Q+W$，解决过程的能量交换问题。

热力学第二定律：$\Delta S_{孤}\geqslant 0$ 或其他判据式，解决过程的方向问题。

热力学第三定律：ΔS（0K，纯态，完美晶体）$=0$，解决熵的绝对值计算问题。

2. 吉布斯自由能的变化作为判据

ΔG 可以作为判断化学反应能否自发进行的判据，即

$\Delta G<0$　自发进行

$\Delta G=0$　平衡状态

$\Delta G>0$　不能自发进行，或逆向自发进行

适用条件：恒温、恒压和不做非体积功

熵变 ΔS 作为判据

$$\Delta S_{孤}\begin{cases}>0 & \text{自发过程}\\ =0 & \text{平衡态}\\ <0 & \text{非自发过程}\end{cases}$$

适用条件：孤立体系

3. 用来描述和和确定状态性质的物理量叫状态函数。

状态函数具有两个重要特征：

A. 状态函数是体系状态的单值函数。即体系的状态确定后，状态函数就有一定数值，与这个状态是怎样变化得来的无关。

B. 热力学函数的改变值取决于始态和终态，而与变化过程所经历的具体途径无关。

4. (1) 熵与体系的温度和压力有关。同一种物质熵值随温度升高而增大。压力对固态、液态物质的熵值影响较小，而压力对气态物质的熵值影响较大，压力增大，微粒被限制在较小体积内运动，熵值减小。

(2) 熵与物质的聚集状态有关。对同一种物质，气态的熵值 $S_m^\ominus$ 总是大于其液态的 $S_m^\ominus$，液态的 $S_m^\ominus$ 大于其固态的 $S_m^\ominus$。

(3) 熵与物质的结构和摩尔质量有关。相同聚集状态，分子结构相似的同类型物质，摩尔质量 M 越大，$S_m^\ominus$ 值越大；当物质的摩尔质量相近时，分子结构复杂的分子其熵值大于简单分子；当分子结构相似且摩尔质量相近时，熵值相近。

(五) 计算题

1. **解**：查表得 $Fe_2O_3(s)+3CO(g)\longrightarrow 2Fe(s)+3CO_2(g)$

$S_m^\ominus$　　87.4　　197.674　　27.28　　213.74　　$J\cdot mol^{-1}\cdot K^{-1}$

将以上数据代入下式

$$\Delta_r S_m^\ominus=\sum_B \nu_B S_m^\ominus(\text{产物})-\sum_B \nu_B S_m^\ominus(\text{反应物})$$
$$=2\times 27.28+3\times 213.74-87.4-3\times 197.674$$
$$=15.4J\cdot mol^{-1}\cdot K^{-1}$$

2. **解**：查表得 $2NaOH(s)+CO_2(g)\longrightarrow Na_2CO_3(s)+H_2O(l)$

$\Delta_f H_m^\ominus$　-425.609　-393.509　-1130.68　-285.83　$kJ\cdot mol^{-1}$

将以上数据代入下式

$$\Delta_r H_m^\ominus=-1130.68-285.83-2\times(-425.609)+393.509=-171.783kJ\cdot mol^{-1}$$

3. **解**：查表 $NO(g)+CO(g)\longrightarrow \frac{1}{2}N_2(g)+CO_2(g)$

$S_m^\ominus$　197.674　210.761　191.61　213.74　$kJ\cdot mol^{-1}$

$\Delta_f H_m^\ominus$　-110.525　90.25　0　-393.509　$kJ\cdot mol^{-1}$

$\Delta_f G_m^\ominus$　-137.168　86.55　0　-394.359　$kJ\cdot mol^{-1}$

$\Delta_r S_m^\ominus=213.74+1/2\times 191.61-197.674-210.671=-98.8J\cdot mol^{-1}\cdot K^{-1}$

$\Delta_r H_m^\ominus=-393.509+110.525-90.25=-373.23kJ\cdot mol^{-1}$

$\Delta_r G_m^\ominus=-394.359-86.55+137.168=-343.74kJ\cdot mol^{-1}$

$\Delta_r G_m^\ominus>0$，反应能自发正向进行。

4. **解**：
$$\Delta_r H_m^\ominus=\Delta_f H_m^\ominus[PCl_3(g)]+\Delta_f H_m^\ominus[Cl_2(g)]-\Delta_f H_m^\ominus[PCl_5(g)]$$
$$=-287+0-(-375)\ =88kJ\cdot mol^{-1}$$
$$\Delta_r S_m^\ominus=S_m^\ominus[PCl_3(g)]+S_m^\ominus[Cl_2(g)]-S_m^\ominus[PCl_5(g)]$$
$$=311.8+223.07-364.6$$
$$=170.27J\cdot mol^{-1}\cdot K^{-1}$$
$$\Delta_r G_m^\ominus=\Delta_r H_m^\ominus-T\Delta_r S_m^\ominus$$
$$=88000-298.2\times 170.27$$
$$=37225J\cdot mol^{-1}\cdot K^{-1}$$

第三章 化学平衡

一、教学大纲要求

★掌握书写标准平衡常数的表达式及其相关的计算。

▲熟悉和理解化学反应的平衡状态及化学平衡，即反应进行的限度问题。

●了解浓度、压强、温度对化学平衡的影响。

二、重点内容

(一) 化学反应的可逆性和化学平衡

1. 化学反应的可逆性

【可逆反应】 在同一条件(温度、压力、浓度等)下，能同时向两个相反方向进行的反应。绝大多数化学反应都有一定的可逆性，只有极少数反应是“不可逆的”(单向反应)。

2. 化学平衡

可逆反应在一定条件下，正反应速率等于逆反应速率时，反应体系所处的状态，称为**化学平衡**。化学平衡是一种动态平衡，即在化学反应达到平衡时，反应物和生成物的浓度或者分压都不再改变，但本质上，无论正反应还是逆反应，仍在进行着。

化学平衡的特点：

(1) 化学平衡状态最主要的特征是可逆反应的正、逆反应速率相等($\upsilon_{正}=\upsilon_{逆}$)。因此可逆反应达到平衡后，只要外界条件不变，反应体系中各物质的量将不随时间而变。

(2) 化学平衡是一种动态平衡。反应体系达到平衡后，反应似乎是“终止”了，但实际上正反应和逆反应始终都在进行着，只是由于$\upsilon_{正}=\upsilon_{逆}$，单位时间内各物质(生成物或反应物)的生成量和消耗量相等，所以，总的结果是各物质的浓度都保持不变，反应物与生成物处于动态平衡。

(3) 化学平衡是有条件的。当外界条件改变时，原平衡就会发生移动，随后在新的条件下建立起新的平衡。

(4) 在一定温度下，化学平衡状态能够体现出该反应条件下化学反应可以完成的最大限度。

(二) 标准平衡常数及其计算

1. 标准平衡常数

在一定温度下，可逆反应达到化学平衡时，反应物和生成物的平衡浓度以化学计量数为指数的幂的乘积是一个常数，此常数称为**化学平衡常数**，用符号 K 来表示，这一规律称为化学平衡定律。以平衡时的反应物及生成物的相对浓度、相对压力的数值应用到化学平衡定律中，得到唯一的无量纲纯数，则称为该反应在该温度下的**标准平衡常数或热力学平衡常数**，用符号 $K^{\ominus}$ 来表示。

平衡常数与各物质的浓度无关，随温度的变化而变化。平衡常数越大，正向反应进行的程度越大，平衡转化率越大。

(1) 稀溶液中反应的标准平衡常数

$$aA+bB \rightleftharpoons eE+dD$$

$$K^{\ominus}=\frac{\left[\frac{c_{eq}(E)}{c^{\ominus}}\right]^{e}\left[\frac{c_{eq}(D)}{c^{\ominus}}\right]^{d}}{\left[\frac{c_{eq}(A)}{c^{\ominus}}\right]^{a}\left[\frac{c_{eq}(B)}{c^{\ominus}}\right]^{b}}$$

$c(A)$、$c(B)$、$c(C)$、$c(D)$分别代表了物质 A、B、E、D 在平衡时的物质的量浓度，$c^{\ominus}$ 为标准物质的量浓度，$c^{\ominus}=1\text{mol}\cdot\text{L}^{-1}$，$c_{eq}(A)/c^{\ominus}$、$c_{eq}(B)/c^{\ominus}$、$c_{eq}(E)/c^{\ominus}$、$c_{eq}(D)/c^{\ominus}$ 则分别代表了物质 A、B、E、D 的相对平衡浓度。

因为 $c^{\ominus}=1\text{mol}\cdot\text{L}^{-1}$，则 $K^{\ominus}$ 的表达式也可简写为：

$$K^{\ominus}=\frac{[c_{eq}(E)]^{e}[c_{eq}(D)]^{d}}{[c_{eq}(A)]^{a}[c_{eq}(B)]^{b}}$$

(2) 气体混合物反应的标准平衡常数

$$aA(g)+bB(g) \rightleftharpoons eE(g)+dD(g)$$

$$K^{\ominus}=\frac{\left[\frac{p_{eq}(E)}{p^{\ominus}}\right]^{e}\left[\frac{p_{eq}(D)}{p^{\ominus}}\right]^{d}}{\left[\frac{p_{eq}(A)}{p^{\ominus}}\right]^{a}\left[\frac{p_{eq}(B)}{p^{\ominus}}\right]^{b}}$$

$p_{eq}(A)$、$p_{eq}(B)$、$p_{eq}(E)$、$p_{eq}(D)$分别代表了物质 A、B、E、D 在平衡时的分压，$p^{\ominus}$ 为标准压力，$p^{\ominus}=100\text{kPa}$，$p_{eq}(A)/p^{\ominus}$、$p_{eq}(B)/p^{\ominus}$、$p_{eq}(E)/p^{\ominus}$、$p_{eq}(D)/p^{\ominus}$ 则分别代表了物质 A、B、E、D 的相对平衡分压。

(3)非均相反应的标准平衡常数

对非均相可逆反应，如：

$$Zn(s)+2H^{+}(aq) \rightleftharpoons H_2(g)+Zn^{2+}(aq)$$

其标准平衡常数：

$$K^{\ominus}=\frac{\left[\frac{p_{eq}(H_2)}{p^{\ominus}}\right][c_{eq}(Zn^{2+})]}{[c_{eq}(H^{+})]^{2}}$$

书写标准平衡常数表达式时应注意以下几点：

(1) 纯液相和纯固相不出现在平衡常数表达式中，气体用分压表示，溶液用物质的量浓度表示。

(2) 如果有几个反应，它们在同一体系中都处于平衡状态，体系中各物质的分压或浓度必定同时满足这几个平衡，这种现象叫做多重平衡。

在多重平衡体系中，如果一个反应由另外两个或多个反应相加或相减而来，则该反应的平衡常数等于这两个或多个反应平衡常数的乘积或商。

(3) 标准平衡常数的表达式和数值与化学反应方程式的写法有关。化学反应方程式的写法不同，其标准平衡常数的表达式就不同。

2. 有关化学平衡的计算

标准平衡常数可以用来求算反应体系中有关物质的浓度和某一反应物的平衡转化率(又称理论转化率)，以及从理论上求算欲达到一定转化率所需的合理原料配比等问题。某一反应物的平衡转化率是指化学反应达平衡后，该反应物转化为生成物，从理论上能达到的最大转化率(以 α 表示)：

$$\alpha=\frac{\text{某反应物已转化的量}}{\text{反应开始时该反应物的总量}}\times 100\%$$

若反应前后体积不变，又可表示为：

$$\alpha=\frac{\text{某反应物起始浓度}-\text{某反应物平衡浓度}}{\text{反应物的起始浓度}}\times 100\%$$

转化率越大，表示正反应进行程度越大。转化率与平衡常数有所不同，转化率与反应体系的起始状态有关，而且必须明确是指反应物中哪种物质的转化率。

(三) 化学平衡的移动

1. 浓度对化学平衡的影响

增大反应物浓度或减小生成物浓度时，任意时刻的浓度商减小，平衡正向移动；减小反应物浓度或增大生成物浓度时，平衡逆向移动。

2. 压力对化学平衡的影响

(1) 压力对固相或液相的平衡没有影响。

(2) 改变某气体的分压，与改变其物质浓度的情况相同。

(3) 对反应前后计量系数不变的气体反应，总压力的改变对它们的平衡也没有影响。

(4) 对反应前后计量系数不同的气体反应：增大总压力，平衡向气体分子数减少的方向移动；减少总压力，平衡向气体分子数增加的方向移动。

(5) 加入惰性气体：恒温、恒容条件下，对化学平衡无影响；恒温、恒压条件下，增大了反应体系的体积，造成各组分气体分压的减小，平衡向气体分子数增多的方向移动。

3. 温度对化学平衡的影响

由 Van't Hoof 方程式：

$$\ln\frac{K_2^{\ominus}}{K_1^{\ominus}}=\frac{\Delta_r H_m^{\ominus}[(T_2-T_1)]}{R[T_2T_1]}$$

升高温度，平衡将向吸热方向移动；降低温度，平衡将向放热方向移动。

4. 催化剂和化学平衡

催化剂虽能改变反应速率，但对于任一确定的可逆反应来说，由于反应前后催化剂的化学组成、质量不变，因此无论是否使用催化剂，反应的始终态都是一样的，说明催化剂不会影响化学平衡状态。但催化剂加入尚未达到平衡的可逆反应体系中，可以在不升高温度的条件下，缩短到达平衡的时间，这无疑有利于提高生产效率。

综合上述各种因素对化学平衡的影响，法国化学家吕·查德里(Le Chatelier) 归纳总结出了一条关于平衡移动的普遍规律：当体系达到平衡后，若改变平衡状态的任一条件（如浓度、压力、温度），平衡就向着能减弱其改变的方向移动。这条规律称为**吕·查德里原理**。此原理既适用于化学平衡体系，也适用于物理平衡体系，但值得注意的是：此原理只适用于已达平衡的体系，而不适用于非平衡体系。

三、疑难辨析

(一) 典型例题分析

【例 3-1】 已知下列反应在 1123K 时的标准平衡常数：

(1)$C(石墨)+CO_2(g) \rightleftharpoons 2CO(g) \quad K_1^\ominus=1.3\times10^{14}$

(2)$CO(g)+Cl_2(g) \rightleftharpoons COCl_2(g) \quad K_2^\ominus=6.0\times10^{-3}$

(3)计算反应 $2COCl_2(g) \rightleftharpoons C(石墨)+CO_2(g)+2Cl_2(g)$在 1123K 时的 $K^\ominus$值。

解:(2)式乘 2 得(4)式,(4)式加(1)式得(5)式:

$$(4)\quad 2CO(g)+2Cl_2(g) \rightleftharpoons 2COCl_2(g) \quad K_4^\ominus=(K_2^\ominus)^2$$

$$+)\quad (1)\quad C(石墨)+CO_2(g) \rightleftharpoons 2CO(g) \quad K_1^\ominus$$

$$(5)\quad C(石墨)+CO_2(g)+2Cl_2(g) \rightleftharpoons 2COCl_2(g) \quad K_5^\ominus$$

$$K_5^\ominus=K_4^\ominus\times K_1^\ominus=(K_2^\ominus)^2K_1^\ominus$$

由于(3)式为(5)式的逆反应,则:

$$K_3^\ominus=\frac{1}{K_5^\ominus}=\frac{1}{(K_2^\ominus)^2K_1^\ominus}=\frac{1}{(6.0\times10^{-3})^2\times1.3\times10^{14}}$$
$$=2.1\times10^{-10}$$

【解题思路】 多重平衡规则。

【例 3-2】 763.8K 时，反应 $H_2(g)+I_2(g) \rightleftharpoons 2HI(g)$的 $K=45.7$

(1) 如果反应开始时 H_2 和 I_2 的浓度均为 $1.00mol\cdot L^{-1}$，求反应达平衡时各物质的平衡浓度及 I_2 的平衡转化率。

(2) 假定平衡时要求有 90%I_2 转化为 HI，问开始时 I_2 和 H_2 应按怎样的浓度比混合？

解：(1) 设达平衡时 $c(HI)=x\ mol\cdot L^{-1}$

	$H_2(g)$	+ $I_2(g)$	$\rightleftharpoons 2HI(g)$
始态浓度/$(mol\cdot L^{-1})$	1.00	1.00	
变化浓度/$(mol\cdot L^{-1})$	$-x/2$	$-x/2$	$+x$
平衡浓度/$(mol\cdot L^{-1})$	$1.00-x/2$	$1.00-x/2$	x

$$K^\ominus=\frac{[c_{eq}(HI)]^2}{c_{eq}(H_2)c_{eq}(I_2)}=\frac{[x]^2}{[(1.00-x/2)]^2}=45.7$$

$$x=1.54$$

所以平衡时各物质的浓度为:

$c_{eq}(H_2)=c_{eq}(I_2)=(1.00-1.54/2)mol \cdot L^{-1}=0.23mol \cdot L^{-1}$ $c_{eq}(HI)=1.54mol \cdot L^{-1}$

I_2 的变化浓度 $=-x/2=0.77mol \cdot L^{-1}$

I_2 的平衡转化率 $\alpha=\frac{0.77}{1.00}\times 100\%=77\%$

(2) 设开始时 $c(H_2)=x\ mol \cdot L^{-1}$，$c(I_2)=y\ mol \cdot L^{-1}$

$$H_2(g) + I_2(g) \rightleftharpoons 2HI(g)$$

始态浓度/$(mol \cdot L^{-1})$	x	y	0
平衡浓度/$(mol \cdot L^{-1})$	$x-0.9y$	$y-0.9y$	$1.8y$

$$K^{\ominus}=\frac{[c_{eq}(HI)/c^{\ominus}]^2}{c_{eq}(H_2)c_{eq}(I_2)}=\frac{(1.8y)^2}{(x-0.9y)(y-0.9y)}=45.7$$

$$x/y=1.6/1.0$$

所以当开始时 H_2 和 I_2 的浓度若以 1.6∶1.0 混合，I_2 的平衡转化率可达 90%。

【解题思路】 (1) 根据已知的 K 和反应式给出的计量关系，求出各物质的平衡浓度及 I_2 的变化浓度，代入平衡转化率的计算式。(2) 根据平衡移动原理，增大反应物的浓度，可以使平衡向正向移动。增大 H_2 的初始浓度，可以提高 I_2 的转化率。

【例 3-3】 在容积为 5.00L 的容器中装有等物质的量的 $PCl_3(g)$ 和 $Cl_2(g)$。523K 下反应：

$PCl_3(g)+Cl_2(g) \longrightarrow PCl_5(g)$ 达平衡时，$p(PCl_5)=p^{\ominus}$，$K^{\ominus}=0.767$，求：

(1) 开始装入的 PCl_3 及 Cl_2 的物质的量；

(2) PCl_3 的平衡转化率。

解：(1) 设 $PCl_3(g)$ 及 $Cl_2(g)$ 的始态分压为 x Pa

$$PCl_3(g)+Cl_2(g) \rightleftharpoons PCl_5(g)$$

始态分压/Pa	x	x	0
平衡分压/Pa	$x-p^{\ominus}$	$x-p^{\ominus}$	$p^{\ominus}$

$$K^{\ominus}=\frac{[p_{eq}(PCl_5)/p^{\ominus}]}{[(x-p^{\ominus})/p^{\ominus}][(x-p^{\ominus})/p^{\ominus}]}$$

$$0.767=\frac{1}{[(x-10^5Pa)/10^5Pa]^2}$$

$$x=214155Pa$$

$$n(PCl_3)=n(Cl_2)=pV/RT$$

$$=\frac{214155Pa\times 5.00\times 10^{-3}}{8.314\times 523}=0.246mol$$

(2) $\alpha(PCl_3)=\frac{p^{\ominus}}{x}\times 100\%=\frac{10^5}{214155}\times 100\%=47.0\%$

【例 3-4】 将 1.0molN_2O_4，置于一密闭容器中，$N_2O_4(g)$ 按下式分解：$N_2O_4(g) \longrightarrow 2NO_2(g)$。在 25℃及 100kPa 下达平衡，测得 N_2O_4 的转化率为 50%，计算：

(1) 反应的 $K^{\ominus}$；

(2) 25℃、1000kPa 达平衡时，N_2O_4 的转化率及 N_2O_4 和 NO_2 的分压；

(3) 由计算说明压力对此平衡移动的影响。

解：(1) $N_2O_4(g) \longrightarrow 2NO_2(g)$

	$N_2O_4(g)$	$2NO_2(g)$
始态物质的量/mol	1.0	0
变化量/mol	-1.0α	$+2\ (1.0\alpha)$
平衡量/mol	$1.0\ (1.0-\alpha)$	2.0α

平衡时 N_2O_4、NO_2 的分压为

$$p_{eq}(N_2O_4)=\frac{1.0-\alpha}{1.0+\alpha}p_{总}$$

$$p_{eq}(NO_2)=\frac{2.0\alpha}{1.0+\alpha}p_{总}$$

$$K^{\ominus}=\frac{[p_{eq}(NO_2/p^{\ominus})]^2}{[p_{eq}(N_2O_4)/p^{\ominus}]}=\frac{\left[\left(\frac{2.0\alpha}{1.0+\alpha}\right)\left(\frac{p_{总}}{p^{\ominus}}\right)\right]^2}{\left[\left(\frac{1.0-\alpha}{1.0+\alpha}\right)\left(\frac{p_{总}}{p^{\ominus}}\right)\right]}$$

$$=\left(\frac{4\alpha^2}{1.0-\alpha^2}\right)\left(\frac{p_{总}}{p^{\ominus}}\right)$$

$$=\frac{4\times0.5^2}{1.0-(0.50)^2}\times1.0$$

$$=1.3$$

(2)1000kPa 时，$K^{\ominus}$ 不变(因为 T 不变)

$$K^{\ominus}=\left(\frac{4\alpha^2}{1.0-\alpha^2}\right)\left(\frac{p_{总}}{p^{\ominus}}\right)$$

$$1.3=\left(\frac{4\alpha^2}{1.0-\alpha^2}\right)\times10$$

$$\alpha=0.18=18\%$$

平衡时各组分的分压为：

$$p_{eq}(N_2O_4)=\frac{1.0-\alpha}{1.0+\alpha}p_{总}=\frac{1.0-0.18}{1.0+0.18}\times1000\text{kPa}=694.9\text{kPa}$$

$$p_{eq}(NO_2)=\frac{2.0\alpha}{1.0+\alpha}p_{总}=\frac{2.0\times0.18}{1.0+0.18}\times1000\text{kPa}=305.1\text{kPa}$$

(3) 总压力由 100kPa 增加到 1000kPa，N_2O_4 的转化率由 50%降至 18%，说明平衡向左移动，即向气体分子数减少的方向移动。

(二) 考点分析

本章的考点：

1. 基本概念——化学平衡、可逆反应、化学平衡常数、标准平衡常数。
2. 外因对化学反应速率及化学平衡的影响（温度、浓度、压力、催化剂等)。
3. 化学平衡的简单计算。

【例 3-5】 当可逆反应达到化学平衡时，下列叙述中不正确的是：（ ）

A. 化学平衡是动态平衡

B. 化学平衡是有条件的

C. 体系内各反应物和生成物的浓度相等

D. 平衡状态能够体现出在该条件下化学反应可以完成的最大限度

答案：C

考点：化学平衡。

【例 3-6】 已知某化学反应是吸热反应，欲使此化学反应的速率常数 k 和标准平衡常数 $K^{\ominus}$ 都增加，则反应的条件是：

A. 恒温下　增加反应物浓度　　B. 升高温度

C. 恒温下　加催化剂　　D. 恒温下　改变总压力

答案：B

考点：化学平衡常数仅是温度的函数。

【例 3-7】 一定条件下的可逆反应 $2SO_2(g)+O_2(g) \rightleftharpoons 2SO_3(g)$ 在体积不变的密闭容器中达到平衡后，改变条件，重新达平衡后，下列各种量如何变化？

改变条件（其他条件不变）	转化率		浓度		
	SO_2	O_2	SO_2	O_2	SO_3
①只加入 SO_2					
②只加 O_2					
③SO_2、O_2、SO_3 浓度同时增大一倍					

解：

改变条件（其他条件不变）	转化率		浓度		
	SO_2	O_2	SO_2	O_2	SO_3
①只加入 SO_2	↓	↑	↑	↓	↑
②只加 O_2	↑	↓	↓	↑	↑
③SO_2、O_2、SO_3 浓度同时增大一倍	↑	↑	↑	↑	↑

考点：(1) 反应物的平衡量＝起始量－转化量（指物质的量或物质的量浓度）

生成物的平衡量＝起始量＋转化量

应注意的是，上述三种量中只有转化量之比等于反应方程式系数之比。

(2) 物质的转化率$=\dfrac{\text{该物质的转化量}}{\text{该物质的起始量}}\times 100\%$

应注意的是：①可逆反应的平衡转化率最大；②对于某一平衡体系，其他条件不变，只增大反应物甲的浓度，可提高反应物乙的转化率，而甲的转化率降低。

四、补充习题

(一) 是非题

1. 标准平衡常数随起始浓度不同而不同。( )
2. 一个反应达到平衡的标志是各物质浓度不随时间而改变。( )
3. 当可逆反应达到平衡时，各反应物和生成物的浓度一定相等。( )
4. 对于没有气体参加的可逆反应，压力的改变一般不会使平衡发生移动。( )
5. 只有简单反应，才能根据给定的反应方程式写出标准平衡常数表达式。( )
6. 当化学平衡移动时，标准平衡常数也一定随之改变。( )
7. 某物质在 298K 时分解率为 15%，在 373K 时分解率为 30%，由此可知该物质的分解反应为放热反应。( )
8. 对于反应前后分子数相等的反应，增加压力对平衡不会产生影响。( )
9. 某可逆反应的 $\Delta_r H_m^{\ominus}$ 为正值，则该可逆反应的标准平衡常数将随温度升高而增大。( )
10. 一种反应物的转化率随另一种反应物的起始浓度不同而不同。( )

(二) 选择题

1. 单选题

(1) 已知下列反应的平衡常数：$H_2(g)+S(s) \rightleftharpoons H_2S(g)$　$K_1^{\ominus}$

$O_2(g)+S(s) \rightleftharpoons SO_2(g)$　$K_2^{\ominus}$，

则反应：$H_2(g)+SO_2(g) \rightleftharpoons O_2(g)+H_2S(g)$ 的平衡常数为( )

A. $K_1^{\ominus}-K_2^{\ominus}$　　B. $K_1^{\ominus}\cdot K_2^{\ominus}$　　C. $K_2^{\ominus}/K_2^{\ominus}$　　D. $K_1^{\ominus}/K_2^{\ominus}$

(2) 一定条件下，合成氨反应呈平衡状态，$3H_2+N_2=2NH_3$……$K_1^{\ominus}$，$\frac{3}{2}H_2+\frac{1}{2}N_2=NH_3$……$K_2^{\ominus}$，则 $K_1^{\ominus}$ 与 $K_2^{\ominus}$ 的关系为 ( )

A. $K_1^{\ominus}=K_2^{\ominus}$　　B. $(K_2^{\ominus})^2=K_1^{\ominus}$

C. $(K_1^{\ominus})^2=K_2^{\ominus}$　　D. 无法确定

(3) 已知：$2SO_2+O_2=2SO_3$ 反应达平衡后，加入 V_2O_5 催化剂，则 SO_2 的转化率 ( )

A. 增大　　B. 不变　　C. 减小　　D. 无法确定

(4) 可使任何反应达到平衡时增加产率的措施是 ( )

A. 升温　　B. 加压

C. 增加反应物浓度　　D. 加催化剂

(5) 下列因素对转化率无影响的是 ( )

A. 温度　　B. 浓度

C. 压力(对气相反应)　　D. 催化剂

(6) 吕·查德里原理( )

A. 只适用于气体间的反应　　B. 适用所有化学反应

C. 只限于平衡时的化学反应　　D. 适用于平衡状态下的所有体系

(7) 下列关于催化剂作用的叙述中错误的为（　　）

A. 可以加速某些反应的进行

B. 可以抑制某些反应的进行

C. 可以使正、逆反应速度以相等的速度加快

D. 可以改变反应进行的方向

(8) 下列反应处于平衡状态，$2SO_2(g)+O_2(g)\rightleftharpoons 2SO_3(g)$，$\Delta_r H_m^\ominus=-200kJ\cdot mol^{-1}$，欲提高平衡常数$K^\ominus$的值，应采取的措施是（　）

A. 降低温度　B. 增大压力　C. 加入氧气　D. 去掉三氧化硫

(9) 已知反应$N_2O_4(g)\longrightarrow 2NO_2(g)$在873K时，$K_1^\ominus=1.78\times10^4$，转化率为$a\%$，改变条件，在1273K时，$K_2^\ominus=2.8\times10^4$，转化率为$b\%(b>a)$，则下列叙述正确的是（　）

A. 由于1273K时的转化率大于873K时的，所以此反应为放热反应

B. 由于$K^\ominus$随温度升高而增大，所以此反应的$\Delta_r H_m^\ominus>0$

C. 由于$K^\ominus$随温度升高而增大，所以此反应的$\Delta_r H_m^\ominus<0$

D. 由于温度不同，反应机理不同，因而转化率不同

(10) 可逆反应:$C(s)+H_2O\rightleftharpoons CO(g)+H_2(g)$，$\Delta_r H_m^\ominus>0$，下列说法正确的是（　）

A. 达到平衡时，反应物的浓度和生成物的浓度相等

B. 达到平衡时，反应物和生成物的浓度不随时间的变化而变化

C. 由于反应前后分子数相等，所以增加压力对平衡没有影响

D. 升高温度使$v_正$增大，$v_逆$减小，结果平衡向右移动

(11) 对于反应:$C(s)+H_2O(g)\rightleftharpoons CO(g)+H_2(g)$，$\Delta_r H_m^\ominus>0$，为了提高C(s)的转化率，可采取的措施是（　）

A. 降低温度　　B. 增大体系的总压力

C. 增大$H_2O(g)$的分压　　D. 多加入C(s)

(12) 一定温度下反应:$PCl_5(g)\rightleftharpoons PCl_3(g)+Cl_2(g)$达平衡时，此时已有50%的$PCl_5$分解，下列方法可使$PCl_5$分解程度增大的是（　　）

A. 保持体积不变，加入氮气使总压力增大一倍

B. 保持总压不变，加入氮气使总体积增大一倍

C. 增大PCl_5的分压

D. 降低PCl_5的分压

(13) 下列叙述正确的是（　　）

A. 在化学平衡体系中加入惰性气体，平衡不发生移动

B. 在化学平衡体系中加入惰性气体，平衡发生移动

C. 恒压下，在反应前后气体分子数相同的体系中加入惰性气体，化学平衡不发生移动

D. 在封闭体系中加入惰性气体，平衡向气体分子数增多的方向移动

(14) 反应:$A(g)+B(s)\rightleftharpoons C(g)$，在400K时平衡常数$K^\ominus=0.5$，当平衡时，体系总压力为100kPa，A的转化率是（　）

A. 50%　B. 33%　C. 66%　D. 15%

(15) 在 276K 时反应：$CO(g)+H_2O(g) \rightleftharpoons CO_2(g)+H_2(g)$ 的 $K^\ominus=2.6$，当 CO(g) 与 $H_2O(g)$ 的浓度($mol \cdot L^{-1}$) 以何种比例（与下列各组数据接近的）混合时，可得到 90% 的 CO 的转化率（　　）

A. 1∶1　　B. 1∶2　　C. 1∶4　　D. 1∶5

2. 多选题

(1) 下列可逆反应，恒温压缩体积时对平衡移动有影响的是（　　）

A. $PbBr_2(s) \rightleftharpoons Pb+Br_2(l)$

B. $H_2(g)+I_2(g) \rightleftharpoons 2HI(g)$

C. $(NH_4)_2CO_3(s) \rightleftharpoons 2NH_3(g)+CO_2(g)+H_2O(g)$

D. $N_2(g)+3H_2(g) \rightleftharpoons 2NH_3(g)$

E. C(石墨)$+O_2(g) \rightleftharpoons CO_2(g)$

(2) 下列哪一种情况改变肯定能使可逆反应平衡时产物的量增加？（　　）

A. 增加反应物起始浓度　　B. 升高温度

C. 增加体系压力　　D. 加入合适的催化剂

E. 减少生成物浓度

(三) 填空题

1. 可逆反应 $2A(g)+B(g) \rightleftharpoons 2C(g)$ 的 $\Delta_r H_m^\ominus<0$，反应达平衡时，容器体积不变，增加 B 的分压，则 C 的分压________；升高温度，则 $K_p^\ominus$________。

2. $1/2N_2+3/2H_2 \rightleftharpoons NH_3$，　　$\Delta_r H_m^\ominus=-46KJ \cdot mol^{-1}$，

气体混合物处于平衡时，下列情况下 N_2 生成 NH_3 的转化率将会发生什么变化？

(a) 引入 H_2________；(b) 升温________。

3. 在密闭容器中进行反应：$CO_2(g)+C(s) \rightleftharpoons 2CO(g)$，达到平衡后，改变下列条件，则指定物质的浓度及平衡如何变化。

(1) 增加 C，平衡________，$c(CO)$________。

(2) 减小密闭容器体积，保持温度不变，则平衡________，$c(CO_2)$________。

(3) 通入 N_2，保持密闭容器体积和温度不变，则平衡________，$c(CO)$________。

(4) 通入 N_2，密闭容器体积增大，保持温度不变，则平衡________，$c(CO_2)$________。

4. 某温度下，在两个密闭容器 A、B 中含有 NO_2 和 N_2O_4 两种气体，并建立起平衡状态

$$2NO_2(g) \rightleftharpoons N_2O_4(g) \quad \Delta_r H_m^\ominus$$

如果在密闭容器 A 中通入一定量的 N_2O_4，则容器中压强将会________，平衡向________移动；如果在密闭容器 B 中通入一定量的 NO_2，则容器中压强将会________，N_2O_4 的分解率将________。

5. 反应 $2CO(g)+O_2(g) \rightleftharpoons 2CO_2(g)$（$\Delta_r H_m<0$），在密闭容器中达到平衡：

固定条件	改变条件	$k_正$	$k_逆$	$v_正$	$K^\ominus$	平衡移动方向
T、P	加催化剂					
P、V	降低温度					

（四）简答题

1. 对于反应：$mA+nB \rightleftharpoons pC$，$\Delta_r H_m^{\ominus}<0$，升高温度，对反应速度和化学平衡有何影响，为什么？

2. 催化剂能影响反应速度，但不能影响化学平衡，为什么？

3. 简述在合成氨生产中：$N_2(g)+3H_2(g) \rightleftharpoons 2NH_3(g)$，$\Delta_r H_m^{\ominus}=-92.4kJ \cdot mol^{-1}$，工业上采用温度控制在(673－773)K，而不是更低些，压力控制在30390kPa而不是更高些？

（五）计算题

1. 在298K温度下密闭容器中发生如下反应：$2A(g)+B(g) \rightleftharpoons 2C(g)$，若将2molA和1molB反应，测得即将开始和平衡时混合气体的压力分别为3×10^5Pa和2.2×10^5Pa，则该条件下A的转化率为多少？标准平衡常数$K^{\ominus}$是多少？

2. 反应：$CO+H_2O \rightleftharpoons CO_2+H_2$（均为气体）达到平衡时，$p(CO)=40kPa$，$p(CO_2)=40kPa$，$p(H_2)=12kPa$，$p(H_2O)=20kPa$，在恒温恒容下通入CO气体，$p(H_2)=17kPa$，试计算新平衡下各气体的分压。

3. 450℃时HgO的分解反应为：$2HgO(s) \rightleftharpoons 2Hg(g)+O_2(g)$，若将0.05mol HgO固体放在1L密闭容器中加热到450℃，平衡时测得总压力为108.0kPa，求该反应在450℃时的平衡常数$K^{\ominus}$及HgO的转化率。

五、补充习题参考答案

（一）是非题

1. ×　2. √　3. ×　4. √　5. ×
6. ×　7. ×　8. √　9. √　10. √

（二）选择题

1. 单选题

(1) D　(2) B　(3) B　(4) C　(5) D
(6) D　(7) D　(8) A　(9) C　(10) B
(11) C　(12) B　(13) C　(14) B　(15) C

2. 多选题

(1) CD　(2) AE

（三）填空题

1. 增大　减小
2. 增大　减小
3. (1) 不移动，不变。(2) 逆向移动，增大。(3) 不移动，不变。(4) 正向移动，减小。
4. 增大　正反应方向　增大　减小

5.

固定条件	改变条件	$k_{正}$	$k_{逆}$	$v_{正}$	$K^{\ominus}$	平衡移动方向
T、P	加催化剂	增大	增大	增大	不变	不变
P、V	降低温度	减小	增大	减小	减小	向左移动

（四）简答题

1. **答**：升高温度，加快正、逆反应的反应速度，平衡逆向移动。原因在于升高温度使速度常数增大，反应速度则加快（或从微观角度说明，活化分子百分数增大，有效碰撞增多）。依据吕·查德里原理，升高温度，平衡向吸热方向移动，该反应逆向吸热，正向放热，所以平衡将逆向移动。

2. **答**：因为催化剂能起到改变反应历程，从而改变反应活化能的作用，所以能影响反应速度。但由于催化剂同时改变正、逆反应的活化能，同等程度地影响正、逆反应速度，改变反应的始态和终态，所以不影响化学平衡。

3. **答**：对于此反应，低温有利于提高反应物的转化率，但低温反应速度慢，使设备利用率低，单位时间合成氨量少，为使其有较高的转化率和较快的反应速度，单位时间内合成较多的氨，常以催化剂的活性温度为该反应的控制温度。高压对合成氨有利，但压力过高对设备要求高，运转费高，因此，压力不宜过高。

（五）计算题

1. **解**：

	2A(g)	+ B(g)	⇌ 2C(g)
起始：	2×10^5	1×10^5	0
平衡：	$(2\times10^5-X)$	$(1\times10^5-1/2X)$	X

$$(2\times10^5-X)+(1\times10^5-1/2X)+X=2.2\times10^5$$

$$X=1.6\times10^5\ (\mathrm{Pa})$$

$$\alpha=\frac{1.6\times10^5}{2\times10^5}\times100\%=80\%$$

$$K^{\ominus}=\frac{\left[\frac{p_{eq}(C)}{p^{\ominus}}\right]^2}{\frac{p_{eq}(B)}{p^{\ominus}}\cdot\left[\frac{p_{eq}(C)}{p^{\ominus}}\right]^2}=\frac{(1.6\times10^5)^2}{(0.4\times10^5)^2\times(0.2\times10^5)}=80$$

2. **解**：$K^{\ominus}=\dfrac{\frac{p_{eq}(H_2)}{p^{\ominus}}\cdot\frac{p_{eq}(CO_2)}{p^{\ominus}}}{\frac{p_{eq}(CO)}{p^{\ominus}}\cdot\frac{p_{eq}(H_2O)}{p^{\ominus}}}=\dfrac{40\times12}{40\times20}=0.6$

恒容下通入 CO 使 $p(H_2)$增大 17－12＝5(kPa)

$p'(CO_2)=40+5=45(\mathrm{kPa})$　$p'(H_2O)=20-5=15(\mathrm{kPa})$

$$K^{\ominus}=\frac{\frac{p'_{eq}(H_2)}{p^{\ominus}}\cdot\frac{p'_{eq}(CO_2)}{p^{\ominus}}}{\frac{p'_{eq}(CO)}{p^{\ominus}}\cdot\frac{p'_{eq}(H_2O)}{p^{\ominus}}}=\frac{p'_{eq}(H_2)\cdot p'_{eq}(CO_2)}{p'_{eq}(CO)\cdot p'_{eq}(H_2O)}$$

$$p'_{eq}(CO)=\frac{p'_{eq}(H_2)\cdot p'_{eq}(CO_2)}{p'_{eq}(H_2O)\cdot K^{\ominus}}=\frac{17\times 45}{0.6\times 15}=85\ (kPa)$$

3. **解**：Hg 蒸气的分压为：$2/3\times 108.0kPa=72.0kPa$

O_2 的分压为：$1/3\times 108.0kPa=36.0kPa$

所以：$K^{\ominus}=[p_{eq}(Hg)/p^{\ominus}]^2\cdot[p_{eq}(O_2)/p^{\ominus}]=0.72^2\times 0.36=0.187$

$$pV=nRT$$

$$72\times 1=n\times 8.314\times (450+273.15)$$

求得：$n=0.012mol$

所以转化率为：$\frac{0.012}{0.05}\times 100\%=24.0\%$

第四章　电解质溶液

一、教学大纲要求

★掌握电离平衡常数的意义和溶液中一元弱酸、弱碱的电离平衡及近似计算。

★掌握缓冲溶液的作用原理、近似计算、配制。

★掌握同离子效应和盐效应等影响电离平衡的因素。

▲熟悉多元弱酸、弱碱的分步电离及近似计算。

▲熟悉各类盐的水溶液 pH 值近似计算。

●了解强电解质溶液理论以及活度、活度系数、离子强度等概念。

●了解酸碱质子理论和酸碱电子理论。

本章重点：电离平衡常数的意义和溶液中一元弱酸、弱碱的电离平衡及其近似计算；缓冲溶液的作用原理、近似计算、配制；同离子效应和盐效应等影响电离平衡的因素。

本章难点：两性物质水溶液酸碱性的正确判断；酸碱混合溶液 pH 值的近似计算；酸碱平衡与沉淀平衡、氧化还原平衡、配位平衡的综合计算。

二、重点内容

（一）水的电离与溶液的 pH 值

1. 水的离子积常数

一定温度下，水溶液中 H^+ 和 OH^- 离子的相对平衡浓度的乘积是一常数，以 $K_w^\ominus$ 表示。$K_w^\ominus$ 称为水的离子积常数，简称离子积，可表示为：

$$K_w^\ominus = c_{eq}(H^+)c_{eq}(OH^-)$$

$K_w^\ominus$ 与其他化学平衡常数一样，只与温度有关而与浓度无关。由于水的电离是吸热反应，温度升高，$K_w^\ominus$ 值增大。298K 时，$K_w^\ominus$ 值为 1.0×10^{-14}。

2. 溶液的 pH 值

(1)定义

$$pH = -\lg c_{eq}(H^+) \qquad pOH = -\lg c_{eq}(OH^-)$$

$$pK_w^\ominus = -\lg K_w^\ominus$$

$$pH + pOH = pK_w^\ominus (298K, pK_w^\ominus = 14)$$

(2) 溶液的酸碱性表示

溶液类型	任意温度	298K	
		浓度（$mol \cdot L^{-1}$）	pH(pOH)
中性溶液	$c_{eq}(H^+)=c_{eq}(OH^-)$	$c_{eq}(H^+)=c_{eq}(OH^-)=1.0\times10^{-7}$	pH=pOH=7
酸性溶液	$c_{eq}(H^+)>c_{eq}(OH^-)$	$c_{eq}(H^+)>1.0\times10^{-7}$ 或 $c_{eq}(OH^-)<1.0\times10^{-7}$	pH<7 或 pOH>7
碱性溶液	$c_{eq}(H^+)<c_{eq}(OH^-)$	$c_{eq}(H^+)<1.0\times10^{-7}$ 或 $c_{eq}(OH^-)>1.0\times10^{-7}$	pH>7 或 pOH<7

（3）pH 值的应用范围：0～14

当 pH<0[$c_{eq}(H^+)>1.0mol \cdot L^{-1}$] 或 pH>14[$c_{eq}(OH^-)>1.0mol \cdot L^{-1}$] 时，可直接用 $c_{eq}(H^+)$、$c_{eq}(OH^-)$浓度表示溶液的酸碱性。

（二）强电解质溶液理论

强电解质在溶液中是完全电离的，但由于离子间的相互作用、离子氛的形成，离子不能100%自由地发挥效能，使表观上实验所测的离子数目减小，因此，在测量电解质的依数性时，依数性增大的倍数总是小于完全电离时质点扩大的倍数。

1. 离子强度

离子强度表示溶液中离子间相互牵制作用的强弱程度。

离子强度与溶液中所含离子的质量摩尔浓度和离子电荷数有关。可表示为：

$$I=\frac{1}{2}(b_1z_1^2+b_2z_2^2+b_3z_3^2+\cdots)=\frac{1}{2}\sum_i b_iz_i^2$$

当溶液浓度比较稀时，$b_i\approx c_i$，则：

$$I=\frac{1}{2}(c_1z_1^2+c_2z_2^2+c_3z_3^2+\cdots)=\frac{1}{2}\sum_i c_iz_i^2$$

2. 活度（a）

活度为电解质溶液中实际发挥作用的离子浓度。

3. 活度系数（γ）

活度系数是将离子浓度以活度表示时所需乘的校正系数。

4. 相互关系

活度与活度系数之间的关系：$a=\gamma c$。

溶液中离子浓度越大、离子所带电荷越多，离子强度越大，离子间相互牵制作用越强，活度系数越小，浓度与活度差别越大。

（三）弱电解质的电离平衡

1. 电离度

一定温度下，当弱电解质溶液达到电离平衡时，已电离的电解质分子数与电解质分子总数之比称为电离度，用符号 α 表示。

$$\alpha=\frac{\text{已电离的电解质分子数}}{\text{电解质分子总数}}\times100\%=\frac{\text{已电离的电解质浓度}}{\text{电解质总浓度}}\times100\%$$

电离度的大小既取决于电解质的本性，又受浓度、温度、溶剂、其他电解质的存在等外界因素的影响。同浓度的不同弱电解质，α 越大，表示电离程度越大，此电解质越强；不同浓度的同一弱电解质，浓度越稀，α 越大。[但要注意：$c(H^+)$ 并不一定大，∵ $c(H^+)=c\cdot\alpha$]

2. 电离平衡常数

电离平衡常数是一定温度下，弱电解质达到电离平衡时的标准平衡常数。弱酸的标准电离平衡常数以 $K_a^\ominus$ 表示，弱碱的电离平衡常数以 $K_b^\ominus$ 表示。$K_a^\ominus$、$K_b^\ominus$ 只与温度有关，而与浓度无关。$K_a^\ominus$、$K_b^\ominus$ 越大，表示弱酸、弱碱的电离趋势越大，酸碱性越强。

3. 电离度与电离平衡常数的关系

电离平衡常数和电离度都能反映弱电解质的电离程度。电离平衡常数是平衡常数的一种形式，只随温度变化不随浓度变化；电离度是转化率的一种形式，既随温度变化又随浓度变化。

两者之间的关系——稀释定律：

当 $\alpha<5\%$ 时，$\alpha=\sqrt{\dfrac{K_a^\ominus}{c}}$（一元弱酸）或 $\alpha=\sqrt{\dfrac{K_b^\ominus}{c}}$（一元弱碱）

4. 同离子效应、盐效应

同离子效应：在弱电解质溶液中，加入与弱电解质具有相同离子的强电解质时，使弱电解质的电离度减小的效应。

盐效应：在弱电解质溶液中，加入与弱电解质不具有相同离子的强电解质时，使弱电解质的电离度略有增大的效应。

在产生同离子效应的同时也产生盐效应，只不过稀溶液中盐效应的影响远不如同离子效应大。因此，一般情况下，可忽略盐效应只考虑同离子效应。

5. 不同类型弱电解质 $c_{eq}(H^+)$、$c_{eq}(OH^-)$ 的近似计算

溶液类型	电离平衡标准平衡常数	$c_{eq}(H^+)$、$c_{eq}(OH^-)$ 近似计算公式	说明
一元弱酸	$HA \rightleftharpoons H^+ + A^-$ $K_a^\ominus=\dfrac{c_{eq}(H^+)\cdot c_{eq}(A^-)}{c_{eq}(HAc)}$	$c_{eq}(H^+)=\sqrt{K_a^\ominus\times c}$ $c_{eq}(H^+)=-\dfrac{K_a^\ominus}{2}+\sqrt{\dfrac{(K_a^\ominus)^2}{4}+K_a^\ominus\cdot c}$	$\dfrac{c}{K_a^\ominus}\geqslant400$ $\dfrac{c}{K_a^\ominus}\leqslant400$
一元弱碱	$BOH \rightleftharpoons B^+ + OH^-$ $K_b^\ominus=\dfrac{c_{eq}(B^+)\cdot c_{eq}(OH^-)}{c_{eq}(BOH)}$	$c_{eq}(OH^-)=\sqrt{K_b^\ominus\times c}$ $c_{eq}(OH^-)=-\dfrac{K_b^\ominus}{2}+\sqrt{\dfrac{(K_b^\ominus)^2}{4}+K_b^\ominus\cdot c}$	$\dfrac{c}{K_b^\ominus}\geqslant400$ $\dfrac{c}{K_b^\ominus}\leqslant400$

（续表）

溶液类型	电离平衡标准平衡常数	$c_{eq}(H^+)$、$c_{eq}(OH^-)$近似计算公式	说明
多元弱酸	$H_2A \rightleftharpoons H^+ + HA^-$ $K_{a1}^{\ominus}=\frac{c_{eq}(H^+)\cdot c_{eq}(HA^-)}{c_{eq}(H_2A)}$ $HA^- \rightleftharpoons H^+ + A^{2-}$ $K_{a2}^{\ominus}=\frac{c_{eq}(H^+)\cdot c_{eq}(A^{2-})}{c_{eq}(HA^-)}$	当 $K_{a1}^{\ominus} \gg K_{a2}^{\ominus}$ 时，$K_{a1}^{\ominus}/K_{a2}^{\ominus} \geqslant 10^4$ 按一元弱酸计算 $c_{eq}(H^+)$： $\frac{c}{K_a^{\ominus}} \geqslant 400$，$c_{eq}(H^+)=\sqrt{K_{a1}^{\ominus} \times c}$ $\frac{c}{K_a^{\ominus}} \leqslant 400$ $c_{eq}(H^+)=-\frac{K_{a1}^{\ominus}}{2}+\sqrt{\frac{(K_{a1}^{\ominus})^2}{4}+K_{a1}^{\ominus}\cdot c}$ $c_{eq}(A^{2-})=K_{a2}^{\ominus}$	多元弱酸是分步电离的，且电离逐级减弱，电离平衡常数逐级减小
同离子效应	$HA \rightleftharpoons H^+ + A^-$ $NaA = Na^+ + A^-$ $K_a^{\ominus}=\frac{c_{eq}(H^+)\cdot c_{eq}(A^-)}{c_{eq}(HA)}$ $BOH \rightleftharpoons B^+ + OH^-$ $BCl = B^+ + Cl^-$ $K_b^{\ominus}=\frac{c_{eq}(B^+)\cdot c_{eq}(OH^-)}{c_{eq}(BOH)}$	$c_{eq}(H^+)=\frac{K_a^{\ominus}\cdot c(HA)}{c(A^-)}$ $c_{eq}(OH^-)=\frac{K_b^{\ominus}\cdot c(BOH)}{c(B^+)}$	由于同离子效应电离平衡逆向移动，使： $c_{eq}(A^-) \approx c(A^-)$ $c_{eq}(HA) \approx c(HA)$ $c_{eq}(B^+) \approx c(B^+)$ $c_{eq}(BOH) \approx c(BOH)$

（四）缓冲溶液

1. 缓冲溶液

缓冲溶液是能抵抗外来少量强酸、强碱以及适当的稀释和浓缩而保持本身 pH 值基本不变的溶液。

2. 缓冲对

缓冲对是组成缓冲溶液的共轭酸碱对。如：HAc-NaAc，NH_3-NH_4Cl，$NaHCO_3$-Na_2CO_3。

3. 缓冲作用原理

缓冲溶液中同时含有较大量的抗酸、抗碱成分。外加少量强酸、强碱时，可利用弱酸、弱碱的电离平衡移动抵抗并消耗掉，从而使溶液的 pH 值基本不变。

4. 缓冲容量

(1) 定义：在单位体积(1L 或 1ml)缓冲溶液中，使 pH 改变一个单位所需加入的一元强酸 H^+ 或一元强碱 OH^- 的物质的量(mol 或 mmol)。可表示为：

$$\beta=\frac{\Delta n}{|\Delta pH|\cdot V}=\frac{\Delta a}{-\Delta pH\cdot V}=\frac{\Delta b}{\Delta pH\cdot V}$$

a、b分别代表酸、碱的量。

显然，β越大，缓冲能力越强；反之，缓冲能力越弱。

（2）影响因素

①当缓冲对浓度比固定时，总浓度越大，β越大。一般配制时，总浓度控制在0.05～0.5mol·L^{-1}。

②当总浓度固定时，浓度比越接近于1，β越大。浓度比等于1时，β最大。

（3）缓冲范围：缓冲对的浓度比越接近于1，β越大。浓度比过大或过小，缓冲溶液将会失去缓冲作用。因此，为使所配制的缓冲溶液具有较大的缓冲容量，浓度比一般控制在$\frac{1}{10}$～10之间，代入缓冲溶液pH、pOH近似计算公式可得到相应缓冲溶液pH有效范围，简称缓冲范围。即：$pH=pK_a^\ominus \pm 1$

或 $pOH=pK_b^\ominus \pm 1$ $(pH=14-pK_b^\ominus \mp 1)$

（4）不同类型的缓冲溶液的pH计算公式

缓冲对	电离平衡	pH近似计算公式	说明
弱酸及其共轭碱 $HA—A^-$	$HA \rightleftharpoons H^+ + A^-$	$pH=pK_a^\ominus+\lg\frac{c(A^-)}{c(HA)}$	根据酸碱质子论，缓冲溶液是由共轭酸碱对组成，其pH近似计算公式可用通式表示：$pH=pK_a^\ominus$(酸常数)$+\lg\frac{c(共轭碱)}{c(酸)}$。
弱碱及其共轭酸 $BOH—B^+$	$BOH \rightleftharpoons B^+ + OH^-$	$pOH=pK_b^\ominus+\lg\frac{c(B^+)}{c(BOH)}$ $pH=14-pK_b^\ominus-\lg\frac{c(B^+)}{c(BOH)}$	
多元弱酸及次级盐 $H_2A—HA^-$	$H_2A \rightleftharpoons H^+ + HA^-$	$pH=pK_{a1}^\ominus+\lg\frac{c(HA^-)}{c(H_2A)}$	条件：$\frac{1}{10}<\frac{c(共轭碱)}{c(酸)}<10$，
酸式盐及次级盐 $HA^-—A^{2-}$	$HA^- \rightleftharpoons H^+ + A^{2-}$	$pH=pK_{a2}^\ominus+\lg\frac{c(A^{2-})}{c(HA^-)}$	$c(HA)$、$K_a^\ominus$均较大

（五）盐类水解

1. 盐类水解定义

组成盐的离子与水电离出的H^+或OH^-反应，生成弱酸或弱碱的过程，称为盐类水解。

2. 水解度（h）

水解度类似于电离平衡中的电离度。可表示为：

$$h=\frac{已水解的盐浓度}{盐的总浓度}\times 100\%$$

3. 影响盐类水解的因素

（1）盐的本性：组成盐的弱酸、弱碱越弱，$K_a^\ominus(K_b^\ominus)$越小，$K_h^\ominus$越大，h越大，越易水解。

（2）温度的影响：由于水解是吸热反应，温度升高，水解程度加大。

（3）浓度的影响：对于弱酸强碱盐、强酸弱碱盐，稀释可促进水解，类似于一元弱酸、弱碱的稀释定律。对于弱酸弱碱盐影响较复杂，一般可粗略地认为无影响。

（4）酸度的影响：水解显酸性的盐，加酸抑制水解，加碱促进水解。水解显碱性的盐，加酸促进水解，加碱抑制水解。

4. 各类盐溶液的酸碱性和 $c_{eq}(H^+)$、$c_{eq}(OH^-)$ 值近似计算

盐的类型	水解平衡 水解常数	酸碱性 $c_{eq}(H^+)$、$c_{eq}(OH^-)$ 近似计算公式	说明
弱酸强碱盐	$A^- + H_2O \rightleftharpoons HA + OH^-$ $K_h^\ominus = \frac{c_{eq}(HA)\cdot c_{eq}(OH^-)}{c_{eq}(A^-)} = \frac{K_w^\ominus}{K_a^\ominus}$	碱性 $c_{eq}(OH^-) = \sqrt{K_h^\ominus \times c}$ $= \sqrt{\frac{K_w^\ominus}{K_a^\ominus} \times c}$	按酸碱质子论属离子碱，其计算类似于一元弱碱
强酸弱碱盐	$M^+ + H_2O \rightleftharpoons MOH^+ H^+$ $K_h^\ominus = \frac{c_{eq}(MOH)\cdot c_{eq}(H^+)}{c_{eq}(M^+)} = \frac{K_w^\ominus}{K_b^\ominus}$	酸性 $c_{eq}(H^+) = \sqrt{K_h^\ominus \times c}$ $= \sqrt{\frac{K_w^\ominus}{K_b^\ominus} \times c}$	按酸碱质子论属离子酸，其计算类似于一元弱酸
多元弱酸的强碱正盐	$A^{2-} + H_2O \rightleftharpoons HA^- + OH^-$ $K_{h1}^\ominus = \frac{c_{eq}(HA^-)\cdot c_{eq}(OH^-)}{c_{eq}(A^{2-})} = \frac{K_w^\ominus}{K_{a2}^\ominus}$ $HA^- + H_2O \rightleftharpoons H_2A + OH^-$ $K_{h2}^\ominus = \frac{c_{eq}(H_2A)\cdot c_{eq}(OH^-)}{c_{eq}(HA^-)} = \frac{K_w^\ominus}{K_{a1}^\ominus}$	碱性 由于 $K_{h1}^\ominus \gg K_{h2}^\ominus$，所以计算 $c_{eq}(OH^-)$ 只考虑第一步水解 $c_{eq}(OH^-) = \sqrt{K_{h1}^\ominus \times c}$ $= \sqrt{\frac{K_w^\ominus}{K_{a2}^\ominus} \times c}$	按酸碱质子论属离子碱（且为多元弱碱），其计算类似于多元弱酸
弱酸弱碱盐	$M^+ + A^- + H_2O \rightleftharpoons HA + MOH$ $K_h^\ominus = \frac{c_{eq}(HA)\cdot c_{eq}(MOH)}{c_{eq}(A^-)\cdot c_{eq}(M^+)}$ $= \frac{K_w^\ominus}{K_a^\ominus \cdot K_b^\ominus}$	$K_a^\ominus > K_b^\ominus$ 酸性 $K_a^\ominus = K_b^\ominus$ 中性 $K_a^\ominus < K_b^\ominus$ 碱性 $c_{eq}(H^+) = \sqrt{\frac{K_w^\ominus \cdot K_a^\ominus}{K_b^\ominus}}$	按酸碱质子论，弱酸弱碱盐、酸式盐两者均属两性物质，其计算公式相类似
酸式盐	$HA^- + H_2O \rightleftharpoons H_2A + OH^-$ $K_h^\ominus = \frac{c_{eq}(H_2A)\cdot c_{eq}(OH^-)}{c_{eq}(HA^-)} = \frac{K_w^\ominus}{K_{a2}^\ominus}$ $HA^- \rightleftharpoons H^+ + A^{2-}$ $K_{a2}^\ominus = \frac{c_{eq}(H^+)\cdot c_{eq}(A^{2-})}{c_{eq}(HA^-)}$	酸式盐的特点是既电离又水解。若电离大于水解则显酸性，若电离小于水解则显碱性。 $c_{eq}(H^+) = \sqrt{K_{a1}^\ominus \cdot K_{a2}^\ominus}$	

注：目前有许多教材已不将盐类水解单列一节，而是将其归为酸碱一类，这样大大减少了公式数量，便于学习掌握。

（六）酸碱质子论和电子论

1. 酸碱质子论

（1）酸碱定义：凡是能给出质子的任何分子或离子均为酸。

凡是能接受质子的任何分子或离子均为碱。

（2）酸碱特点

①质子论中所有酸碱均是共轭的。

②酸、碱均可以是分子、正离子、负离子。

③有些物质既可为酸又可为碱，称两性物质。

④酸的酸性越强，其共轭碱的碱性越弱；酸的酸性越弱，其共轭碱的碱性越强。

⑤质子论中没有盐的概念，电离理论中的盐在这里均是离子酸或离子碱。

（3）酸碱反应

①反应实质：两个共轭酸碱对之间的质子传递反应。

②质子论把经典反应中的电离、水解、中和等都理解为质子传递平衡，都是酸碱反应。

（4）酸碱强度

①定性讨论：同一溶剂不同酸碱的相对强弱取决于酸碱本身给出质子和接受质子的能力，给出质子的能力强，酸性强；接受质子的能力强，碱性强。同一酸碱不同溶剂的酸碱相对强弱取决于溶剂给出质子和接受质子的能力，溶剂接受质子的能力强，酸性强；溶剂给出质子的能力强，碱性强。

②定量表示——酸碱常数

由于酸碱的固有程度无法确定，因此只能选用一种两性溶剂作为标准来确定其相对值。通常选用水作为两性溶剂，则：

$$\text{酸}+H_2O \rightleftharpoons H_3O^+ + \text{碱}$$

$$K_a^\ominus=\frac{c_{eq}(H_3O^+)\cdot c_{eq}(\text{碱})}{c_{eq}(\text{酸})} \quad \text{（酸常数）}$$

$$\text{碱}+H_2O \rightleftharpoons \text{酸}+OH^-$$

$$K_b^\ominus=\frac{c_{eq}(OH^-)\cdot c_{eq}(\text{酸})}{c_{eq}(\text{碱})} \quad \text{（碱常数）}$$

酸碱常数之间的关系：$K_a^\ominus \cdot K_b^\ominus = K_w^\ominus$

由此可知,已知酸的酸常数即可求出其共轭碱的碱常数，反之亦然。

盐是质子论中的离子酸或离子碱，其水解常数即是离子酸的酸常数或离子碱的碱常数。

2. 酸碱电子论

（1）酸碱定义：凡是能接受电子对的分子、离子、原子团均为酸。

凡是能给出电子对的分子、离子、原子团均为碱。

（2）酸碱反应的实质：形成配位键并生成配合物的过程。

(3) 酸碱反应类型：酸碱加合反应、酸取代反应、碱取代反应、双取代反应。

三、疑难辨析

(一) 典型例题分析

1. 难点提示

(1) 只要是在稀的水溶液中，就同时含有 H^+ 和 OH^-，且 H^+ 和 OH^- 离子的相对平衡浓度的乘积在一定温度下是一常数，不会因溶入其他物质、存在其他平衡而改变。因此，已知 H^+ 浓度即可求出 OH^- 浓度，反之亦然。

(2) $K_a^{\ominus}$（$K_b^{\ominus}$）值不受共存物和其他平衡的影响。存在其他平衡和其他物质时，$K_a^{\ominus}$（$K_b^{\ominus}$）平衡常数表达式中有关离子浓度是指平衡时该离子的总浓度。遵循多重平衡规则。

(3) 酸碱平衡与沉淀平衡、氧化还原平衡综合计算。

(4) 混合溶液为缓冲溶液的 pH 值计算。

(5) 区分效应和拉平效应：根据水中弱酸、弱碱的电离常数可比较酸、碱的相对强弱，$K_a^{\ominus}$ 越大，酸性越强，$K_b^{\ominus}$ 越大，碱性越强。这表明溶剂水对它们有区分能力。同一溶剂（水）有区分多种酸、碱相对强弱的作用，这种作用被称为溶剂（水）的区分效应。但是，有些很强的酸（如 $HClO_4$ 等）在水中都是100%电离的，既能将质子全部转移给水，水同等程度地将这些酸的质子接受过来，因而不能区分它们之间的相对强弱，这种现象称为溶剂水的拉平效应。在溶剂中能够存在的最强酸是溶剂自身离解产生的阳离子，最强碱是溶剂离解产生的阴离子。要区分强酸、强碱需选用更弱的碱、酸，反之，要区分弱酸、弱碱需选用更强的碱、酸，这样才能体现出溶剂对它们的区分效应。

2. 典型例题

【例 4-1】 计算下列溶液的 pH

(1) pH 为 9.00 和 pH 为 10.00 的 NaOH 溶液等体积混合。

(2) pH 为 2.00 的强酸溶液和 pH 为 13.00 的强碱溶液等体积混合。

解：(1) 两种强碱溶液等体积混合后，OH^- 浓度减半：

$$c_{eq}(OH^-)=\frac{1}{2}(1.0\times10^{-5}+1.0\times10^{-4})=5.5\times10^{-5}\,mol\cdot L^{-1}$$

pOH＝4.26　　　pH＝9.74

(2) 强酸、强碱溶液等体积混合后发生中和反应，碱过量。过量碱的浓度为：

$$c_{eq}(OH^-)=\frac{(0.1-0.01)}{2}=4.5\times10^{-2}\,mol\cdot L^{-1}$$

pOH＝1.35　　　pH＝12.65

【解题思路】 求混合溶液的 pH 值，首先要考虑溶液混合后有没有发生化学反应，若没有则根据溶液浓度的变化来求，如(1)；若发生了化学反应，则根据混合后溶液的组成来求，如(2)。

【例 4-2】 已知在某浓度 NH_3 水中，NH_3 的电离度为 1.0%，$K_b^{\ominus}=1.8\times10^{-5}$。

求：(1) 溶液的 pH 值和 NH_3 水的起始浓度。

(2) 若此 NH_3 水和浓度为 $1.0\times10^{-4}\,mol\cdot L^{-1}$ 的 $MgCl_2$ 溶液等体积混合，有无 $Mg(OH)_2$ 沉淀生成？{已知：$K_{sp}^{\ominus}[Mg(OH)_2]=1.8\times10^{-11}$}

解：(1) 由稀释定律，$K_b^{\ominus}=c\alpha^2$，而 $c_{eq}(OH^-)=c\alpha$，得：

$$c_{eq}(OH^-)=\frac{K_b^{\ominus}}{\alpha}=\frac{1.8\times10^{-5}}{0.01}=1.8\times10^{-3}$$

$$pH=14-pOH=14+lg1.8\times10^{-3}=11.26$$

$$c(NH_3)=\frac{c_{eq}(OH^-)}{\alpha}=\frac{1.8\times10^{-3}}{0.01}=0.18mol\cdot L^{-1}$$

(2) 混合后，$c(NH_3)=0.090mol\cdot L^{-1}$（注：弱碱、弱酸等体积稀释后，不可理解为 H^+、OH^- 浓度为原来的二分之一）

$$c_{eq}(OH^-)=\sqrt{c(NH_3)\times K_b^{\ominus}}\quad(\frac{c_b}{K_b}<400)$$

$$=\sqrt{0.090\times1.8\times10^{-5}}$$

$$=1.3\times10^{-3}mol\cdot L^{-1}$$

$c(Mg^{2+})=5.0\times10^{-5}mol\cdot L^{-1}$，则：

$J=c(Mg^{2+})\cdot c_{eq}^2(OH^-)=(1.3\times10^{-3})^2\times(5.0\times10^{-5})=8.5\times10^{-11}>K_{sp}^{\ominus}$

所以有 $Mg(OH)_2$ 沉淀生成。

【解题思路】 由于已知电离度（且小于5%）和电离平衡常数，可方便地用稀释定律求出溶液的 pH 值和 NH_3 水的起始浓度。(2) 小题是酸碱平衡和沉淀平衡的综合题，由于溶液中的氢氧根离子浓度是由氨水提供的，所以要先根据氨水的电离平衡求出氢氧根离子浓度，再根据混合后镁离子浓度求氢氧化镁的离子积，最后用溶度积规则判断有无氢氧化镁沉淀生成。

【例 4-3】 有一原电池：

(—)Pt(s) | $H_2(p^{\ominus})$ | HA($0.500mol\cdot L^{-1}$) ‖ Cl^-($1.0mol\cdot L^{-1}$) | AgCl(s) | Ag(s)(＋)

298K 时，测得电池电动势为 0.568V。已知 $E^{\ominus}(AgCl/Ag)=0.221V$，计算此一元弱酸 HA 的电离常数。

解：正极为 AgCl/Ag，其电极电势为 $E^{\ominus}(AgCl/Ag)=0.221V$，负极为 HA/H_2，其电极电势为 $E(HA/H_2)=0.221V-0.568V=-0.347V$。而由能斯特方程式，负极 HA/H_2 的电极电势为：

$$E(HA/H_2)=E^{\ominus}(H^+/H_2)+\frac{0.0592V}{2}lg\frac{c_{eq}(HA)\cdot K_a^{\ominus}(HA)}{p(H_2)/p^{\ominus}}$$

$$c_{eq}(H^+)=\sqrt{K_a^{\ominus}(HA)\cdot c_{eq}(HA)}$$

$$-0.347=\frac{0.0592}{2}lg0.500\times K_a^{\ominus}$$

$$K_a^{\ominus}=3.78\times10^{-12}$$

【解题思路】 此题属酸碱平衡和氧化还原平衡综合题，由于该一元弱酸的起始浓度是已知的，因此只要知道平衡时溶液中的氢离子浓度即可求出该一元弱酸的电离平衡常数。由已知条件可求出负极的电极电势，将其代入能斯特方程式即可求出平衡时弱酸溶液中的氢离子浓度。

【例 4-4】 10ml 0.20mol·L^{-1}NaOH 和 20ml 0.20mol·L^{-1}NH_4Cl 混合，求混合溶液的 pH 值。[已知：$pK_b^\ominus(NH_3)=4.74$]

解：混合后，过量的 NH_4Cl 和生成的 $NH_3\cdot H_2O$ 组成缓冲溶液。溶液中：

$$c(NH_4Cl)=\frac{0.20\times0.02-0.2\times0.01}{0.03}=\frac{1}{15}\text{mol}\cdot\text{L}^{-1}$$

$$c_{eq}(NH_4^+)=\frac{0.20\times0.01}{0.03}=\frac{1}{15}\text{mol}\cdot\text{L}^{-1}$$

$$c_{eq}(NH_3)=c_{eq}(NH_4^+)=\frac{1}{15}\text{mol}\cdot\text{L}^{-1}$$

$$pH=14-pK_b^\ominus+\lg\frac{c_{eq}(NH_3\cdot H_2O)}{c_{eq}(NH_4^+)}=9.26$$

【解题思路】 两种溶液混合后发生化学反应生成 $NH_3\cdot H_2O$，且 NH_4Cl 过量，过量的 NH_4Cl 和生成的 $NH_3\cdot H_2O$ 组成缓冲溶液。因此求出混合后 $NH_3\cdot H_2O$ 和 NH_4Cl 的浓度，由缓冲溶液计算公式即可求出混合溶液的 pH 值。

【例 4-5】 HAc 在下列哪种溶剂中电离度最大。（　）

A. 纯水　　B. 液态 NH_3　　C. 液态 HF　　D. 纯 H_2SO_4

答案：B。由于液氨接受质子的能力最强，HAc 在其中给出质子的能力最强。

【解题思路】 由酸碱质子论可知，酸碱的强度不仅决定于酸碱本身给出质子和接受质子的能力，同时也决定于溶剂接受质子和给出质子的能力。溶剂接受质子的能力强，HAc 在其中所显示的酸性就强、电离度就大。

（二）考点分析

1. 本章考点

(1) pH 的定义、溶液的酸碱性判断。

(2) 离子强度、活度、活度系数的概念及其之间的关系，强弱电解质的比较、差别。

(3) 同离子效应与盐效应的概念及其对弱电解质的电离度和溶液 pH 大小的影响。

(4) 弱电解质溶液中，电离度与电离平衡常数之间的换算。

(5) 酸碱平衡与沉淀平衡、氧化还原平衡综合计算。

(6) 配制某一 pH 的缓冲溶液时，为了使其具有较大的缓冲能力，尽可能选择：①pH 与共轭酸的酸常数 $pK_a^\ominus$ 相等或接近；②pOH 与共轭碱常数 $pK_b^\ominus$ 相等或接近所配溶液。

(7) 浓度、电离常数、缓冲溶液 pH 值的相互换算。

(8) 混合溶液 pH 值的计算。

(9) 盐溶液 pH 值、溶液中各离子浓度的计算，盐类水解的抑制和利用。

(10) 酸、碱、共轭酸、共轭碱的定义，比较共轭酸、碱的相对强弱。

2. 考题举例

【例 4-6】 313K 时，水的 $K_w^\ominus=3.8\times10^{-14}$；在 313K 时，pH=7 的溶液为：（　）

A. 中性　　B. 酸性　　C. 碱性　　D. 缓冲溶液

答案：C. 碱性。因为 pH=7，$c_{eq}(H^+)=1.0\times10^{-7}$，$c_{eq}(OH^-)=3.8\times10^{-7}$，$c_{eq}(H^+)<$

$c_{eq}(OH^-)$，故为碱性.

考点： 溶液的酸碱性判断。

【例 4-7】 pH＝4 的溶液的酸度是 pH＝2 的溶液酸度的（ ）倍。

A. 2　　B. 1/100　　C. 100　　D. 1/2

答案： B。

考点： pH 的定义。

【例 4-8】 电解质溶液中，离子强度 I、活度系数 γ、活度 a 之间的关系是：（ ）

A. I 越大、γ 越大、a 也越大　　B. I 越大、γ 越小、a 也越小

C. I 越小、γ 越小、a 越大　　D. I 越小、γ 越大、a 越小

答案： B。

考点： 离子强度、活度、活度系数之间的关系。

【例 4-9】 $0.10mol \cdot L^{-1}$ NaCl 溶液的离子强度 I＝________。离子强度越大，离子间相互作用力________。

答案： $0.10mol \cdot L^{-1}$；越大。

考点： 离子强度、活度、活度系数的概念及其之间的关系。

【例 4-10】 在 NH_3 水中加入下列哪种物质时，可使 NH_3 水的电离度和 pH 均减小。

A. NaOH　　B. NH_4Cl　　C. HCl　　D. H_2O

答： B。同离子效应使 NH_3 水的电离度减小，$c(OH^-)$减小，pH 减小。若是弱酸中加入与弱酸含有相同离子的弱酸强碱盐产生同离子效应，其电离度减小，但 pH 将增大。换成盐效应呢?

考点： 同离子效应与盐效应对弱电解质的电离度及溶液 pH 大小的影响。

【例 4-11】 同浓度下列溶液中，酸性最强的是：（ ）

A. HAc　　B. NH_4Cl　　C. H_2S　　D. H_3PO_4

答： D。多元弱酸在溶液中是分步电离的，且电离逐级减弱。因此，比较其酸性强弱只需看一级电离常数。

考点： 不同弱电解质溶液的酸碱性判断。

【例 4-12】 计算 $0.20mol \cdot L^{-1}$ HAc 溶液的 pH 值和电离度。（已知：$K_a^{\ominus}=1.75\times10^{-5}$）

解： $\because c \cdot K_a^{\ominus} > 20K_w^{\ominus}$，可忽略水的电离。

又$\because \frac{c}{K_a^{\ominus}} > 400$，所以求 $c_{eq}(H^+)$用最简公式。

$$c_{eq}(H^+)=\sqrt{c \cdot K_a^{\ominus}}=\sqrt{0.20\times1.75\times10^{-5}}=1.9\times10^{-3}mol \cdot L^{-1}$$

$$pH=-\lg c_{eq}(H^+)=2.72$$

$$\alpha=\frac{c_{eq}(H^+)}{c}\times100\%=\frac{1.9\times10^{-3}}{0.20}\times100\%=0.95\%$$

考点： 弱电解质溶液中，电离度与电离平衡常数之间的换算。

【例 4-13】 已知 NH_3 水的 $pK_b^{\ominus}=4.74$，H_2CO_3 的 $pK_{a1}^{\ominus}=6.38$、$pK_{a2}^{\ominus}=10.25$，欲配制 pH＝9.00 的缓冲溶液，可选择的缓冲对是：（ ）

A. NH_3-NH_4Cl　　B. H_2CO_3-$NaHCO_3$

C. $NaHCO_3$-Na_2CO_3　　D. H_2CO_3-Na_2CO_3

答案： A。不要忘了 NH_4^+ 的酸常数为 $pK_w^\ominus - pK_b^\ominus = 14 - 4.74 = 9.26$

考点： 配制某一 pH 值的缓冲溶液时，为了使其具有较大的缓冲能力，尽可能选择共轭酸的酸常数 $pK_a^\ominus$ 等于或接近所配溶液的 pH 值。

【例 4-14】 取 $0.10mol \cdot L^{-1}$ 某一元弱酸溶液 50ml 与 20ml $0.10mol \cdot L^{-1}$ KOH 溶液混合。将混合液稀释到 100ml，溶液的 pH 值为 5.25。求此一元弱酸溶液的电离常数。

解： 混合后，酸过量。过量的酸和生成的盐组成缓冲溶液。

$$c(HA) = \frac{0.10 \times 0.050 - 0.10 \times 0.020}{0.10} = 0.030mol \cdot L^{-1}$$

$$c(A^-) = \frac{0.10 \times 0.020}{0.10} = 0.020mol \cdot L^{-1}$$

代入缓冲溶液计算公式：$pH = pK_a^\ominus - \lg \frac{c(HA)}{c(A^-)}$

$$5.25 = pK_a^\ominus - \lg \frac{0.030}{0.020}$$

$$K_a^\ominus = 3.8 \times 10^{-6}$$

考点： 混合溶液 pH 值的计算；电离常数、缓冲溶液 pH 值的相互换算。

【例 4-15】 现有 $6.0mol \cdot L^{-1}$ HAc 溶液 134ml，欲配制 pH＝4.0 的缓冲溶液 500ml，需用 $NaAc \cdot 3H_2O$（$M = 136.1g \cdot mol^{-1}$）多少克？（HAc 的 $pK_a^\ominus = 4.76$）

解： 由缓冲溶液的 pH 值计算公式得：

$$pH = pK_a^\ominus(HAc) + \lg \frac{c_{eq}(Ac^-)}{c_{eq}(HAc)} = pK_a^\ominus(HAc) + \lg \frac{n(NaAc \cdot 3H_2O)}{n(HAc)}$$

$$\begin{aligned} \lg n(NaAc \cdot 3H_2O) &= pH - pK_a^\ominus(HAc) + \lg n(HAc) \\ &= 4.00 - 4.76 + \lg(6.0 \times 0.134) \\ &= -0.855 \end{aligned}$$

$$n(NaAc \cdot 3H_2O) = 0.140mol$$

所需 $NaAc \cdot 3H_2O$ 的质量为：

$$m(NaAc \cdot 3H_2O) = 0.140 \times 136.1 = 19.1g$$

考点： 浓度、电离常数、缓冲溶液 pH 值的相互换算。

【例 4-16】

(1) 相同浓度的下列溶液，pH 值最大的是：(　　)

A. NH_4Ac　　B. Na_3PO_4　　C. NaH_2PO_4　　D. Na_2HPO_4

答案： B。

(2) NaCl、NaAc、NH_4Cl、NaH_2PO_4 四种盐溶液中，pH 最高的是________。

答案： NaAc。四种盐中只有其显碱性。

(3) 酸式盐的水溶液一定呈酸性吗？

答案： 不是。酸式盐水解大于电离显碱性，若电离大于水解则显酸性。

考点：不同类型弱电解质溶液的酸碱性判断。

【例 4-17】 配制 $SbCl_3$ 溶液时，必须加________防止水解。

$SbCl_3 + H_2O \rightleftharpoons SbOCl_2(s) + 2HCl$

答案：加酸。由于其水解显酸性，因此加酸防止水解。

考点：盐类水解的抑制和利用。

【例 4-18】 计算 $0.10mol \cdot L^{-1} Na_2CO_3$ 溶液中的各离子浓度和 pH 值。

$$H_2CO_3 \quad K_{a1}^{\ominus}=4.17\times10^{-3} \qquad K_{a2}^{\ominus}=5.62\times10^{-11}$$

解：Na_2CO_3 为多元弱酸的强碱正盐，且 $K_{h1}^{\ominus} \gg K_{h2}^{\ominus}$，因此计算其 OH^- 离子浓度只考虑第一级水解。又因为其 $\frac{c}{K_{h1}^{\ominus}}>400$，所以求 OH^- 浓度可用最简公式：

$$c_{eq}(OH^-)=\sqrt{c\times K_{h1}^{\ominus}}=\sqrt{0.10\times\frac{1.0\times10^{-14}}{5.62\times10^{-11}}}=4.2\times10^{-3}mol \cdot L^{-1}$$

$$c_{eq}(HCO_3^-)\approx c_{eq}(OH^-)=4.2\times10^{-3}mol \cdot L^{-1}$$

$$c_{eq}(H_2CO_3)\approx K_{h2}^{\ominus}=\frac{K_w^{\ominus}}{K_{a1}^{\ominus}}=\frac{1.0\times10^{-14}}{4.17\times10^{-7}}=2.4\times10^{-8}mol \cdot L^{-1}$$

$$c_{eq}(CO_3^{2-})=0.1-4.2\times10^{-3}-2.40\times10^{-8}\approx0.096mol \cdot L^{-1}$$

$$c_{eq}(H^+)=\frac{K_w^{\ominus}}{c_{eq}(OH^-)}=\frac{1.0\times10^{-14}}{4.2\times10^{-3}}=2.4\times10^{-12}mol \cdot L^{-1}$$

$$pH=11.62$$

考点：盐溶液 pH 值、溶液中各离子浓度的计算。

【例 4-19】 求下列各混合溶液的 pH 值？

（1）20ml $0.10mol \cdot L^{-1}$ HAc 和 10ml $0.10mol \cdot L^{-1}$ NaOH 混合；

（2）20ml $0.10mol \cdot L^{-1}$ HAc 和 20ml $0.10mol \cdot L^{-1}$ NaOH 混合；

（3）20ml $0.10mol \cdot L^{-1}$ HAc 和 30ml $0.10mol \cdot L^{-1}$ NaOH 混合；

（4）10ml $0.10mol \cdot L^{-1}$ HCl 和 10ml $0.10mol \cdot L^{-1}$ Na_2CO_3 混合；

（5）10ml $0.10mol \cdot L^{-1}$ HCl 和 20ml $0.10mol \cdot L^{-1}$ Na_2CO_3 混合。

[已知：$K_a^{\ominus}(HAc)=1.75\times10^{-5}$　　H_2CO_3 的 $pK_{a1}^{\ominus}=6.37$，$pK_{a2}^{\ominus}=10.25$]

解：（1）混合后，过量的 HAc 和生成的 NaAc 组成缓冲溶液。溶液中：

$$c_{eq}(HAc)=\frac{0.10\times0.02-0.10\times0.01}{0.03}=\frac{1}{30}mol \cdot L^{-1}$$

$$c_{eq}(Ac^-)=\frac{0.1\times0.01}{0.03}=\frac{1}{30}mol \cdot L^{-1}$$

$$pH=pK_a^{\ominus}+\lg\frac{c_{eq}(Ac^-)}{c_{eq}(HAc)}=4.76$$

（2）HAc 和 NaOH 等物质量中和生成 NaAc，溶液中：$c(NaAc)=0.050mol \cdot L^{-1}$

$$c_{eq}(OH^-)=\sqrt{c(Ac^-)\times K_h^{\ominus}}=\sqrt{0.05\times\frac{1.0\times10^{-14}}{1.75\times10^{-5}}}=5.35\times10^{-6}$$

$$pOH=5.27 \qquad pH=8.73$$

(3) NaOH 过量。过量的 OH^- 浓度为：

$$c_{eq}(OH^-)=\frac{0.01\times0.1}{0.05}=0.020mol\cdot L^{-1}$$

$$pOH=1.70 \qquad pH=12.30$$

(4) HCl 和 Na_2CO_3 等物质量中和生成 $NaHCO_3$，代入酸式盐 pH 计算公式：

$$pH=\frac{1}{2}pK_{a1}^{\ominus}+\frac{1}{2}pK_{a2}^{\ominus}=\frac{1}{2}(6.38+10.25)=8.32$$

(5) Na_2CO_3 过量，过量的 Na_2CO_3 和生成的 $NaHCO_3$ 组成缓冲溶液，溶液中：

$$c_{eq}(CO_3^{2-})=\frac{0.02\times0.10-0.01\times0.10}{0.30}=\frac{1}{300}mol\cdot L^{-1}$$

$$c_{eq}(HCO_3^-)=\frac{0.10\times0.01}{0.03}=\frac{1}{300}mol\cdot L^{-1}$$

$$pH=pK_{a2}^{\ominus}+\lg\frac{c_{eq}(CO_3^{2-})}{c_{eq}(HCO_3^-)}=10.25$$

考点：混合溶液（酸、碱、盐、缓冲溶液）pH 值的计算。

【例 4-20】

(1) 根据质子理论，下列物质中，哪种离子碱的碱性最弱：(　　)

A. Ac^-　　B. ClO_4^-　　C. ClO_3^-　　D. NO_3^-

答案：B。一个酸的酸性越强，其共轭碱的碱性越弱。$HClO_4$ 酸性最强。

(2) 根据酸碱质子理论，下列物质不属于两性物质的是：(　　)

A. H_2O　　B. HS^-　　C. NH_4^+　　D. $H_2PO_4^-$

答案：C。

(3) $H_2PO_4^-$ 的共轭碱、共轭酸是：(　　)

A. H_3PO_4、HPO_4^{2-}　　B. HPO_4^{2-}、PO_4^{3-}

C. HPO_4^{2-}、H_3PO_4　　D. PO_4^{3-}、H_3PO_4

答案：C。

考点：酸、碱、共轭酸、共轭碱的定义，比较共轭酸、碱的相对强弱。

四、补充习题

(一) 是非题

1. 将 pH=5 的溶液和 pH=9 的溶液等体积混合，溶液的 pH 为 7。(　　)

2. 弱电解质溶液的浓度越小，电离度越大。因此如果是弱酸，则酸越稀，酸性越强。(　　)

3. 凡是多元弱酸，由于其前级电离平衡常数大于后级电离平衡常数，因此，其酸根浓度近似等于最后一级的电离平衡常数。(　　)

4. 据 $pH=pK_a^{\ominus}-\lg\frac{c(酸)}{c(盐)}$，当溶液稀释时，由于 c(酸)与 c(盐)以相同倍数稀释，所以缓冲溶液具有抗无限稀释的作用。(　　)

5. $0.1mol\cdot L^{-1}$ HAc 溶液中，加入一些 NaCl 晶体，使其浓度也为 $0.1mol\cdot L^{-1}$，则将

会使溶液的 pH 降低。（ ）

6. 反应 $HY + X \rightleftharpoons HX^+ + Y^-$ $K^\ominus = 1.0 \times 10^8$，说明 HY 的酸性比 HX^+ 强。（ ）

7. 将浓度为 $0.1 mol \cdot L^{-1}$ 的 NH_4Ac 溶液稀释一倍，其 pH 值基本不变。（ ）

8. 中和等体积 pH 值相同的 HCl 及 HAc 溶液，所需的 NaOH 的量不同。（ ）

9. 强电解质在水溶液中的溶解度都很大。（ ）

10. 一般来说，溶液中离子浓度越大，离子强度越大，活度系数越小。（ ）

（二）选择题

1. 单选题

（1）下列各物质间不是共轭酸碱对的是（ ）

A. H_3O^+，OH^-　　B. $CH_3NH_3^+$，CH_3NH_2

C. NH_3，NH_4^+　　D. NH_3，NH_2^-

（2）298K 时，pH 为 3 的 H_2SO_4 溶液和 pH 为 10 的 NaOH 溶液相混合，若使混合溶液的 pH 为 7，则 H_2SO_4 溶液和 NaOH 溶液的体积比为（ ）

A. 1∶2　　B. 1∶10　　C. 1∶20　　D. 1∶12

（3）硼的三卤化物都是强 Lewis 酸，下列说法不正确的是（ ）

A. BF_3 的酸性强于 BCl_3 的酸性

B. BCl_3 的酸性强于 BF_3 的酸性

C. BF_3 和 BCl_3 都是平面三角形构型的分子

D. BF_3 和 BCl_3 分子中都有一离域的 π_4^6 键

（4）将等体积的 HCl 溶液（pH＝3）和 NaOH 溶液（pH＝10）混合后，溶液的 pH 值介于下列哪组数值之间（ ）

A. 1～2　　B. 3～4　　C. 6～7　　D. 11～12

（5）已知相同浓度的盐 NaA、NaB、NaC、NaD 的水溶液的 pH 值依次增大，则相同浓度的下列稀酸中，电离度最大的是（ ）

A. HA　　B. HB　　C. HC　　D. HD

（6）有一由 HAc－Ac^- 组成的缓冲溶液，若溶液中 $c_{eq}(HAc) > c_{eq}(Ac^-)$，则该缓冲溶液抵抗外来酸碱的能力为（ ）

A. 抗酸能力＞抗碱能力　　B. 抗碱能力＞抗酸能力

C. 抗酸抗碱能力相同　　D. 无法判断

（7）HAc 的电离常数为 1.75×10^{-5}，以什么样的比例混合同浓度的 HAc 和 NaAc 可以得到 pH＝5.2 的缓冲溶液（ ）

A. 6.3/1.75　　B. 6.3/17.5　　C. 17.5/6.3　　D. 1.75/6.3

（8）配制 pH＝9.2 的缓冲溶液时，应选用的缓冲对是（ ）

A. HAc－NaAc（$K_a^\ominus = 1.8 \times 10^{-5}$）

B. $NaH_2PO_4 - Na_2HPO_4$（$K_{a2}^\ominus = 6.3 \times 10^{-8}$）

C. $NH_3 - NH_4Cl$（$K_b^\ominus = 1.8 \times 10^{-5}$）

D. $NaHCO_3 - Na_2CO_3$（$K_{a2}^\ominus = 5.6 \times 10^{-11}$）

(9) 相同浓度的 HAc 和 HCN 溶液加水稀释后，下列说法正确的是（ ）

A. HAc 和 HCN 的电离度不变 B. HAc 和 HCN 的电离常数不变

C. 氢离子浓度不变 D. 酸根离子浓度不变

(10) 下列化合物中，水溶液 pH 值最小的是（ ）

A. NaCl B. Na_2CO_3 C. NH_4Cl D. $NaHCO_3$

(11) 298K 时，0.1mol·L^{-1} HA 溶液中 HA 的电离度为 1.0%，则此溶液的 pH 值是（ ）

A. 3.0 B. 1.0 C. 0.10 D. 1.3

(12) 根据酸碱质子论，下列物质不属于两性物质的是（ ）

A. HS^- B. H_2O C. NH_4^+ D. $H_2PO_4^-$

(13) 283K 时，$K_w^{\ominus}=2.9\times10^{-15}$。在 283K 时，pH=7 的溶液为（ ）

A. 中性 B. 碱性 C. 酸性 D. 缓冲溶液

(14) 向 100ml 0.1mol·L^{-1} HCl 溶液中加入少量 NaCl 固体，则（ ）

A. 产生同离子效应 B. H^+ 的活度增加

C. H^+ 的浓度增加 D. 溶液的离子强度增加

(15) 在 50ml 0.2mol·L^{-1} Na_2S 溶液中分别加入下列物质，其中 S^{2-} 浓度最大的是（ ）

A. 加入等体积的水 B. 加入等体积的 0.2mol·L^{-1} 的 NaOH 溶液

C. 加入硫粉 D. 加入等体积的 0.2mol·L^{-1} 的 HCl 溶液

(16) 0.1mol·L^{-1} 的 H_2S 溶液中，质点浓度最小的是（ ）

A. H_2S B. H^+ C. S^{2-} D. OH^-

(17) 下列缓冲溶液中，缓冲容量最大的是（ ）

A. 0.10mol·L^{-1} $NH_3\cdot H_2O$ - 0.10mol·L^{-1} NH_4Cl 溶液

B. 0.15mol·L^{-1} $NH_3\cdot H_2O$ - 0.050mol·L^{-1} NH_4Cl 溶液

C. 0.050mol·L^{-1} $NH_3\cdot H_2O$ - 0.15mol·L^{-1} NH_4Cl 溶液

D. 0.050mol·L^{-1} $NH_3\cdot H_2O$ - 0.050mol·L^{-1} NH_4Cl 溶液

(18) 298K 时，pH=6 溶液的酸度是 pOH=6 溶液酸度的多少倍（ ）

A. 2 B. 1 C. 100 D. 1/100

2. 多选题

(1) 为了使 HAc 溶液的 pH 值和 HAc 的电离度都增大，可以向醋酸溶液中加入（ ）

A. 水 B. 冰醋酸 C. NaOH D. HCl

(2) 影响弱电解质电离常数数值的因素有（ ）

A. 弱电解质的电离能力大小

B. 弱电解质的浓度

C. 温度

D. 溶液中其他具有相同离子的电解质浓度（假定忽略对离子强度的影响）

(3) 影响可水解的盐类水解度的因素有（ ）

A. 盐的浓度 B. 温度

C. 组成盐的弱酸弱碱强度　　　　D. 溶液的酸度

(4) 根据酸碱质子理论，下列反应属于酸碱反应的是（　）

A. $H_2O+H_2O \rightleftharpoons H_3O^+ +OH^-$　　B. $CN^- +H_2O \rightleftharpoons HCN+OH^-$

C. $H_2(g)+I_2(g) \rightleftharpoons 2HI(g)$　　D. $HAc+NaOH \rightleftharpoons NaAc+H_2O$

(5) 下列各对溶液中构成缓冲溶液的是（　　）

A. $NaH_2PO_4-Na_2HPO_4$　　B. $H_2CO_3-NaHCO_3$

C. $HAc-HCl$　　D. $NH_3 \cdot H_2O-NaOH$

(6) 298K 时，在 $0.10mol \cdot L^{-1}$ 的 $NH_3 \cdot H_2O$ 溶液中，加入等体积 $0.10mol \cdot L^{-1}$ 的 NH_4Cl 溶液，溶液中会发生改变的是（　　）

A. $K_b^{\ominus}(NH_3 \cdot H_2O)$　　B. 溶液的 pH

C. $NH_3 \cdot H_2O$ 的电离度　　D. 溶液的离子强度

(7) 对于给定的缓冲对，影响缓冲容量的因素是（　　）

A. 缓冲溶液的组成　　B. 共轭酸碱的浓度

C. 共轭酸碱的浓度比　　D. $pK_a^{\ominus}$，$pK_b^{\ominus}$

(8) 下列说法是正确的是（　　）

A. 弱酸溶液的活度通常比它的浓度小

B. 一个共轭酸碱对的 $K_a^{\ominus} \cdot K_b^{\ominus}=K_w^{\ominus}$

C. 制备 pH＝6 的缓冲体系最好选用 $pK_a^{\ominus}$ 约为 6 的弱酸及其盐

D. 加入一种相同离子到弱酸溶液中，弱酸的 pH 值和电离度均增加

(三) 填空题

1. 已知 298K 时，浓度为 $0.010mol \cdot L^{-1}$ 的某一元弱酸的 pH 为 4.00，则该酸的电离常数为________，当把该酸溶液稀释后，其 pH 将变________，电离度 α 将变________，其 $K_a^{\ominus}$________。

2. $0.10mol \cdot L^{-1} Na_2CO_3$ 溶液中的离子有________；该溶液的 pH ________7，$c(Na^+)$________ $c(CO_3^{2-})$，$c(CO_3^{2-})$约为________ $mol \cdot L^{-1}$。

3. 若将 HAc 溶液与等体积的 NaAc 溶液相混合，欲使混合溶液的 pH 为 4.05，混合后酸与盐的浓度比近似为________。当将该溶液稀释两倍后，其 pH ________。将该缓冲溶液中 $c(HAc)$和 $c(NaAc)$同时增大相同倍数时，其缓冲能力________。

4. 按照酸碱质子理论，$H_2S+OH^- \rightleftharpoons HS^- +H_2O$ 反应中________是强酸，________是弱酸；________是强碱，________是弱碱。

5. 在邻苯二甲酸($H_2C_8H_4O_4$)溶液中，加入适量 KOH 溶液，可能组成的两个缓冲对是________和________。

6. 298K 时，某一元弱酸 HA 的酸度常数 $K_a^{\ominus}=1.0\times10^{-5}$，则其共轭碱 A^- 的碱常数 $K_b^{\ominus}=$________。

7. 由于 H_2S 的 $K_{a1}^{\ominus} \gg K_{a2}^{\ominus}$，求算 H_2S 溶液中 H^+ 浓度只需考虑________，$c_{eq}(H^+)$的计算公式为________。

8. 在 $NH_3 \cdot H_2O$ 溶液中，加入少量 NaCl 固体后，将使 $NH_3 \cdot H_2O$ 的电离度________，

溶液的 pH 值________，这种现象被称为________。

9. 同浓度的 HAc 和 HCl 溶液，其 H^+ 浓度是________大于________，加同体积的水稀释后，H^+ 浓度改变较小的是________。

10. 下列溶液中各物质的浓度为 $0.10mol \cdot L^{-1}$，则按照 pH 由小到大的排列顺序为________。

(1) $NH_3 \cdot H_2O$ 和 NH_4Cl 混合液　(2) HAc 和 NaAc 混合液　(3) HAc

(4) $NH_3 \cdot H_2O$　(5) HCl　(6) NaOH

(四) 简答题

1. 已知 HBrO 的 $K_a^{\ominus}$ 为 2×10^{-9}，从有关实验中发现下列现象：

(1) $0.05mol \cdot L^{-1}$ 的 HBrO 溶液不能使酚酞变色；

(2) $0.05mol \cdot L^{-1}$ 的 NaBrO 溶液能使酚酞变为紫红色；

(3) 将 50ml $0.05mol \cdot L^{-1}$ HBrO 溶液和 30ml $0.05mol \cdot L^{-1}$ NaBrO 溶液混合，使酚酞变为粉红色。

试通过计算说明上述现象。

2. 下列说法是否正确？为什么？

(1) 将氨水和 NaOH 溶液的浓度各稀释为原来的 1/2，则两种溶液中 OH^- 浓度均减小为原来的 1/2。

(2) 中和同浓度、等体积的一元酸所需的碱量基本上是相等的，所以同浓度的一元酸溶液中 H^+ 浓度基本上也是相等的。

(3) 氨水的浓度越小，电离度越大，溶液中 OH^- 浓度也必然越大。

3. 如何配制 $SnCl_2$、$Bi(NO_3)_3$、Na_2S 溶液？

(五) 计算题

1. 阿司匹林（Asprin）的有效成分是乙酰水杨酸 $HC_9H_7O_4$，其 $K_a^{\ominus} = 3.0 \times 10^{-4}$，在水中溶解 0.65g 乙酰水杨酸，最后稀释至 65ml，计算溶液的 pH 值。

2. 某一元弱酸与 36.12ml 的 $0.100mol \cdot L^{-1}$ NaOH 恰好中和。然后再加入 18.06ml 的 $0.100mol \cdot L^{-1}$ HCl 溶液，测得溶液的 pH 为 4.92。计算该弱酸的标准电离常数。

3. 质量分数为 5% 的 HAc 溶液的密度为 $1.0067g \cdot cm^{-3}$。求：

(1) 该溶液的 pH；

(2) 该溶液稀释至多少倍后，其电离度增大为稀释前的 2 倍。

4. 今有 2.00L 的 $0.500mol \cdot L^{-1}$ $NH_3(aq)$ 和 2.00L 的 $0.500mol \cdot L^{-1}$ HCl 溶液，若配制 pH=9.00 的缓冲溶液，不允许再加水，最多能配制多少升缓冲溶液？其中 $c_{eq}(NH_3)$、$c_{eq}(NH_4^+)$ 各为多少？[$K_b^{\ominus}(NH_3 \cdot H_2O) = 1.8 \times 10^{-5}$]

5. 已知 H_3PO_4 的各级电离常数是 6.7×10^{-3}、6.2×10^{-8}、4.5×10^{-13}，在含有 H_3PO_4 的溶液中加酸或加碱，改变溶液的 pH。当 pH 为 1.00、5.00、10.00 和 14.00 时，分别推断溶液中 H_3PO_4、$H_2PO_4^-$、HPO_4^{2-}、PO_4^{3-}，何者浓度最大？

6. 已知 HAc 的 $K_a^{\ominus} = 1.8 \times 10^{-5}$

(1) 计算 0.80mol·L^{-1} HAc 溶液的 pH 和 HAc 的电离度 α_1。

(2) 计算 0.80mol·L^{-1} HAc－1.00mol·L^{-1} NaAc 缓冲溶液的 pH 和 HAc 的电离度 α_2，将 α_1 与 α_2 比较。

(3) 在溶液(1)中加入 NaOH(s)，使 NaOH 浓度为 0.10mol·L^{-1}（忽略体积变化），计算该溶液的 pH。

(4) 在溶液(2)中加入 NaOH(s)，使 NaOH 浓度为 0.10mol·L^{-1}（忽略体积变化），计算该溶液的 pH，并将结果与(3)比较。

(5) 在 200ml 溶液(2)中，加入 10.5ml 2.00mol·L^{-1}的 HCl (aq)，计算溶液的 pH。

7. 在 100ml 0.10mol·L^{-1}的氨水中加入 1.07g 氯化铵，溶液的 pH 是多少？在此溶液中再加入 100ml 水。pH 值又有何变化？[$K_b^\ominus(NH_3\cdot H_2O)=1.8\times10^{-5}$]

8. 要配制 pH 为 5.0 的缓冲溶液，需称取多少克 $NaAc\cdot3H_2O$ 固体溶解于 300ml 0.50mol·L^{-1}的醋酸溶液中？[$K_a^\ominus=1.8\times10^{-5}$]

9. 分别计算下列各混合溶液的 pH 值：

(1) 50ml 0.20mol·L^{-1}的 NH_4Cl 和 50ml 0.20mol·L^{-1}的 NaOH；

(2) 50ml 0.20mol·L^{-1}的 NH_4Cl 和 25ml 0.20mol·L^{-1}的 NaOH；

(3) 25ml 0.20mol·L^{-1}的 NH_4Cl 和 50ml 0.20mol·L^{-1}的 NaOH；

(4) 20ml 0.20mol·L^{-1}的 $H_2C_2O_4$ 和 30ml 0.20mol·L^{-1}的 NaOH。

[$K_b^\ominus(NH_3\cdot H_2O)=1.8\times10^{-5}$；$pK_{a2}^\ominus(H_2C_2O_4)=4.27$]

10. 已知 $K_b^\ominus(NH_3\cdot H_2O)=1.8\times10^{-5}$。

(1) 试求 0.20mol·L^{-1} $NH_3\cdot H_2O$ 的 pH 值。

(2) 用该氨水与 0.50mol·L^{-1} NH_4Cl 溶液配制成 pH 为 9.5 的缓冲溶液 1.0L，需氨水和 NH_4Cl 溶液各多少毫升？

(3) 在 10.0ml 该氨水中加入 1.0×10^{-3}mol·L^{-1} $MgCl_2$ 溶液 5.0ml，是否有沉淀生成？已知：$K_{sp}^\ominus[Mg(OH)_2]=1.8\times10^{11}$。

五、补充习题参考答案

(一) 是非题

1. × 2. × 3. × 4. × 5. √
6. √ 7. √ 8. √ 9. × 10. √

(二) 选择题

1. 单选题

(1) A (2) B (3) B (4) B (5) A (6) B
(7) B (8) C (9) B (10) C (11) A (12) C
(13) C (14) D (15) B (16) C (17) A (18) C

2. 多选题

(1) AC (2) AC (3) ABCD (4) ABD
(5) AB (6) BCD (7) BC (8) ABC

(三) 填空题

1. 1×10^{-6}；大；大；不变
2. Na^+，HCO_3^-，CO_3^{2-}，H^+，OH^-；大于；大于；0.10
3. 5∶1；基本保持不变；增强
4. H_2S；H_2O；OH^-；HS^-
5. $H_2C_8H_4O_4$ 与 $KHC_8H_4O_4$；$KHC_8H_4O_4$ 与 $K_2C_8H_4O_4$
6. 1.0×10^{-9}
7. 第一步电离；$\sqrt{K_{a1}^{\ominus}\times c}$
8. 略有增大；增大；盐效应
9. HCl；HAc；HAc
10. (5) < (3) < (2) < (1) < (4) < (6)

(四) 简答题

1. 酚酞是一种有机弱酸指示剂 HIn：

$$\underset{\text{无色（酸色）}}{HIn}+H_2O \rightleftharpoons H_3O^+ + \underset{\text{紫红色（碱色）}}{In^-} \qquad pK_{HIn}^{\ominus}=9.1$$

当 $pH=pK_{HIn}^{\ominus}-1=8.1$ 时，溶液中以酸 HIn 为主，显酸色（无色）；
当 $pH=pK_{HIn}^{\ominus}+1=10.1$ 时，溶液中以碱 In^- 为主，显碱色（紫红色）；
当 $pH\approx pK_{HIn}^{\ominus}=9.1$ 时，溶液中 $c(HIn)=c(In^-)$，显酸色和碱色的混合色（粉红色）。
根据以上变色情况，可以由计算结果说明有关现象：

(1) $c_{eq}(H_3O^+)=\sqrt{K_a^{\ominus}\cdot c}=\sqrt{2\times10^{-9}\times0.05}\times1.0$
$=1.0\times10^{-5}mol\cdot L^{-1}$

$pH=-\lg 1.0\times10^{-5}=5<8.1$

所以，酚酞以 HIn 为主，溶液显酸色（无色）。

(2) $K_h^{\ominus}(BrO^-)=\dfrac{K_w^{\ominus}}{K_a^{\ominus}(HBrO)}=\dfrac{1.0\times10^{-14}}{2\times10^{-9}}=5\times10^{-6}$

$c_{eq}(OH^-)=\sqrt{K_h^{\ominus}\cdot c}=\sqrt{5\times10^{-6}\times0.05}\times1.0=5\times10^{-4}mol\cdot L^{-1}$

$pOH=-\lg 5\times10^{-4}=3.3 \qquad pH=14-3.3=10.7>10.1$

所以，酚酞以 In^- 为主，溶液显碱色（紫红色）。

(3) 两种溶液混合后，HBrO、BrO^- 的浓度分别为

$c(HBrO)=0.050\times\dfrac{50}{80}=0.031mol\cdot L^{-1}$

$c(HBrO)=0.050\times\dfrac{30}{80}=0.019mol\cdot L^{-1}$

溶液为缓冲体系，故：$pH=-\lg2\times10^{-9}-\lg\dfrac{0.031}{0.019}=8.5\approx9.1$

所以，溶液显混合色（粉红色）。

2. (1) 错。因为 NaOH 为强电解质，当它的浓度稀释为原来的 1/2 时，溶液中

$c(OH^-)$为原来的 1/2；而氨水为弱电解质，稀释后的$c(OH^-)$则不为原来的 1/2。

（2）本句的前半句话对，后半句错。

因为一般强、弱酸碱之间的中和反应均可进行到底，因此前半句话对。而同浓度不同强度的一元酸，由于其电离度不同，溶液中 H^+ 浓度不会基本上相等的。

（3）不一定。因为氨水的浓度越小，电离度越大，但 OH^- 的浓度不仅与氨水的电离度有关，而且与稀释后的氨水浓度有关。

3. $SnCl_2$ 溶液的配制：先用浓盐酸溶解 $SnCl_2$ 固体，然后用蒸馏水稀释至所需浓度并马上加入锡粒。

$Bi(NO_3)_3$ 溶液的配制：先用浓 HNO_3 溶解 $Bi(NO_3)_3$ 固体，然后用蒸馏水稀释至所需浓度。

Na_2S 溶液的配制：先用 NaOH 浓溶液溶解 Na_2S 固体，然后加蒸馏水稀释至所需浓度。

（五）计算题

1. **解**：　$M(HC_9H_7O_4)=180g\cdot mol^{-1}$

$$c(HC_9H_7O_4)=\frac{0.65}{180\times 65\times 10^{-3}}=0.056mol\cdot L^{-1}$$

$$HC_9H_7O_4(aq)\rightleftharpoons H^+(aq)+C_9H_7O_4^-(aq)$$

$$\frac{c}{K_a^{\ominus}}=\frac{0.056}{3.0\times 10^{-4}}=186<400$$

$$c_{eq}(H^+)=-\frac{3.0\times 10^{-4}}{2}+\sqrt{\frac{(3.0\times 10^{-4})^2}{4}+3.0\times 10^{-4}\times 0.056}=4.0\times 10^{-3}$$

$$pH=2.40$$

2. **解**：一元弱酸为 HA　$HA+NaOH=NaA+H_2O$ 酸碱正好中和

$$n(HA)=n(NaOH)=0.100\times 36.12\times 10^{-3}=3.612\times 10^{-3}$$

$$n(HCl)=\frac{1}{2}n(NaOH)$$

反应后是 HA－NaA 缓冲溶液，且 $c_{eq}(HA)=c_{eq}(NaA)$

根据 $pH=pK_a^{\ominus}-\lg\frac{c_{eq}(HA)}{c_{eq}(A^-)}$　$4.92=pK_a^{\ominus}-\lg 1$　$pK_a^{\ominus}=4.92$

$$\therefore K_a^{\ominus}=1.2\times 10^{-5}$$

3. **解**：（1）$c(HAc)=\frac{1.0067\times 1000\times 5\%}{60}=0.84mol\cdot L^{-1}$

$$\frac{c}{K_a^{\ominus}}=\frac{0.84}{1.8\times 10^{-5}}>400$$

$$c_{eq}(H^+)=\sqrt{K_a^{\ominus}\cdot c}=\sqrt{1.8\times 10^{-5}\times 0.84}=3.9\times 10^{-3}mol\cdot L^{-1}$$

$$pH=2.41$$

（2）设稀释前电离度为 α_1，稀释后电离度为 α_2

$$c_1(\alpha_1)^2=c_2(\alpha_2)^2$$

$$\because \alpha_2=2\alpha_1\quad \therefore c_2(\alpha_2)^2=c_2(2\alpha_1)^2$$

$c_1=4c_2$ ∴该溶液稀释至4倍后，其电离度增大为稀释前的2倍。

4. **解**：$NH_3 \cdot H_2O + HCl = NH_4Cl + H_2O$

用 $NH_3(aq)$ 和 $HCl(aq)$ 可以配制 $NH_3 \cdot H_2O - NH_4Cl$ 缓冲溶液，根据题意 2.00L $NH_3(aq)$ 要全部使用，而 $HCl(aq)$ 只需一部分。

设所用 $HCl(aq)$ 的体积为 xL，则缓冲溶液的总体积为 $(2.00+x)$L。

$$c_{eq}(NH_3 \cdot H_2O)=\frac{0.500\times 2.00-0.500x}{2.00+x} \qquad c_{eq}(NH_4^+)=\frac{0.500x}{2.00+x}$$

$$pH=14-pK_b^{\ominus}+\lg\frac{c_{eq}(NH_3 \cdot H_2O)}{c_{eq}(NH_4^+)} \qquad 9.00=14-4.74+\lg\frac{\dfrac{0.500\times 0.200-0.500x}{2.00+x}}{\dfrac{0.500x}{2.00+x}}$$

$$\lg\frac{2.00-x}{x}=-0.260 \qquad \frac{2.00-x}{x}=0.550 \qquad x\approx 1.29$$

$$\therefore V=2.00+1.29=3.29\text{L}$$

$$c_{eq}(NH_3 \cdot H_2O)=0.108\text{mol} \cdot \text{L}^{-1} \qquad c_{eq}(NH_4^+)=0.196\text{mol} \cdot \text{L}^{-1}$$

答：最多能配制 3.29L 缓冲溶液，其中 $c_{eq}(NH_3)=0.108\text{mol} \cdot \text{L}^{-1}$，$c_{eq}(NH_4^+)=0.196\text{mol} \cdot \text{L}^{-1}$

5. **解**：$H_3PO_4 \rightleftharpoons H^+ + H_2PO_4^-$

$$K_{a1}^{\ominus}=\frac{c_{eq}(H^+)c_{eq}(H_2PO_4^-)}{c_{eq}(H_3PO_4)}=6.7\times 10^{-3} \qquad (1)$$

$H_2PO_4^- \rightleftharpoons H^+ + HPO_4^{2-}$

$$K_{a2}^{\ominus}=\frac{c_{eq}(H^+)c_{eq}(HPO_4^{2-})}{c_{eq}(H_2PO_4^-)}=6.2\times 10^{-8} \qquad (2)$$

$HPO_4^{2-} \rightleftharpoons H^+ + PO_4^{3-}$

$$K_{a3}^{\ominus}=\frac{c_{eq}(H^+)c_{eq}(PO_4^{3-})}{c_{eq}(HPO_4^{2-})}=4.5\times 10^{-13} \qquad (3)$$

(1) 当 pH=1.00 时，$c_{eq}(H^+)=0.10\text{mol} \cdot \text{L}^{-1}$

由式 (1)、(2)、(3) 分别得：

$$\frac{c_{eq}(H_2PO_4^-)}{c_{eq}(H_3PO_4)}=6.7\times 10^{-2} \qquad \frac{c_{eq}(HPO_4^{2-})}{c_{eq}(H_2PO_4^-)}=6.2\times 10^{-7} \qquad \frac{c_{eq}(PO_4^{3-})}{c_{eq}(HPO_4^{2-})}=4.5\times 10^{-12}$$

可见，$c_{eq}(H_3PO_4)$ 最大，$c_{eq}(H_3PO_4)>c_{eq}(H_2PO_4^-)>c_{eq}(HPO_4^{2-})>c_{eq}(PO_4^{3-})$

(2) 当 pH=5.00 时，$c_{eq}(H^+)=1.0\times 10^{-5}\text{mol} \cdot \text{L}^{-1}$

$$\frac{c_{eq}(H_2PO_4^-)}{c_{eq}(H_3PO_4)}=6.7\times 10^{2} \qquad \frac{c_{eq}(HPO_4^{2-})}{c_{eq}(H_2PO_4^-)}=6.2\times 10^{-3} \qquad \frac{c_{eq}(PO_4^{3-})}{c_{eq}(HPO_4^{2-})}=4.5\times 10^{-8}$$

∴$c_{eq}(H_2PO_4^-)$ 最大，$c_{eq}(H_2PO_4^-)>c_{eq}(HPO_4^{2-})>c_{eq}(H_3PO_4)>c_{eq}(PO_4^{3-})$

(3) 当 pH=10.00 时，$c_{eq}(H^+)=1.0\times 10^{-10}\text{mol} \cdot \text{L}^{-1}$

$$\frac{c_{eq}(H_2PO_4^-)}{c_{eq}(H_3PO_4)}=6.7\times 10^{7} \qquad \frac{c_{eq}(HPO_4^{2-})}{c_{eq}(H_2PO_4^-)}=6.2\times 10^{2} \qquad \frac{c_{eq}(PO_4^{3-})}{c_{eq}(HPO_4^{2-})}=4.5\times 10^{-3}$$

∴$c_{eq}(HPO_4^{2-})$ 最大，$c_{eq}(HPO_4^{2-})>c_{eq}(PO_4^{3-})>c_{eq}(H_2PO_4^-)>c_{eq}(H_3PO_4)$

(4)当 pH=14.00 时，$c_{eq}(H^+)=1.0\times10^{-14}$ mol·L^{-1}

$$\frac{c_{eq}(H_2PO_4^-)}{c_{eq}(H_3PO_4)}=6.7\times10^{11}\quad \frac{c_{eq}(HPO_4^{2-})}{c_{eq}(H_2PO_4^-)}=6.2\times10^{6}\quad \frac{c_{eq}(PO_4^{3-})}{c_{eq}(HPO_4^{2-})}=45$$

∴$c_{eq}(PO_4^{3-})$最大，$c_{eq}(PO_4^{3-})>c_{eq}(HPO_4^{2-})>c_{eq}(H_2PO_4^-)>c_{eq}(H_3PO_4)$

6. **解**：

(1)$HAc(aq)\rightleftharpoons H^+(aq)+Ac^-(aq)$

∵$c/K_a^{\ominus}=0.80/1.8\times10^{-5}>400$

∴$c_{eq}(H^+)=\sqrt{K_a^{\ominus}\cdot c}=\sqrt{1.8\times10^{-5}\times0.80}\times1.0=3.8\times10^{-3}$ mol·L^{-1}

$$pH=2.42$$

电离度 $\alpha_1=\frac{3.8\times10^{-3}}{0.80}\times100\%=0.48\%$

(2) 计算 0.80mol·L^{-1} HAc 和 1.00mol·L^{-1} NaAc 缓冲溶液的 pH 和 HAc 的电离度 α_2，将 α_1 与 α_2 比较。

$$HAc(aq)\rightleftharpoons H^+(aq)+Ac^-(aq)$$

平衡时 c_{eq}　　0.80−x　　x　　1.00+x

$$\frac{x(1.00+x)}{0.80-x}=1.8\times10^{-5}$$

∵同离子效应　∴$1.00+x\approx1.00$　$0.80-x\approx0.80$

$$x=1.4\times10^{-5}$$

$$c_{eq}(H^+)=1.4\times10^{-5}\ \text{mol}\cdot\text{L}^{-1}\qquad pH=4.85$$

$$\alpha_2=\frac{1.4\times10^{-5}}{0.80}\times100\%=1.8\times10^{-3}\%$$

由于同离子效应，使 HAc 的电离度降低，故 $\alpha_2<\alpha_1$。

(3) 在溶液 (1) 中加入 NaOH(s)，使 NaOH 浓度为 0.10mol·L^{-1}(忽略体积变化)，计算该溶液的 pH。

$$HAc+NaOH=NaAc+H_2O$$

反应前 c　　0.80　0.10

反应后 c　　0.70　0　0.10

组成了 HAc－NaAc 缓冲溶液。

$$pH=pK_a^{\ominus}-\lg\frac{c_{eq}(HAc)}{c_{eq}(NaAc)}$$

$$=-\lg 1.8\times10^{-5}-\lg\frac{0.70}{0.10}$$

$$=4.74-0.85=3.89$$

(4) 在溶液 (2) 中加入 NaOH(s)，使 NaOH 浓度为 0.10mol·L^{-1}(忽略体积变化)，计算该溶液的 pH，并将结果与(3)比较。

∵溶液(2)为缓冲溶液，加入 0.10mol·L^{-1} NaOH 后

$$c_{eq}(HAc)=0.80-0.10=0.70\text{mol}\cdot\text{L}^{-1}$$

$$c_{eq}(NaAc)=1.00+0.10=1.10mol\cdot L^{-1}$$

$$pH=4.74-\lg\frac{0.70}{1.10}=4.74-(-0.20)=4.94$$

$$\Delta pH=4.94-4.85=0.09$$

与(3)中的计算结果相比较，可以看出后者具有较强的缓冲能力。

(5) 在200ml溶液(2)中，加入10.5ml 2.00mol·L^{-1}的HCl(aq)，计算溶液的pH。

在200ml溶液(2)中，加入HCl(aq)后，HAc与NaAc的浓度分别为：

$$c_{eq}(HAc)=\frac{0.8\times200+2.00\times10.5}{200+10.5}=0.86mol\cdot L^{-1}$$

$$c_{eq}(NaAc)=\frac{1.00\times200-2.00\times10.5}{200+10.5}=0.85mol\cdot L^{-1}$$

$$pH=4.74-\lg\frac{0.86}{0.85}=4.74-0.005=4.74$$

7. **解**： $c_{eq}(NH_3)=c(NH_3)=0.10mol\cdot L^{-1}$

$$c_{eq}(NH_4Cl)=c(NH_4Cl)=\frac{1.07}{53.5\times0.10}=0.20mol\cdot L^{-1}$$

代入缓冲溶液计算公式：

$$pH=14-pOH+\lg\frac{c_{eq}(NH_3)}{c_{eq}(NH_4Cl)}=14-4.74+\lg\frac{0.10}{0.20}=8.96$$

在此溶液中加入100ml水后，氨水和氯化铵稀释倍数相同，根据上述公式pH不改变。

8. **解**：根据缓冲溶液计算公式：

$$pH=pK_a^{\ominus}-\lg\frac{c_{eq}(HAc)}{c_{eq}(NaAc)}$$

$$5.0=4.74-\lg\frac{0.50}{c_{eq}(NaAc)}$$

$$c_{eq}(NaAc)=c(NaAc)=0.91mol\cdot L^{-1}$$

则需称取的NaAc·H_2O固体的质量为：0.91×136×0.30＝37.1g

9. **解**：

(1) 混合后：$c(NH_4Cl)=\frac{50\times0.20}{50+50}=0.10mol\cdot L^{-1}$

$$c(NaOH)=\frac{50\times0.20}{50+50}=0.10mol\cdot L^{-1}$$

由于是等物质量中和，完全反应生成0.10mol·L^{-1}的$NH_3\cdot H_2O$，则：

$$c_{eq}(OH^-)=\sqrt{c\times K_b^{\ominus}}=\sqrt{0.10\times1.8\times10^{-5}}\times1.0$$
$$=1.3\times10^{-3}mol\cdot L^{-1}$$

$$pOH=2.87 \qquad pH=11.13$$

(2) 混合后，反应生成$NH_3\cdot H_2O$。由于NH_4Cl过量，因此生成的$NH_3\cdot H_2O$和过量的NH_4Cl组成缓冲溶液，溶液中：

$$c_{eq}(NH_4Cl)=\frac{(50-25)\times0.20}{50+25}=\frac{2}{30}mol\cdot L^{-1}$$

$$c_{eq}(NH_3)=\frac{25\times0.20}{50+25}=\frac{2}{30}mol\cdot L^{-1}$$

代入缓冲溶液计算公式：

$$pH=14-pOH+\lg\frac{c_{eq}(NH_3)}{c_{eq}(NH_4Cl)}=14-4.74+\lg\frac{2/30}{2/30}=9.26$$

(3) 混合后：混合溶液的组成为生成的 $NH_3\cdot H_2O$ 和过量的 NaOH，由于 $NH_3\cdot H_2O$ 的电离很少，加上 NaOH 对它的同离子效应，使它的电离更小，因此求溶液中的 OH^-，可忽略 $NH_3\cdot H_2O$ 的电离。

$$c_{eq}(OH^-)\approx c(NaOH)=(50-25)\times0.20/(50+25)=0.067mol\cdot L^{-1}$$

$$pOH=1.17\qquad pH=12.83$$

(4) 混合后，反应生成 $NaHC_2O_4$ 和 $Na_2C_2O_4$，两者组成缓冲溶液，溶液中：

$$c_{eq}(HC_2O_4^-)=\frac{(20-10)\times0.20}{20+30}=0.040mol\cdot L^{-1}$$

$$c_{eq}(C_2O_4^{2-})=\frac{10\times0.20}{20+30}=0.040mol\cdot L^{-1}$$

代入缓冲溶液计算公式：

$$pH=pK_{2a}^{\ominus}-\lg\frac{c_{eq}(HC_2O_4^-)}{c_{eq}(C_2O_4^{2-})}=4.27-\lg\frac{0.040}{0.040}=4.27$$

10. **解**：

(1) $\because\frac{c}{K_b^{\ominus}}=\frac{0.20}{1.8\times10^{-5}}>400$

$$\therefore c_{eq}(OH^-)=\sqrt{c\times K_b^{\ominus}}=\sqrt{0.20\times1.8\times10^{-5}}\times1.0$$

$$=1.9\times10^{-3}mol\cdot L^{-1}$$

$$pH=14-pOH=14+\lg1.9\times10^{-3}=11.28$$

(2) 由缓冲溶液计算公式得：

$$\lg\frac{n(NH_4Cl)}{n(NH_3)}=pOH-pK_b^{\ominus}=14-9.5-4.74=-0.24$$

$$\frac{n(NH_4Cl)}{n(NH_3)}=0.58$$

若 NH_4Cl 溶液的体积为 $v(NH_4Cl)$，则 $NH_3\cdot H_2O$ 溶液的体积为 $1000ml-v(NH_4Cl)$。将已知数据代入上式：

$$\frac{0.50\times v(NH_4Cl)}{0.20\times[1000-v(NH_4Cl)]}=0.575$$

$$v(NH_4Cl)=187ml\qquad v(NH_3)=813ml$$

(3) 两者混合后：

$$c_{eq}(OH^-)=\sqrt{c\times K_b^\ominus}=\sqrt{0.20\times 1.8\times 10^{-5}\times \frac{10}{15}\times 1.0}$$

$$=1.5\times 10^{-3}\,mol\cdot L^{-1}$$

$$c(Mg^{2+})=\frac{5}{15}\times 1.0\times 10^{-3}=3.3\times 10^{-4}\,mol\cdot L^{-1}$$

$$J=c(Mg^{2+})\cdot c^2(OH^-)=3.3\times 10^{-4}\times (1.5\times 10^{-3})^2$$

$$=7.4\times 10^{-10}>K_{sp}^\ominus[Mg(OH)_2]$$

∴混合后有沉淀生成。

第五章 难溶强电解质的沉淀-溶解平衡

一、教学大纲要求

★掌握溶度积的基本概念以及溶度积和溶解度之间的换算。

★掌握应用溶度积规则判断沉淀的生成和溶解。并能在几种平衡同时存在的情况下进行计算。

●了解沉淀的生成和溶解与同离子效应、盐效应和 pH 值等的关系。

本章重点：难溶强电解质的溶度积原理和意义；溶度积规则。

本章难点：溶度积规则；分步沉淀；沉淀-溶解平衡和酸碱平衡、氧化还原平衡及配位平衡之间的综合计算。

二、重点内容

（一）溶度积、溶解度和溶度积规则

1. 溶度积常数

（1）溶度积的定义

一定温度下，在水溶液中，固体难溶强电解质达到沉淀与溶解平衡时（沉淀与溶解的速率相等），难溶强电解质由于溶解而电离产生的各离子相对平衡浓度幂之乘积为一常数，该常数称为溶度积常数，简称溶度积，用 $K_{sp}^{\ominus}$ 表示，它代表难溶强电解质溶解趋势的大小或生成沉淀的难易。

如：AgCl（s）沉淀与溶液中的 Ag^+ 和 Cl^- 之间的平衡表示为

$$AgCl\ (s) \rightleftharpoons Ag^+ + Cl^-$$

溶度积常数的表达式为：$K_{sp}^{\ominus} = c_{eq}(Ag^+) \cdot c_{eq}(Cl^-)$

又如难溶物氟磷灰石 $Ca_5(PO_4)_3F$，其电离平衡方程式为：

$$Ca_5(PO_4)_3F(s) \rightleftharpoons 5Ca^{2+} + 3PO_4^{3-} + F^-$$

$$K_{sp}^{\ominus} = [c_{eq}(Ca^{2+})]^5 \cdot [c_{eq}(PO_4^{3-})]^3 \cdot c_{eq}(F^-)$$

对于 A_mB_n 型的难溶电解质，沉淀平衡表示式为：

$$A_mB_n(s) \rightleftharpoons mA^{n+} + nB^{m-}$$

溶度积常数的表达式为：$K_{sp}^{\ominus} = [c_{eq}(A^{n+})]^m \cdot [c_{eq}(B^{m-})]^n$

$K_{sp}^{\ominus}$表明难溶电解质在一定温度下饱和溶液中离子浓度幂之乘积为一常数。严格地说，溶度积应以离子活度幂之乘积来表示，但在稀溶液中，离子强度很小，活度因子趋近于 1，故 $c=a$，通常就可用浓度代替活度。

(2) 溶度积的意义

①溶度积只是温度的函数。

②溶度积的数值可查表获得。

③同种类型难溶电解质溶解程度，可通过比较其溶度积大小判断。

2. 溶度积和溶解度的关系（只适用于难溶电解质且不水解、不配位）

溶度积和摩尔溶解度都可表示难溶电解质在水中溶解能力的大小。A_mB_n 型难溶电解质的溶解度 s 和 $K_{sp}^{\ominus}$ 的关系：

$$A_mB_n(s) \rightleftharpoons mA^{n+} + nB^{m-}$$
$$\qquad\qquad ms \qquad\quad ns$$

$$K_{sp}^{\ominus} = [c_{eq}(A^{n+})]^m \cdot [c_{eq}(B^{m-})]^n = [ms]^m \cdot [ns]^n = m^m \cdot n^n \cdot s^{m+n}$$

不同类型难溶强电解质的 $K_{sp}^{\ominus}$ 与 s 的关系见下表。

表 5-1　不同类型难溶强电解质的 $K_{sp}^{\ominus}$ 与 s 的关系

分子类型	$K_{sp}^{\ominus}$ 与 s 的表达式
AB 型	$K_{sp}^{\ominus} = s^2$
A_2B 型或 AB_2 型	$K_{sp}^{\ominus} = 4s^3$
A_3B 型或 AB_3 型	$K_{sp}^{\ominus} = 27s^4$
A_mB_n 型	$K_{sp}^{\ominus} = m^m \cdot n^n \cdot s^{m+n}$

由 $K_{sp}^{\ominus}$ 可求算难溶强电解质的溶解度 s(单位为 $mol \cdot L^{-1}$)，反过来由溶解度 s(其他单位必须换算为 $mol \cdot L^{-1}$) 可求难溶强电解质的 $K_{sp}^{\ominus}$。

(1) $K_{sp}^{\ominus}$ 与 s 换算关系的使用条件

①只适用于溶解度很小的难溶强电解质，否则应用活度计算。

②仅适用于溶解后电离出的离子在水溶液中不发生任何化学反应的难溶强电解质。

③仅适用于溶解后一步完全电离的难溶强电解质。

(2) 溶解度 s 的影响因素

①同离子效应：同离子效应使难溶强电解质的溶解度 s 下降。

②盐效应：盐效应使难溶强电解质的溶解度 s 适当增加。

对于同类型的难溶电解质，溶解度 s 愈大，溶度积 $K_{sp}^{\ominus}$ 也愈大，对于不同类型的难溶电解质，不能直接根据溶度积来比较溶解度的大小。例如 AgCl 的溶度积比 Ag_2CrO_4 的大，但 AgCl 的溶解度反而比 Ag_2CrO_4 的小。这是由于 Ag_2CrO_4 的溶度积的表示式与 AgCl 的不同，前者与 Ag^+ 浓度的平方成正比。

3. 溶度积规则

离子积(ionproduct)：在难溶电解质 $A_mB_n(s)$ 的溶液中，任意浓度、任意状态下，各组分离子相对平衡浓度幂次方的乘积用 J 表示，称为离子积或浓度幂。

$$J=[c(A^{n+})]^m[c(B^{m-})]^n$$

$K_{sp}^{\ominus}$ 表示难溶电解质的饱和溶液中离子浓度幂的乘积，仅是 J 的一个特例。

溶度积规则：

(1) $J=K_{sp}^{\ominus}$，溶液为饱和溶液，溶液中的沉淀与溶解达到动态平衡。

(2) $J<K_{sp}^{\ominus}$，溶液为不饱和溶液，沉淀溶解。

(3) $J>K_{sp}^{\ominus}$，溶液为过饱和溶液，生成沉淀。

上述 J 与 $K_{sp}^{\ominus}$ 的关系及其结论称溶度积规则，是沉淀-溶解平衡移动规律的总结，是判断沉淀溶解和生成的依据。

(二) 沉淀溶解平衡的移动

1. 沉淀的生成

(1) 沉淀的生成：根据溶度积规则，当溶液中的 $J>K_{sp}^{\ominus}$ 时，就会有沉淀生成。这是判断沉淀生成的唯一依据。

完全沉淀：一般认为溶液中某离子被沉淀剂消耗至 $1.0\times10^{-5}\ mol\cdot L^{-1}$ 时，即为完全沉淀。(定量分析要求 $10^{-6}mol\cdot L^{-1}$)

(2) 分步沉淀和共沉淀

分步沉淀：溶液中同时存在几种离子，均可与同一试剂反应产生沉淀，首先析出的是离子积最先达到溶度积的化合物，按先后顺序沉淀的现象。利用分步沉淀可以实现离子的分离。

共沉淀：若加入一种沉淀剂使溶液中的几种不同离子同时产生沉淀。

例如在含有相同浓度的 I^-、Br^-、Cl^- 的溶液中，逐滴加入 $AgNO_3$ 溶液，最先看到淡黄色 AgI 沉淀，加至一定量 $AgNO_3$ 溶液后才生成淡黄色的 AgBr，最后才生成白色 AgCl 沉淀，这是由于三者溶度积不同，离子积最先达到溶度积者首先沉淀。

利用分步沉淀可进行离子间的相互分离。

(3) 沉淀转化：在含有沉淀的溶液中，加入适当试剂使一种沉淀转化为另一种沉淀的过程称为沉淀转化。沉淀转化有两种情况：

①难溶强电解质转化为更难溶的强电解质

$$Ag_2CrO_4(s)+2Cl^-\rightleftharpoons 2AgCl(s)+CrO_4^{2-}$$

$$K^{\ominus}=\frac{K_{sp}^{\ominus}(Ag_2CrO_4)}{[K_{sp}^{\ominus}(AgCl)]^2}=\frac{2.0\times10^{-12}}{(1.8\times10^{-10})^2}=6.2\times10^7$$

$K^{\ominus}>1$，转化可以进行；$K^{\ominus}\geqslant10^6$，转化反应进行得比较完全。

②难溶强电解质转化为稍易溶的难溶强电解质

$$BaSO_4(s)+CO_3^{2-}\rightleftharpoons BaCO_3(s)+SO_4^{2-}$$

$$K^{\ominus}=\frac{c_{eq}(SO_4^{2-})}{c_{eq}(CO_3^{2-})}=\frac{K_{sp}^{\ominus}(BaSO_4)}{K_{sp}^{\ominus}(BaCO_3)}=\frac{1.08\times10^{-10}}{8.2\times10^{-9}}=0.013$$

$K^{\ominus}<1$，可通过增加反应物 Na_2CO_3 的量，使难溶的 $BaSO_4$ 转化为易溶的 $BaCO_3$。

2. 沉淀的溶解

根据溶度积规则，要使处于沉淀平衡状态的难溶电解质向着溶解方向转化，就必须降低该难溶电解质饱和溶液中某一离子的浓度，以使其 $J < K_{sp}^{\ominus}$。

(1) 生成难解离的物质使沉淀溶解

①金属氢氧化物沉淀的溶解

例如：$Mg(OH)_2(s) + 2HCl \rightleftharpoons MgCl_2 + 2H_2O$

$Mg(OH)_2$ 氢氧化物中的 OH^- 是碱，加入 HCl 后生成 H_2O，$c(OH^-)$降低，$J[Mg(OH)_2] < K_{sp}^{\ominus}[Mg(OH)_2]$，于是沉淀溶解。

②碳酸盐沉淀的溶解

例如：$CaCO_3(s) + 2HCl \rightleftharpoons CaCl_2 + CO_2\uparrow + H_2O$

$CaCO_3$ 的 CO_3^{2-} 与酸生成难解离的 HCO_3^-，甚至 CO_2 气体，加入 HCl 后，H^+ 与溶液中的 CO_3^{2-} 反应生成难解离的 HCO_3^- 或 CO_2 气体和水，使溶液中 $c(CO_3^{2-})$ 降低，导致 $J(CaCO_3) < K_{sp}^{\ominus}(CaCO_3)$，故沉淀溶解。

③金属硫化物沉淀的溶解

例如：$ZnS(s) + 2HCl \rightleftharpoons ZnCl_2 + H_2S$

在 ZnS 沉淀中加入 HCl，由于 H^+ 与 S^{2-} 结合生成 HS^-，再与 H^+ 结合生成 H_2S 气体，使 ZnS 的 $J(ZnS) < K_{sp}^{\ominus}(ZnS)$，沉淀溶解。

④$PbSO_4$ 沉淀的溶解

例如：$PbSO_4(s) + 2NH_4Ac \rightleftharpoons Pb(Ac)_2 + (NH_4)_2SO_4$

在 $PbSO_4$ 沉淀中加入 NH_4Ac，能形成可溶性难解离的 $Pb(Ac)_2$，使溶液中 $c(Pb^{2+})$降低，导致 $PbSO_4$ 的 $J(PbSO_4) < K_{sp}^{\ominus}(PbSO_4)$，沉淀溶解。

(2) 利用氧化还原反应使沉淀溶解

HgS、CuS 等 K_{sp} 值很小的金属硫化物就不能溶于盐酸。加入氧化剂，使某一离子发生氧化还原反应而降低其浓度。

例如：$3CuS + 8HNO_3 = 3Cu(NO_3)_2 + 3S\downarrow + 2NO\uparrow + 4H_2O$

$3HgS + 12Cl^- + 2NO_3^- + 8H^+ = 3[HgCl_4]^{2-} + 3S + 2NO\uparrow + 4H_2O$

(3) 生成配合物使沉淀溶解

例如：$AgCl(s) + 2NH_3 \rightleftharpoons [Ag(NH_3)_2]^+ + Cl^-$

在 AgCl 沉淀中加入氨水、$Na_2S_2O_3$、KCN 等，由于 Ag^+ 可以和 NH_3、$S_2O_3^{2-}$、CN^- 等结合成难解离的配离子$[Ag(NH_3)_2]^+$、$[Ag(S_2O_3)_2]^{3-}$、$[Ag(CN)_2]^-$ 等，使 AgCl 溶解。

三、疑难辨析

（一）典型例题分析

【例 5-1】 已知 $CaCO_3$ 的 $K_{sp}^{\ominus} = 8.7 \times 10^{-9}$，求 $CaCO_3$ 在 100g 水中的溶解度。

解：$CaCO_3(s) \rightleftharpoons Ca^{2+}(aq) + CO_3^{2-}(aq)$

$s \quad\quad s$

$$K_{sp}^{\ominus}=s^2$$

$$s=\sqrt{K_{sp}^{\ominus}}=\sqrt{8.7\times10^{-9}}=9.3\times10^{-5}\text{mol}\cdot\text{L}^{-1}$$

$$s=9.3\times10^{-5}\times100\times\frac{100}{1000}=9.3\times10^{-4}\text{g/100g 水}$$

【解题思路】 溶度积 $K_{sp}^{\ominus}$ 与溶解度 s 之间的关系，注意单位换算。

【例 5-2】 Ag_2CrO_4 在 298.15K 时的溶解度为 $6.54\times10^{-5}\text{mol}\cdot\text{L}^{-1}$，计算其溶度积。

解：$Ag_2CrO_4(s) \rightleftharpoons 2Ag^+(aq)+CrO_4^{2-}(aq)$

$$2s \qquad s$$

$$K_{sp}^{\ominus}=4s^3=4\times(6.54\times10^{-5})^3=1.12\times10^{-12}$$

【解题思路】 与例 5-1 同。

(1) 写出化学方程式；

(2) 用溶解度 s 表示出平衡浓度；(关键步骤*)

(3) 写出 $K_{sp}^{\ominus}$ 的表达式；

(4) 将已知数据代入后，求值或解方程。

【例 5-3】 分别计算 Ag_2CrO_4：(1) 在纯水中的溶解度；(2) 在 $0.10\text{mol}\cdot\text{L}^{-1}AgNO_3$ 溶液中的溶解度；(3) 在 $0.10\text{mol}\cdot\text{L}^{-1}Na_2CrO_4$ 溶液中的溶解度。[已知 $K_{sp}^{\ominus}(Ag_2CrO_4)=1.12\times10^{-12}$]

解：(1) 在纯水中

$$Ag_2CrO_4(s) \rightleftharpoons 2Ag^+ + CrO_4^{2-}$$

平衡时　$2s$　s

$$K_{sp}^{\ominus}=4s^3 \quad s=\sqrt[3]{1.12\times10^{-12}/4}=6.54\times10^{-5}\text{mol}\cdot\text{L}^{-1}$$

(2) 在 $0.10\text{mol}\cdot\text{L}^{-1}AgNO_3$ 溶液中的溶解度

因为溶液中 $c(Ag^+)$ 增大，产生同离子效应，达到平衡时，设 Ag_2CrO_4 的溶解度为 s，则

$$Ag_2CrO_4(s) \rightleftharpoons 2Ag^+ + CrO_4^{2-}$$

平衡时　$2s+0.10\approx0.10$　s

$$s=c_{eq}(CrO_4^{2-})=\frac{K_{sp}^{\ominus}(Ag_2CrO_4)}{[c_{eq}(Ag^+)]^2}=\frac{1.12\times10^{-12}}{0.1^2}=1.12\times10^{-10}\text{mol}\cdot\text{L}^{-1}$$

(3) 在 $0.10\text{mol}\cdot\text{L}^{-1}Na_2CrO_4$ 溶液中的溶解度

在有 CrO_4^{2-} 离子存在的溶液中，沉淀溶解达到平衡时，设 Ag_2CrO_4 的溶解度为 s，则

$$Ag_2CrO_4(s) \rightleftharpoons 2Ag^+ + CrO_4^{2-}$$

平衡时　$2s$　$0.10+s\approx0.10$

$$K_{sp}^{\ominus}(Ag_2CrO_4)=[c_{eq}(Ag^+)]^2\cdot[c_{eq}(CrO_4^{2-})]=[2s]^2\cdot[0.1]=0.40s^2$$

$$s=\sqrt{\frac{K_{sp}^{\ominus}}{0.4}}=\sqrt{\frac{1.2\times10^{-12}}{0.4}}=1.7\times10^{-6}\text{mol}\cdot\text{L}^{-1}$$

由上述计算结果可知，同离子效应使难溶电解质的溶解度降低。

【解题思路】根据同离子效应假设平衡时各离子的浓度，由 $K_{sp}^{\ominus}$ 计算出溶解度。

(二）考点分析

本章的考点：

1. 溶度积规则，沉淀的生成、分步沉淀、沉淀溶解、沉淀转化规律和有关计算。

2. 沉淀-溶解平衡与其他各类化学平衡之间的关系和有关计算。

【例 5-4】 某溶液中含有 KCl、KBr 和 K_2CrO_4，其浓度均为 $0.10mol \cdot L^{-1}$，向该溶液中逐滴加入 $0.010mol \cdot L^{-1}$ 的 $AgNO_3$ 溶液时，最先和最后沉淀的为：________ [已知：$K_{sp}^{\ominus}(AgCl) = 1.56 \times 10^{-10}$，$K_{sp}^{\ominus}(AgBr) = 7.7 \times 10^{-13}$，$K_{sp}^{\ominus}(Ag_2CrO_4) = 9.0 \times 10^{-12}$]

A. AgBr 和 AgCl　　B. Ag_2CrO_4 和 AgCl　　C. AgBr 和 Ag_2CrO_4　　D. 共沉淀

答案： C。

考点： 分步沉淀。

【例 5-5】 向 $0.1mol \cdot L^{-1}$ 的 $ZnCl_2$ 溶液中通 H_2S，当 H_2S 饱和时（饱和 H_2S 的浓度为 $0.1mol \cdot L^{-1}$），刚好有 ZnS 沉淀生成。求生成沉淀时和完全沉淀时溶液的 pH 值。[$K_{sp}^{\ominus}(ZnS) = 2.0 \times 10^{-22}$；$H_2S$ 的 $K_{a1}^{\ominus} = 1.3 \times 10^{-7}$，$K_{a2}^{\ominus} = 1.3 \times 10^{-15}$]

分析：体系中的 $c(Zn^{2+})$ 一定，所以实现沉淀溶解平衡时，$c(S^{2-})$ 的浓度可求。$c(S^{2-})$ 同时又要满足 H_2S 的电离平衡，即当电离平衡实现时，溶液的 pH 值必须符合要求。

$c(H_2S)$ 的饱和浓度是一定的，若 $c(H^+)$ 过大，则电离平衡实现时，$c(S^{2-})$ 过低不满足沉淀溶解平衡的需要，即没有 ZnS 沉淀生成。若 $c(H^+)$ 过小，则 $c(S^{2-})$ 增大，将使 Zn^{2+} 生成沉淀。因此，$c(H^+)$ 过大或过小都不符合题意。

解： 沉淀生成时，则 $c(Zn^{2+}) = 0.10mol \cdot L^{-1}$，且 $J \geqslant K_{sp}^{\ominus}(ZnS)$

$$[c_{eq}(Zn^{2+})] \cdot [c_{eq}(S^{2-})] \geqslant 2.0 \times 10^{-22}$$

$$[c_{eq}(S^{2-})] \geqslant 2.0 \times 10^{-21}$$

$$H_2S \rightleftharpoons 2H^+ + S^{2-}$$

$$\because c_{eq}(S^{2-}) = \frac{K_{a1}^{\ominus} \cdot K_{a2}^{\ominus} \cdot c_{eq}(H_2S)}{[c_{eq}(H^+)]^2} = \frac{9.2 \times 10^{-23}}{[c_{eq}(H^+)]^2}$$

$$\therefore [c_{eq}(H^+)]^2 \leqslant \frac{9.2 \times 10^{-23}}{2.0 \times 10^{-21}} = 4.6 \times 10^{-2}$$

$$c_{eq}(H^+) \leqslant 0.21$$

$$pH \geqslant 0.68$$

所以 pH 必须控制在 0.68 以上才能使 ZnS 沉淀生成。

同样完全沉淀时：$c(Zn^{2+}) \leqslant 10^{-5} mol \cdot L^{-1}$

$$c_{eq}(Zn^{2+}) = \frac{K_{sp}^{\ominus}(ZnS)}{c_{eq}(S^{2-})} \leqslant 10^{-5}$$

$$\because c_{eq}(S^{2-}) \geqslant \frac{2.0 \times 10^{-22}}{10^{-5}} = 2.0 \times 10^{-17}$$

$$\therefore [c_{eq}(H^+)]^2 \leqslant \frac{9.2 \times 10^{-23}}{2.0 \times 10^{-17}} = 4.6 \times 10^{-5}$$

$$c_{eq}(H^+)\leqslant 6.78\times10^{-3}$$
$$pH\geqslant 2.17$$

本例的要点是，处理同时平衡。关键是要保证各种离子的浓度要同时满足各个平衡的需要。

考点：沉淀的生成和完全沉淀的条件。

【例 5-6】 在 100ml 0.2mol·L^{-1}的 $MnCl_2$ 溶液中，加入 100ml 0.1mol·L^{-1}氨溶液，问：(1) 有无 $Mn(OH)_2$ 沉淀产生？(2) 需要加多少克 NH_4Cl 才不致使 Mn^{2+} 生成 $Mn(OH)_2$ 沉淀？(3) 需要加多少克 $(NH_4)_2SO_4$ 才不致使 Mn^{2+} 生成 $Mn(OH)_2$ 沉淀？{已知 $K^{\ominus}_{sp}[Mn(OH)_2]=4.0\times10^{-14}$，$K^{\ominus}_b(NH_3\cdot H_2O)=1.8\times10^{-5}$}

解：(1) 等体积混合后溶液中 NH_3 和 Mn^{2+} 浓度为：

$$c(NH_3)=\frac{0.1}{2}=0.05\text{mol}\cdot\text{L}^{-1}$$

$$c(Mn^{2+})=\frac{0.2}{2}=0.1\text{mol}\cdot\text{L}^{-1}$$

$$J=[c(Mn^{2+})][c(OH^-)]^2=c(Mn^{2+})K^{\ominus}_b c(NH_3)$$
$$=0.1\times1.8\times10^{-5}\times0.05=9.0\times10^{-8}$$

$J>K^{\ominus}_{sp}[Mn(OH)_2]$，故有 $Mn(OH)_2$ 沉淀产生。

(2) 欲阻止 $Mn(OH)_2$ 沉淀产生须控制 $J<K^{\ominus}_{sp}[Mn(OH)_2]$，即

$$c_{eq}(OH^-)=\sqrt{\frac{K^{\ominus}_{sp}[Mn(OH)_2]}{c_{eq}(Mn^{2+})}}=6.3\times10^{-7}$$

$$c_{eq}(OH^-)<6.3\times10^{-7}\text{mol}\cdot\text{L}^{-1}$$

在 $NH_3+H_2O\rightleftharpoons NH_4+OH^-$ 平衡系统中加入 NH_4Cl 时，同离子效应可使离解平衡向左移动。

设加入 NH_4Cl 的浓度为 x，平衡时控制 $c_{eq}(OH^-)<6.3\times10^{-7}$mol·L^{-1}

$c_{eq}(NH_3)=0.05-6.3\times10^{-7}\approx0.05$mol·L^{-1}

$c_{eq}(NH_4^+)=x+6.3\times10^{-7}\approx x$mol·L^{-1}

代入 $K^{\ominus}_b(NH_3\cdot H_2O)$ 表达式中：

$$K^{\ominus}_b=\frac{c_{eq}(NH_4^+)\cdot c_{eq}(OH^-)}{c_{eq}(NH_3\cdot H_2O)}$$

$$x=\frac{K^{\ominus}_b c_{eq}(NH_3\cdot H_2O)}{c_{eq}(OH^-)}=\frac{1.8\times10^{-5}\times0.05}{6.3\times10^{-7}}=1.43\text{mol}\cdot\text{L}^{-1}$$

$$c_{eq}(NH_4^+)>1.43\text{mol}\cdot\text{L}^{-1}$$

在 200ml 溶液中含 NH_4Cl 的质量为：

$m>c_{eq}(NH_4Cl)\cdot V\cdot M(NH_4Cl)=1.43\times0.2\times53.5=15.3$g

故在氨溶液中至少需要加 15.3g NH_4Cl 才不致使 Mn^{2+} 生成 $Mn(OH)_2$ 沉淀。

(3) 同法可知：欲阻止 $Mn(OH)_2$ 沉淀产生须控制 $c(NH_4^+)>1.43$mol·L^{-1}

在 200ml 溶液中含 $(NH_4)_2SO_4$ 的质量为：

$$m[(NH_4)_2SO_4] > \frac{1}{2}c_{eq}(NH_4^+) \times V \times M[(NH_4)_2SO_4] = \frac{1}{2} \times 1.43 \times 0.2 \times 132.14 = 18.9g$$

故在氨溶液中至少需要加 18.9g$(NH_4)_2SO_4$ 才不致使 Mn^{2+} 生成 $Mn(OH)_2$ 沉淀。

考点：沉淀的生成条件、同离子效应、酸碱平衡和沉淀平衡的关系。

【例 5-7】 某溶液中含有 0.10mol·L^{-1} Ba^{2+} 和 0.10mol·L^{-1} Ag^+，在滴加 Na_2SO_4 溶液时（忽略体积的变化），哪种离子首先沉淀出来？当第二种离子沉淀析出时，第一种被沉淀离子是否沉淀完全？两种离子有无可能用沉淀法分离？

解：根据溶度积规则，

要使 $BaSO_4$ 沉淀，$c(SO_4^{2-}) > \frac{1.1 \times 10^{-10}}{0.1} = 1.1 \times 10^{-9}$ mol·L^{-1}

要使 Ag_2SO_4 沉淀，$c(SO_4^{2-}) > \frac{6.3 \times 10^{-5}}{0.10^2} = 6.3 \times 10^{-3}$ mol·L^{-1}

所以 $BaSO_4$ 先沉淀。当 Ag_2SO_4 开始沉淀时，

$c(Ba^{2+}) = \frac{1.1 \times 10^{-10}}{6.3 \times 10^{-3}} \times = 1.7 \times 10^{-8} < 10^{-5}$ mol·L^{-1}

此时 Ba^{2+} 已沉淀完全。可用此法分离这两种离子。

考点：分步沉淀、完全沉淀和沉淀的分离。

【例 5-8】 现有一瓶含有 Fe^{3+} 杂质的 0.10mol·L^{-1} $MgCl_2$ 溶液，欲使 Fe^{3+} 以 $Fe(OH)_3$ 沉淀形式除去，溶液的 pH 应控制在什么范围？

解：设 Fe^{3+} 沉淀完全时 $c(Fe^{3+}) = 1.0 \times 10^{-5}$ mol·L^{-1}

则 $c_{eq}(OH^-) \geqslant \sqrt[3]{\frac{4.0 \times 10^{-38}}{1.0 \times 10^{-5}}} = 1.6 \times 10^{-11}$ mol·L^{-1}

$$pH \geqslant 14.00 - 10.80 = 3.20$$

若使 0.10mol·L^{-1} $MgCl_2$ 溶液不生成 $Mg(OH)_2$ 沉淀，

则 $c_{eq}(OH^-) \leqslant \sqrt{\frac{1.8 \times 10^{-11}}{0.1}} = 1.3 \times 10^{-5}$ mol·L^{-1}

$$pH \leqslant 14.00 - 4.89 = 9.11$$

溶液 pH 值应控制在 $3.20 < pH < 9.11$

考点：酸度对沉淀生成的影响。

【例 5-9】 某溶液中含有浓度均为 0.10mol·L^{-1} 的 Pb^{2+}、Hg^{2+}、Cd^{2+}、Cu^{2+}、Zn^{2+}、Mn^{2+}、Ni^{2+} 等离子。保持溶液中 $c(H^+) = 0.30$mol·L^{-1}，并通入 H_2S 至饱和(0.10mol·L^{-1})，计算说明哪些离子可能被沉淀完全？已知下列 $K_{sp}^{\ominus}$ 数据：

PbS：1.0×10^{-28}　　CuS：6.0×10^{-36}　　HgS：4.0×10^{-53}　　ZnS：2.0×10^{-22}

NiS：3.0×10^{-19}　　MnS：2.0×10^{-15}　　CdS：8.0×10^{-27}

$K_{a1}^{\ominus}(H_2S) = 1.3 \times 10^{-7}$，$K_{a2}^{\ominus}(H_2S) = 7.1 \times 10^{-15}$

解：　$MS + 2H^+ \rightleftharpoons M^{2+} + H_2S$

$$K^{\ominus} = \frac{K_{sp}^{\ominus}(MS)}{K_{a1}^{\ominus}K_{a2}^{\ominus}} = \frac{K_{sp}^{\ominus}(MS)}{9.23 \times 10^{-22}}$$

根据题意，离子沉淀完全则 $c_{ep}(M^{2+})\leqslant 10^{-5}mol\cdot L^{-1}$ $c_{ep}(H^+)=0.30mol\cdot L^{-1}$

$c_{eq}(H_2S)=0.10mol\cdot L^{-1}$

如果沉淀完全，则反应逆向进行，根据化学等温方程式 $J>K^{\ominus}$

$$J=\frac{c(M^{2+})\cdot c(H_2S)}{[c\ (H^+)]^2}=\frac{10^{-5}\times 0.10}{0.30^2}>\frac{K_{sp}^{\ominus}(MS)}{9.23\times 10^{-23}}$$

则 $K_{sp}^{\ominus}(MS)<1.0\times 10^{-27}$

凡是 $K_{sp}^{\ominus}(MS)$符合此条件的硫化物均能沉淀完全。所以 Pb^{2+}、Hg^{2+}、Cd^{2+}、Cu^{2+} 离子均可沉淀完全。

考点： 沉淀的生成和完全沉淀。

【例 5-10】 求 $PbSO_4$ 在 $1mol\cdot L^{-1}HNO_3$ 中的溶解度。

解： $PbSO_4$ 在 HNO_3 中存在如下两个平衡：

$$PbSO_4 \rightleftharpoons Pb^{2+}+SO_4^{2-} \qquad K_{sp}^{\ominus}=c_{eq}(Pb^{2+})\cdot c_{eq}(SO_4^{2-})$$

$$HSO_4^- \rightleftharpoons H^+ + SO_4^{2-} \qquad K_{a2}^{\ominus}=\frac{c_{eq}(H^+)\cdot c_{eq}(SO_4^{2-})}{c_{eq}(HSO_4^-)}$$

则 $PbSO_4$ 的溶解度 $s=c_{eq}(Pb^{2+})=c_{总}(SO_4^{2-})=c_{eq}(SO_4^{2-})+c_{eq}(HSO_4^-)$

$$s=\frac{K_{sp}^{\ominus}}{s}+\frac{c_{eq}(H^+)K_{sp}^{\ominus}}{K_{a2}^{\ominus}s}$$

$$s=\sqrt{K_{sp}^{\ominus}\left[1+\frac{c_{eq}(H^+)}{K_{a2}^{\ominus}}\right]}=\sqrt{1.06\times 10^{-8}\left[1+\frac{1}{1.2\times 10^{-2}}\right]}=9.45\times 10^{-4}mol\cdot L^{-1}$$

即 $PbSO_4$ 在 $1mol\cdot L^{-1}HNO_3$ 中的溶解度为 $9.45\times 10^{-4}mol\cdot L^{-1}$。

考点： 酸碱平衡对沉淀平衡的影响。注意硫酸的解离。

【例 5-11】 求 $0.01mol\cdot L^{-1}$的 Fe^{3+} 开始生成 $Fe(OH)_3$ 沉淀时的 pH 值和沉淀完全时的 pH 值。[已知 $Fe(OH)_3$ 的 $K_{sp}^{\ominus}=1.1\times 10^{-36}$]

解： $Fe(OH)_3 \rightleftharpoons Fe^{3+}+3OH^-$

开始生成 $Fe(OH)_3$ 沉淀时

$$K_{sp}^{\ominus}=c_{eq}(Fe^{3+})\cdot[c_{eq}(OH^-)]^3=0.01\times[c_{eq}(OH^-)]^3=1.1\times 10^{-36}$$

$$c_{eq}(OH^-)=4.8\times 10^{-12}$$

$$pH=2.68$$

在酸性较强的 pH=2.68 的体系中，$Fe(OH)_3$ 已经开始沉淀。

当沉淀完全时，$c_{eq}(Fe^{3+})\leqslant 10^{-5}mol\cdot L^{-1}$

$$c_{eq}(OH^-)=4.8\times 10^{-11},pOH=10.32,pH=3.68$$

由上式可以推广至所有金属氢氧化物，以 $M(OH)_n$ 为通式，则

$$K_{sp}^{\ominus}=[c_{eq}(M^{n+})]\cdot[c(OH^-)]^n$$

$$c_{eq}(OH^-)=\sqrt[n]{\frac{K_{sp}^{\ominus}}{c_{eq}(M^{n+})}}$$

$$pH(开始沉淀时)=14+\frac{1}{n}\lg\frac{K_{sp}^{\ominus}}{0.01}$$

$$pH(完全沉淀时)=14+\frac{1}{n}\lg\frac{K_{sp}^{\ominus}}{1\times10^{-6}}$$

考点：沉淀的生成和完全沉淀。

【例 5-12】 计算 25℃下 $CaF_2(s)$：(1) 在水中；(2) 在 $0.010mol\cdot L^{-1}Ca(NO_3)_2$ 溶液中；(3) 在 $0.010mol\cdot L^{-1}NaF$ 溶液中的溶解度 $(mol\cdot L^{-1})$。比较三种情况下溶解度的相对大小。已知 CaF_2 的 $K_{sp}^{\ominus}=1.4\times10^{-9}$

解：(1) $CaF_2(s)$ 在纯水中的溶解度为 $s_1 mol\cdot L^{-1}$，设 $s_1=x mol\cdot L^{-1}$

$$CaF_2(s)\rightleftharpoons Ca^{2+}(aq)+2F^-(aq)$$

平衡浓度/ $(mol\cdot L^{-1})$　　x　　$2x$

$$K_{sp}^{\ominus}(CaF_2)=c_{eq}(Ca^{2+})\cdot[c_{ep}(F^-)]^2$$

$$1.4\times10^{-9}=x(2x)^2=4x^3\quad x=7.0\times10^{-4}$$

$$s_1=x=c_{eq}(Ca^{2+})=7.0\times10^{-4}mol\cdot L^{-1}$$

(2) $CaF_2(s)$在 $0.010mol\cdot L^{-1}Ca(NO_3)_2$ 溶液中的溶解度为 s_2，设 $s_2=y mol\cdot L^{-1}$。特别注意，此时，$s_2\neq c_{eq}(Ca^{2+})\neq c_{eq}(F^-)$。

$$CaF_2(s)\rightleftharpoons Ca^{2+}(aq)+2F^-(aq)$$

平衡浓度/ $(mol\cdot L^{-1})$　　$0.010+y$　　$2y$

$$K_{sp}^{\ominus}(CaF_2)=c_{eq}(Ca^{2+})[c_{ep}(F^-)]^2$$

$$1.4\times10^{-9}=(0.010+y)(2y)^2$$

$$0.010+y\approx0.010\quad y=1.9\times10^{-4}$$

$$s_2=2c_{eq}(F^-)=1.9\times10^{-4}mol\cdot L^{-1}$$

(3) $CaF_2(s)$在 $0.010mol\cdot L^{-1}NaF$ 溶液中的溶解度为 s_3，设 $s_3=z mol\cdot L^{-1}$。此时 $s_3=c_{eq}(Ca^{2+})$。

$$CaF_2(s)\rightleftharpoons Ca^{2+}(aq)+2F^-(aq)$$

平衡浓度/ $(mol\cdot L^{-1})$　　z　　$0.010+2z\approx0.01$

$$1.4\times10^{-9}=z(0.010+2z)^2\quad z=1.4\times10^{-5}\quad s_3=1.4\times10^{-5}mol\cdot L^{-1}$$

比较 s_1、s_2 和 s_3 的计算结果，在纯水中 CaF_2 的溶解度最大。在 $Ca(NO_3)_2$ 与 CaF_2 中均含有 Ca^{2+}；NaF 与 CaF_2 中都含有相同离子 F^-。$Ca(NO_3)_2$ 和 NaF 为强电解质。CaF_2 在含有相同离子(Ca^{2+}或 F^-)的强电解质溶液中溶解度均有所降低。同离子效应使难溶电解质的溶解度降低。

考点：难溶电解质的同离子效应。

四、补充习题

(一) 是非题

1. 一定温度下，难溶强电解质溶液中有关离子的相对浓度的幂次方乘积是一常数。(　　)
2. 对于 AB_2 型难溶强电解质其溶度积表达式为 $K_{sp}^{\ominus}=c_{eq}(A)\times[2c_{eq}(B)]^2$。(　　)

3. 只要是 A_mB_n 型难溶强电解质，其溶度积与溶解度的关系式均为 $K_{sp}^{\ominus}=m^m\cdot n^n\cdot s^{(m+n)}$。(　)

4. 对于难溶强电解质，溶度积大的溶解度一定大，溶度积小的溶解度一定小。(　)

5. 强电解质的电离度和溶解度均较大，弱电解质的电离度和溶解度均较小。(　)

6. 用纯水洗涤 $CaCO_3$ 沉淀比用 Na_2CO_3 洗涤 $CaCO_3$ 沉淀损失得要多。(　)

7. 某一离子被沉淀完全表明溶液中该离子的浓度为零。(　)

8. 要使沉淀完全，必须加入过量的沉淀剂，加入的沉淀剂越多，则生成的沉淀越多。(　)

9. 分步沉淀的顺序是 $K_{sp}^{\ominus}$ 先得到满足的难溶强电解质先沉淀出来。(　)

10. 沉淀转化的平衡常数大于1，转化即可进行，平衡常数大于等于 1.0×10^6，转化进行得很完全。(　)

(二) 选择题

1. 单选题

(1) 已知某 AB_2 型难溶强电解质在一定温度下，其溶度积常数为 1.08×10^{-13}，则其溶解度为（　）$mol\cdot L^{-1}$。

A. 4.76×10^{-5}　　B. 3.00×10^{-5}　　C. 3.29×10^{-7}　　D. 1.64×10^{-7}

(2) AgI 在纯水中的溶解度比它在 $0.1mol\cdot L^{-1}$ NaI 溶液中的溶解度（　）。

A. 大　　B. 小　　C. 相等　　D. 无法判断

(3) $CaCO_3$ 在下列哪个溶液中溶解度最大。(　)

A. 水　　B. $0.1mol\cdot L^{-1}Na_2CO_3$

C. $0.1mol\cdot L^{-1}CaCl_2$　　D. $0.1mol\cdot L^{-1}KNO_3$

(4) 已知 $K_{sp}^{\ominus}(Ag_2CrO_4)=1.1\times10^{-12}$、$K_{sp}^{\ominus}(AgCl)=1.8\times10^{-10}$，当在含有等浓度的 CrO_4^{2-} 和 Cl^- 混合溶液中逐滴加入 $AgNO_3$ 时，所发生的现象是（　）。

A. AgCl 先沉淀　　B. Ag_2CrO_4 先沉淀

C. 同时产生沉淀　　D. 都不产生沉淀

(5) 某些金属硫化物溶于盐酸，而有些则不溶于盐酸，其主要原因是它们的（　）。

A. 酸碱性不同　　B. 溶解速率不同　　C. 晶型不同　　D. $K_{sp}^{\ominus}$ 不同

(6) 已知 $K_{sp}^{\ominus}(AgI)<K_{sp}^{\ominus}(AgBr)<K_{sp}^{\ominus}(AgCl)$，试推断它们在 KCN 溶液中溶解度最小的是（　）。

A. AgI　　B. AgBr　　C. AgCl　　D. 无法判断

(7) 下列难溶电解质中，其溶解度不随 pH 变化而改变的是（　）。

A. AgI　　B. $BaCO_3$　　C. $Pb(OH)_2$　　D. FeS

(8) 已知某温度下，$K_{sp}^{\ominus}[Mg(OH)_2]=1.8\times10^{-11}$，若将等体积的 $0.0020mol\cdot L^{-1}$ 的 $MgCl_2$ 溶液和 $0.00010mol\cdot L^{-1}$ 的 NaOH 混合，则（　）

A. 产生沉淀　　B. 不产生沉淀　　C. 饱和溶液　　D. 无法判断

(9) $BaSO_4$ 饱和溶液中加入少量 Na_2SO_4 溶液，产生（　）。

A. 同离子效应　　B. 盐效应　　C. 两者均有　　D. 两者均无

（10）$BaSO_4$ 饱和溶液中加入少量 Na_2CO_3 溶液，产生（　）。

A. 同离子效应　B. 盐效应　C. 两者均有　D. 两者均无

2. 多选题

（1）$K_{sp}^{\ominus}$是常数的必要条件是（　）。

A. 温度一定　B. 溶解和沉淀两个过程能达到平衡

C. 物质的浓度一定　D. 以上均不是

（2）下列哪几组属于同类型的难溶强电解质（　）。

A. Ag_2CO_3、Ag_2SO_4　B. PbS、CuS

C. $Fe(OH)_2$、PbI_2　D. $Pb(OH)_2$、$PbSO_4$

（3）下列哪几种物质的加入会使 $BaCO_3$ 的溶解度减小（　）。

A. $BaCl_2$　B. KNO_3　C. Na_2CO_3　D. K_2CO_3

（4）溶解 HgS 必须采取的方法有（　）。

A. 生成弱电解质　B. 氧化还原　C. 生成配合物　D. 以上均不行

（5）下列有关分步沉淀的叙述正确的是（　）。

A. 溶解度小的先沉淀出来

B. 被沉淀离子浓度大的先沉淀

C. 先达到溶度积的先沉淀出来

D. 离子积小的先沉淀出来

（三）填空题

1. A_2B_3 型难溶电解质的溶度积表达式为________，其溶度积与溶解度的关系式为________。

2. 对于同类型的难溶强电解质，$K_{sp}^{\ominus}$越大，溶解度越________。

3. $K_{sp}^{\ominus}$与其他化学平衡常数一样，只与________有关，而与________无关。

4. 同离子效应使难溶强电解质的溶解度________，盐效应使难溶强电解质的溶解度________。

5. 根据________规则，沉淀生成的必要条件是________，沉淀溶解的必要条件是________。

6. 沉淀溶解的一般方法有________，________，________。

7. 沉淀转化反应中，转化总平衡常数________，沉淀转化越难进行，转化总平衡常数________，沉淀转化越易进行。

8. 已知 $K_{sp}^{\ominus}[Fe(OH)_2]=8.0\times10^{-16}$，$K_{sp}^{\ominus}[Fe(OH)_3]=4.0\times10^{-38}$，同浓度的 Fe^{2+} 和 Fe^{3+} 溶液中，逐滴加入 NaOH 溶液，________先沉淀，通过控制溶液中的________可使两种离子分离。

（四）简答题

1. 溶解度和溶度积都能表示难溶电解质在水中的溶解趋势，两者有何异同？

2. HgS 不溶于浓硝酸，但可以溶于王水，为什么？

3. 在 $ZnSO_4$ 溶液中通入 H_2S，为了使 ZnS 沉淀完全，往往先在溶液中加入 NaAc，为什么？

4. 怎样才算达到沉淀完全？为什么沉淀完全时溶液中被沉淀离子的浓度不等于零？

5. 简要说明 $MgCl_2$ 加氨水可以生成 $Mg(OH)_2$ 沉淀，$Mg(OH)_2$ 沉淀加入 NH_4Cl 后沉淀消失的原因？已知 $K_{sp}^{\ominus}[Mg(OH)_2]=1.2\times10^{-11}$，$K_b^{\ominus}(NH_3)=1.3\times10^{-5}$。

（五）计算题

1. 说明下列情况下有无沉淀产生？

(1) $0.20mol\cdot L^{-1}$的 $MgCl_2$ 和 $0.0020mol\cdot L^{-1}$ NaOH 等体积混合；

(2) $0.20mol\cdot L^{-1}$的 $MgCl_2$ 和 $0.0020mol\cdot L^{-1}$ $NH_3\cdot H_2O$ 等体积混合；

(3) $0.20mol\cdot L^{-1}$的 $MgCl_2$ 和 $0.0020mol\cdot L^{-1}$ $NH_3\cdot H_2O$、$0.20mol\cdot L^{-1}$ NH_4Cl 混合溶液等体积混合。已知：$K_{sp}^{\ominus}[Mg(OH)_2]=1.8\times10^{-11}$，$K_b^{\ominus}(NH_3\cdot H_2O)=1.74\times10^{-5}$。

2. 已知 298.15K 时，$Zn(OH)_2$ 的溶度积为 1.2×10^{-17}，试计算：

(1) $Zn(OH)_2$ 在水中的溶解度；

(2) $Zn(OH)_2$ 饱和溶液中 $c(Zn^{2+})$、$c(OH^-)$和 pH；

(3) $Zn(OH)_2$ 在 $0.10mol\cdot L^{-1}$ NaOH 中的溶解度；

(4) $Zn(OH)_2$ 在 $0.10mol\cdot L^{-1}$ $ZnSO_4$ 中的溶解度。

3. 向 Pb^{2+} 和 Fe^{3+} 浓度分别为 $0.030mol\cdot L^{-1}$ 和 $0.0050mol\cdot L^{-1}$ 的混合溶液中，逐滴加入 NaOH 溶液。问：

(1) Pb^{2+} 和 Fe^{3+} 哪个先沉淀？

(2) 若用滴加 NaOH 溶液的方法使 Pb^{2+} 和 Fe^{3+} 分离，应控制怎样的 pH 范围？

已知：$K_{sp}^{\ominus}[Pb(OH)_2]=1.2\times10^{-15}$，$K_{sp}^{\ominus}[Fe(OH)_3]=4.0\times10^{-38}$。

4. 一溶液中含有 CrO_4^{2-} 和 S^{2-}，它们的浓度均为 $0.010mol\cdot L^{-1}$，往该溶液中逐滴加入 $Pb(NO_3)_2$ 溶液，问：

(1) 哪一种离子先沉淀？

(2) 第二种离子开始沉淀时，第一种离子是否沉淀完全？

已知：$K_{sp}^{\ominus}(PbCrO_2)=2.8\times10^{-13}$，$K_{sp}^{\ominus}(PbS)=1.0\times10^{-28}$。

5. 在 $0.10mol\cdot L^{-1}$ $ZnCl_2$ 溶液中不断通入 H_2S 气体达饱和，计算如何控制溶液的 pH 使 ZnS 不沉淀？已知：$K_{sp}^{\ominus}(ZnS)=2.5\times10^{-22}$。

6. 某溶液中含有 Pb^{2+} 和 Fe^{2+}，两者浓度均为 $0.10mol\cdot L^{-1}$，在室温下通入 H_2S 达饱和，若要两者分离要控制怎样的 pH 范围？

已知：$K_{sp}^{\ominus}(PbS)=1.0\times10^{-28}$，$K_{sp}^{\ominus}(FeS)=6.3\times10^{-18}$。

7. 用 Na_2CO_3 和 Na_2S 溶液处理 AgI 沉淀，能不能将 AgI 沉淀转化为 Ag_2CO_3 和 Ag_2S 沉淀？

已知：$K_{sp}^{\ominus}(AgI)=8.3\times10^{-17}$，$K_{sp}^{\ominus}(Ag_2CO_3)=8.1\times10^{-12}$，$K_{sp}^{\ominus}(Ag_2S)=6.3\times10^{-50}$。

8. 混合溶液中含有 $0.30mol\cdot L^{-1}$ 的 HCl 和 $0.10mol\cdot L^{-1}$ 的 Cd^{2+}，若于室温下通 H_2S 使之饱和，问溶液中未被 H_2S 沉淀的 Cd^{2+} 的浓度是多少？

已知：$K_{sp}^{\ominus}(CdS)=8.0\times10^{-27}$，$H_2S$ 的 $K_{a1}^{\ominus}\times K_{a2}^{\ominus}=9.35\times10^{-22}$。

9. 假设溶于水中的 PbI_2 全部电离，计算

(1) PbI_2 在纯水中的溶解度；

(2) PbI_2 在 $0.02mol\cdot L^{-1}$KI溶液中的溶解度；

(3) PbI_2 在 $0.02mol\cdot L^{-1}KNO_3$ 溶液中的溶解度。

10. AgI沉淀用$(NH_4)_2S$溶液处理使之转化为 Ag_2S 沉淀，该转化反应的平衡常数为多少？

如在1.0L$(NH_4)_2S$溶液中转化0.010mol AgI，$(NH_4)_2S$溶液的最初浓度应该是多少？

11. $CaCO_3$ 能溶于HAc中，设沉淀溶解平衡时，$c_{eq}(HAc)$ 为 $1.0mol\cdot L^{-1}$。已知室温下，反应物 H_2CO_3 的饱和浓度为 $0.040mol\cdot L^{-1}$。求在1L溶液中能溶解多少摩尔 $CaCO_3$？共需多大浓度的HAc？

五、补充习题参考答案

(一) 是非题

1. ×	2. ×	3. ×	4. ×	5. ×
6. √	7. ×	8. ×	9. √	10. √

(二) 选择题

1. 单选题

(1) B	(2) A	(3) D	(4) A	(5) D
(6) A	(7) A	(8) B	(9) C	(10) B

2. 多选题

(1) AB	(2) ABC	(3) ACD	(4) BC	(5) CD

(三) 填空题

1. $K_{sp}^{\ominus}=[c_{eq}(A)]^2\cdot[c_{eq}(B)]^3$，$K_{sp}^{\ominus}=108s^5$

2. 越大

3. 温度，浓度

4. 减小，增大

5. 溶度积，$J>K_{sp}^{\ominus}$，$J<K_{sp}^{\ominus}$

6. 生成弱电解质，氧化还原，生成配合物

7. 越小，越大

8. Fe^{3+}，pH

(四) 简答题

1. 答：溶解度和溶度积都能表示难溶电解质在水中的溶解趋势，但溶解度表示在一定温度下难溶电解质在水中的溶解能力，而溶度积表示在一定温度下难溶电解质在水中达到溶解沉淀平衡时溶液中各离子相对平衡浓度的幂次乘积为一常数，用 $K_{sp}^{\ominus}$表示，它反映了难溶电解质在水中的溶解能力，也表示难溶电解质在水中生成沉淀的难易。

2. 答：由于HgS的 K_{sp}很小，不溶于浓硝酸，但加王水后浓硝酸的氧化还原效应和盐酸的配位效应的共同作用使HgS溶于王水。

$$3HgS+12Cl^-+2NO_3^-+8H^+=3[HgCl_4]^{2-}+3S+2NO\uparrow+4H_2O$$

3. **答**：NaAc为强碱弱酸盐，在水溶液中水解呈碱性，有利于 H_2S 电离出 S^{2-}，使ZnS沉淀完全。

$$Ac^- + H_2O \longrightarrow HAc + OH^-$$

$$H_2S + 2OH^- \longrightarrow 2H_2O + S^{2-}$$

$$S^{2-} + Zn^{2+} = ZnS$$

4. 答：当某离子的浓度小于 $10^{-5}mol \cdot L^{-1}$（定量分析规定小于 $10^{-6}mol \cdot L^{-1}$）时，我们认为该离子已完全沉淀。故沉淀完全时溶液中被沉淀离子的浓度不等于零。

5. 答：$NH_3 \cdot H_2O$ 的 $K_b = 1.8 \times 10^{-5}$，尽管是弱碱可电离出 OH^- 离子，$MgCl_2$ 电离可产生 Mg^{2+} 离子，由于 $K_{sp}^{\ominus}[Mg(OH)_2] = 1.2 \times 10^{-11}$，当溶液中的 $J > K_{sp}^{\ominus}$ 时，就会生成 $Mg(OH)_2$沉淀。又 $Mg(OH)_2$ 的 $K_{sp}^{\ominus}$不是太小，$Mg(OH)_2$ 会电离出 OH^-，

$$Mg(OH)_2 \rightleftharpoons Mg^{2+} + 2OH^-$$

NH_4Cl 会电离出 NH_4^+，NH_4^+ 与 OH^- 结合生成 $NH_3 \cdot H_2O$，使 $Mg(OH)_2$ 的电离平衡向右移动，故 $Mg(OH)_2$ 沉淀加入 NH_4Cl 后沉淀消失。

（五）计算题

1. **解**：(1) 混合溶液中

$$c(Mg^{2+}) = 0.10mol \cdot L^{-1}$$

$$c(OH^-) = 0.0010mol \cdot L^{-1}$$

$$J = c(Mg^{2+}) \cdot [c(OH^-)]^2$$

$$= 0.10 \times 0.0010^2$$

$$= 1.0 \times 10^7 > K_{sp}^{\ominus}[Mg(OH)_2] = 1.8 \times 10^{-11}$$

根据溶度积规则，有沉淀产生。

(2) 混合溶液中各物质起始浓度为：

$$c(Mg^{2+}) = 0.10mol \cdot L^{-1}$$

$$c(NH_3 \cdot H_2O) = 0.010mol \cdot L^{-1}$$

混合溶液中的 OH^- 是由 $NH_3 \cdot H_2O$ 提供的，设混合后 $NH_3 \cdot H_2O$ 电离出的 OH^- 浓度为 x，则：

	$NH_3 \cdot H_2O$	$\rightleftharpoons$	NH_4^+	+	OH^-
平衡浓度/$mol \cdot L^{-1}$	$0.010 - x$		x		x

$$K_b^{\ominus} = \frac{c_{eq}(NH_4^+) \cdot c_{eq}(OH^-)}{c_{eq}(NH_3 \cdot H_2O)} = \frac{x^2}{0.010 - x}$$

由于 $0.010/K_b^{\ominus} > 400$，$0.010 - x \approx x$

$$x = \sqrt{0.010 \times K_b^{\ominus}}$$

$$= \sqrt{0.010 \times 1.74 \times 10^{-5}} \times 1$$

$$= 4.17 \times 10^{-4} mol \cdot L^{-1}$$

混合溶液中

$$J = c(Mg^{2+}) \cdot [c(OH^-)]^2$$

$$= 0.10 \times (4.17 \times 10^{-4})^2$$

$$=1.74\times10^{-8}>K_{sp}^{\ominus}[Mg(OH)_2]=1.8\times10^{-11}$$

根据溶度积规则，有沉淀产生。

(3) 混合溶液中各物质起始浓度为：

$$c(Mg^{2+})=0.10mol\cdot L^{-1}$$

$$c(NH_3\cdot H_2O)=0.010mol\cdot L^{-1}$$

$$c(NH_4^+)=0.10mol\cdot L^{-1}$$

混合溶液中的 OH^- 是由 $NH_3\cdot H_2O$ 和 NH_4Cl 组成的缓冲溶液提供的，设混合溶液中的 OH^- 浓度为 x，根据缓冲溶液计算公式，则：

$$x=\frac{K_b^{\ominus}\times c(NH_3\cdot H_2O)}{c(NH_4^+)}$$

$$=\frac{1.74\times10^{-5}\times0.010}{0.10}$$

$$=1.74\times10^{-6}mol\cdot L^{-1}$$

混合溶液中 $J=c(Mg^{2+})\cdot[c(OH^-)]^2$

$$=0.10\times(1.74\times10^{-6})^2$$

$$=3.0\times10^{-13}<K_{sp}^{\ominus}[Mg(OH)_2]=1.8\times10^{-11}$$

根据溶度积规则，无沉淀产生。

2. 解：(1) 设 $Zn(OH)_2$ 在水中的溶解度为 s，则：

$$Zn(OH)_2(s)=Zn^{2+}+2OH^-$$

平衡浓度/$mol\cdot L^{-1}$ s $2s$

$$K_{sp}^{\ominus}=s\cdot(2s)^2$$

$$s=\sqrt[3]{\frac{K_{sp}^{\ominus}}{4}}$$

$$=\sqrt[3]{\frac{1.2\times10^{-17}}{4}}$$

$$=1.4\times10^{-6}mol\cdot L^{-1}$$

(2) $Zn(OH)_2$ 饱和溶液中：

$$c(Zn^{2+})=c_{eq}(Zn^{2+})=1.4\times10^{-6}mol\cdot L^{-1}$$

$$c(OH^-)=c_{eq}(OH^-)=2.8\times10^{-6}mol\cdot L^{-1}$$

$$pH=14-pOH=14+\lg c(OH^-)=8.4$$

(3) 设 $Zn(OH)_2$ 在 $0.10mol\cdot L^{-1}$ NaOH 中的溶解度为 s_1，则：

$$Zn(OH)_2(s)=Zn^{2+}+2OH^-$$

平衡浓度/$mol\cdot L^{-1}$ s_1 $2s_1+0.10$

由于 NaOH 对 $Zn(OH)_2$ 产生同离子效应，s_1 很小，所以 $2s_1+0.10\approx0.10$

$$K_{sp}^{\ominus}=s_1\cdot(0.10)^2$$

$$s_1=\frac{K_{sp}^{\ominus}}{10^{-2}}=\frac{1.2\times10^{-17}}{10^{-2}}=1.2\times10^{-15}\text{mol·L}^{-1}$$

(4) 设 $Zn(OH)_2$ 在 0.10mol·L^{-1} $ZnSO_4$ 中的溶解度为 s_2，则：

$$Zn(OH)_2(s)=Zn^{2+}+2OH^-$$

平衡浓度/mol·L^{-1}　　　$s_2+0.10$　　$2s_2$

由于 $ZnSO_4$ 对 $Zn(OH)_2$ 也产生同离子效应，s_2 很小，所以 $s_2+0.10\approx0.10$

$$K_{sp}^{\ominus}=0.10\cdot(2s_2)^2$$

$$s_2=\sqrt{\frac{K_{sp}^{\ominus}}{4\times0.10}}=\sqrt{\frac{1.2\times10^{-17}}{4\times0.1}}=5.5\times10^{-9}\text{mol·L}^{-1}$$

3. **解**：(1) $Pb(OH)_2$ 开始沉淀时：

$$c(OH^-)=\sqrt{\frac{K_{sp}^{\ominus}[Pb(OH)_2]}{c(Pb^{2+})}}$$

$$=\sqrt{\frac{1.2\times10^{-15}}{0.030}}$$

$$=2.0\times10^{-7}\text{mol·L}^{-1}$$

$Fe(OH)_3$ 开始沉淀时：

$$c(OH^-)=\sqrt[3]{\frac{K_{sp}^{\ominus}[Fe(OH)_3]}{c(Fe^{3+})}}$$

$$=\sqrt[3]{\frac{4.0\times10^{-38}}{0.0050}}$$

$$=2.0\times10^{-12}\text{mol·L}^{-1}$$

由于 $Fe(OH)_3$ 开始沉淀时所需的 $c(OH^-)$ 少，所以 $Fe(OH)_3$ 先沉淀。

(2) 要使 Pb^{2+} 和 Fe^{3+} 分离，只需 Fe^{3+} 沉淀完全而 Pb^{2+} 不沉淀即可。

$Fe(OH)_3$ 沉淀完全时，溶液中 $c(Fe^{3+})\leqslant1.0\times10^{-5}\text{mol·L}^{-1}$，则：

$$c(OH^-)\geqslant\sqrt[3]{\frac{K_{sp}^{\ominus}[Fe(OH)_3]}{1.0\times10^{-5}}}$$

$$\geqslant\sqrt[3]{\frac{4.0\times10^{-38}}{1.0\times10^{-5}}}$$

$$\geqslant1.59\times10^{-11}$$

$$pH\geqslant14+\lg c(OH^-)=3.2$$

根据(1)计算 Pb^{2+} 不沉淀，$c(OH^-)\leqslant2.0\times10^{-7}\text{mol·L}^{-1}$，$pH\leqslant7.3$。

所以，pH 应控制在 3.2～7.3 之间。

4. **解**：(1) $PbCrO_4$ 开始沉淀时：

$$c(Pb^{2+})=\frac{K_{sp}^{\ominus}(PbCrO_4)}{c(CrO_4^{2-})}$$

$$=\frac{2.8\times10^{-13}}{0.010}$$

$$=2.8\times10^{-11}\text{mol·L}^{-1}$$

PbS 开始沉淀时：

$$c(Pb^{2+})=\frac{K_{sp}^{\ominus}(PbS)}{c(S^{2-})}$$

$$=\frac{1.0\times10^{-28}}{0.010}$$

$$=1.0\times10^{-26}\text{mol·L}^{-1}$$

由于 PbS 开始沉淀时，所需的 $c(Pb^{2+})$ 少，所以 PbS 先沉淀。

(2)当第二种离子 CrO_4^{2-} 开始沉淀时，溶液中同时存在 PbS、$PbCrO_4$ 两个溶解沉淀平衡，根据多重平衡规则得：

$$\frac{K_{sp}^{\ominus}(PbCrO_4)}{c_{eq}(CrO_4^{2-})}=\frac{K_{sp}^{\ominus}(PbS)}{c_{eq}(S^{2-})}$$

设 CrO_4^{2-} 浓度不随 $Pb(NO_3)_2$ 的加入而改变，仍以起始浓度代入，则：

$$c_{eq}(S^{2-})=\frac{K_{sp}^{\ominus}(PbS)}{K_{sp}^{\ominus}(PbCrO_4)}\times c(CrO_4^{2-})$$

$$=\frac{1.0\times10^{-28}}{2.8\times10^{-13}}\times0.010$$

$$=3.6\times10^{-16}<1.0\times10^{-5}\text{mol·L}^{-1}$$

所以当第二种离子 CrO_4^{2-} 开始沉淀时，第一种离子早已沉淀完全了。

5. **解**：ZnS 不沉淀，溶液中

$$c(S^{2-})\leqslant\frac{K_{sp}^{\ominus}(ZnS)}{c(Zn^{2+})}$$

而溶液中， $c(S^{2-})=\dfrac{K_{a1}^{\ominus}\cdot K_{a2}^{\ominus}\cdot c(H_2S)}{[c(H^+)]^2}$ 则：

$$c(H^+)\geqslant\sqrt{\frac{K_{a1}^{\ominus}\cdot K_{a2}^{\ominus}\cdot c(H_2S)\cdot c(Zn^{2+})}{K_{sp}^{\ominus}(ZnS)}}$$

$$\geqslant\sqrt{\frac{9.35\times10^{-22}\times0.1\times0.1}{2.5\times10^{-22}}}$$

$$\geqslant0.19\text{mol·L}^{-1}$$

$$pH\leqslant0.72$$

所以只要控制溶液的 $pH\leqslant0.72$ 即可使 ZnS 不沉淀。

6. **解**：由于 FeS 和 PbS 是同类型的难溶强电解质，根据溶度积可知，通入 H_2S 达饱和时，PbS 先沉淀，因此若要二者分离，只要使 PbS 沉淀完全，FeS 不沉淀即可。

PbS 沉淀完全时，溶液中

$$c(Pb^{2+})\leqslant1.0\times10^{-5}\text{mol·L}^{-1}$$

由此得出溶液中 $c(S^{2-})\geqslant\dfrac{K_{sp}^{\ominus}(PbS)}{1.0\times10^{-5}}$

而溶液中 $$c(S^{2-})=\frac{K_{a1}^{\ominus}\cdot K_{a2}^{\ominus}\cdot c(H_2S)}{[c(H^+)]^2}$$ 则：

$$c(H^+)\leqslant\sqrt{\frac{K_{a1}^{\ominus}\cdot K_{a2}^{\ominus}\cdot c(H_2S)\times1.0\times10^{-5}}{K_{sp}^{\ominus}(PbS)}}$$

$$\leqslant\sqrt{\frac{9.35\times10^{-22}\times0.1\times1.0\times10^{-5}}{1.0\times10^{-28}}}$$

$$\leqslant3.1mol\cdot L^{-1}$$

$$pH\geqslant0.49$$

FeS 不沉淀，溶液中

$$c(S^{2-})\leqslant\frac{K_{sp}^{\ominus}(FeS)}{c(Fe^{2+})}$$

而溶液中 $$c(S^{2-})=\frac{K_{a1}^{\ominus}\cdot K_{a2}^{\ominus}\cdot c(H_2S)}{[c(H^+)]^2}$$ 则：

$$c(H^+)\geqslant\sqrt{\frac{K_{a1}^{\ominus}\cdot K_{a2}^{\ominus}\cdot c(H_2S)\cdot c(Fe^{2+})}{K_{sp}^{\ominus}(FeS)}}$$

$$\geqslant\sqrt{\frac{9.35\times10^{-22}\times0.1\times0.1}{6.3\times10^{-18}}}$$

$$\geqslant1.2\times10^{-3}mol\cdot L^{-1}$$

$$pH\leqslant2.92$$

所以只要控制溶液的 $0.49\leqslant pH\leqslant2.92$ 即可使两者分离。

7. **解**：(1) 转化反应方程式为：

$$2AgI+CO_3^{2-}=Ag_2CO_3+2I^-$$

转化反应的标准平衡常数为：

$$K^{\ominus}=\frac{[c_{eq}(I^-)]^2}{c_{eq}(CO_3^{2-})}=\frac{[K_{sp}^{\ominus}(AgI)]^2}{K_{sp}^{\ominus}(Ag_2CO_3)}$$

$$=\frac{(8.3\times10^{-17})^2}{8.1\times10^{-12}}=8.5\times10^{-22}$$

由于转化反应的标准平衡常数很小，转化反应不能进行。

(2) 转化反应方程式为：

$$2AgI+S^{2-}=Ag_2S+2I^-$$

转化反应的标准平衡常数为：

$$K^{\ominus}=\frac{[c_{eq}(I^-)]^2}{c_{eq}(S^{2-})}=\frac{[K_{sp}^{\ominus}(AgI)]^2}{K_{sp}^{\ominus}(Ag_2S)}$$

$$=\frac{(8.3\times10^{-17})^2}{6.3\times10^{-50}}=1.1\times10^{17}>1.0\times10^{6}$$

由于转化反应的标准平衡常数 $>1.0\times10^{6}$，转化反应进行得非常完全。

8. **解**：通入 H_2S 达饱和后的沉淀反应为：

$$H_2S+Cd^{2+}=CdS(s)+2H^+$$

反应的标准平衡常数为：

$$K^{\ominus}=\frac{[c_{eq}(H^+)]^2}{c_{eq}(Cd^{2+})\cdot[c_{eq}(H_2S)]}$$

$$=\frac{K_{a1}^{\ominus}\cdot K_{a2}^{\ominus}}{K_{sp}^{\ominus}}=\frac{9.35\times10^{-22}}{8.0\times10^{-27}}=1.2\times10^5$$

由于平衡常数较大，沉淀进行得较完全，由反应式可知，H^+ 的平衡浓度为：

$$c_{eq}(H^+)=0.30+2\times0.10=0.50\text{mol}\cdot\text{L}^{-1}$$

而饱和 H_2S 溶液中

$$c_{eq}(H_2S)=0.10\text{mol}\cdot\text{L}^{-1}$$

代入上述标准平衡常数表达式，即可求出 $c_{eq}(Cd^{2+})$，也就是未被 H_2S 沉淀的 Cd^{2+} 浓度。

$$c_{eq}(Cd^{2+})=\frac{[c_{eq}(H^+)]^2}{[c_{eq}(H_2S)]\cdot K^{\ominus}}$$

$$=\frac{(0.50)^2}{0.10\times1.2\times10^5}$$

$$=2.1\times10^{-5}\text{mol}\cdot\text{L}^{-1}$$

9. **解** (1) $K_{sp}^{\ominus}(PbI_2)=9.8\times10^{-9}$

依据 $$PbI_2(s)\rightleftharpoons Pb^{2+}(aq)+2I^-(aq)$$

$$K_{sp}^{\ominus}(PbI_2)=c_{eq}(Pb^{2+})\cdot[c_{eq}(I^-)]^2=s\ (2s)^2=4s^3$$

$$s=\sqrt[3]{\frac{K_{sp}^{\ominus}\ (PbI_2)}{4}}=\sqrt[3]{\frac{9.8\times10^{-9}}{4}}=1.3\times10^{-3}(\text{mol}\cdot\text{L}^{-1})$$

(2) 设在 $0.02\text{mol}\cdot\text{L}^{-1}$ KI 溶液中 PbI_2 的溶解度为 $s(\text{mol}\cdot\text{L}^{-1})$

$$PbI_2(s)\rightleftharpoons Pb^{2+}(aq)+2I^-(aq)$$

平衡浓度/$\text{mol}\cdot\text{L}^{-1}$ $\qquad s \qquad 2s+0.02\approx0.02$

$$K_{sp}^{\ominus}(PbI_2)=c_{eq}(Pb^{2+})\cdot[c_{eq}(I^-)]^2=s\times(0.02)^2$$

$$s=\frac{K_{sp}^{\ominus}(PbI_2)}{(0.02)^2}=\frac{9.8\times10^{-9}}{0.0004}=2.5\times10^{-5}(\text{mol}\cdot\text{L}^{-1})$$

(3) 根据 $$I=\frac{1}{2}\sum_i c_i z_i^2=\frac{1}{2}[c(K^+)z^2(K^+)+c(NO_3^-)z^2(NO_3^-)]$$

$$=\frac{1}{2}[0.02\times(+1)^2+0.02\times(-1)^2]=0.02(\text{mol}\cdot\text{kg}^{-1})$$

$$\lg\gamma(Pb^{2+})=\frac{-Az_i^2\sqrt{I}}{1+\sqrt{I}}=\frac{-0.509\times(+2)^2\times\sqrt{0.02}}{1+\sqrt{0.02}}=-0.252$$

$$\gamma(Pb^{2+})=0.56$$

$$\lg\gamma(I^-)=\frac{-Az_i^2\sqrt{I}}{1+\sqrt{I}}=\frac{-0.509\times(-1)^2\times\sqrt{0.02}}{1+\sqrt{0.02}}=-0.0631$$

$$\gamma(I^-)=0.86$$

$$K_{sp}^{\ominus}(PbI_2)=a(Pb^{2+})\cdot a^2(I^-)$$

$$=[\gamma(Pb^{2+})\cdot c_{eq}(Pb^{2+})]\cdot[\gamma(I^-)\cdot c_{eq}(I^-)]^2=(0.56s)\times(0.86\times2s)^2$$

$$s=\sqrt[3]{\frac{K_{sp}^{\ominus}(PbI_2)}{0.56\times(0.86\times2)^2}}=\sqrt[3]{\frac{9.8\times10^{-9}}{0.56\times(0.86\times2)^2}}=1.81\times10^{-3}(mol\cdot L^{-1})$$

10. **解**：该转化反应可表示为

$$2AgI(s)+S^{2-}(aq)\rightleftharpoons Ag_2S(s)+2I^-(aq)$$

转化反应的平衡常数为

$$K^{\ominus}=\frac{[c_{eq}(I^-)]^2}{c_{eq}(S^{2-})}=\frac{K_{sp}^{\ominus}(AgI)^2}{K_{sp}^{\ominus}(Ag_2S)}=\frac{(8.52\times10^{-17})^2}{6.3\times10^{-50}}=1.15\times10^{17}$$

若在 1.0L 溶液中转化 0.010mol AgI，则溶液中 $C(I^-)=0.010mol\cdot L^{-1}$

所以 $$c(S^{2-})=\frac{[c(I^-)]^2}{K}=\frac{(0.010)^2}{1.15\times10^{17}}=8.70\times10^{-22}(mol\cdot L^{-1})$$

$(NH_4)_2S$ 的初始浓度为

$$c[(NH_4)_2S]=c(S^{2-})_{总}=c(S^{2-})+\frac{1}{2}c(I^-)$$

$$=8.69\times10^{-22}+\frac{1}{2}\times0.010=5.0\times10^{-3}(mol\cdot L^{-1})$$

11. **解**：$CaCO_3$ 在 HAc 中的溶解过程可表示如下：

$$CaCO_3(s)\rightleftharpoons Ca^{2+}+CO_3^{2-} \qquad K_{sp}^{\ominus}$$

$$2HAc\rightleftharpoons 2Ac^-+2H^+ \qquad [K_a^{\ominus}CHAc]^2$$

$$+)\quad CO_3^{2-}+2H^+\rightleftharpoons H_2CO_3 \qquad 1/K_{a1}^{\ominus}K_{a2}^{\ominus}$$

总反应为 $$CaCO_3(s)+2HAc\rightleftharpoons Ca^{2+}+2Ac^-+H_2CO_3$$

总反应的平衡常数为：

$$K^{\ominus}=\frac{c_{eq}(Ca^{2+})\cdot c_{eq}^2(Ac^-)\cdot c_{eq}(H_2CO_3)}{c_{eq}^2(HAc)}=\frac{K_{sp}^{\ominus}K_a^2(HAc)}{K_{a1}^{\ominus}K_{a2}^{\ominus}}$$

$$=\frac{4.96\times10^{-9}\times(1.76\times10^{-5})^2}{5.61\times10^{-11}\times4.3\times10^{-7}}=0.064$$

由总反应式可知，$c(Ac^-)=2c(Ca^{2+})$，因此

$$K^{\ominus}=\frac{c_{eq}(Ca^{2+})\cdot c_{eq}^2(Ac^-)\cdot c_{eq}(H_2CO_3)}{c_{eq}^2(HAc)}=\frac{c_{eq}(Ca^{2+})[2c_{eq}(Ca^{2+})]^2c_{eq}(H_2CO_3)}{c_{eq}^2(HAc)}$$

$$=\frac{4[c_{eq}(Ca^{2+})]^3c_{eq}(H_2CO_3)}{c_{eq}^2(HAc)}$$

溶液中 Ca^{2+} 浓度为

$$c_{eq}(Ca^{2+})=\sqrt[3]{\frac{c_{eq}(HAc)\cdot K^{\ominus}}{4c_{eq}(H_2CO_3)}}=\sqrt[3]{\frac{1.0\times0.064}{4\times0.040}}=0.74\ (mol\cdot L^{-1})$$

在 1L 溶液中溶解 $CaCO_3$ 的物质的量为

$$n(CaCO_3)=n(Ca^{2+})=c_{eq}(Ca^{2+})\cdot V$$

$$=0.74\times1.0=0.74(mol)$$

HAc 的初试浓度为

$$c(HAc)=c_{eq}(HAc)+2c_{eq}(Ca^{2+})=1.0+2\times0.74=2.48(mol\cdot L^{-1})$$

第六章 氧化还原反应

一、教学大纲要求

▲熟悉氧化还原反应的实质。

★掌握用离子-电子法配平氧化还原反应方程式的方法。

▲熟悉原电池的概念和书写方法以及电极电势、电动势的概念。

★掌握能斯特方程及电极电势的应用，判断氧化剂与还原剂的相对强弱和氧化还原反应进行的方向。

★掌握氧化还原反应平衡常数的意义及其计算，判断氧化还原反应的程度。

●了解元素电势图。

二、重点内容

（一）氧化还原反应基本概念

1．氧化值

（1）定义：元素的氧化值是该元素的一个原子在纯化合物中的特定形式的电荷数，即表观电荷数。这种电荷数是人为地将成键电子指定给电负性较大的原子而求得的。

（2）计算规则

①单质中元素的氧化值为零；

②化合物中氧的氧化值一般为－2，过氧化物中为－1，超氧化物中为－1/2，OF_2 中为＋2；

③化合物中氢的氧化值一般为＋1，在金属氢化物中为－1；

④简单离子中元素氧化值等于其电荷数；

⑤中性化合物中各元素氧化值的代数和为零，多原子离子中各元素氧化值代数和等于其电荷数。

2．氧化还原反应

氧化还原反应——是指有电子得失或电子对偏移的反应。或伴有氧化值改变的反应。由两个半反应组成。

氧化剂——反应物中得到电子的物质。

还原剂——反应物中失去电子的物质。

氧化反应——还原剂中某元素的原子失去电子发生氧化值升高的反应。

还原反应——氧化剂中某元素的原子得到电子发生氧化值降低的反应。

注意：要掌握氧化剂、还原剂、氧化、还原、被氧化、被还原、氧化值变化、电子得失等概念及其关系。

（二）氧化还原反应方程式的配平

原则：原子守恒、电荷守恒。

方法：氧化值法和离子-电子法。

1. 氧化值法

需遵循“反应中还原剂氧化值升高总数等于氧化剂氧化值降低总数”的原则。

配平主要步骤为：

(1) 先计算各元素的氧化值，并标出元素氧化值有变化的物质及氧化值变化情况；

(2) 然后在这些物质前加上相应的系数，使反应中氧化值降低总数等于氧化值升高总数；

(3) 最后通过目测配平其他原子。

利用氧化值法配平比较直观，而且绝大多数氧化还原反应都适用。

2. 离子-电子法

其配平的总原则是反应中氧化剂得电子总数等于还原剂失电子总数。只适用于发生在溶液中的氧化还原反应。

配平的主要步骤为：

(1) 先写出未配平的离子反应式；

(2) 将离子反应式分成两个半反应，一个为氧化反应，一个为还原反应；

(3) 分别配平两个半反应，使半反应式两边的各原子数与电荷数均相等（可通过加 H^+ 或 OH^- 使电荷平衡）；

(4) 两个半反应式各乘一个相应的系数后相加，消去电荷数，如式两边出现了相同的物质可约去；

(5) 将离子式改写成分子式。

介质产物的一般规律：酸中出水，碱中出水，水中出酸或碱。

反应物若比相应的生成物多氧——介质为酸性则加 $H^+ \longrightarrow H_2O$。

介质为碱性则加 $H_2O \longrightarrow OH^-$。

反应物若比相应的生成物少氧——介质为酸性则加 $H_2O \longrightarrow H^+$。

介质为碱性加 $OH^- \longrightarrow H_2O$。

注意：在酸性介质中进行的氧化还原反应，配平后不应出现 OH^-；在碱性介质中进行的氧化还原反应，配平后不应出现 H^+。

（三）原电池

1. 原电池

将化学能转化为电能的装置称原电池。它由两个半电池和盐桥、导线组成。原电池分为正极和负极。

正极——得到电子流的极。在正极上氧化剂得到电子发生还原反应。

负极——提供电子流的极。在负极上还原剂失去电子发生氧化反应。

电池反应是两个半电池反应的加和，其实质就是氧化还原反应。

组成原电池的条件：

(1) 自发反应——$\Delta G<0$。

(2) 氧化和还原反应分别在两极进行。

(3) 两极的电解质溶液必须通过盐桥沟通。

注：理论上，任一自发的氧化还原反应原则上都可设计成原电池。盐桥的作用是接通电路和保持溶液的电中性。

2. 氧化还原电对

半反应中，氧化剂与它的还原产物组成的电对或还原剂与它的氧化产物组成的电对称为氧化还原电对。在氧化还原电对中，氧化值高的物质称氧化型(态)物质，氧化值低的物质称还原型(态)物质。氧化还原电对常可表示为“氧化型/还原型”，两物质间的关系可表示为：

$$\text{氧化型} + ne^- \rightleftharpoons \text{还原型}$$

正向为还原反应，逆向为氧化反应，它们彼此依存，相互转化，其关系与共轭酸碱对一样。

氧化还原电对的写法：[氧化型] / [还原型]

3. 原电池的符号表示

电池符号书写规则：

(1) 还原剂电对写在左边，构成负极半电池；氧化剂电对写在右边，构成正极半电池。

(2)“|”或“·”表示不同相间的分界面；“‖”表示盐桥；同一相的不同物质间用“,”分隔。

(3) 应注明溶液的浓度($mol \cdot L^{-1}$)、气体的分压(kPa)。

(4) 若电对中无固体电导体时，加惰性材料作电导体，如铂、石墨等。

原电池的电动势等于两电极的电极电势之差。

$$E_{MF} = E_{(+)} - E_{(-)}$$

(四) 电极电势及其测定

电极电势——金属与其盐溶液因形成双电层而产生的电势差叫做金属的平衡电极电势，简称电极电势。

它是体系的性质之一，为状态函数，其绝对值难测定。

1. 比较的基准——标准氢电极(SHE)

电极符号：$Pt|H_2(100kPa), H^+(1mol \cdot L^{-1})$

$$2H^+(aq) + 2e^- \rightleftharpoons H_2(g) \qquad E^\ominus = 0.0000V$$

国际上规定：在标准状态下，即氢离子的活度为 $1mol \cdot L^{-1}$，氢气的标准压力为 100kPa，温度为 298.15K 时，人为规定标准氢电极的电极电势为零，即 $E^\ominus(H^+/H_2) = 0.0000V$。

2. 标准电极电势

将标准氢电极与其他电极(标态)构成原电池。测定原电池的标准电动势，通过计算可得出其他电极的标准电极电势。

原电池的标准电动势由氧化还原反应的吉布斯自由能决定。

$$\Delta G^\ominus = -nFE_{MF}^\ominus$$

标准电极电势采用还原电势，表示氧化剂发生还原反应，故其电势的代数值越大，该电对中氧化型物质的氧化能力越强，还原型物质的还原能力越弱；电势的代数值越小，该电对中氧化型物质的氧化能力越弱，而还原型物质的还原能力越强。

注意：①查 $E^{\ominus}$ 有酸表和碱表之分；

②$E^{\ominus}$ 值与电极反应的得失电子数无关；

③$E^{\ominus}$ 仅适用于水溶液中进行的反应；

④使用 $E^{\ominus}$ 值时必须按还原半反应来写。

（五）影响电极电势的因素

Nernst 方程

影响电极电势的因素有温度、压力、浓度等，这种定量关系可用 Nernst 方程式表示。

$$\text{氧化型} + ne^- \rightleftharpoons \text{还原型}$$

$$a\text{Ox} + ne^- \rightleftharpoons b\text{Re}$$

在 298.15K 时，可表示为：

$$E = E^{\ominus} + \frac{0.0592}{n}\lg\frac{[c_{eq}(\text{Ox})]^a}{[c_{eq}(\text{Re})]^b}$$

$[c_{eq}(\text{Ox})]^a$ 表示电极反应中氧化型一边各物质相对浓度幂的乘积，$[c_{eq}(\text{Re})]^b$ 表示电极反应中还原型一边各物质相对浓度幂的乘积，如有气体参与反应，用气体的相对分压 $\frac{p}{p^{\ominus}}$ 表示。

在一定温度下，对一已知电极反应，外界条件对电极电势的影响有以下几种情况：

(1) 浓度对电极电势的影响：增大氧化型物质或减小还原型物质的浓度，电极电势升高；增大还原型物质或减小氧化型物质的浓度，电极电势降低。

(2) 酸度对电极电势的影响：凡是有 H^+ 或 OH^- 参与的电极反应，溶液的酸度变化，对电极电势有很大的影响，甚至超过氧化型或还原型物质本身的浓度变化的影响。如

$$Cr_2O_7^{2-} + 14H^+ + 6e^- \rightleftharpoons 2Cr^{3+} + 7H_2O$$

由于 H^+ 出现在氧化态物质一边，所以酸度升高，电极电势升高。

(3) 沉淀的生成对电极电势的影响：由于沉淀的生成会减小氧化剂或还原剂的浓度，所以必然会影响电极电势。加入某种沉淀剂，若氧化型物质产生沉淀，电极电势将降低；若还原型物质产生沉淀，电极电势将升高。见表 6-1。

表 6-1　　电极电势与 $K_{sp}^{\ominus}$ 关系表

氧化型生成沉淀	还原型生成沉淀
$M^{n+} + ne^- \rightleftharpoons M$　　$E^{\ominus}(A)$	$M^{m+} + (m-n)e^- \rightleftharpoons M^{n+}$　　$E^{\ominus}(A)$
$M^{n+} + nX^- \rightleftharpoons MX_n(s)$　　$K_{sp}^{\ominus}(MX_n)$	$M^{n+} + nX^- \rightleftharpoons MX_n(s)$　　$K_{sp}^{\ominus}(MX_n)$
$MX_n(s) + ne^- \rightleftharpoons M + nX^-$　　$E^{\ominus}(B)$	$M^{m+} + (m-n)e^- + nX^- \rightleftharpoons MX_n(s)$　　$E^{\ominus}(B)$
$E^{\ominus}(B) = E^{\ominus}(A) + \frac{0.0592}{n}\lg K_{sp}^{\ominus}(MX_n)$	$E^{\ominus}(B) = E^{\ominus}(A) + \frac{0.0592}{m-n}\lg\frac{1}{K_{sp}^{\ominus}}$

如向 Ag^+/Ag 电极体系中加入 Cl^-，由于 Ag^+ 与 Cl^- 生成 AgCl 沉淀，使溶液中的 Ag^+（氧化态）浓度减小，电极电势降低；如向 Cu^{2+}/Cu^+ 电极体系中加入 I^-，因 Cu^+ 与 I^- 生成 CuI 沉淀，溶液中 Cu^+（还原态）浓度减少，电极电势升高。

（4）配合物生成对电极电势的影响：由于配合物的生成会减小氧化剂或还原剂的浓度，所以必然会影响电极电势。具体见配合物一章。

（六）电极电势与电动势的应用

1. 判断氧化剂、还原剂的相对强弱

电极电势大的电对，氧化型物质的氧化能力较强而还原型物质的还原能力较弱；电极电势小的电对氧化型物质的氧化能力较弱而还原型物质的还原能力较强。

2. 判断氧化还原反应进行的方向

由于 $\Delta G=-nFE_{MF}$，故可用下列关系式来判断氧化还原反应进行的方向：

$E_{MF}>0$　　反应自发正向进行

$E_{MF}=0$　　反应达到平衡

$E_{MF}<0$　　反应自发逆向进行

3. 判断氧化还原反应进行的程度

氧化还原平衡是一个氧化还原可逆反应的固有性质，其标准平衡常数与相应原电池的标准电动势有关。

$$\lg K^{\ominus}=\frac{nE_{MF}^{\ominus}}{0.0592}$$

显然，原电池的标准电动势越大，反应的标准平衡常数越大，反应就越完全。

还可以利用氧化还原平衡与沉淀平衡的关系来求沉淀的溶度积常数。

4. 元素电势图及其应用

将某一元素各种氧化值按从高到低的顺序将物质依次列出，各物质间用直线连接起来并在直线上标明相应电极反应的标准电极电势值，这样的图称元素电势图。

（1）利用元素电势图可以判断歧化反应能否发生

$$\mathrm{A}\ \frac{E_{左}^{\ominus}}{\qquad}\ \mathrm{B}\ \frac{E_{右}^{\ominus}}{\qquad}\ \mathrm{C}$$

当 $E_{右}^{\ominus}>E_{左}^{\ominus}$ 时，B 物质将发生歧化反应；当 $E_{右}^{\ominus}<E_{左}^{\ominus}$，B 物质不能自发发生歧化反应。

（2）利用元素电势图可由已知电对的标准电极电势求得未知电对的标准电极电势。

$$\mathrm{A}\ \frac{E_1^{\ominus}}{n_1}\ \mathrm{B}\ \frac{E_2^{\ominus}}{n_2}\ \mathrm{C}\ \frac{E_3^{\ominus}}{n_3}\ \mathrm{D}$$

$$\mathrm{A}\ \underset{(n_1+n_2+n_3)}{\overset{E_x^{\ominus}}{\rule{6em}{0.4pt}}}\ \mathrm{D}$$

$$E_x^{\ominus}=\frac{n_1E_1^{\ominus}+n_2E_2^{\ominus}+n_3E_3^{\ominus}}{n_1+n_2+n_3}$$

应用元素电势图时，应注意溶液的酸碱性。

三、疑难辨析

本章的难点：

1. 氧化还原反应的配平
2. 电极电势的计算（E 与 $K_a^{\ominus}$、$K_b^{\ominus}$、$K_{sp}^{\ominus}$、$K_{稳}^{\ominus}$ 的关系——综合计算）

（一）典型例题分析

【例 6-1】 用氧化值法和离子-电子法配平下列氧化还原反应，并组成原电池，用原电池符号式表示。

$$Fe_3O_4 + KMnO_4 + HCl \longrightarrow FeCl_3 + KCl + MnCl_2 + H_2O$$

解：（1）氧化值法配平步骤如下

氧化值升高 $(3-\frac{8}{3}) \times 3=1$

$$Fe_3O_4 + KMnO_4 + HCl \longrightarrow FeCl_3 + KCl + MnCl_2 + H_2O$$

氧化值降低 $(2-7)=-5$

根据氧化剂氧化值的降低值等于还原剂氧化值的升高值，

氧化值升高 $1\times5=5$

$$5Fe_3O_4 + KMnO_4 + 48HCl = 15FeCl_3 + KCl + MnCl_2 + 24H_2O$$

氧化值降低 $-5\times1=-5$

【解题思路】 解该题的关键在于要能正确地计算出各元素的氧化值，并判断出氧化值发生变化的元素，本题中 Fe 和 Mn 元素的氧化值发生了变化；另外要通过观察法以水分子的数目来调整反应式两侧使氢、氧元素数目相等。

（2）离子-电子法配平步骤如下：

①写出半反应

负极（氧化反应）：　$5Fe_3O_4 + 40H^+ \longrightarrow 15Fe^{3+} + 5e^- + 20H_2O$

正极(还原反应)：　$8H^+ + MnO_4^- + 5e^- \longrightarrow Mn^{2+} + 4H_2O$

②由于正、负极得失电子数相等，上述两个反应相加合即为配平的总反应

$$5Fe_3O_4 + 48H^+ + MnO_4^- = 15Fe^{3+} + Mn^{2+} + 24H_2O$$

③写成分子反应方程式：$5Fe_3O_4 + KMnO_4 + 48HCl = 15FeCl_3 + KCl + MnCl_2 + 24H_2O$

【解题思路】 半反应书写时要分清原电池负极发生的是氧化反应，正极发生的是还原反应，为设计原电池作基础；配平中考虑半反应左右两边电荷守恒和原子守恒（原子个数和种类）。反应介质为酸性，以 H^+ 来配平电荷；反应介质为碱性，以 OH^- 来配平电荷。

(3) 写出原电池符号式

$$(-)Pt(s)\text{-}Fe_3O_4(s)\,|\,FeCl_3(c_1)\,\|\,KMnO_4(c_2), HCl(c_3)\,|\,Pt(+)$$

【解题思路】由半反应确定正、负极的主要物质，由于正、负极的氧化态与还原态都是溶液中的物质，需加 Pt、C 等惰性电极导体。

【例 6-2】 已知在酸性介质中，$E^{\ominus}(MnO_4^-/Mn^{2+})=1.51V$，$E^{\ominus}(Cl_2/Cl^-)=1.358V$，比较两个电对在下列情况下氧化型物质的氧化能力和还原态物质的还原能力大小：

(1) 标准状况下，pH=0。

(2) 温度为 298.15K，pH=4，$p(Cl_2)=1000kPa$，其他物质浓度均为 $1.0mol\cdot L^{-1}$。

解：两电对的电极反应式分别为：

$$MnO_4^- + 8H^+ + 5e^- \rightleftharpoons Mn^{2+} + 4H_2O$$

$$Cl_2 + 2e^- \rightleftharpoons 2Cl^-$$

(1) 两个电极均为标准电极，$E^{\ominus}(MnO_4^-/Mn^{2+}) > E^{\ominus}(Cl_2/Cl^-)$，所以在此条件下氧化能力 $MnO_4^- > Cl_2$，还原能力 $Cl^- > Mn^{2+}$。

(2) $$E(MnO_4^-/Mn^{2+}) = E^{\ominus}(MnO_4^-/Mn^{2+}) + \frac{0.0592}{5}\lg[c(H^+)]^8$$

$$= 1.51 + \frac{0.0592}{5}\lg(10^{-4})^8$$

$$= 1.13V$$

$$E(Cl_2/Cl^-) = E^{\ominus}(Cl_2/Cl^-) + \frac{0.0592}{2}\lg\left[\frac{p_{eq}(Cl_2)}{p^{\ominus}}\right]/[c(Cl^-)]^2$$

$$= 1.358 + \frac{0.0592}{2}\lg\frac{1000}{100}/1$$

$$= 1.388V$$

$$E(MnO_4^-/Mn^{2+}) < E(Cl_2/Cl^-)$$

在此条件下，氧化能力 $Cl_2 > MnO_4^-$，还原能力 $Mn^{2+} > Cl^-$。

【解题思路】 物质的氧化还原能力随着客观条件的改变而改变。在一定温度下，电极电势主要与物质的浓度有关（如有气体，还应考虑气体的压力）；应用能斯特方程时，应注意[氧化型]/[还原型] 的相对浓度比值这一描述的正确意义。

【例 6-3】 已知：$2Hg^{2+}(aq) + 2e^- \rightleftharpoons Hg_2^{2+}(aq)$　　$E^{\ominus}=0.920V$

$Hg_2^{2+} + 2e^- \rightleftharpoons 2Hg(l)$　　$E^{\ominus}=0.799V$

对于氧化还原反应：$Hg^{2+}(aq) + Hg(l) \rightleftharpoons Hg_2^{2+}(aq)$ 反应条件为 298.15K，Hg^{2+} 浓度为 $0.0010mol\cdot L^{-1}$，Hg_2^{2+} 浓度为 $0.50mol\cdot L^{-1}$。

(1) 计算反应标准平衡常数。

(2) 通过计算说明反应自发进行的方向。

解：(1) 将该氧化还原反应设计成原电池，正极为 Hg^{2+}/Hg_2^{2+}，负极为 Hg_2^{2+}/Hg。

原电池的标准电动势 $E_{MF}^{\ominus} = E_+^{\ominus} - E_-^{\ominus} = 0.920 - 0.799 = 0.121V$

反应得失电子数为 1，$\lg K^{\ominus} = \frac{nE_{MF}^{\ominus}}{0.0592} = \frac{1\times 0.121}{0.0592} = 2.04$

$$K^{\ominus}=1.10\times10^{2}$$

(2) $E_{+}=E^{\ominus}(Hg^{2+}/Hg_2^{2+})+\frac{0.0592}{2}\lg\frac{[c_{eq}(Hg^{2+})]^2}{[c_{eq}(Hg_2^{2+})]}$

$=0.920+\frac{0.0592}{2}\lg\frac{0.0010^2}{0.50}$

$=0.751V$

$E_{-}=E^{\ominus}(Hg_2^{2+}/Hg)+\frac{0.0592}{2}\lg c_{eq}(Hg_2^{2+})$

$=0.799+\frac{0.0592}{2}\lg 0.50=0.790V$

$E_{+}-E_{-}<0$，反应由右向左自发进行。

【解题思路】不论反应条件如何，对于一个给定的可逆反应，在一定温度下，反应标准平衡常数是一定的，对于氧化还原可逆反应来说可由原电池的标准电动势求算，与反应的其他条件无关。另外，歧化反应能否发生（该题写成逆反应形式就是 Hg_2^{2+} 的歧化反应），其实质就是解决原电池的反应方向问题，在标准状态下，用两电对的标准电极电势比较，而在非标准状态下，应用具体条件下的电极电势比较。非标准状态下的电极电势用能斯特方程求算，表达式中的“n”是指该反应方程式中氧化剂与还原剂间的传递电子数，与电极反应的电子得失数“n”可能相同，也可能不同。

【例 6-4】 甘汞电极是一常用电极，其标准电极电势 $E^{\ominus}=0.268V$，Hg_2^{2+}/Hg 电对的 $E^{\ominus}=0.799V$，求 Hg_2Cl_2 的溶度积常数。

解：将两电极组成原电池，正极反应

$$Hg_2^{2+}(aq)+2e^{-}\rightleftharpoons 2Hg(l)\quad E^{\ominus}=0.799V$$

负极反应

$$Hg_2Cl_2(s)+2e^{-}\rightleftharpoons 2Hg(l)+2Cl^{-}(aq)\quad E^{\ominus}=0.268V$$

原电池反应式为 $Hg_2^{2+}(aq)+2Cl^{-}(aq)\rightleftharpoons Hg_2Cl_2(s)$

$$\lg K^{\ominus}=\frac{2\times E_{MF}^{\ominus}}{0.0592}=\frac{2\times(0.799-0.268)}{0.0592}=17.9$$

从反应平衡常数表达式及溶度积常数出发可得 $K^{\ominus}=\frac{1}{K_{sp}^{\ominus}}$

$$\lg K_{sp}^{\ominus}=-\lg K^{\ominus}=-17.9$$

$$K_{sp}^{\ominus}(Hg_2Cl_2)=1.26\times10^{-18}$$

【解题思路】金属-金属难溶盐电极的标准电极电势与相应金属及其离子电极的标准电极电势、难溶盐的溶度积两方面有关。在解题中不能割裂沉淀-溶解平衡与氧化还原平衡间的联系。

【例 6-5】 在 Fe^{3+}/Fe^{2+} 电对中加入 NaOH，达到平衡时保持 $c(OH^{-})=1.0mol\cdot L^{-1}$，求此时 $E(Fe^{3+}/Fe^{2+})$ 和 $E^{\ominus}[Fe(OH)_3/Fe(OH)_2]$。已知 $E^{\ominus}(Fe^{3+}/Fe^{2+})=0.771V$

$K_{sp}^{\ominus}[Fe(OH)_3]=1.1\times10^{-36}$，$K_{sp}^{\ominus}[Fe(OH)_2]=1.64\times10^{-14}$

解：由题意

$$Fe(OH)_3(s)\rightleftharpoons Fe^{3+}+3OH^{-}$$

$$Fe(OH)_2(s) \rightleftharpoons Fe^{2+} + 2OH^-$$

$$c(OH^-)=1.0mol\cdot L^{-1}, c_{eq}(Fe^{3+})= K_{sp}^{\ominus}[Fe(OH)_3], c_{eq}(Fe^{2+})= K_{sp}^{\ominus}[Fe(OH)_2]$$

$$E(Fe^{3+}/Fe^{2+})=E^{\ominus}(Fe^{3+}/Fe^{2+})+0.0592\lg\frac{c_{eq}(Fe^{3+})}{c_{eq}(Fe^{2+})}$$

$$=0.771+0.0592\times\lg\frac{1.1\times10^{-36}}{1.64\times10^{-14}}$$

$$=-0.542V$$

$$E(Fe^{3+}/Fe^{2+})=E^{\ominus}[Fe(OH)_3/Fe(OH)_2]=-0.542V$$

【解题思路】同例 6-4。由难溶盐的 $K_{sp}^{\ominus}$ 反过来求其对应的电极电势。

(二) 考点分析

本章考点：

1. 基本概念：氧化还原反应、氧化值、氧化还原电对、原电池、标准氢电极、Nernst 方程、电极电势、氧化还原反应平衡常数、歧化反应、元素电势图。

2. 氧化还原反应的配平（离子-电子法和氧化值法）。

3. 氧化还原反应与酸碱平衡、沉淀平衡、配位平衡的有关计算。

4. 电极电势的应用。

【例 6-6】 单项选择题

(1) 在酸性溶液中，下列各对离子能大量共存的是［已知 $E^{\ominus}(MnO_4^-/Mn^{2+})=1.51V$, $E^{\ominus}(Cr_2O_7^{2-}/Cr^{3+})=1.33V$, $E^{\ominus}(Fe^{3+}/Fe^{2+})=0.771V$, $E^{\ominus}(I_2/I^-)=0.536V$, $E^{\ominus}(Sn^{4+}/Sn^{2+})=0.151V$, $E^{\ominus}(Fe^{2+}/Fe)=-0.447V$］

A. $Cr_2O_7^{2-}$ 和 Fe^{2+}　B. Fe^{2+} 和 I^-　C. MnO_4^- 和 I^-　D. Fe^{3+} 和 Sn^{2+}

答案：B。

考点：利用电极电势可判断氧化还原反应的发生。

(2) 下列关于原电池装置中盐桥的说法，错误的是

A. 盐桥中的电解质不参与电极反应

B. 盐桥起电子传递作用

C. 盐桥用于维持两个半电池的电荷平衡

D. 盐桥用于维持两个半反应的持续进行

答案：B。

考点：原电池的组成。

【例 6-7】 配伍选择题

A. $E_+ - E_-$　B. $E_+^{\ominus} - E_-^{\ominus}$　C. $c_{eq}(Re)$

D. $\frac{c_{eq}(Ox)}{c_{eq}(Re)}$　E. $c_{eq}(Ox)$

(1) 决定氧化还原反应方向的是（　）

答案：A。

考点：原电池的电动势决定氧化还原反应的方向。

(2) 决定氧化还原反应标准平衡常数大小的是（　）

答案： B。

考点： 氧化还原平衡常数。

【例 6-8】 多项选择题

(1) 下列反应中，H_2O_2 作为还原剂的有（　）

A. $2I^- + 2H^+ + H_2O_2 = I_2 + 2H_2O$

B. $Cl_2 + H_2O_2 = 2HCl + O_2$

C. $3H_2O_2 + 2CrO_2^- + 2OH^- = 2CrO_4^{2-} + 4H_2O$

D. $PbS(s) + 4H_2O_2 = PbSO_4 + 4H_2O$

E. $2[Fe(CN)_6]^{3-} + H_2O_2 + 2OH^- = 2[Fe(CN)_6]^{4-} + O_2 + 2H_2O$

答案： B、E。

考点： 氧化剂、还原剂和氧化值的基本概念。

(2) 下列电对中，电对的电极电势值与 pH 有关的有（　）

A. Cl_2/Cl^-　B. Fe^{3+}/Fe^{2+}　C. $Cr_2O_7^{2-}/Cr^{3+}$　D. MnO_4^-/Mn^{2+}

E. F_2/F^-

答案： C、D。

考点： 有 H^+ 或 OH^- 参与的电极反应中，电极电势与溶液的 pH 的关系。

【例 6-9】 填空题

(1) SO_4^{2-}、H_2SO_3、$Na_2S_2O_8$、$HS_2O_4^-$ 中 S 的氧化值分别是 <u>+6</u>、<u>+4</u>、<u>+7</u>、<u>+3</u>。

考点： 氧化值的计算。

(2) 在氧化还原反应中，氧化剂是电极电势<u>大</u>的电对的氧化型物质，还原剂是电极电势<u>小</u>的电对的还原型物质。

考点： 氧化剂、还原剂与电极电势。

(3) 原电池是将<u>化学</u>能转化为<u>电</u>能的装置，由<u>正极</u>、<u>负极</u>和<u>盐桥</u>三部分组成。

考点： 原电池的组成。

【例 6-10】 配平下列氧化还原反应

(1) $Na_2S_2O_3 + Cl_2 \longrightarrow H_2SO_4 + NaCl$

(2) $AsO_3^{3-} + I_2 \longrightarrow AsO_4^{3-} + I^- + H^+$

(3) $MnO_2 + H_2SO_4 \longrightarrow MnSO_4 + O_2$

答案： (1) $Na_2S_2O_3 + 4Cl_2 + 5H_2O = 2H_2SO_4 + 2NaCl + 6HCl$

(2) $AsO_3^{3-} + I_2 + H_2O = AsO_4^{3-} + 2I^- + 2H^+$

(3) $2MnO_2 + 2H_2SO_4 = 2MnSO_4 + O_2 + 2H_2O$

考点： 氧化还原反应的配平（用半反应法或用氧化值法）。

【例 6-11】 简答题

(1) 将以下氧化还原反应组成原电池，写出原电池符号式，并用此说明反应能发生的条件。

$$K_2Cr_2O_7 + 14HCl(浓) = 2CrCl_3 + 3Cl_2 + 2KCl + 7H_2O$$

已知：$E^{\ominus}(Cr_2O_7^{2-}, H^+/Cr^{3+}) = +1.33V$，$E^{\ominus}(Cl_2/Cl^-) = +1.36V$

解： 关于氧化还原反应进行的方向，应由原电池的电动势决定，而原电池的电动势可由能斯特方程式计算。解题中应注意正、负极的反应，注意正确应用能斯特方程式。

将该氧化还原反应转化为原电池

原电池的正极反应为：　$Cr_2O_7^{2-} + 6e^- + 14H^+ \longrightarrow 2Cr^{3+} + 7H_2O$

负极反应为：　$2Cl^- \longrightarrow Cl_2 + 2e^-$

原电池符号式为：$(-)Pt|Cl_2(p)|Cl^-(c_1)||Cr_2O_7^{2-}(c_2), Cr^{3+}(c_3), H^+(c_4)|Pt(+)$

在标准状况下，原电池电动势为 $E_{MF}^{\ominus} = 1.33 - 1.36 < 0$，反应逆向进行。

要使反应正向进行且进行程度较大，可用增加正极电极电势、减小负极电极电势的方法，如反应中用浓盐酸。此时正极 $E_+ = E_+^{\ominus} + \frac{0.0592}{6}\lg\frac{[c_{eq}(Cr_2O_7^{2-}) \cdot c_{eq}(H^+)]^{14}}{[c_{eq}(Cr^{3+})]^2}$，各浓度项相比，$H^+$ 平衡浓度对电极电势的影响最大，H^+ 平衡浓度增加电极电势增大；负极 $E_- = E_-^{\ominus} + \frac{0.0592}{2}\lg\frac{[p_{eq}(Cl_2)/p^{\ominus}]}{[c_{eq}(Cl^-)]^2}$，$Cl^-$ 平衡浓度增加使电极电势降低。从而使原电池的电动势升高，反应正向进行程度增大。

考点： 原电池（符号），能斯特方程的应用。

【例 6-12】 计算题

(1) 反应 $2Ag^+ + Zn \rightleftharpoons 2Ag + Zn^{2+}$，开始时 Ag^+ 和 Zn^{2+} 浓度分别为 $0.10mol \cdot L^{-1}$ 和 $0.30mol \cdot L^{-1}$，金属足量。求达平衡时溶液中剩余的 Ag^+ 离子浓度。

已知 $E^{\ominus}(Ag^+/Ag) = +0.7996V$，$E^{\ominus}(Zn^{2+}/Zn) = -0.7618V$。

解： 将该氧化还原反应设计成原电池

原电池正极反应：$Ag^+ + e^- \longrightarrow Ag$

负极反应：$Zn \longrightarrow Zn^{2+} + 2e^-$

$$\lg K^{\ominus} = \frac{2[E^{\ominus}(Ag^+/Ag) - E^{\ominus}(Zn^{2+}/Zn)]}{0.0592}$$

$$= \frac{2 \times (0.7996 + 0.7618)}{0.0592}$$

$$= 52.75$$

$$K^{\ominus} = 10^{52.75}$$

$K^{\ominus}$ 很大，反应很完全，绝大部分 Ag^+ 发生了转化。

设剩余 $c(Ag^+)$ 为 x mol·L^{-1}，

则　$2Ag^+ + Zn \rightleftharpoons 2Ag + Zn^{2+}$

平衡相对浓度　x　　$(0.30 + 0.10/2 - x/2)$

由于 K 很大，x 很小，则，　$(0.30 + 0.10/2 - x/2) \approx 0.35$

$$K^{\ominus} = \frac{c_{eq}(Zn^{2+})}{[c_{eq}(Ag^+)]^2} = \frac{0.35}{x^2} = 10^{52.75}$$

$$x=2.49\times10^{-27}$$

即平衡时溶液中剩余的 Ag^+ 离子浓度为 $2.49\times10^{-27}\,mol\cdot L^{-1}$。

考点： 氧化还原反应平衡常数。（平衡常数计算式中的 n 为原电池反应中的电子传递数的最小公倍数）

(2) 根据 $E^{\ominus}(H^+/H_2)=0.0000V$，$E^{\ominus}(Ag^+/Ag)=0.7996V$，$K_{sp}^{\ominus}(AgI)=8.3\times10^{-17}$，

①判断在标准状态下反应 $2HI+2Ag\rightleftharpoons 2AgI(s)+H_2$ 进行的方向。

②计算正向反应的平衡常数。

解： 由题意可知 Ag^+/Ag 电对中加入 HI 后实际转化为 AgI/Ag，I^- 电极，先计算该电极的电极电势，再与 H^+/H_2 电极组成原电池，进而计算原电池的电动势，判断反应进行的方向并计算平衡常数。

将该氧化还原反应设计成原电池，电极反应如下：

正极：$2H^+ +2e^- \longrightarrow H_2$

负极：$AgI+e^- \longrightarrow Ag+I^-$

$$\begin{aligned}E^{\ominus}(AgI/Ag,I^-)&=E^{\ominus}(Ag^+/Ag)+\frac{0.0592}{1}\lg c_{eq}(Ag^+)\\&=E^{\ominus}(Ag^+/Ag)+0.0592\lg K_{sp}^{\ominus}(AgI)\\&=0.7996+0.0592\lg(8.3\times10^{-17})\\&=-0.1524V\end{aligned}$$

①原电池的标准电动势 $E_{MF}^{\ominus}=0.0000-(-0.1524)$

$$=0.1524V>0$$

反应按 $2HI+2Ag\longrightarrow 2AgI(s)+H_2$ 方向正向进行

②

$$\lg K^{\ominus}=\frac{nE_{MF}^{\ominus}}{0.0592}$$

$$=\frac{2\times0.1524}{0.0592}=5.149$$

$$K^{\ominus}=1.41\times10^5$$

(3) 已知 $E^{\ominus}(Pb^{2+}/Pb)=-0.126V$，$E^{\ominus}(Sn^{2+}/Sn)=-0.136V$，为了测定 $PbSO_4$ 的溶度积常数，设计如下电池：$(-)Pb|PbSO_4[c(SO_4^{2-})=1mol\cdot L^{-1}]\|Sn^{2+}(1mol\cdot L^{-1})|Sn(+)$，测得电池的电动势为 0.22V，求 $PbSO_4$ 的 $K_{sp}^{\ominus}$。

解： 由题给条件可知所测电池的电动势为标准电动势

$$\begin{aligned}E_{MF}^{\ominus}&=E_{+}^{\ominus}-E_{-}^{\ominus}\\&=E^{\ominus}(Sn^{2+}/Sn)-E^{\ominus}(PbSO_4/Pb)\\&=E^{\ominus}(Sn^{2+}/Sn)-\left[E^{\ominus}(Pb^{2+}/Pb)+\frac{0.0592}{2}\lg K_{sp}^{\ominus}(PbSO_4)\right]\end{aligned}$$

$$0.22=-0.136+0.126-\frac{0.0592}{2}\lg K_{sp}^{\ominus}(PbSO_4)$$

$$K_{sp}^{\ominus}(PbSO_4)=1.65\times10^{-8}$$

考点： 电极电势的应用（由电极电势可确定难溶盐的溶度积）。

四、补充习题

（一）是非题

1. 电对的电极电势越小其氧化型是越强的氧化剂。（　）

2. 一个电对的标准电极电势随着其氧化型浓度的增大而增大。（　）

3. H_2O_2 作为氧化剂时：在酸性溶液中，$E^{\ominus}=+1.77V$；在碱性溶液中，$E^{\ominus}=+0.88V$；则在中性溶液中 $E^{\ominus}=\frac{1.77+1.08}{2}V$。（　）

4. 反应 $Cu+2Ag^{+} \rightleftharpoons Cu^{2+}+2Ag$ 组成原电池，若在标准状态下，则该电池的 $E_{MF}^{\ominus}=2E^{\ominus}(Ag^{+}/Ag)-E^{\ominus}(Cu^{2+}/Cu)$。（　）

5. $2A+B^{2+} \rightleftharpoons 2A^{+}+B$ 在标准状态下能自发正向进行，由此可推断出 $E^{\ominus}(A^{+}/A)>E^{\ominus}(B^{2+}/B)$。（　）

6. 配平氧化还原半反应时，应注意将反应式两边各元素的原子数和电荷数都配平。（　）

7. 任何一个原电池都对应着一个氧化还原反应。（　）

8. $Cr_2O_7^{2-}$ 在酸性条件下比在中性条件下氧化能力强。（　）

9. SO_2 中的 S 的氧化值处于常见 S 的氧化值+6 和 0 之间，因此易发生歧化反应。（　）

10. 原电池的标准电动势越大，相应反应正向进行的程度越大。（　）

（二）选择题

1. 单项选择题

(1) 已知，$E^{\ominus}(Cu^{2+}/Cu^{+})=+0.17V$，$E^{\ominus}(Cu^{+}/Cu)=+0.521V$，则反应 $2Cu^{+} \rightleftharpoons Cu+Cu^{2+}$ 的 $E_{MF}^{\ominus}$ 值为（　）

A. $-0.351V$　　B. $-0.176V$　　C. $+0.176V$　　D. $+0.351V$

(2) 将过氧化氢加入用 H_2SO_4 酸化的 $KMnO_4$ 溶液时，过氧化氢的作用是（　）

A. 氧化剂　　B. 还原剂　　C. 沉淀剂　　D. 催化剂

(3) 反应 $H_2O_2+2H^{+}+2Fe^{2+} \rightleftharpoons 2H_2O+2Fe^{3+}$ 标准电动势 $E_{MF}^{\ominus}=+1.006V$，若反应条件下 $E_{MF}=+0.96V$，则此反应的 $\lg K^{\ominus}$ 值是（　）

A. $\frac{1\times1.006}{0.0592}$　　B. $\frac{1.006\times0.0592}{2}$

C. $\frac{2\times0.096}{0.0592}$　　D. $\frac{2\times1.006}{0.0592}$

(4) 反应 $3A^{2+}+2B \rightleftharpoons 3A+2B^{3+}$ 在标准状态下的电动势为 1.80V，某浓度时反应的电池电动势为 1.60V，则此时该反应的 $\lg K^{\ominus}$ 值是（　）

A. $\frac{3\times1.8}{0.0592}$　　B. $\frac{3\times1.6}{0.0592}$　　C. $\frac{6\times1.8}{0.0592}$　　D. $\frac{6\times1.6}{0.0592}$

(5) 已知：$E^{\ominus}(NO_3^{-}/NO_2)=+0.80V$，$E^{\ominus}(NO_3^{-}/HNO_2)=+0.94V$，则电对 NO_2/HNO_2 的 $E^{\ominus}$ 值是（　）

A. $+1.08$　　B. $+0.14$　　C. $+0.90$　　D. $+0.97$

(6) 某一电池由下列两个半反应组成：$A \rightleftharpoons A^{2+}+2e^{-}$，$B^{2+}+2e^{-} \rightleftharpoons B$，反应 $A+B^{2+}$

$\rightleftharpoons$B＋A^{2+}的标准平衡常数是10^4，则该电池的标准电动势是（　　）

A. ＋1.20V　　B. －1.20V　　C. ＋0.07V　　D. ＋0.118V

（7）有关氧化值的叙述，下列哪项正确（　　）

A. 氢的氧化值总是＋1

B. 氧的氧化值总是－2

C. 单质的氧化值可以是0，可以是正整数

D. 氧化值可以是整数、分数或负数

（8）下列电对的电极电势不受溶液酸度影响的是（　　）

A. MnO_4^-/MnO_4^{2-}　　B. O_2/H_2O

C. MnO_2/Mn^{2+}　　D. S/H_2S

（9）下列最容易被氧化的离子是（　　）

A. F^-　　B. SO_3^{2-}　　C. Fe^{2+}　　D. Cl^-

（10）下列离子中最容易被还原的是（　　）

A. Fe^{3+}　　B. Na^+　　C. Fe^{2+}　　D. Cu^{2+}

2. 多项选择题

（1）当溶液中$c(H^+)$增加时，下列氧化剂的氧化能力增强的有（　　）

A. Cl_2　　B. Fe^{3+}　　C. $Cr_2O_7^{2-}$　　D. MnO_4^-

E. H_3AsO_4

（2）下列电对中，哪个电对的电极电势与pH有关（　　）

A. Cl_2/Cl^-　　B. Fe^{3+}/Fe^{2+}　　C. $Cr_2O_7^{2-}/Cr^{3+}$　　D. MnO_4^-/Mn^{2+}

E. F_2/F^-

（3）下列离子中，能与I^-发生氧化还原反应的是（　　）

A. Pb^{2+}　　B. Na^+　　C. Zn^{2+}　　D. Sn^{4+}

E. Fe^{3+}

（4）试判断下列哪种中间价态的物质可自发地发生歧化反应（　　）

A. $O_2 \xrightarrow{+0.682} H_2O_2 \xrightarrow{+1.77} H_2O$

B. $MnO_4^{2-} \xrightarrow{+2.26} MnO_2 \xrightarrow{+1.51} Mn^{2+}$

C. $Hg^{2+} \xrightarrow{+0.920} Hg_2^{2+} \xrightarrow{+0.793} Hg$

D. $Cu^{2+} \xrightarrow{+0.17} Cu^+ \xrightarrow{+0.521} Cu$

E. $Co^{3+} \xrightarrow{+1.82} Co^{2+} \xrightarrow{-0.277} Co$

（5）下列反应中，H_2O_2作为还原剂的有（　　）

A. $2I^- + 2H^+ + H_2O_2 = I_2 + 2H_2O$

B. $Cl_2 + H_2O_2 = 2HCl + O_2$

C. $3H_2O_2 + 2CrO_2^- + 2OH^- = 2CrO_4^{2-} + 4H_2O$

D. $PbS(s) + 4H_2O_2 = PbSO_4 + 4H_2O$

E. $2[Fe(CN)_6]^{3-}+H_2O_2+2OH^-=2[Fe(CN)_6]^{4-}+O_2+2H_2O$

(6) 下列氧化还原反应组成原电池，需要用惰性电极的有（　　）

A. $Zn+2H^+ \rightleftharpoons H_2+Zn^{2+}$

B. $Sn^{2+}+2Fe^{3+} \rightleftharpoons Sn^{4+}+2Fe^{2+}$

C. $Pb+2Ag^+ \rightleftharpoons 2Ag+Pb^{2+}$

D. $Fe+Ni^{2+} \rightleftharpoons Fe^{2+}+Ni$

E. $Cd+Cl_2 \rightleftharpoons Cd^{2+}+2Cl^-$

(7) 在酸性溶液中下列各对离子能大量共存的是（　　）

A. Mn^{2+} 和 Fe^{2+}　　B. Sn^{2+} 和 Hg^{2+}　　C. Sn^{2+} 和 Fe^{2+}

D. Fe^{2+} 和 Ag^+　　E. Ag^+ 和 I^-

（三）填空题

1. Cu^+ 在水溶液中的歧化反应式为________________。

2. 在 $M^{n+}+ne^- \longrightarrow M$ 电极反应中，加入 M^{n+} 的沉淀剂或配位剂时，M 的还原性________。

3. 在原电池中，正极进行发生________反应，负极进行发生________反应。

4. 电对 Zn^{2+}/Zn 中，Zn^{2+} 浓度越低，则电对的电极电势的 E 值________，其还原态的还原能力________。

5. 在 PH_3 分子中，P 的氧化值为________；在 H_2O_2 中，O 的氧化值为________；在 NH_4^+ 中，N 的氧化值为________；在 CaH_2 中 H 的氧化值为________；在 MnO_4^{2-} 中，Mn 的氧化值为________；在 $Cr_2O_7^{2-}$ 中 Cr 的氧化值为________。

（四）简答题

1. 根据以下两个半电池反应，完成（配平）原电池反应方程式，注明氧化剂、还原剂以及得失电子情况，并写出原电池符号式。

$$Mn^{2+}+H_2O \longrightarrow MnO_4^-+H^+,\ PbO_2+H^+ \longrightarrow Pb^{2+}+H_2O$$

2. 为什么 Na_2S 中的 S 比 H_2S 中的硫更容易被空气氧化?

3. 为什么 HNO_3 比 $NaNO_3$ 氧化能力更强?

（五）配平下列反应方程式

1. $As_2O_3+Zn+H_2SO_4 \longrightarrow AsH_3+ZnSO_4$

2. $KMnO_4+H_2O_2+H_2SO_4$(稀)$\longrightarrow MnSO_4+O_2+K_2SO_4$

3. $CuS+HNO_3$(浓)$\longrightarrow Cu(NO_3)_2+S+NO$

4. $NaCrO_2+Br_2+NaOH \longrightarrow Na_2CrO_4+NaBr$

5. $KBr+H_2SO_4$(浓)$\longrightarrow Br_2+SO_2+K_2SO_4$

6. Cl_2+NaOH(稀)$\longrightarrow NaCl+NaClO$

7. $CuSO_4+KI \longrightarrow CuI(s)+I_2$

8. $Na_2S_2O_3+I_2 \longrightarrow Na_2S_4O_6+NaI$

9. $PbO_2(s)+HCl \longrightarrow PbCl_2(s)+Cl_2+H_2O$

10. $I_2+NaOH \longrightarrow NaIO_3+NaI+H_2O$

(六) 计算题

1. 计算下列电极的电极电势：

(1) $O_2+4H^++4e^-\rightleftharpoons 2H_2O$，已知 $E^\ominus=1.229V$，$p(O_2)=p^\ominus$，$c(H^+)=0.10mol\cdot L^{-1}$。

(2) $MnO_4^-+8H^++5e^-\rightleftharpoons Mn^{2+}+4H_2O$，已知 $E^\ominus=1.51V$，$c(MnO_4^-)=c(Mn^{2+})=1mol\cdot L^{-1}$，pH=5。

2. 室温下 $Zn+CuSO_4\longrightarrow ZnSO_4+Cu$ 反应十分完全，其理论根据何在？

[已知：$E^\ominus(Zn^{2+}/Zn)=-0.763V$，$E^\ominus(Cu^{2+}/Cu)=0.342V$]

3. 已知 $E^\ominus(Cd^{2+}/Cd)=-0.403V$，$E^\ominus(Fe^{2+}/Fe)=-0.440V$，写出下列两种情况时，以此两电对组成原电池的电池符号式、电极反应式、电池反应式和电动势。

(1) 标准状况下；

(2) $c(Cd^{2+})=0.01mol\cdot L^{-1}$，$c(Fe^{2+})=10mol\cdot L^{-1}$。

4. 已知氧化还原反应

$2IO_3^-+12H^++10Br^-\rightleftharpoons 5Br_2+I_2+6H_2O$，$E^\ominus(IO_3^-/I_2)=+1.20V$，$E^\ominus(Br_2/Br^-)=+1.07V$，试计算：

(1) 在标准状况下，反应朝哪一方向进行？

(2) 若 $c(Br^-)=1\times10^{-4}mol\cdot L^{-1}$，其他条件不变，反应向哪一方向进行？

(3) 若溶液的 pH=4，其他条件同 (1)，反应又将如何进行？

5. 已知 $Ag^++e^-\rightleftharpoons Ag$　　$E^\ominus=+0.7996V$

$AgI+e^-\rightleftharpoons Ag+I^-$　　$E^\ominus=-0.1522V$，求 AgI 的 $K_{sp}^\ominus$ 值。

6. 在酸性水溶液中，SO_2 可氧化 H_2S 成单质 S，写出此过程的电极反应、电池反应，并计算反应平衡常数。

[已知：$E^\ominus(S, H^+/H_2S)=+0.142V$，$E^\ominus(SO_2, H^+/S)=+0.45V$]

7. 已知 $E^\ominus(NO_3^-/NO)=0.96V$，$E^\ominus(S/S^{2-})=-0.48V$，$K_{sp}^\ominus(CuS)=6.3\times10^{-36}$，计算在标准态下，下列反应能否自发向右发生？

$$CuS+NO_3^-+H^+\longrightarrow S+Cu^{2+}+NO$$

写出配平的反应式并计算标准平衡常数。

8. 已知 $Cu^{2+}+e^-\rightleftharpoons Cu^+$，$E^\ominus=0.17V$；$I_2+2e^-\rightleftharpoons 2I^-$，$E^\ominus=0.5335V$；$K_{sp}^\ominus(CuI)=1.27\times10^{-12}$。在 Cu^{2+}/Cu^+ 电对中加入 KI 能否发生反应？试通过计算加以说明。

五、补充习题参考答案

(一) 是非题

1. ×	2. ×	3. ×	4. ×	5. ×
6. √	7. ×	8. √	9. ×	10. √

(二) 选择题

1. 单项选择题

(1) D　(2) B　(3) D　(4) C　(5) A

(6) D　(7) D　(8) A　(9) B　(10) A

2. 多项选择题

(1) CDE　(2) CD　(3) DE　(4) AD　(5) BE

(6) ABE　(7) ACD

(三) 填空题

1. $2Cu^{+} \rightleftharpoons Cu^{2+} + Cu$

2. 增强

3. 还原、氧化

4. 越小、越强

5. －3、－1、－3、－1、＋6、＋6

(四) 简答题

1. **答**：反应方程式为：

$$\overset{10e^-}{\overbrace{2Mn^{2+} \quad + \quad 5PbO_2}} \quad + \quad 4H^+ \longrightarrow 2MnO_4^- + 2H_2O + 5Pb^{2+}$$

还原剂　　氧化剂

原电池符号式为：

$(-)Pt\,|\,MnO_4^-(c_1), Mn^{2+}(c_2), H^+(c_3)\,||\,Pb^{2+}(c_4), H^+(c_3)\,|\,PbO_2(s)\,|\,Pt(+)$

2. **答**：相关电极反应式为 $S^{2-} \rightleftharpoons S + 2e^-$，$Na_2S$ 在溶液中完全电离，$c(S^{2-})$ 较大；而 H_2S 为弱电解质，在溶液中部分电离，$c(S^{2-})$ 较小。根据能斯特方程 $E(S/S^{2-}) = E^{\ominus}(S/S^{2-}) + \frac{0.0592}{2}\lg\frac{1}{c_{eq}(S^{2-})}$，$c(S^{2-})$ 越大，则电极电势越小，该电对的还原型越容易被氧化。故 Na_2S 较容易被氧化。

3. **答**：相关电极反应式为 $NO_3^- + 4H^+ + 3e^- \rightleftharpoons NO + 2H_2O$，根据能斯特方程 $E(NO_3^-/NO) = E^{\ominus}(NO_3^-/NO) + \frac{0.0592}{3}\lg\frac{c_{eq}(NO_3^-)\cdot[c_{eq}(H^+)]^4}{\frac{p_{eq}(NO)}{p^{\ominus}}}$，$c(H^+)$ 越大，该电对的氧化型的氧化能力越强。HNO_3 溶液比 $NaNO_3$ 溶液中的 $c(H^+)$ 大，所以氧化能力较强。

(五) 配平下列反应方程式

1. $As_2O_3 + 6Zn + 6H_2SO_4 = 2AsH_3 + 6ZnSO_4 + 3H_2O$

2. $2KMnO_4 + 5H_2O_2 + 3H_2SO_4$(稀)$= 2MnSO_4 + K_2SO_4 + 5O_2 + 8H_2O$

3. $3CuS + 8HNO_3$(浓)$= 3Cu(NO_3)_2 + 2NO + 3S + 4H_2O$

4. $2NaCrO_2 + 3Br_2 + 8NaOH = 2Na_2CrO_4 + 6NaBr + 4H_2O$

5. $2KBr + 2H_2SO_4$(浓)$= Br_2 + SO_2 + K_2SO_4 + 2H_2O$

6. $Cl_2 + 2NaOH$(稀)$= NaCl + NaClO + H_2O$

7. $2CuSO_4 + 4KI = 2CuI(s) + 2K_2SO_4 + I_2$

8．$2Na_2S_2O_3+I_2 = Na_2S_4O_6+2NaI$

9．$PbO_2(s)+4HCl = PbCl_2(s)+Cl_2+2H_2O$

10．$3I_2+6NaOH = NaIO_3+5NaI+3H_2O$

（六）计算题

1．**解**：

(1) $E=E^{\ominus}+\frac{0.0592}{4}\lg\frac{\left[\frac{p_{eq}(O_2)}{p^{\ominus}}\right][c_{eq}(H^+)]^4}{1}=1.229+\frac{0.0592}{4}\lg(1\times0.10^4)=1.17V$

(2) $E(MnO_4^-/Mn^{2+})=E^{\ominus}(MnO_4^-/Mn^{2+})+\frac{0.0592}{5}\lg[c_{eq}(H^+)]^8=1.51+\frac{0.0592}{5}\lg(10^{-4})^8=1.13V$

2．**解**：将该氧化还原反应组成原电池，则原电池的两电极为

正极　　$Cu^{2+}+2e^- \rightleftharpoons Cu$

负极　　$Zn \rightleftharpoons Zn^{2+}+2e^-$

$$\lg K^{\ominus}=\frac{n[E^{\ominus}(Cu^{2+}/Cu)-E^{\ominus}(Zn^{2+}/Zn)]}{0.0592}=\frac{2\times(0.342+0.763)}{0.0592}=37.33$$

$$K^{\ominus}=2.9\times10^{37}$$

反应平衡常数很大，反应很完全。

3．**解**：(1) 标准状况下，由于 $E^{\ominus}(Cd^{2+}/Cd)>E^{\ominus}(Fe^{2+}/Fe)$，所以正极为 Cd^{2+}/Cd，负极为 Fe^{2+}/Fe。

电极反应式：

正极　　$Cd^{2+}+2e^- \rightleftharpoons Cd$

负极　　$Fe \rightleftharpoons Fe^{2+}+2e^-$

原电池符号式为：$(-)Fe(s)|Fe^{2+}(c_1)\|Cd^{2+}(c_2)|Cd(s)(+)$

电池反应式　　$Cd^{2+}+Fe \rightleftharpoons Cd+Fe^{2+}$

$$E_{MF}^{\ominus}=E_{+}^{\ominus}-E_{-}^{\ominus}=(-0.403)-(-0.440)=0.037V$$

(2) $E(Cd^{2+}/Cd)=E^{\ominus}(Cd^{2+}/Cd)+\frac{0.0592}{2}\lg0.01=-0.403-0.0592=-0.462V$

$E(Fe^{2+}/Fe)=E^{\ominus}(Fe^{2+}/Fe)+\frac{0.0592}{2}\lg10=-0.440+0.0296=-0.410V$

$E(Fe^{2+}/Fe)>E(Cd^{2+}/Cd)$，所以正极为 Fe^{2+}/Fe，负极为 Cd^{2+}/Cd。电极反应式分别为：

正极　　$Fe^{2+}+2e^- \rightleftharpoons Fe$

负极　　$Cd \rightleftharpoons Cd^{2+}+2e^-$

原电池符号式：　$(-)Cd(s)|Cd^{2+}(c_1)\|Fe^{2+}(c_2)|Fe(s)(+)$

电池反应式　　$Cd+Fe^{2+} \rightleftharpoons Cd^{2+}+Fe$

$$E_{MF}=E_{+}-E_{-}=(-0.410)-(-0.462)=0.052V$$

4. **解**：两电极反应分别如下：

$$2IO_3^- + 12H^+ + 10e^- \rightleftharpoons I_2 + 6H_2O$$

$$Br_2 + 2e^- \rightleftharpoons 2Br^-$$

(1) 标准状况下：

$E^{\ominus}(IO_3^-/I_2) > E^{\ominus}(Br_2/Br^-)$，所以 IO_3^-/I_2 为正极，Br_2/Br^- 为负极。

反应自左向右进行。

(2) $$E(Br_2/Br^-) = E^{\ominus}(Br_2/Br^-) + \frac{0.0592}{2}\lg\frac{1}{[c_{eq}(Br^-)]^2}$$

$$= 1.07 + \frac{0.0592}{2}\lg\frac{1}{(1\times10^{-4})^2} = 1.31V$$

$$E(IO_3^-/I_2) = E^{\ominus}(IO_3^-/I_2) = 1.20V$$

$E(IO_3^-/I_2) < E(Br/Br^-)$，$Br_2/Br^-$ 为正极，IO_3^-/I_2 为负极，反应自发逆向进行。

(3) $$E(Br_2/Br^-) = E^{\ominus}(Br_2/Br^-)$$

$$pH=4\text{ 时}, E(IO_3^-/I_2) = E^{\ominus}(IO_3^-/I_2) + \frac{0.0592}{10}\lg[c(H^+)]^{12}$$

$$= 1.20 + \frac{0.0592}{10}\lg(10^{-4})^{12} = 0.92V$$

$E(IO_3^-/I_2) < E(Br_2/Br^-)$，$Br_2/Br^-$ 为正极，IO_3^-/I_2 为负极，反应自发逆向进行。

5. **解**：$$E^{\ominus}(AgI/Ag, I^-) = E^{\ominus}(Ag^+/Ag) + 0.0592\lg[c_{eq}(Ag^+)]$$

$$0.0592\lg[c_{eq}(Ag^+)] = E^{\ominus}(AgI/Ag, I^-) - E^{\ominus}(Ag^+/Ag)$$

$$= -0.152 - (+0.7995) = -0.9515V$$

$$c_{eq}(Ag^+) = 7.46\times10^{-17}$$

∵电对 $AgI/Ag, I^-$ 在标准状况下，$c_{eq}(I^-) = 1mol\cdot L^{-1}$

$$K_{sp}^{\ominus} = c_{eq}(Ag^+)c_{eq}(I^-) = 7.46\times10^{-17}$$

6. **解**：电极反应：正极 $SO_2 + 4H^+ + 4e^- \rightleftharpoons S + 2H_2O$

负极 $H_2S \longrightarrow 2H^+ + S + 2e^-$

电池反应：$SO_2 + 2H_2S = 3S + 2H_2O$

$$\lg K^{\ominus} = \frac{n(E_+^{\ominus} - E_-^{\ominus})}{0.0592} = \frac{4\times(0.45-0.142)}{0.0592} = 20.81$$

$$K^{\ominus} = 6.5\times10^{20}$$

7. **解**：正极 $NO_3^- + 4H^+ + 3e^- \rightleftharpoons NO + 2H_2O$

负极 $CuS \rightleftharpoons S + Cu^{2+} + 2e^-$

而

$$E^{\ominus}(S/CuS) = E^{\ominus}(S/S^{2-}) + \frac{0.0592}{2}\lg\frac{1}{K_{sp}^{\ominus}(CuS)}$$

$$= -0.48 + \frac{0.0592}{2}\lg\frac{1}{6.3\times10^{-36}} = 0.56V$$

在标准状态下 $E_+ > E_-$，所以反应能自发右向进行。

反应式为：　　$3CuS + 2NO_3^- + 8H^+ \rightleftharpoons 3S + 3Cu^{2+} + 2NO + 4H_2O$

反应得失电子数为 6。

则

$$\lg K^{\ominus} = \frac{6 \times (0.96 - 0.56)}{0.059} = 40.68$$

$$K^{\ominus} = 4.8 \times 10^{40}$$

8. 由题意加入 KI 后，

由于 $Cu^+ + I^- \rightleftharpoons CuI(s)$　　$K_{sp}^{\ominus}(CuI) = 1.27 \times 10^{-12}$

若保持体系中　　$c(Cu^{2+}) = c(I^-) = 1.0\,mol \cdot L^{-1}$

则

$$c(Cu^+) = \frac{K_{sp}^{\ominus}(CuI)}{c_{eq}(I^-)} = 1.27 \times 10^{-12}$$

电对 $Cu^{2+} + e^- \rightleftharpoons Cu^+$ 转化为电对　$Cu^{2+} + I^- + e^- \rightleftharpoons CuI\ (s)$

其电极电势

$$E(Cu^{2+}/Cu^+) = E^{\ominus}(Cu^{2+}, I^-/CuI) = E^{\ominus}(Cu^{2+}/Cu^+) + 0.0592 \lg \frac{c_{eq}(Cu^{2+})}{c_{eq}(Cu^+)}$$

$$= 0.17 + 0.0592 \lg \frac{1}{K_{sp}^{\ominus}(CuI)}$$

$$= 0.17 + 0.0592 \lg \frac{1}{1.27 \times 10^{-12}} = 0.87V$$

$Cu^{2+} + I^- + e^- \rightleftharpoons CuI\ (s)$ 与 $I_2 + 2e^- \rightleftharpoons 2I^-$ 组成原电池的电池反应为：

$$2Cu^{2+} + 4I^- \rightleftharpoons 2CuI\ (s) + I_2$$

$$E_{MF}^{\ominus} = E^{\ominus}(Cu^{2+}/CuI) - E^{\ominus}(I_2/I^-) = 0.87 - 0.5355$$

$$= 0.3345V > 0$$

所以在 Cu^{2+}/Cu^+ 电对中加入 KI 后发生了反应，反应式为：

$$2Cu^{2+} + 4I^- \rightleftharpoons 2CuI(s) + I_2$$

第七章 原子结构与周期系

一、教学大纲要求

●了解核外电子运动的特征。

★掌握波函数、原子轨道、几率密度和电子云的概念，四个量子数的意义。

▲熟悉氢原子 *s*、*p*、*d* 电子的壳层几率径向分布图，氢原子 *s*、*p*、*d* 原子轨道和电子云的角度分布图。

●了解屏蔽效应和钻穿效应对多电子原子能级的影响。

★掌握核外电子的排布及原子结构与元素周期系的关系。

●了解元素某些性质的周期性。

二、重点内容

（一）核外电子运动的特征

1. 量子化特性

（1）氢原子光谱

原子光谱是最简单的原子光谱，所有元素都有属于自己的特征原子光谱，即线状光谱。氢原子光谱证明了核外电子具有的能量是不连续的，具有量子化特性。

（2）玻尔原子模型

1913 年丹麦青年物理学家玻尔在卢瑟福有核原子模型的基础上，结合普朗克量子理论及爱因斯坦的光子学说，提出了氢原子核外电子运动模型——Bohr 理论。

该理论成功地解释了氢原子光谱及类氢离子光谱，阐明了原子体系某些物理量的量子化特征。但在研究氢原子光谱的精细结构与多电子原子的光谱时遇到困难，尚须建立崭新的原子结构理论。

2. 波粒二象性

（1）德布罗意预言：法国物理学家德布罗意在光的波粒二象性的启发下，提出了德布罗意关系式。

$$\lambda=\frac{h}{p}=\frac{h}{mv}$$

波长（λ）是与波动性有关的物理量，而动量（p）则是与微粒性有关的物理量，两者通过普朗克常数联系起来。1927 年这一预言被电子衍射实验所证实。

（2）电子衍射实验：电子衍射实验证实了德布罗意关系式，即电子运动具有波粒二象性。

（3）海森堡测不准关系：具有波动性的粒子，其特点是不能同时都具有确定的坐标及动量，即

$$\Delta x \cdot \Delta P \geqslant \frac{h}{4\pi} \tag{7-1}$$

或

$$\Delta x \cdot \Delta V = \frac{h}{4\pi m}$$

波动性的微观粒子遵循测不准关系式，是微观粒子波粒二象性的必然结果，但微观粒子不确定关系的存在并不是说微观粒子运动的不可知性，只是反映微观粒子运动不服从经典力学规律，而遵循量子力学所描述的规律。总之，具有波粒二象性、某些物理量的量子化特征、服从测不准关系式等是电子运动特殊性的具体体现，可用统计学的方法解释微观粒子运动的基本特征。

（二）核外电子运动状态的描述——量子力学原子模型

1. 薛定谔（Schrodinger）方程

电子在原子核外运动服从量子力学规律。1926 年奥地利物理学家薛定谔根据德布罗意物质波的观点给原子核外电子的运动状态建立了著名的 Schrodinger 方程。其形式如下：

$$\frac{\partial^2 \Psi}{\partial x^2}+\frac{\partial^2 \Psi}{\partial y^2}+\frac{\partial^2 \Psi}{\partial z^2}+\frac{8\pi^2 m}{h^2}(E-v)\Psi=0 \tag{7-2}$$

为了能够求解 Schrodinger 方程，应将直角坐标（x，y，z）转化为球极坐标（r，θ，φ）。Ψ 是 Schrodinger 的解，且每个解与一套量子数（n、l、m）相对应，

$$\Psi_{n,l,m}=\Psi_{n,l,m}(x,y,z)=\Psi_{n,l,m}(r,\theta,\varphi) \tag{7-3}$$

$\Psi_{n,l,m}$（r，θ，φ）可以分成两个函数的乘积

$$\Psi_{n,l,m}(r,\theta,\varphi)=R_{n,l}(r)\cdot Y_{l,m}(\theta,\varphi) \tag{7-4}$$

$R_{n,l}(r)$称为径向波函数，仅与 n、l 有关，$Y_{l,m}(\theta,\varphi)$称为角度波函数，仅与 l、m 有关。

2. 波函数和原子轨道

解 Schrodinger 方程得到的每一个波函数 Ψ 都代表核外电子的某种运动状态，这些运动状态对应有确定的能量 E。波函数 Ψ 就是原子轨道。"原子轨道"代表原子中电子运动状态的一个波函数。

3. 四个量子数

为了使薛定谔方程有合理的解，引入了三个量子数确定一个原子轨道，四个量子数确定一个电子的运动状态。

（1）主量子数 n：n 表示电子云几率密度最大区域离核的距离。**n 是决定能量的主要因素。**它的取值为正整数，n=1、2、3…，光谱学上对应的分别是 K、L、M、…层等，n 越大，表示电子离核越远，能量越高。

（2）角量子数 l

①l 表示电子云的形状。l 的取值受 n 的限制，l=0、1、2、3…、$n-l$，分别表示 s、p、d、f…电子云。s 电子云形状为球形，p 电子云形状为哑铃形，d 电子云形状为花瓣形。

②l 是决定**能量**的次要因素。同一电子层，n 相同时，l 大者能量高。

$$E_{ns}<E_{np}<E_{nd}<E_{nf}$$

③l 表示同一电子层还有不同的分层(亚层)。

(3) 磁量子数 m：m 表示具有一定形状的电子云在空间的伸展方向。m 的取值受 l 的限制，$m=0$、± 1、± 2、…、$\pm l$。共有 $2l+1$ 个伸展方向。

$l=0$，s 电子云，哑铃形，1 个伸展方向。

$l=1$，p 电子云，哑铃形，3 个伸展方向。

$l=2$，d 电子云，花瓣形，5 个伸展方向。

$l=3$，f 电子云，形状复杂，7 个伸展方向。

(4) 自旋量子数 s_i（或 m_s）

s_i 表示电子自旋的方向，自旋只有两种相反的方向——顺时针方向和逆时针方向，取值为 $+\frac{1}{2}$、$-\frac{1}{2}$。

总之，由 n、l、m 和 s_i 四个量子数可以确定电子的一种完整的运动状态（包括空间运动范围和自旋情况）。

4. 概率密度和电子云

(1) 概率与概率密度：概率是指电子在核外空间某区域内出现的几率，概率密度是指电子在某区域单位体积中出现的几率，用波函数的平方 $|\Psi|^2$ 表示。

$$概率=概率密度\times体积 \tag{7-5}$$

$$概率密度=\frac{概率}{体积}$$

(2) 电子云：电子云则是 $|\Psi|^2$ 的形象化描述。

(3) 概率密度分布的几种表示方法：$|\Psi|^2$ 的物理意义是电子出现的概率密度，因而 $|\Psi|^2$ 图可较清楚地描述各电子在空间运动的“主要区域”，这种图称为电子云图。(如图 7-1)。

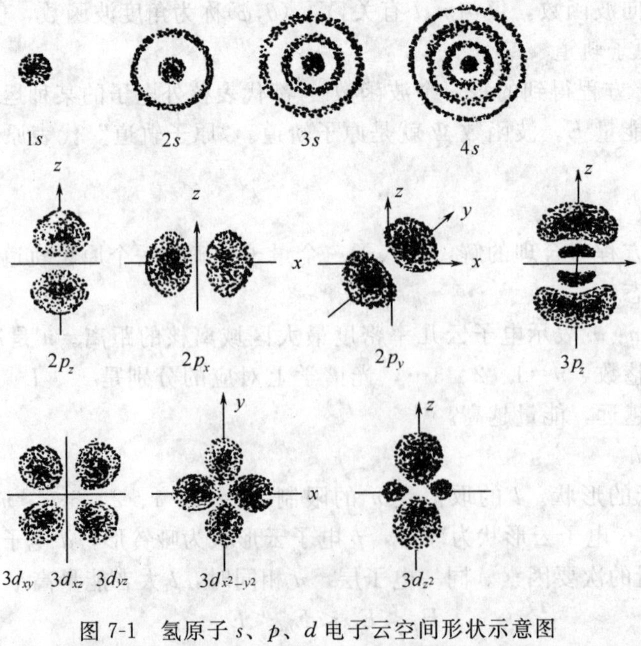

图 7-1　氢原子 s、p、d 电子云空间形状示意图

5．波函数和电子云的空间图像

由式 7-4 可知，波函数 $\Psi_{n,l,m}(r,\theta,\varphi)$可分解为径向部分 $R_{n,l}(r)$和角度部分 $Y_{l,m}(\theta,\varphi)$。

（1）角度部分

①原子轨道角度分布图：原子轨道角度分布图，表示角度波函数 $Y_{l,m}(\theta,\varphi)$随(θ,φ)变化而呈现的图形。

图 7-2 为氢原子轨道的角度分布图。由图可知，$Y_{l,m}(\theta,\varphi)$与 r 无关，即与 n 无关，而只与 l、m 有关，当轨道的 l、m 相同时，它们的角度分布图完全相同。由于电子运动的波动性，波函数 $Y_{l,m}(\theta,\varphi)$的图像在不同区域会出现正、负号，“＋”与“＋”叠加，波的振幅将增大，“－”与“－”叠加，波的振幅也增大，但“＋”与“－”叠加，波的振幅将减小。这一性质在今后讨论化学键时很有用。

②电子云角度分布图：电子云角度分布图，即$|Y^2_{l,m}(\theta,\varphi)|$图。表示$|Y^2_{l,m}(\theta,\varphi)|$随$(\theta,\varphi)$变化而呈现的图形，也可理解为在这个角度方向上电子的概率密度的相对大小。$|Y^2_{l,m}(\theta,\varphi)|$同样与主量子数 n 无关，只要轨道的 l、m 相同，电子云角度分布图就相同，如 $2p_z$、$3p_z$、$4p_z$…的电子云角度分布图是完全相同的。见图 7-2。

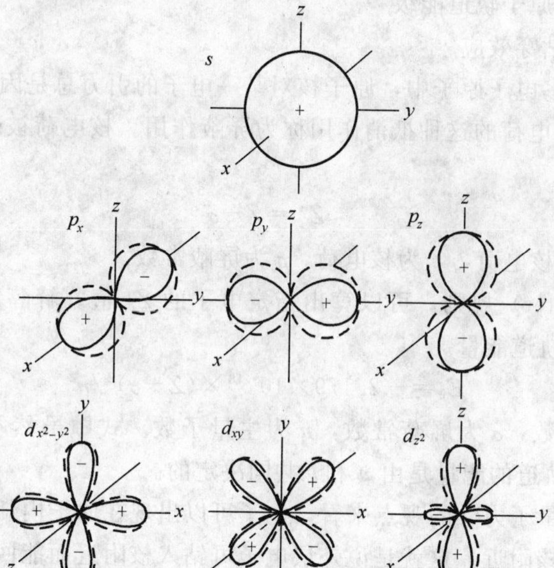

图 7-2　s、p、d 状态的波函数角度分布（虚线）和电子云角度分布（实线）

比较图 7-2 两组图形，形状基本相似，但有两点重要区别：①原子轨道的角度分布图有正、负号之分，而电子云的角度分布图都是正值，因 $Y_{l,m}(\theta,\varphi)$值平方后总是正值；②电子云的角度分布图比原子轨道的角度分布图要“瘦”一些，因为 $Y_{l,m}(\theta,\varphi)$为三角函数，平方后值将变得更小。

（2）径向分布函数图：$D(r)=r^2R^2(r)$，$D(r)$称为径向分布函数。径向分布函数图即

$D(r)$-γ图，表示电子在离核处的薄球壳体积内出现的概率。如图 7-3。

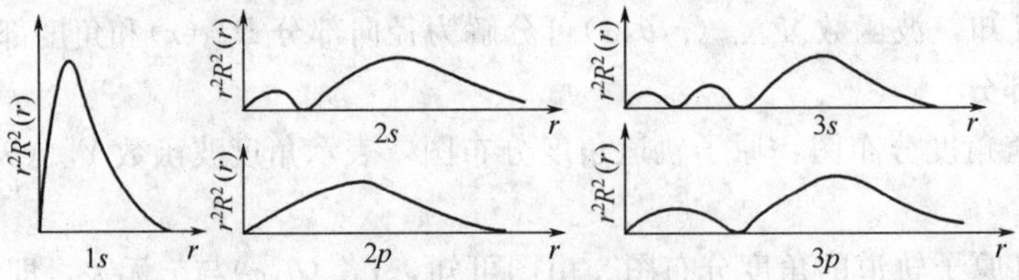

图 7-3　氢原子轨道的径向分布函数图

从图中看到，$D(r)$ 函数出现的峰数恰等于相应能级的主量子数 n 和角量子数 l 之差 $(n-l)$。ns 轨道的钻穿能力最强，随着 l 的增大，钻穿能力渐弱。即钻穿能力大小为：$ns>np>nd>nf$

在讨论多电子原子的原子结构时，判断钻穿效应和屏蔽效应的大小，径向分布函数图是主要依据；讨论原子相互作用形成分子时，原子轨道是否对称匹配以及形成的分子空间构型等方面，原子轨道角度分布图是主要依据。

（三）核外电子排布和元素周期系

1. 多电子原子的原子轨道能级

（1）屏蔽效应和钻穿效应

①屏蔽效应：在多电子原子中，原子核对某一电子的引力总是因为其他电子的存在而减小。“其他电子”对核电荷的这种抵消作用称为屏蔽作用。核电荷被部分屏蔽后剩余的部分称为有效核电荷 Z^*：

$$Z^*=Z-\sigma \tag{7-8}$$

式中，Z^* 为有效核电荷，Z 为核电荷，σ 为屏蔽常数。

根据斯莱特（Slater）规则，可以算出指定电子的 Z^* 值。解薛定谔方程可求出多电子原子体系中电子所处轨道能量。

$$E_n=-2.179\times10^{-18}\times(Z-\sigma)^2/n^2 \tag{7-9}$$

式中 Z 为核电荷数，σ 为屏蔽常数，n 为主量子数。式中虽然不直接包含角量子数 l，但 σ 与 l 有关，所以轨道的能量是由 n 和 l 共同决定的。

②钻穿效应：从量子力学的观点来看，电子可以出现在原子内任何位置上，因此，最外层电子也可能出现在核附近。这就是说外层电子可钻入核附近而能回避其余电子的屏蔽，起到了增加有效核电荷、降低轨道能量的作用，这种现象称为钻穿效应，它是由径向分布函数不同而引起的能量效应。

由于屏蔽效应和钻穿效应，多电子原子核外电子的能量同时受 n 和 l 的影响，从而使得核外电子的能量出现能级交错。钻穿效应可以产生能级交错现象，如 ns 与 $(n-1)d$ 轨道的能级交错，ns 与 $(n-2)f$ 轨道的能级交错。

如　$E_{4s}<E_{3d}$；$E_{5s}<E_{4d}$；$E_{6s}<E_{4f}<E_{5d}$ 等。

量子力学中，将能量相同的轨道称为简并轨道或等价轨道。因而，在氢原子中，n 相同的原子轨道称为简单轨道，多电子原子中，n、l 相同的原子轨道称为简并轨道。

(2) 鲍林原子轨道近似能级图：鲍林（Pauling）根据光谱实验事实，总结出基态原子电子填充顺序的近似能级图。图 7-4 是鲍林原子轨道近似能级图。

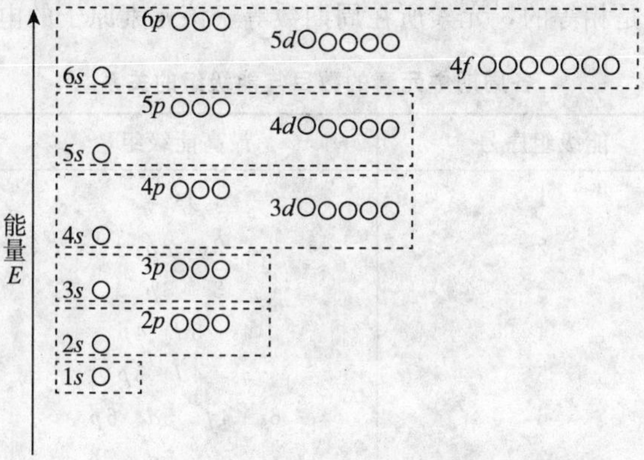

图 7-4　鲍林原子轨道近似能级图

由图 7-4 可见，随着核电荷数递增，电子填入能级的顺序是 $1s \rightarrow (2s \rightarrow 2p) \rightarrow (3s \rightarrow 3p) \rightarrow (4s \rightarrow 3d \rightarrow 4p) \rightarrow (5s \rightarrow 4d \rightarrow 5p) \rightarrow (6s \rightarrow 4f \rightarrow 5d \rightarrow 6p) \cdots$

(3) 多电子原子能级

①n 不同，l 相同时，n 越大，轨道能量越高。

②n 相同，l 不同时，l 越大，轨道能量越高。$E_{ns}<E_{np}<E_{nd}<E_{nf}$

③能级交错：$E_{ns}<E_{(n-1)d}$、$E_{ns}<E_{(n-2)f}$ 等。能级交错是由屏蔽效应和钻穿效应共同作用引起的。

2. 核外电子排布的原则

(1) 能量最低原理：电子分布尽量使系统能量处于最低状态。

(2) 泡利不相容原理：同一原子中不能有四个量子数完全相同的两个电子。

(3) 洪特规则：电子在等能量轨道（简并轨道）上分布时，总是先分占不同的轨道，且自旋方向相同。

洪特规则特例：当轨道处于全空、半充满、全充满时，可以使系统能量降低。

核外电子排布除依据鲍林的近似轨道能级图外，还需遵循能量最低原理、泡里不相容原理和洪特规则。泡利不相容原理由量子力学原理使然，洪特规则是能量最低原理的补充。

3. 原子的电子层结构与元素周期系

(1) 基态原子的电子层结构：鲍林的多电子原子近似能级图把能级按由低到高的顺序分成七个能级组：$1s$；$2s$、$2p$；$3s$、$3p$；$4s$、$3d$、$4p$；$5s$、$4d$、$5p$；$6s$、$4f$、$5d$、$6p$；$7s$、$5f$、$6d$、$7p$。在多电子原子中，核外电子按此能级组顺序由低到高依次填充，并遵循能量最低原理、泡里不相容原理和洪特规则，每个能级组可以用通式 ns、$(n-2)f$、$(n-1)d$、np 表示。

(2) 元素周期律：随着原子序数的递增，核外电子依次填充在各能级的轨道上，使原子核外电子层结构呈现周期性的变化，从而使元素以及由它形成的单质和化合物的性质呈现周期性变化，这就是元素周期律。

(3) 原子的电子层结构与周期的划分：元素周期表是元素周期律的表达形式，周期表中的每一横排称为一周期。周期数与能级组序号相对应，各周期内所含的元素种数与相应能级组内轨道所能容纳的电子数是相等的，元素所在周期数等于该元素原子的电子层数。见表 7-1。

表 7-1　各周期中元素的数目与能级组的关系

周期	能级组序号	最高能级组	元素数目
一	1	1*s*	2
二	2	2*s*　2*p*	8
三	3	3*s*　3*p*	8
四	4	4*s*　3*d*　4*p*	18
五	5	5*s*　4*d*　5*p*	18
六	6	6*s*　4*f*　5*d*　6*p*	32
七	7	7*s*　5*f*　6*d*　7*p*	尚未布满

(4) 原子的电子层结构与族的划分：周期表共有 18 个纵行，7 个主族，1 个零族，8 个副族。周期表中同族元素的电子层数虽然不同，但它们的价层电子构型相同。

对主族来说，族数＝价层电子数($ns+np$)＝最高氧化值。

对副族而言，价电子层为 $(n-1)$ d、ns，

① ⅠB、ⅡB 族：族数＝最外层上的电子数。

② ⅢB～ⅦB 族：族数＝$(n-1)d+ns$ 层电子数＝最高氧化值。

③ ⅧB 族：价电子层电子数大于或等于 8，出现例外。

由于同一族元素的价电子层构型相似，故它们的化学性质十分相似。

(5) 原子的电子层结构与元素的分区：根据元素原子的电子层结构的特点可以把元素在周期表中的位置分为 *s*、*p*、*d*、*ds*、*f* 五个区，各区元素原子的价电子结构的特点分别为：

s 区元素：$ns^{1\sim2}$

p 区元素：$ns^2np^{1\sim6}$

d 区元素：$(n-1)d^{1\sim5}ns^{1\sim2}$

ds 区元素：$(n-1)d^{10}ns^{1\sim2}$

f 区元素：$(n-2)f^{1\sim14}(n-1)d^{0\sim2}ns^2$。

(四) 元素某些性质的周期性

由于原子核外电子层结构的周期性变化，造成与电子层结构有关的元素性质，如原子半径、电离势、电子亲和势和电负性等也出现周期性变化。

1. 原子半径 (r)

由于电子云没有明显界面，因此原子大小的概念很难明确表示，但可以用原子半径这一物理量来描述。原子成键方式不同，原子半径不同。原子半径可分为共价半径、金属半径和范德华半径。其中共价半径最小，金属半径其次，范德华半径最大。总体来说，同一周期主族元素原子半径逐渐减小，同族元素自上而下逐渐增大。

2. 电离势（I）

电离势的大小反映了原子失去电子的难易程度。1mol 气态基态原子失去一个电子成为气态正一价离子所需的能量，称为第一电离势。以此类推。电离势的大小主要取决于原子的有效核电荷、原子半径和原子的电子层结构。

同一周期，从左到右，元素的电离势逐渐增大，稀有气体由于具有稳定的电子层结构，电离势最大。同一周期，从左到右电离势总的趋势是增大的，但也有起伏，这一现象可用洪特规律的特例解释。

同一主族，从上而下，电离势逐渐减小。

3. 电子亲和势（E）

电子亲和势的大小反映了原子得到电子的难易程度。1mol 气态基态原子获得 1mol 电子成为气态负一价离子所释放的能量，称为第一电子亲和势。以此类推。

同周期元素，从左到右，元素的电子亲和势逐渐增大（代数值），但有时稍有起伏，这与元素的稳定电子层结构有关，稀有气体原子具有 ns^2np^8 的稳定电子层结构，不易接受电子，因而元素的电子亲和势为正值。同一主族中，从上而下，一般元素的电子亲和势逐渐减小。

4. 电负性(X)

电负性是指元素的原子在分子中吸引成键电子的能力。元素的电负性是一相对数值。一般而言，元素的电负性越大，表示原子在分子中吸引成键电子的能力越强。同一周期，从左到右，元素的电负性逐渐增大。同一族中，从上而下，元素的电负性逐渐减小。元素电负性广泛应用于化学键的键型（离子键、共价键）判断与共价键的极性的讨论。

表 7-2 给出了元素性质的周期性变化规律。

表 7-2　元素某些性质的周期性变化规律

元素性质	从左到右	从上到下
原子半径	减小	增大，第五、六周期接近（镧系收缩）
电离势	增大，全满、半满结构比右侧元素稍大	减小，过渡元素略增，多处不规律
电子亲和势	增大	减小，但 O、F 不是本族的最大值，是由于半径小，电子云密度大，电子排斥所致
电负性	增大	减小（ⅢA 例外，副族不明显）

三、疑难辨析

（一）典型例题分析

【例 7-1】 玻尔理论的要点是什么？这一理论对原子结构的发展有什么贡献？存在什么缺陷？

解：（1）玻尔理论的要点

①电子位于原子核外，它只能在符合一定条件或相应于一定能级的轨道上运动，在轨道上运动时它既不放出能量，也不吸收能量，处于“稳定状态”。

②轨道离核越近，原子所具有的能量越低，越远则越高。当原子所含电子都处于离核最近的轨道时，原子具有的能量最低，此时原子的状态称为基态。当原子从外界获得能量，电子被激发到离核较远能量较高的轨道上时，此时原子不稳定，叫激发态。

③当电子从激发态回到基态，原子放出能量，该能量为辐射能，两状态的能量差遵循普朗克公式：

$$\Delta E = E_2 - E_1 = h\nu$$

(2) 对原子结构发展的贡献：玻尔理论的建立不但较好地解释了氢原子光谱，并且第一次把氢原子光谱的实验事实纳入了理论体系，阐明了原子体系某些物理量（如电子的能量）的量子化特征。

(3) 缺陷

玻尔理论亦存在较大局限性，该理论只能解释氢原子及类氢原子的光谱，对这些光谱的精细结构根本无能为力。对于多电子原子，即使只有两个电子的氦原子，计算结果和光谱实验值两者相差很远。原因是玻尔理论的整个基础是建立在研究宏观运动的经典力学基础上，把电子的运动看作服从牛顿力学定律，因而不能完全反映微观粒子的全部特性和微观粒子运动的基本规律。

【解题思路】理解了氢原子光谱实验所揭示的实验事实，即核外电子能量量子化特征，就理解了玻尔原子模型及其对原子结构发展的贡献；理解了德布罗意预言和电子衍射实验就会知道玻尔原子模型的缺陷。

【例 7-2】 波函数 Ψ 是描写核外电子运动状态的数学函数式，那么，从波函数可作出哪些重要的推论？

解：(1) 定态波函数 Ψ 是空间坐标 x、y 和 z 的函数，所以，可粗略地把 Ψ 看成是在 x、y、z 三维空间里能找到电子的一个区域，这个区域叫做“原子轨道”。为此，波函数 Ψ 和原子轨道是同义语。“原子轨道”只不过是代表原子中电子运动状态的一个波函数。

(2) 由原子的波动方程可以解出一系列波函数。在一定状态下（如基态），每个电子都有自己的波函数。例如 Ψ_{ns}、Ψ_{np}、Ψ_{nd}、Ψ_{nf} 等，每一个波函 Ψ 数都代表核外电子的某种运动状态，这些运动状态对应有确定的能量 E（即该电子处在一定的能级中）。对于氢原子及类氢离子来说，其能量公式为

$$E = -R\frac{z^2}{n^2}$$

(3) 虽然波函数 Ψ 与原子轨道是同义语，但这里所指的原子轨道与玻尔理论所指的行星式原子轨道，以及经典物理学中宏观物体的位置和动量完全确定的轨道（或轨迹）概念在本质上是不同的。

(4) 波函数 Ψ 反映了波的性质，但实物粒子的波，本身就不是声波及电磁波。声波或电磁波可以具体理解为介质质点的振动或电磁场的振动在空间的传播。而波函数则无具体物理意义。

(5) 波函数 Ψ 在空间具有起伏性。它可以为正，也可以为负，亦可以为零。它表明在该区域的波函数是正还是负，并非指电荷的正、负。波函数可以叠加。

(6) 波函数 Ψ 由一套量子数 n、l、m 所规定。当 n、l、m 值确定时，波函数亦确定。每一个波函数 $\Psi_{n,l,m}$ 都是由两个部分组成——$R(r)$ 和 $Y(\theta,\varphi)$。即

$$\Psi_{n,l,m}(r,\theta,\varphi)=R_n(r)Y_{l,m}(\theta,\varphi)$$

【解题思路】此题的关键是理解薛定谔方程的意义，薛定谔方程的解即定态波函数的意义。

【例 7-3】 列出硫的四个 $3p$ 电子所有可能的各套量子数。

解：一个 $3p$ 电子可能被描述为下列六套四个量子数之一：

(1) 3，1，1，+1/2　　(2) 3，1，1，−1/2

(3) 3，1，0，+1/2　　(4) 3，1，0，−1/2

(5) 3，1，−1，+1/2　　(6) 3，1，−1，−1/2

四个 $3p$ 电子中有两个电子应该是成对的，另外两个电子自旋平行。所以这四个 $3p$ 电子可能具有的全套量子数为：

(1)，(2)，(3)，(5)　　(1)，(3)，(5)，(6)

(1)，(2)，(4)，(6)　　(2)，(4)，(5)，(6)

(1)，(3)，(4)，(5)　　(2)，(3)，(4)，(6)

【解题思路】从四个量子数的意义和取值要求来考虑。

【例 7-4】 请解释原因：He^+ 中 $3s$ 和 $3p$ 轨道的能量相等，而在 Ar^+ 中 $3s$ 和 $3p$ 轨道的能量不相等。

解：He^+ 中只有一个电子，没有屏蔽效应，轨道的能量由主量子数 n 决定，n 相同的轨道能量相同，因而 $3s$ 和 $3p$ 轨道的能量相同。而在 Ar^+ 中，有多个电子存在；各轨道的电子除了受到核的吸引力以外，还存在电子间的相互排斥作用，这种影响由电子所处的状态（由 n、l 决定）决定，因此各轨道的能量不仅和主量子数 n 有关，还和角量子数 l 有关。所以 $3s$ 与 $3p$ 轨道的能量不同。

【解题思路】屏蔽效应和钻穿效应。

【例 7-5】 已知某元素的原子序数是 29，试写出该元素的价层电子构型，指出该元素位于周期表中哪个周期？哪个族？哪个区？并写出该元素的名称和化学符号。

解：该元素的电子层结构式是：$[_{18}Ar]\ 3d^{10}4s^1$，因此该元素位于第四周期第ⅠB 族，属于 ds 区，是铜元素，元素符号是 Cu。

【解题思路】熟记稀有气体的符号。熟记 1～36 号元素，注意 Cu 元素排布（洪特规则特例，全充满）。

（二）考点分析

本章考点：

(1) 基本概念：核外电子运动的特征，波函数与原子轨道，概率密度与电子云，四个量子数，角度波函数，径向波函数，核外电子排布的原则，周期和族的概念，元素的分区，元素某些性质（原子半径、电离势、电子亲和势、电负性）的周期性变化规律。

(2) 理解核外电子运动规律 Ψ^2 的物理意义，$Y(\theta,\varphi)$ 和 $D(r)$ 图形的意义，理解屏蔽效应，钻穿效应。

(3) 掌握四个量子数的意义及取值范围。

(4) 应用鲍林的近似能级图以及电子排布三原则确定元素的基态原子电子排布。

(5) 根据原子的电子层结构判断元素在周期表中所属的周期、族、区。

(6) 利用元素性质的周期性变化规律，判断元素及其化合物性质的周期性变化规律。

【例 7-6】 单项选择题

(1) 氢原子的 1s 电子激发到 4s 或 4p 轨道时所需要的能量分别为 E_s 和 E_p，它们的关系为（　　）

A. $E_s = E_p$　　B. $E_s > E_p$　　C. $E_s < E_p$　　D. 无法比较

答案：A

考点：氢原子核外只有一个电子，该电子没有受到其他电子的屏蔽效应，电子能量由主量子数决定，n 相同，能量相等。

(2) 描述 Ψ_{3dz^2} 的一组量子数是（　　）

A. $n=2$，$l=1$，$m=0$　　B. $n=3$，$l=2$，$m=0$

C. $n=3$，$l=1$，$n=0$　　D. $n=3$，$l=2$，$m=1$

答案：B

考点：定态波函数与量子数的关系。

【例 7-7】 填空题

(1) 根据现代结构理论，核外电子的运动状态可用________来描述，习惯上称其为________；Ψ^2 表示________，它的形象化表示是________。

答案：波函数 Ψ，原子轨道；几率密度，电子云

考点：薛定谔方程的解是波函数 Ψ，Ψ 描述电子在核外空间出现的范围，Ψ^2 是电子波的振幅，表示电子在核外空间出现的几率密度。

(2) 在某一周期，其稀有气体原子最外层电子构型为 $4s^2 4p^6$，其中有 A、B、C、D 四种元素，已知它们的最外层电子数分别为 2、2、1、7，A、C 的次外层电子数为 8。B、D 的次外层电子数为 18，则：A________ B________ C________ D________。

答案：A：Ca　B：Zn　C：K　D：Br

考点：根据电子层结构判断元素所属周期、族以及在周期表中的位置。

(3) 4p 轨道的主量子数为________，角量子数为________，该亚层的轨道最多可以有________种空间取向，最多可容纳________个电子。

答案：4，1，3，6

考点：四个量子数的意义。

【例 7-8】 简答题

(1) 一个原子中，量子数 $n=3$，$l=2$，$m=0$ 的轨道中允许的电子数最多是多少？

解：$n=3$，$l=2$，$m=0$ 的原子轨道是 $3d_{z^2}$ 轨道，最多可以容纳 2 个电子。在任何原子轨道上，最多只能容纳自旋方式相反（$s_i=+1/2$，$s_i=-1/2$）的两个电子。

考点：四个量子数和原子轨道波函数的关系及泡里不相容原理。

(2) 29 号元素 Cu 和 19 号元素 K 的最外层中都只有一个 4*s* 电子，二者的化学活泼性相差很大。从有效核电荷和电离能说明。

解：K 和 Cu 外层电子构型相同，但次外层电子构型不同，K 的电子构型为 $1s^22s^22p^63s^23p^64s^1$，4*s* 电子受到的屏蔽作用为

$$\sigma=0.85\times8+1.0\times10=16.8$$

失去 4*s* 电子所需电离势为

$$I(\text{K})=0-(-2.18\times10^{-18}\text{J})\times\frac{(19-16.8)^2}{4^2}\times6.02\times10^{23}\text{mol}^{-1}=397\text{kJ}\cdot\text{mol}^{-1}$$

Cu 的电子构型 $1s^22s^22p^63s^23p^63d^{10}4s^1$，4*s* 电子受到的屏蔽作用为

$$\sigma=0.85\times18+1.0\times10=25.3$$

Cu 的 4*s* 电子失去时所需电离势为

$$I(\text{Cu})=0-(-2.18\times10^{-18}\text{J})\times\frac{(29-25.3)^2}{4^2}\times6.02\times10^{23}\text{mol}^{-1}=1123\text{kJ}\cdot\text{mol}^{-1}$$

由计算结果可知，Cu 最外层电子受到的屏蔽作用大，但受到有效核电荷的吸引比 K 的外层电子大得多，因而 Cu 的电离能比 K 大，失电子比 K 难。所以 Cu 的化学活性比 K 差。

考点：原子的电子层结构决定元素的性质。

(3) 排列下列六种元素的金属性（或非金属性）强弱的次序：Sr、Ca、Ti、Se、P、Zr。

解：比较金属性（一般规律）：

(1) 同周期元素从右到左金属性增强：Ca＞Ti＞Se

(2) 同主族元素自上而下金属性增强：Sr＞Ca

(3) 同副族元素自下而上金属性增强：Ti＞Zr

(4) 余下的元素 P 位于第三周期ⅤA 族，可先与 Se 比较，Se 位于第四周期ⅥA 族，由于同周期元素金属性或非金属性的递变较同族元素金属性或非金属性的递变更显著，可推知 Si 的非金属性将弱于 Se 的非金属性。再与金属性弱的 Zr 比较，P 为非金属元素，其金属性将弱于第五周期的ⅣB 族元素 Zr 的金属性。

考点：原子核外电子层结构的周期性变化，使原子性质（原子半径、电负性等）发生（金属性等）周期性变化，使单质的化学性质也发生周期性改变。

【例 7-9】 写出 24、29 号元素在周期表中的位置，核外电子排布式，最高正化合价，是金属还是非金属？

解：

原子序数	核外电子排布式	最高正化合价	金属还是非金属？
24	[Ar] $3d^54s^1$	+6	金属
47	[Kr] $4d^{10}4s^1$	+1	金属

考点：核外电子排布和元素周期系。

四、补充习题

(一) 是非题

1. 原子半径接近 1nm。(　　)
2. 在多电子原子中，轨道能量由 n、l、m 决定。(　　)
3. 钻穿效应使屏蔽效应增强。(　　)
4. 按周期表排列，元素 Be、B、Mg、Al 的电负性大小顺序为 B>Be≈Al>Mg。(　　)
5. Co^{2+} 离子的第三层有 15 个电子。(　　)
6. 在周期表的所有元素中，氯元素的第一电子亲合能最大。(　　)
7. 过渡元素的原子填充电子时先填 $3d$，然后填 $4s$，所以失去电子也是按这个次序。(　　)
8. 主量子数为 1 时，有自旋相反的两条轨道。(　　)
9. $O(g)+e^- \rightarrow O^-(g)$，$O^-(g)+e^- \rightarrow O^{2-}(g)$，都是放热过程。(　　)
10. 因为镧系收缩，第六周期元素的原子半径都比第五周期同族元素半径小。(　　)

(二) 选择题

1. 单选题

(1) 所谓原子轨道是指(　　)

A. 一定的电子云　　B. 核外电子的几率

C. 一定的波函数　　D. 某个径向分布函数

(2) 下列电子构型中，属于原子激发态的是(　　)

A. $1s^2 2s^1 2p^1$　　B. $1s^2 2s^2$

C. $1s^2 2s^2 2p^6 3s^2$　　D. $1s^2 2s^2 2p^6 3s^2 3p^6 4s^1$

(3) 周期表中第五、六周期的ⅣB、ⅤB、ⅥB 族元素的性质非常相似，这是由于(　　)导致的。

A. s 区元素的影响　　B. p 区元素的影响

C. d 区元素的影响　　D. 镧系元素的影响

(4) 描述 $\Psi_{3d_{z^2}}$ 的一组量子数是(　　)

A. $n=2$，$l=1$，$m=0$　　B. $n=3$，$l=2$，$m=0$

C. $n=3$，$l=1$，$m=0$　　D. $n=3$，$l=2$，$m=1$

(5) 下列电子的各套量子数不可能存在的是(　　)

A. 4，2，−1，$-\frac{1}{2}$；　　B. 3，0，−1，$+\frac{1}{2}$

C. 6，2，2，$-\frac{1}{2}$；　　D. 1，0，0，$+\frac{1}{2}$；

(6) 下列原子半径大小顺序中正确的是(　　)

A. Be<Na<Mg　　B. Be<Mg<Na

C. Be>Na>Mg　　D. Na<Be<Mg

(7) 下列叙述中错误的是(　　)

A. $|\Psi|^2$ 表示电子的几率密度

B. $|\Psi|^2$ 在空间分布的形象化图像称为电子云

C. $|\Psi|^2$ 值小于相应的$|\Psi|$值

D. $|\Psi|^2$ 表示电子出现的几率

2. 多选题

(1) 在多电子原子中，各电子具有下列量子数，其中能量最高的电子是(　)

A. 2，1，－1，$-\frac{1}{2}$　　B. 2，0，0，$-\frac{1}{2}$

C. 3，1，1，$-\frac{1}{2}$　　D. 3，2，－1，$-\frac{1}{2}$

E. 3，2，1，$+\frac{1}{2}$

(2) 下列电子的各套量子数，可能存在的是(　　)

A. 3，2，2，$\frac{1}{2}$　　B. 3，0，1，$\frac{1}{2}$

C. 2，0，0，$\frac{1}{2}$　　D. 2，－1，0，$-\frac{1}{2}$

E. 2，0，－2，$+\frac{1}{2}$

(3) 当基态原子的第六电子层只有二个电子，则原子的第五电子层的电子数为(　　)

A. 可能为 8 电子　　B. 可能为 2 个电子

C. 可能为 18 电子　　D. 可能为 32 个电子

E. 可能为 8～18 个电子

(4) 下列叙述中正确的是(　　)

A. 主族元素的价电子构型是 $ns^2np^{1\sim6}$

B. ⅢB～ⅦB 族元素的价电子构型是$(n-1)d^{1\sim5}ns^{1\sim2}$

C. ⅠB 的价电子构型是$(n-1)d^{10}ns^1$

D. ⅡB 的价电子构型是$(n-1)d^{10}ns^2$

E. ⅧB 的价电子构型是$(n-1)d^6ns^2$

(5) 量子力学的一个轨道(　　)

A. 与玻尔理论中的原子轨道等同

B. 指 n 具有一定数值时的一个波函数

C. 指 n、l 具有一定数值时的一个波函数

D. 指 n、l、m 三个量子数具有一定数值时的一个波函数

E. 指薛定谔方程的解 $\Psi(r,\theta,\varphi)$对(r,θ,φ)作图得到的三维空间图形

(三) 填空题

1. 在氢原子的激发态中，4s 和 3d 状态的能量高低为 E_{4s}________E_{3d}；对钾原子，能

量高低为 E_{4s}________E_{3d}；对钛原子，能量高低为 E_{4s}________E_{3d}。

2. 氢原子的电子能级由量子数________决定，而锂原子的电子能级由量子数________决定。

3. 有两种元素的原子在 $n=4$ 的电子层上都只有两个电子，在次外层 $l=2$ 的轨道中电子数分别为 0 和 10。前一种原子是________，位于周期表中第________周期，第________族，其核外电子排布式为________；原子序数大的原子是________，位于周期表中第________周期，第________族，其核外电子排布式为________，该原子能级最高的原子轨道的量子数为________。

4. 当 $n=4$ 时，电子层的最大容量为________，如果没有能级交错，该层各轨道能级由低到高的顺序应为________，$4f$ 电子实际在第________周期的________系元素的________元素中开始出现。

5. 氢原子的基态 $1s$ 电子在距核 52.9pm 附近的球壳中出现的________最大，这是因为距核更近时，虽然________较大，但球壳体积却较小，因而________也较小之故。

6. Ψ_{2s}^2-r 图中，$r=2a_0$ 处 $\Psi_{2s}^2=0$，这种函数为零的面称为________，它的存在是微观粒子运动具有________性的特殊表现。

7. 参考周期表，按电负性减小的顺序排：Be、B、Mg、Al 元素________。

8. 具有 ns^2np^3 价电子层结构的元素有________，具有 $(n-1)d^{10}ns^2np^6$ 价电子层结构的元素有________，前一类元素又叫________族元素，后一类元素属于________。

9. 每一个原子轨道要用________个量子数描述，其符号分别是________，表征电子自旋方式的量子数有________个，具体的值分别是________。

10. 如果没有能级交错，第三周期应有________个元素，实际该周期有________个元素；同样的情况，第六周期应有________个元素，实际有________个元素。

11. 氢原子光谱的能量关系式为 $\Delta E=R_{\mathrm{H}}\left(\frac{1}{n_1^2}-\frac{1}{n_2^2}\right)$，$R_{\mathrm{H}}$ 等于________，当 $n_1=1$，$n_2=$________时，$\Delta E=R_{\mathrm{H}}$，R_{H} 也等于氢原子的________能。

12. 某过渡元素在氪之前，此元素的原子失去一个电子后的离子在角量子数为 2 的轨道中电子恰为全充满，该元素为________，元素符号为________。该元素原子的基态核外电子排布式为________。

(四) 简答题

1. 符号 $4p_x$、$3d$ 所表示的意义及电子的最大容量。

2. 列出氧的四个 $2p$ 电子所有可能的各套量子数。

3. 画出 Ti、Si、Mn 原子轨道的能级图。这些原子各有几个未成对电子？

4. A、B 两元素，A 原子的 M 层和 N 层的电子数分别比 B 原子的 M 层和 N 层的电子数少 7 个和 4 个。写出 A、B 两原子的名称和电子排布式。写出推理过程。

5. 写出具有电子构型 $1s^22s^22p^5$ 的原子中各电子的全套量子数。

6. 在下列电子构型中哪种属于原子的基态？哪种属于原子的激发态？哪种纯属错误？

a. $1s^22s^32p^1$　　b. $1s^22p^2$　　c. $1s^22s^2$

d. $1s^22s^22p^63s^13d^1$　　e. $1s^22s^22p^54f^1$　　f. $1s^22s^12p^1$

7. 满足下列条件之一的是哪一族或哪一个元素？

(1) 最外层具有 6 个 p 电子

(2) 价电子数是 $n=4$、$l=0$ 的轨道上有 2 个电子和 $n=3$、$l=2$ 的轨道上有 5 个电子

(3) 次外层 d 轨道全满，最外层有一个 s 电子

(4) 某元素+3 价离子和氩原子的电子构型相同

8. 第四周期某元素原子中的未成对电子数为 1，但通常可形成+1 和+2 价态的化合物。试确定该元素在周期表中的位置，并写出+1 价离子的电子排布式和+2 价离子的电子排布式。

9. 用电子构型解释：

(1) 金属原子半径大于同周期的非金属原子半径

(2) H 表现出和 Li 与 F 相似的性质

(3) 从 Ca 到 Ga 原子半径的减小比 Mg 到 Al 的大

10. A、B、C 三种元素的原子最后一个电子填充在相同的能级组轨道上，B 的核电荷数比 A 大 9 个单位，C 的质子数比 B 多 7 个；1mol 的 A 单质同酸反应置换出 1g H_2，同时转化为具有氩原子的电子层结构的离子。判断 A、B、C 各为何种元素，A、B 同 C 反应时生成的化合物的化学式。

11. 量子力学如何描述原子中电子的运动状态，原子轨道（原子轨函）和哪些量子数有关？

12. 原子轨道角度分布图上的正、负号是如何得来的？它有什么含义？电子云角度分布图中则没有，试说明这两者的区别。

13. 什么叫能级交错现象？什么叫钻穿效应？怎样解释主层中的能级分裂和能级交错现象？

14. 为什么第四周期元素失电子时，4s 电子先于 3d 电子？

15. Cotton 原子轨道能级图与 Pauling 近似能级图的主要区别是什么？

16. 第二周期元素的第一电离能为什么在 Be 和 B 以及 N 和 O 之间出现转折？

17. 从原子结构解释为什么铬和硫都属于第Ⅵ族元素，但它们的金属性和非金属性不相同，而最高化合价却又相同？

18. 解释下列现象：

(1) Na 的第一电离能小于 Mg，而 Na 的第二电离能却大大超过 Mg。

(2) Na^+ 和 Ne 是等电子体（电子数目相同的物质），为什么它们的第一电离能(I_1)的数值差别较大？[$I_1Ne(g)=21.6eV$，$I_1(Na^+)(g)=47.3eV$]

(3) Be 原子的第一、二、三、四各级电离能($I_1\sim I_4$)分别为 899、1757、1.484×10^4、2.100×10^4 ($kJ\cdot mol^{-1}$)。解释各级电离能逐渐增大并有突跃的原因。

五、补充习题参考答案

（一）是非题

1. √　2. ×　3. ×　4. √　5. √　6. √　7. ×　8. ×　9. ×　10. ×

(二) 选择题

1. 单选题

(1) C (2) A (3) D (4) B (5) B (6) B (7) D

2. 多选题

(1) DE (2) AC (3) ACE (4) BCD (5) DE

(三) 填空题

1. 高于；低于；高于

2. n；n，l

3. 钙；四；ⅡA；$1s^2 2s 2p^6 3s^2 3p^6 4s^2$；锌；四；ⅡB；
$1s^2 2s^2 2p^6 3s^2 3p^6 3d^{10} 4s^2$；$n=4$，$l=0$，$m=0$

4. 32；$4s$ $4p$ $4d$ $4f$；六；镧；铈

5. 几率；几率密度；几率

6. 节面；波动

7. Mg＜Al≈Be＜B

8. N、P、As、Sb、Bi；Kr，Xe，Rn；氮；稀有气体

9. 3；n，l，m；1；$+\frac{1}{2}$，$-\frac{1}{2}$

10. 18；8；72；32

11. 2.179×10^{-18}J；∞；电离

12. 铜，Cu，$1s^2 2s^2 2p^6 3s^2 3p^6 3d^{10} 4s^1$

(四) 简答题

1. **答：**$4p_x$ 表示主量子数 $n=4$、角量子数 $l=1$（符号为 p）、其空间取向的极大值沿 x 轴方向的原子轨道（即波函数），其角度分布的形状为哑铃形。习惯上称其为第 4 电子层的 p 电子亚层的 p_x 轨道。该轨道中最多可容纳 2 个不同自旋量子数($m_s=\pm1/2$)的电子，习惯上称这两个电子为自旋方向相反。

$3d$ 表示主量子数 $n=3$、角量子数 $l=2$（符号为 d）的原子轨道，习惯上称其为第 3 电子层的 d 电子亚层。该亚层最多可有 5 种不同空间轨道取向的轨道（由磁量子数 $m=0$，±1，±2 决定），每一种空间轨道又各可容纳 2 个不同自旋量子数($m_s=\pm\frac{1}{2}$)的电子，所以最多可容纳 $2\times5=10$ 个电子。$3d$ 轨道（亚层）的能级通常也用 $3d$ 简单表示。

2. **答：**氧的四个 $2p$ 电子所有可能的六套量子数为：

(1) 2，1，1，$+\frac{1}{2}$ (2) 2，1，1，$-\frac{1}{2}$

(3) 2，1，0，$+\frac{1}{2}$ (4) 2，1，0，$-\frac{1}{2}$

(5) 2，1，-1，$+\frac{1}{2}$ (6) 2，1，-1，$-\frac{1}{2}$

3. **答：**Ti 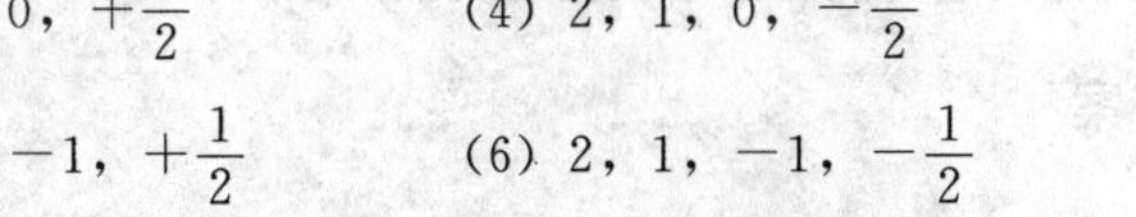

	$1s$	$2s$	$2p$	$3s$	$3p$	$3d$	$4s$
Si	⇅	⇅	⇅⇅⇅	⇅	↑↑○		
Mn	⇅	⇅	⇅⇅⇅	⇅	⇅⇅⇅	↑↑↑↑↑	⇅

Ti 和 Si 均有 2 个未成对电子，Mn 有 5 个未成对电子。

4. **答**：A 为钒(V)　　$1s^2 2s^2 2p^6 3s^2 3p^6 3d^3 4s^2$

B 为硒(Se)　　$1s^2 2s^2 2p^6 3s^2 3p^6 3d^{10} 4s^2 4p^4$

推理过程：

(1)B 的 N 层比 A 的 N 层多 4 个电子，这 4 个电子一定要填入 $4p$ 轨道，于是 B 的 $3d$ 必定全满(即 $3d^{10}$)。由此知 B 的 K、L、M 层均填满。

(2)A 的 M 层比 B 的 M 层少 7 个电子，所以 A 的 M 层电子排布为 $3s^2 3p^6 3d^3$，这样 A 的 K、L 层就全满，$4s$ 也填满($E_{3d} > E_{4s}$)，于是 A 的电子排布为：$1s^2 2s^2 2p^6 3s^2 3p^6 3d^3 4s^2$。

(3)B 的 N 层比 A 的 N 层多 4 个电子，A 的 N 层已有 $4s^2$，所以 B 的 N 层必为 $4s^2 4p^4$，即 B 原子的电子排布为：$1s^2 2s^2 2p^6 3s^2 3p^6 3d^{10} 4s^2 4p^4$。

5. **答**：

n	1	1	2	2	2	2	2	2	2
l	0	0	0	0	1	1	1	1	1
m	0	0	0	0	0	0	1	1	-1
m_s	$+\frac{1}{2}$	$-\frac{1}{2}$	$+\frac{1}{2}$	$-\frac{1}{2}$	$+\frac{1}{2}$	$-\frac{1}{2}$	$+\frac{1}{2}$	$-\frac{1}{2}$	$+\frac{1}{2}$

6. **答**：原子基态：c

原子激发态：b,d,e,f

纯属错误：a

7. **答**：(1)具有 p^6(即 np^6)构型的是稀有气体元素。

(2)符合 $n=4$、$l=0$(即 $4s$)轨道上 2 个电子和 $n=3$、$l=2$ 轨道(即 $3d$)上 5 个电子的构型(即 $3d^5 4s^2$)的元素是 Mn(锰)。

(3)具有 $(n-1)d^{10} ns^1$ 构型的元素为ⅠB 族元素。

(4)氩为第三周期最后一个元素，某元素正价离子和它的电子构型相同，该元素必为第四周期元素；又因失去 3 个电子(+3 价)，所以该元素是 Sc(钪)。

8. **答**：在第四周期中未成对电子数为 1 的可为 s 区ⅠA 族的 K、p 区ⅢA 族的 Ga、d 区ⅢB 族 Sc 的和 ds 区ⅠB 族的 Cu，但 K 只有 +1 价态的化合物，Sc 是 +3 价，Ga 主要也是 +3 价的，唯独 Cu 可形成 +1 价和 +2 价态的化合物。

29 号元素 Cu 的电子排布式为 $1s^2 2s^2 2p^6 3s^2 3p^6 3d^{10} 4s^1$；失去最外层 $4s$ 轨道(不是 $3d$ 轨道)的 1 个电子后便成为 Cu^+ 离子，它的电子排布式为 $1s^2 2s^2 2p^6 3s^2 3p^6 3d^{10}$；再失去次外层 d 的轨道的 1 个电子后便成为 Cu^{2+} 离子，它的电子排布式为 $1s^2 2s^2 2p^6 3s^2 3p^6 3d^9$。

9. **答**：(1)同一周期的元素的原子，从左到右电子逐一填入同一能级层，同一能级层电子相互间屏蔽效应较差，因而周期表从左到右，有效核电荷持续增加，对外层电子的吸引力依次增加，故同周期的金属原子半径大于非金属原子半径。

(2)H 原子的 $1s^1$ 电子构型决定了它的独特性质。它易于失去一个电子形成 +1 离子，与

Li 相似：

$H \rightarrow H^+ + e^-$；$Li \rightarrow Li^+ + e^-$

另一方面，它又易获得一个电子，形成具有 $1s^2$ 稳定构型的 -1 离子，所以它又像 F 原子：

$H + e^- \rightarrow H^-$；$F + e^- \rightarrow F^-$

(3)比较 Mg 与 Al 和 Ca 与 Ga 的电子构型：

Mg：$[Ne]3s^2$　　　　Al：$[Ne]3s^2 3p^1$

Ca：$[Ar]4s^2$　　　　Ga：$[Ar]3d^{10}4s^2 4p^1$

从 Mg 到 Al，构型中增加了一个 $3p$ 电子，而从 Ca 到 Ga 除增加一个 $4p$ 电子外，构型中还插入 10 个 $3d$ 电子。这使得 Ca 到 Ga 的原子半径收缩比 Mg 到 Al 的大。

10. **答**：A. 钾　　B. 镍　　C. 溴

$K + \frac{1}{2}Br_2 \longrightarrow KBr$

Ni 同 Br_2 在加热条件下可生成 $NiBr_2$。

11. 描述宏观物体运动的方程式之一是 $F = ma$，但描述微观物体的运动要用量子力学中薛定谔方程，它是一个偏微分方程式：

$$\frac{\partial^2 \Psi}{\partial x^2} + \frac{\partial^2 \Psi}{\partial y^2} + \frac{\partial^2 \Psi}{\partial z^2} = -\frac{8\pi^2 m}{h^2}(E - V)\Psi$$

式中 Ψ 称为波函数；E 是电子的总能量；V 是电子的势能；m 是电子的质量；h 是普朗克常数；x、y 和 z 为空间坐标。

波函数 Ψ 是描述原子中核外电子运动的数学表示式，它是空间坐标 x、y 和 z 的函数。先数学处理薛定谔方程（包括将直角坐标系转变为球极坐标系并简化处理），然后解此方程得出的解。例如氢原子的电子波函数有 Ψ_s、Ψ_{p_z}、Ψ_{p_x}、Ψ_{p_y}、$\Psi_{d_{xy}}$ 等等。例如 $\Psi_{p_z} = \sqrt{\frac{3}{4\pi}}\cos\theta$。随着 θ 的角度不同，以及包含在 R 项中的随离核距离不同而有不同的概率分布和函数图形，从而得到主层、亚层、轨函（轨道）等概念。这个方程的数学解很多，但从物理意义来说，这些解并不都是合理的。为了得到合理描述电子运动状态的解，必须引用只能取某些整数值的三个参数，称它们为量子数，符号为 n、l 和 m。不同的量子数表示粒子处于不同的运动状态，即把量子数作为讨论粒子运动状态的标志，量子数的概念在原子结构中的重要性就在于此。

12. 将波函数的角度部分 $Y(\theta, \varphi)$ 用图形表示出来，就称为原子轨道角度分布图。原子轨道角度分布图的正、负号是在作图过程中自然得到的。它反映了 $Y(\theta,\varphi)$ 随 θ、φ 角度变化而出现的正、负值，实际上它表示波的相位。例如，P_z 轨道波函数的角度部分为 $Y_{p_z} = \sqrt{\frac{3}{4\pi}}\cos\theta$，如果要作 p_z 角度分布图，只要从原点位置出发，引出不同 θ 值的直线，令直线的长度为 Y_{Pz}，连接这些线段的端点，就可以得到如图所示的曲线。不同 θ 角时的 Y_{p_2} 值为（表中 $c = \sqrt{\frac{3}{4\pi}}$）：

θ	0°	30°	45°	60°	90°	120°	135°	150°	180°
$\cos\theta$	1	$\sqrt{3}/2$	$\sqrt{2}/2$	1/2	0	$-1/2$	$-\sqrt{2}/2$	$-\sqrt{3}/2$	-1
Y_{p_z}	c	$0.87c$	$0.71c$	$0.50c$	0.00	$-0.50c$	$-0.71c$	$-0.87c$	$-c$

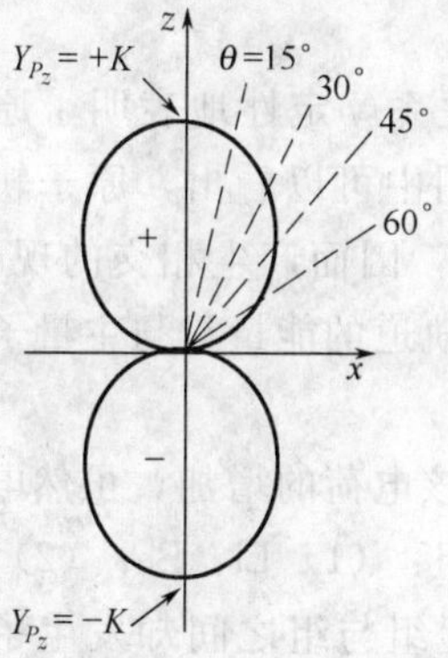

由于 Y_{p_z} 表达式中不含有 φ，说明 Y_{p_z} 值不随 φ 而变，因此，立体的角度分布图是将这个 8 字形曲线绕 z 轴旋转一周得到的曲面。它好像二个在 xy 平面上相切的乒乓球。在 xy 平面上，$Y_{p_z}=0$，将它称之为节面，节面上下的正、负号表示在这个区域是正值还是负值。其他原子轨道角度分布图及其正负号也是按上述类似的方法得到的。因 $Y(\theta,\varphi)$ 与主量子数无关，故原子轨道角度分布图与主量子数 n 无关。例如，$2p_x$、$3p_x$、$4p_x$…的角度分布图是完全相同的。故图中略去了轨道符号前的主量子数。而电子云的角度分布图 $|Y(\theta,\varphi)|^2$ 均为正值，在图中一般不标＋号，它比原子轨道角度分布图更"瘦"些。

13. 在多电子原子中，不但有原子核对电子的吸引，而且还有电子之间的排斥。内层电子对外层电子的排斥，相当于核电荷对外层电子引力的减弱，这种影响叫内层电子对外层电子的屏蔽效应，引力减弱可用核电荷数减少或有效核电荷 $Z^*=Z-\sigma$ 来表示，σ 即为屏蔽常数。在同一主层中，不同运动状态的电子彼此互相屏蔽，根据内层对外层有较大屏蔽这一原则，总的屏蔽有如下顺序：$ns>np>nd>nf$，也即 p 电子受核引力小于 s 电子的，d 电子又小于 p 电子等等。因而使同一主层的不同分层发生能级分裂，即形成分能级（亚层），其能量顺序为：$ns<np<nd<nf$。

在原子中，对于同一主层的电子，因 s 电子比 p、d、f 电子在离核较近处出现的概率要多，表明 s 电子有渗入内部空间而靠近核的本领，这就是钻穿效应。本来由于屏蔽效应，s 电子已较 p、d、f 电子能量降低，钻穿效应使 s 电子能量进一步降低，甚至使外层电子的能量低于次外层电子的能量，如 $E_{4s}<E_{5s}<E_{4d}$ 等等，于是就形成了能级交错。

14. 先失哪个电子不是只看该轨道能量的高低，而应取决于体系的总能量。第四周期的 K、Ca、Sc、Ti 等元素核外电子的构型依次为[Ar]$4s^1$、[Ar]$4s^2$、[Ar]$3d^14s^2$、[Ar]$3d^24s^2$，从这些电子构型可以看出，尽管 $4s$ 轨道能量高于 $3d$ 轨道能量，但这些元素中性原子的电子还是先填满 $4s$ 轨道，即在这些中性原子中，电子填在 $4s$ 轨道比 $3d$ 轨道可使体系获得较低的总能量。但是我们不能就此得出 Sc、Ti 等失去 $3d$ 电子比失去 $4s$ 电子使体系获得较低的总能量，因为这里涉及两种完全不同的体系——中性原子体系和离子体系。

以 Ti 原子为例。Ti 原子失去两个电子变成 Ti^{2+}，是失去 $3d$ 电子还是 $4s$ 电子，实质上就是要弄清楚[Ar]$4s^2$ 构型和[Ar]$3d^2$ 构型哪个体系总能量较低的问题。

随着原子序数的增加，有效核电荷 Z^* 也增加，原子各轨道能级次序变得与氢原子轨道能级次序越来越相似，即具有相同的主量子数的各能级趋于简并，能级高低主要取决于主量子数。Ti^{2+} 的有效核电荷 Z^* 比 Ti 的高得多，因此 Ti^{2+} 的 $4s$ 轨道能量与 $3d$ 轨道能量之差比中性原子 Ti 相应两轨道能量之差大得多。另外，Ti^{2+} 的电子相互作用能却因电子数目的减少而变小。这样，在 Ti^{2+} 中 $4s$ 与 $3d$ 轨道能量的差超过了电子相互作用能量的差，轨道能量的顺序就决定了体系总能量的顺序。所以，对 Ti^{2+} 来说，构型[Ar]$3d^2$ 的体系总能量比[Ar]$4s^2$ 的低。因此，Ti 先失去的是 $4s$ 电子，而不是 $3d$ 电子。

15. Pauling 近似能级图是按照原子轨道能量高低顺序排列的，把能量相近的能级组成能级组，依 1，2，3…能级组的顺序，能量依次增高。

Cotton 的原子轨道能级图指出了原子轨道能量与原子序数的关系，定性地表明了原子序数改变时，原子轨道能量的相对变化，从 Cotton 原子轨道能级图中可以看出，原子轨道的能量随原子序数的增大而降低，不同的原子轨道下降的幅度不同，因而产生相交的现象。同时也可看出，主量子数相同时，氢原子轨道是简并的，即氢原子轨道的能量只与主量子数 n 有关，与角量子数 l 无关。

16. 从第二周期元素的第一电离势的数据可以看出，随着有效核电荷的增加，虽然电离能总的趋势也是增加的，但是有转折。这八种元素实际上可分成三组：(1) Li、Be；(2) B、C、N；(3) O、F、Ne。在每一组中电离势增加是很有规律的，但组与组之间却发生了转折，出现第一个转折的原因是由于 Li、Be 失去的是 $2s$ 电子，B 开始失去的是 $2p$ 电子，$2p$ 电子钻穿效应不及 $2s$ 电子，受内层电子屏蔽作用比 $2s$ 电子大，故能量比 $2s$ 高，易失去。第二个转折是由于元素 N 的 $2p$ 轨道已半满，从元素 O 开始增加的电子要填入 p 轨道，必然要受到原来已占据该轨道的那个电子的排斥，即要克服电子成对能，因此，这些电子与原子核的吸引力减弱，易失去。另外，出现两个转折还与它们的电子构型有关。B 为 $2s^2 2p^1$，当 $2p$ 电子失去后变成 $2s^2 2p^0$，即达到 $2s$ 全满 $2p$ 全空的稳定结构，故 B 电离能较低。同样，O 的电子构型为 $2s^2 2p^4$，先失去一个 p 电子后就变成 $2s^2 2p^3$，即 p 轨道达到半满稳定结构。

17. (1) 元素的金属性、非金属性指化学反应中得失电子的能力。而这一能力取决于核对外层电子的作用，如果有效核电荷大、原子半径小，那么核对外层电子的引力也大，金属性就弱，非金属性就强。反之，则金属性强，非金属性弱。

硫的电子排布式为 $1s^2 2s^2 2p^6 3s^2 3p^4$；作用在最外层上的有效核电荷数为：

$$Z^* = Z - \sum \sigma = 16 - (2 \times 1.00 + 8 \times 0.85 + 5 \times 0.35) = 5.45$$

铬的电子排布式为 $1s^2 2s^2 2p^6 3s^2 3p^6 3d^5 4s^1$；作用在最外层上的有效核电荷数为：

$$Z^* = Z - \sum \sigma = 24 - (2 \times 1.00 + 8 \times 1.00 + 13 \times 0.85) = 2.95$$

原子半径 $r_{Cr} = 1.27(\text{Å}) > r_s = 1.02(\text{Å})$

硫的原子半径较铬的小；作用在最外层电子上的硫有效核电荷较铬的大，因而硫的非金属性较强。

(2) 一般来说，元素可能的最高化合价与其族数相等。元素的分族与原子的价电子数有关。硫为ⅥA 族元素，它的最外层 s 电子和 p 电子都是价电子，有 6 个；铬为ⅥB 族元素，它的最外层 s 电子和次外层 d 电子都是价电子，也有 6 个。因此，S 和 Cr 的最高化合价相同。

18. (1) Na、Mg 的 I_1 都是丢失 $3s$ 一个电子所需之能量。$r(\text{Na}) > r(\text{Mg})$，且 Na 的有效核电荷比 Mg 小，$I_1(\text{Na}) < I_1(\text{Mg})$。第二电离能 Mg 仍是丢掉一个 $3s$ 电子所需之能量，

而 Na 是丢掉内层 $2s^22p^6$ 满层上的一个电子，故 $I_2(Na) > I_2(Mg)$。

(2) Na^+ 和 Ne 的电离能 l 都是从稳定的惰气电子结构($2s^22p^6$)中丢失一个电子所需之能量。但电子从带正电荷的 Na^+ 失去，远比从中性原子 Ne 中失去困难得多，故 $I(Na^+) > I(Ne)$。

(3) Be 的电子构型是 $1s^22s^2$，Be 的 I_1 是失去处于外层的 $2s$ 上一个电子所需之能量，I_1 较小；失去一个电子后成 Be^+，I_2 是从 Be^+ 再失去 1 个电子，要比从 Be 失去 1 个电子难，所以 $I_2 > I_1$；如再失去电子是从已填满的 $1s^2$ 上丢失，要更困难，I_3 的数值大很多；I_4 是从 Be^{3+} 失去电子，就更困难。

第八章 化学键与分子结构

一、教学大纲要求

★掌握离子键和共价键的本质和特点。

★掌握价键理论、杂化轨道理论和价层电子对互斥理论的基本要点及其应用。

★掌握共价键的特征、键型、键的极性和分子的极性。

▲熟悉分子轨道理论的基本内容。

▲熟悉范德华力的产生及氢键的形成。

★掌握分子间作用力对物质物理性质的影响。

●了解离子极化作用及其对键型和物质某些性质的影响。

二、重点内容

分子中相邻原子间存在的较强相互作用力称为**化学键**。化学键可分成离子键、共价键和金属键，本章重点讨论共价键。物质的某些性质与组成物质分子的化学键类型有关，也与分子间的相互作用力有关。

（一）离子键

1. 离子键的形成

离子键是由原子得失电子后，生成的阴、阳离子之间靠**静电引力**而形成的化学键。

在一定条件下，当电负性较小的活泼金属元素的原子与电负性较大的活泼非金属元素的原子相互接近时，活泼金属原子失去最外层电子，形成具有稳定电子层结构的带正电荷的阳离子；而活泼非金属原子得到电子，形成具有稳定电子层结构的带负电荷的阴离子。离子之间靠静电引力相互吸引，当它们之间的相互吸引作用和排斥作用达到平衡时，体系的能量降到最低。这种由阴、阳离子的静电作用而形成的化学键叫**离子键**。

由离子键形成的化合物叫做离子型化合物。**两个成键原子的电负性之差较大时就可形成离子键。**

ⅠA、ⅡA族的金属元素与卤族元素、氧族元素等形成的化合物为典型的离子型化合物。

2. 离子键的特征

离子键的特征是没有饱和性、没有方向性。

离子是一个带电球体，它在空间各个方向上的静电作用是相同的，阴、阳离子可以在空间任何方向与电荷相反的离子相互吸引，所以离子键是**没有方向性**的。只要空间允许，任何离子均可以结合更多的相反电荷的离子，并不受离子本身所带电荷的限制，因此离子键**没有饱和性**。

3. 离子的特征

离子半径、离子的电荷数、离子的电子层构型是离子的三个主要特征，也是影响离子键强度的主要因素。

1）离子半径

离子半径，是指离子在晶体中的接触半径。离子晶体中阴阳离子的核间距为阴阳离子的半径之和。

离子半径对离子键强度有较大的影响，一般说来，当离子电荷相同时，离子半径越小，离子间的引力越大，离子键的强度也越大，要拆开它们所需的能量就越大，离子化合物的熔、沸点也就越高。

例如 K^+、Na^+、Li^+ 离子的电荷相同，而离子半径逐渐减小，所以它们的氟化物的熔点依次增高：KF(929K)＜NaF(1268K)＜LiF(1313K)。

2）离子电荷

离子电荷是影响离子键强度的重要因素。离子电荷越多，对带相反电荷离子的吸引力越强，形成的离子化合物的熔点也越高。

例如 Na^+ 离子和 Ca^{2+} 离子半径相近，分别为 95pm 和 99pm，但由于 Ca^{2+} 离子所带电荷多，所以 CaO 的熔点(2849K)比 Na_2O 的熔点(1193K)高。

3）离子的电子层构型

简单阴离子(如 Cl^-、F^-、S^{2-} 等)的外层电子组态为 ns^2np^6 的 8 电子稀有气体结构。

简单阳离子的电子组态比较复杂，有以下几种：

(1) 2 电子层构型(ns^2)，如 Li^+、Be^{2+} 等。

(2) 8 电子层构型(ns^2np^6)，如 Na^+、Ca^{2+} 等。

(3) 18 电子层构型($ns^2np^6nd^{10}$)，如 Ag^+、Zn^{2+} 等。

(4) 18＋2 电子层构型$(n-1)s^2(n-1)p^6(n-1)d^{10}ns^2$，如 Sn^{2+}、Pb^{2+} 等。

(5) 9～17 电子层构型$(n-1)s^2(n-1)p^6nd^{1-9}$，如 Fe^{3+}、Mn^{2+}、Cr^{3+} 等。

离子的外层电子层构型对于离子间的相互作用有影响，从而使键的性质有所改变。例如 Na^+ 和 Cu^+ 的电荷相同，离子半径几乎相等，离子半径分别为 95pm 和 96pm。但离子的电子层构型不同，NaCl 易溶于水，而 CuCl 难溶于水。

4. 离子晶体（略）

（二）共价键

1. 价键理论

1）共价键的形成本质

量子力学处理 H_2 分子的形成过程，得到 H_2 分子的能量与原子核间距离的关系的曲线。

(1) 当两个 H 原子的 1s 电子自旋方向相同，得到推斥态及相应的能量(E_a)，其能量高于两个 H 原子单独存在的能量。意味着两个氢原子趋向分离而不能键合。

(2) 当两个 H 原子的 1s 电子自旋方向相反，得到氢分子的基态及相应的能量(E_s)，其能量低于两个 H 原子单独存在的能量。当核间距为 $R=R_0$ 时，能量降到最低值 D，两核间电子云密度较为密集，说明两个氢原子之间是相互吸引的。

由此可知，自旋方向相反的两个 H 原子以核间距 R_0 相结合，可以形成稳定的 H_2 分子。

2）价键理论的基本要点

（1）共价键的形成条件：

①两个成键原子有成单电子且自旋方向相反，自旋相反的未成对电子可配对形成共价键。

②形成共价键的两原子轨道尽可能达到最大程度的重叠。重叠越多，两核间电子的概率密度越大，体系能量降低越多，所形成的共价键越稳定。以上称最大重叠原理。

（2）共价键的特征

①共价键具有饱和性（受单电子数目的制约）：两原子间形成共价键的数目是一定的。一个原子含有几个未成对的单电子，就能与几个自旋相反的单电子配对形成几个共价键。如 2 个 H 原子和 1 个 O 原子结合生成 H_2O 分子。

②共价键具有方向性（受原子轨道的空间伸张方向所制约）：共价键的形成将沿着原子轨道最大重叠的方向进行，这就是共价键的方向性。例如，形成 HF 分子时，H 原子的 $1s$ 轨道与 F 原子的含有单电子的 $2p_x$ 轨道必须沿着 x 轴相互重叠，才能使原子轨道发生最大程度的重叠，形成稳定的共价键 。

3）共价键的类型：共价键分为 σ 键、π 键和共价配位键。

①σ 键：原子轨道沿键轴方向以“头碰头”的方式发生重叠，轨道重叠部分沿着键轴呈圆柱形分布，形成的键为 σ 键。如 $s-s$、$s-p_x$，p_x-p_x 等。

②π 键：原子轨道以“肩并肩”方式发生重叠，轨道重叠部分对通过键轴的平面具有镜面反对称，形成的键为 π 键。如 p_x-p_y、p_z-p_z 等。

由于 σ 键的轨道重叠程度比 π 键的轨道重叠程度大，因而 σ 键比 π 键牢固。π 键较易断开，化学活泼性强，一般 π 键与 σ 键共存于具有双键或叁键的分子中。

③配位共价键：如果共价键的形成是由成键两原子中的一个原子单独提供电子对进入另一个原子的空轨道共用而成键，这种共价键称为配位共价键，简称配位键。配位键用“→”表示，箭头从提供电子对的原子指向接受电子对的原子。

2. 价层电子对互斥理论

1）价层电子对互斥理论的基本要点：分子或离子 AXm 的空间构型取决于中心原子 A 周围的价层电子对数目。中心原子 A 的价层电子对之间尽可能远离，以使斥力最小，并由此决定了分子的空间构型。（A 为中心原子；X 为配置在中心原子 A 周围的原子或原子团，简称配体；m 为配位数）

2）判断共价分子结构的一般规律

（1）首先确定中心原子的价层电子对数。

$$价层电子对数=\frac{中心原子A的价电子数+配位原子×提供的电子数}{2}$$

中心原子 A 的价电子数＝A 所在族的族序数

配位原子提供的电子数：

氢原子作为配位原子：　　　　　　提供 1 个电子。

卤族元素原子作为配位原子：　　　　提供 1 个电子。

氧族元素原子作为配位原子：　　　　提供 0 个电子。

(2) 根据中心原子 A 价层电子对数可确定电子对的空间排布。配位原子排布在中心原子 A 周围，每一对电子连接 1 个配位原子，剩下的未结合的电子对是孤电子对。根据孤电子对、成键电子对之间相互排斥力的大小，确定排斥力最小的稳定结构。

3) 价层电子对互斥理论的应用实例

例如：确定 H_2S 分子的空间构型。

中心原子 S 价层电子对＝(S 价电子数＋2 个 H 提供的电子数)/2＝(6＋2)/2＝4 对

配位原子数＝2，成键电子对数＝2，孤对电子对数＝2，H_2S 分子为角型。

3. 杂化轨道理论

1) 杂化轨道理论的基本要点

(1) 在形成分子时，由于原子间相互作用的影响，同一原子中若干不同类型能量相近的原子混合起来，重新组合成一组新轨道。这种重新组合的过程称为杂化，所形成的新的原子轨道称为杂化轨道。常见的杂化方式有 $ns-np$ 杂化、$ns-np-nd$ 杂化和 $(n-1)d-ns-np$ 杂化。

(2) 由于杂化轨道形状的改变，成键时轨道可以更大程度地重叠，使成键能力增强，形成的化学键的键能大。

(3) 杂化前后，轨道的总数不变。如 CH_4 中参加杂化的有 $2s$、$2p_x$、$2p_y$、$2p_z$ 4 个原子轨道，形成的杂化轨道也是 4 个完全相同的 sp^3 杂化轨道。

(4) 杂化轨道之间力图在空间取最大夹角分布，使相互间的排斥力最小，形成的键较稳定。不同类型的杂化轨道之间的夹角不同，成键后所形成的分子就具有不同的空间构型。

2) 杂化轨道的类型

共价分子中的中心原子大多为主族元素的原子，其能量相近的原子轨道多为 ns、np、nd 原子轨道，常采用 spd 型杂化。有下列几种杂化轨道的类型，见表 8-1。

(1) sp^3 杂化：杂化轨道间的夹角 109°28′，空间构型为正四面体形，如气态 CH_4 分子。

(2) sp^2 杂化：杂化轨道间的夹角为 120°，空间构型呈平面正三角形，如气态 BF_3 分子。

(3) sp 杂化：杂化轨道间的夹角为 180°，空间构型呈直线形，如气态的 $BeCl_2$ 分子。

表 8-1　　　　　　杂化轨道类型

类型	轨道数目	空间构型	实例
sp	2	直线形	$HgCl_2$、$BeCl_2$、C_2H_2
sp^2	3	平面三角形	BF_3、C_2H_4、HCHO
sp^3	4	四面体形	CH_4、NH_3、H_2O、PCl_3、$[Zn(NH_3)_4]^{2+}$
dsp^2	4	平面正方形	$[Ni(CN)_4]^{2-}$
sp^3d(或 dsp^3)	5	三角双锥形	PCl_5
sp^3d^2(或 d^2sp^3)	6	八面体形	SF_6、$[FeF_6]^{3-}$、$[Fe(CN)_6]^{3-}$、$[CO(NH_3)_6]^{3+}$

注意：杂化轨道总是用于构建分子的 σ 轨道，未参加杂化的 p 轨道才能用于构建 π 键，在学习杂化轨道理论时既要掌握杂化轨道的空间分布，也要掌握未杂化的 p 轨道与杂化轨道的空间关系，否则难以全面掌握分子的化学键结构。

3）等性杂化与不等性杂化

（1）等性杂化：参与杂化的原子轨道均为具有未成对电子的原子轨道或者是空轨道，其杂化是等性的。

（2）不等性杂化：由于杂化轨道中有孤电子对存在，造成所含原来轨道成分的比例不相等而能量不完全等同的杂化。例如 NH_3 分子和 H_2O 分子中的 N 原子和 O 原子分别采取的 sp^3 不等性杂化。

一个分子究竟采取哪种类型的杂化轨道，在某些情况下是难以确定的，可以用价层电子对互斥理论帮助判断。例如，确定 H_2S 分子的杂化类型。H_2S 分子的中心原子 S 价层电子对＝4，根据斥力最小的原则，S 原子的四个杂化轨道以 sp^3 杂化成键。

4. 分子轨道理论

1）分子轨道(MO)的概念：分子轨道理论认为，在多原子分子中，电子不再属于某个原子，而是在整个分子的范围内运动。把分子中的电子在空间的运动状态叫分子轨道，$|\Psi^2|$ 为分子中的电子在空间出现的概率密度。

2）分子轨道理论的基本要点

（1）分子轨道可以由分子中的原子轨道线性组合而得到，分子轨道的总数与组合前的原子轨道的总数相等。n 个原子轨道可以组合成 $n/2$ 个成键分子轨道和 $n/2$ 个反键分子轨道。其中原子轨道同号重叠（加强性重叠）形成成键分子轨道，原子轨道异号重叠（削弱性重叠）形成反键分子轨道。

（2）为了有效地组合成分子轨道，要求成键的各原子轨道必须符合三条原则，即对称性匹配原则、能量近似原则和轨道最大重叠原则。

①对称性匹配原则：只有对称性相同（匹配）的原子轨道才能组合成分子轨道。对称性相同是指两个原子轨道以两个原子核为轴（指定为 X 轴）旋转 180°时，原子轨道角度分布的正、负号都发生改变或都不发生改变，即为原子轨道对称性相同（匹配）。若一个正、负号变了，另一个不变即为对称性不相同（不匹配）。

对称性匹配的原子轨道有：$s-s$、$s-p_x$　p_x-p_x　p_y-p_y　p_z-p_z 等。

②能量近似原则：只有能量接近的两个对称性匹配的原子轨道才能有效地组合成分子轨道，而且原子轨道的能量越接近越好，如在同核双原子分子中，$1s-1s$、$2s-2s$、$2p-2p$ 能有效地组合成分子轨道。

③最大重叠原则：在对称性一致、能量相近的基础上，原子轨道重叠越大，越易形成分子轨道，即共价键越强。

（3）电子在分子轨道上的排布。分子中的所有电子属于整个分子，电子在分子轨道中的排布遵从原子轨道上电子排布的原则，即同样遵循能量最低原理、Pauli 不相容原理和 Hund 规则。如 H_2 分子轨道上电子的排布。

H_2 分子轨道图

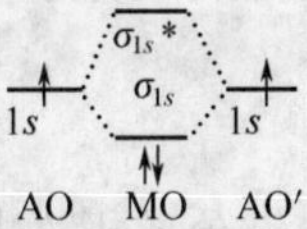

分子轨道式：$(\sigma_{1s})^2$

2 个电子填充在成键分子轨道中，H_2 分子能量低于两个 H 原子单独存在的能量。这个能量差，就是分子轨道理论中化学键的本质。可用键级表示分子中键的个数：

键级＝（成键轨道中电子数－反键轨道中电子数）/2＝1

(4) 每个分子轨道都有相应的能量和图像。

(5) 根据原子轨道的重叠方式和形成的分子轨道的对称性不同，可将分子轨道分为 σ 分子轨道和 π 分子轨道。

3) 分子轨道的形成和类型：分子轨道是由原子轨道重叠而成，重叠方式有 $ns-ns$、$ns-np_x$、$np-np$、$p-d$、$d-d$ 重叠，$p-d$、$d-d$ 这类重叠一般出现在过渡金属化合物和一些含氧酸中。$ns-ns$、$ns-np_x$、np_x-np_x 等重叠形成 σ 键，其余重叠形成 π 键。

4) 第二周期同核双原子分子的分子轨道能级图：第二周期元素的原子各有 5 个原子轨道（$1s$ $2s$ $2p$），在形成同核双原子分子时按组成分子轨道的三个原则可组成 10 个分子轨道。有下列两种轨道能级顺序。

(1) O_2 和 F_2 的分子轨道能级排列顺序：$\sigma_{1s}<\sigma_{1s}^*<\sigma_{2s}<\sigma_{2s}^*<\sigma_{2p_x}<\pi_{2p_y}=\pi_{2p_z}<(\pi_{2p_y}^*=\pi_{2p_z}^*)<\sigma_{2p_x}^*$

O、F 原子，$2s$ 和 $2p$ 轨道间能量差较大，仅发生 $s-s$、$p-p$ 重叠，无需考虑 $2s$ 和 $2p_x$ 轨道之间的相互作用。

(2) Li_2、Be_2、B_2、C_2、N_2：分子轨道能级排列顺序：$\sigma_{1s}<\sigma_{1s}^*<\sigma_{2s}<\sigma_{2s}^*<\pi_{2p_y}=\pi_{2p_z}<\sigma_{2p_x}<\pi_{2p_y}^*=\pi_{2p_z}^*<\sigma_{2p_x}^*$

B、C、N 原子，$2s$ 和 $2p$ 轨道间能量差小，不仅会发生 s-s、p-p 重叠，还必须考虑 $2s$ 和 $2p_x$ 轨道之间的相互作用。

电子遵循分子轨道中电子排布三大原则进入分子轨道：如 O_2 和 N_2。

$2O(1s^2,2s^22p^4)\rightarrow O_2[KK(\sigma_{2s})^2(\sigma_{2s}^*)^2(\pi_{2p_x})^2(\pi_{2p_y})^2(\pi_{2p_z})^2(\pi_{2p_y}^*)^1(\pi_{2p_z}^*)^1]$

$2N(1s^2,2s^22p^3)\rightarrow N_2[KK(\sigma_{2s})^2(\sigma_{2s}^*)^2(\pi_{2p_y})^2(\pi_{2p_z})^2(\sigma_{2p_x})^2]$

从分子轨道结构式可知在 O_2 分子中形成了 1 个 σ 键，2 个三电子 π 键，其键级等于 2。在 π 反键轨道上有 2 个单电子，故 O_2 分子有顺磁性。N_2 分子中形成了 1 个 σ 键，2 个 π 键，其键级等于 3，无磁性。N_2 分子比 O_2 分子稳定。O_2 分子是化学反应的积极参与者。

5. 键参数

能表征化学键性质的物理量称为键参数。键参数包括键级、键能、键长、键角等。

键级＝（成键轨道中的电子总数－反键轨道中的电子总数）/2。键级越大，键越牢固，分子越稳定。

键能是指 p＝100kpa 和 T＝298K 下将 1mol 气态分子拆成气态原子时，每个键所需能量的平均值。是从能量因素来衡量共价键强度的物理量。

键长是分子中两个成键的原子核之间的平均距离。一般说来，两原子之间所形成的键越短，表示键越强，越稳定。

键角是分子中两个键之间的夹角。键角是反映分子空间结构的重要因素之一。

（三）键的极性与分子的极性

1. 键的极性

根据成键原子电负性的不同，可将共价键分成极性共价键和非极性共价键。

用键矩 μ 来衡量共价键极性的大小。

定性比较不同键的极性，可用成键两元素的电负性差值来判断。在极性共价键中，成键两元素电负性差值越大，键的极性也越大。

2. 分子的极性和偶极矩

1）极性分子和非极性分子：根据分子中正、负电荷重心是否重合，可将分子分为极性分子和非极性分子。正、负电荷重心重合的分子是非极性分子；不重合的是极性分子。

2）偶极矩：分子极性的大小用偶极矩量度。它等于正、负电荷重心距离(d)和正电荷重心或负电荷重心上的电量(q)的乘积：$\mu=q\cdot d$

偶极矩 μ 值越大，分子的极性越大；偶极矩 $\mu=0$，则为非极性分子。

近似判断分子极性的方法：

(1) 由非极性键组成的单质分子（O_3 除外）为非极性分子，如 O_2、N_2 等。

(2) 由极性键组成的双原子分子为极性分子，如 HCl 等。

(3) 由极性键组成的多原子分子，分子的极性不仅与键的极性有关，还与分子的空间构型有关。若分子的空间结构对称，各极性键的极性互相抵消，则分子的偶极矩 $\mu=0$，为非极性分子；若分子的几何构型不能使各化学键的极性抵消，为极性分子。

（四）分子间的作用力与氢键

1. 分子间的作用力

分子间存在着一种只有化学键键能的 1/10～1/100 的弱的作用力，称 Van der Waals 力。按作用力产生的原因和特性，可分为取向力、诱导力和色散力三种。

1）取向力：极性分子间靠永久偶极产生的相互作用力称为取向力。分子的极性愈强，取向力愈大。

2）诱导力：非极性分子受极性分子电场的影响，产生诱导偶极，诱导偶极和极性分子的固有偶极相互吸引所产生的作用力称为诱导力。

3）色散力：分子间由于瞬时偶极而产生的作用力称为色散力。

色散力的大小主要与相互作用分子的变形性有关。一般说来，分子体积越大，其变形性也就越大，分子间的色散力就越大。

取向力只存在于极性分子之间；诱导力存在于极性分子和非极性分子之间，也存在于极性分子和极性分子之间；色散力普遍存在于各类分子之间。对于大多数分子来说，色散力在分子间力中占主要地位，只有当分子间的极性很大时，取向力才比较显著。

分子间力主要影响物质的物理性质，一般说来，结构相似的同系列物质相对分子质量越大，分子变形性就越大，分子间力越强，物质的熔点、沸点也就越高。

2. 氢键

1）氢原子和另一电负性大、半径较小且具有孤电子对的原子(F、O、N 等)之间的静电吸引力叫氢键。

氢键通常可用通式 X—H…Y 表示，X 和 Y 代表 F、O、N 等电负性大、原子半径小且含孤对电子的非金属元素的原子。

2）氢键的特点：氢键具有方向性和饱和性。

3）氢键的类型：可分为分子内氢键和分子间氢键两种类型。

氢键的键能一般在十几至几十个 $kJ \cdot moL^{-1}$，比共价键的键能小得多，与分子间作用力数量级较为接近，因此通常认为氢键属于分子间力范畴。

4）氢键的强弱：氢键的强弱与电负性强弱有关，一般来说，H—F＞H—O＞H—N。

5）氢键对化合物性质的影响

（1）对熔、沸点的影响：形成分子间氢键时，会使化合物的熔、沸点显著升高，所以 HF、H_2O、NH_3 分子的沸点比同族元素的氢化物显著升高。

分子内氢键常使其比同类化合物的熔点、沸点降低。

（2）对溶解度影响：如果溶质和溶剂分子之间可以形成氢键，则溶解度大。如 NH_3、HF 在水中的溶解度很大。

溶质分子如果形成分子内氢键，在极性溶剂中的溶解度降低，而在非极性溶剂中的溶解度增大。

（五）离子的极化

离子作为带电微粒，自身又可以起电场作用，还使其他离子变形，离子这种能力称为极化能力。故离子有二重性：极化作用和变形性。

1．离子极化的定义

离子在外电场影响下，产生诱导偶极矩的现象叫离子的极化。

2．离子的极化作用

离子使异号离子极化而变形的作用称为该离子的极化作用。

1）离子的电荷：阳离子的电荷越多，极化作用越强。

2）离子的半径：离子的半径越小，极化作用越强。

3）当离子的电荷相同、离子半径相近时，离子的电子构型对离子的极化能力起决定性作用。

极化作用的强弱次序是：

(18＋2)、2 和 18 电子型离子＞(9～17)电子型离子＞8 电子型离子。

(Li^+、Ag^+、Pb^{2+}，Zn^{2+}、Hg^{2+})　　(Fe^{2+}、Mn^{2+})　　(Mg^{2+}、Ca^{2+})

3．离子的变形性

离子受外电场影响发生变形，产生诱导偶极矩的现象叫离子的变形，影响离子变形性的主要因素如下：

1）阳离子电荷越小，半径越大，变形性越大。

2）阴离子电荷越多，半径越大，变形性越大。

3）电荷和半径相近时，变形性与离子的电子层构型有关。变形性大小顺序是：

(18＋2)、2 和 18 电子型离子＞(9～17)电子型离子＞8 电子型离子综合考虑，变形大的离子有 Ag^+、Pb^{2+}、Hg^{2+}、S^{2-} 等，变形小的离子有 Be^{2+}、Al^{3+}、Si^{4+}、SO_4^{2-}（复杂阴离子变形性小）等。

4. 相互极化作用（或附加极化作用）

讨论离子间的极化时，往往着重的是阳离子的极化作用及阴离子的变形性。如果阳离子是 18 或(18+2)、2 电子构型时，阳离子的变形性较大，也能被阴离子极化而变形，阳离子变形后又反过来加强了对阴离子的极化作用。它们相互影响的结果，使阳、阴离子的极化程度都显著增大，这种加强的极化作用称为附加极化作用。

5. 离子极化对键型和化合物性质的影响

1）离子极化对键型的影响。当阳离子和阴离子相互结合形成离子晶体时，如果相互间无极化作用，则形成的化学键应是纯粹的离子键。

当极化能力强、变形性大的阳离子和变形性大的阴离子接近时，发生极化现象，使阴阳离子的电子云变形，原子轨道重叠的程度增大，键长缩短，从而使化学键从离子键过渡到共价键。

2）离子极化对化合物的熔点、沸点的影响。由于离子极化作用的结果，化合物相应由离子型向共价型过渡，其熔点、沸点也随共价成分的增多而降低。

3）离子极化对无机化合物溶解度的影响。由于离子的极化作用，使键的极性减小的共价型化合物则难溶于水，溶解度减小。

4）离子极化使无机化合物颜色变深。

5）离子极化使化合物稳定性下降。

6. 化学键的离子性

Pauling 提出，用单键离子性的百分数来表示键的离子性和共价性的相对大小。键的离子性百分数大小由成键两原子电负性差值(ΔX)决定，两元素电负性差值越大，它们之间键的离子性也就越大。

三、疑难辨析

（一）典型例题分析

【例 8-1】 BF_3 的几何构型为平面三角形，而 NF_3 却是三角锥形，试用杂化轨道理论加以说明。

解： B 原子是 BF_3 分子的中心原子，其价电子层构型为 $2s^22p^1$。当它与 F 原子化合形成 BF_3 时，1 个 $2s$ 电子被激发到 $2p$ 轨道中，并通过 sp^2 等性杂化形成 3 个能量相等的 sp^2 杂化轨道。每个杂化轨道中排布一个单电子，杂化轨道之间的夹角为 120°。B 原子用 3 个各排布一个单电子的 sp^2 等性杂化轨道分别与 3 个 F 原子中自旋量子数不同、且未成对电子的 $2p$ 轨道以“头碰头”的方式重叠而形成 3 个 $sp^2-p\ \sigma$ 键，键角为 120°。所以，BF_3 的几何构型为平面三角形。

N 原子是 NF_3 分子的中心原子，其价电子层构型为 $2s^22p^3$。当它与 F 原子化合形成 NF_3 时，经 sp^3 不等性杂化而形成 4 个 sp^3 不等性杂化轨道，其中有一个杂化轨道能量稍低，排布 1 对孤对电子。另外 3 个杂化轨道能量稍高，每个轨道中仅排布一个单电子。N 原子用这 3 个能量相等，各排布一个单电子的 sp^3 杂化轨道分别与 3 个 F 原子含有与其自旋相反的未成对电子的 $2p$ 轨道以“头碰头”的方式重叠形成 3 个 $sp^3-p\ \sigma$ 键。由于 sp^3 不等性杂化轨道在空间的分布不均衡，含 1 对孤对电子的轨道能量较低，离核稍近，致使 $sp^3-p\ \sigma$ 键间的夹角小于 109°28′（实为 102°30′）。所以，NF_3 的几何构型为三角锥形。

【解题思路】 从杂化轨道理论的基本要点以及等性杂化和不等性杂化来考虑。

【例 8-2】 根据价层电子对互斥理论推断下列分子或离子的几何构型。

CCl_4　　BO_3^{3-}　　SO_3^{2-}　　XeF_4

解： 在 CCl_4 分子中，中心原子 C 的价电子层中有 4 对电子。根据价层电子对互斥理论可推知，CCl_4 的几何构型为正四面体形。C 原子位于正四面体的中心，4 个 Cl 原子分别位于正四面体的 4 个顶点上。

在 BO_3^{3-} 离子中，B 原子是中心原子，其价电子层中有 6 个电子（其中 3 个是从外界获得的），即 3 对电子，据此可知，BO_3^{3-} 离子的几何构型为正三角形。

在 SO_3^{2-} 离子中，S 原子是中心原子，其价电子层中有 4 对电子（其中 2 个是从外界获得的），据此可知，SO_3^{2-} 离子的几何构型为三角锥形，S 原子位于锥顶，3 个 O 原子分别位于锥底三角形的三个角上。由于孤对效应，夹角小于 109°28′。

在 XeF_4 分子中，Xe 原子是中心原子，其价电子层中有 6 对电子（4 个键对，2 个孤对）。根据价层电子对互斥理论可推知，XeF_4 分子的几何构型为正方形。

【解题思路】 由价层电子对互斥理论计算出电子对数，根据孤电子对数和成键电子对数判断分子的空间构型。

【例 8-3】 实验证明，N_2 的键能大于 N_2^+ 的键能，而 O_2 的键能却小于 O_2^+ 的键能，试用分子轨道理论解释之。

解： N_2 分子的分子轨道表示式为：

$$N_2[(\sigma_{1s})^2(\sigma_{1s}^*)^2(\sigma_{2s})^2(\sigma_{2s}^*)^2(\pi_{2p_y})^2(\pi_{2p_z})^2(\sigma_{2p_x})^2]$$

由 N_2 的分子轨道表示式可知，两个 N 原子之间有 1 个 σ 键和 2 个 π 键。

N_2 的分子结构式：N≡N

N_2 的键级为：(8－2)/2＝3

N_2^+ 离子的分子轨道表示式和 N_2 的分子轨道表示式相似，不同之点在于 σ_{2p} 轨道中只有一个电子。N_2^+ 离子的分子轨道表示式为：

$$N_2^+[(\sigma_{1s})^2(\sigma_{1s}^*)^2(\sigma_{2s})^2(\sigma_{2s}^*)^2(\pi_{2p_y})^2(\pi_{2p_z})^2(\sigma_{2p_x})^1]$$

由 N_2^+ 的分子轨道表示式可知，两个 N 原子之间有 2 个 π 键和 1 个单电子 σ 键：

$$[N\equiv N]^+$$

N_2^+ 的键级为：(7－2)/2＝2.5

由 N_2^+ 离子和 N_2 的键级可以看出，N_2 的稳定性比 N_2^+ 强，破坏 N_2 中的 N—N 键需要消耗的能量比破坏 N_2^+ 中的 N—N 键需要消耗的能量多，即 N_2 的键能大于 N_2^+ 的键能。

O_2 分子的分子轨道表示式为：

$$O_2[(\sigma_{1s})^2(\sigma_{1s}^*)^2(\sigma_{2s})^2(\sigma_{2s}^*)^2(\sigma_{2p_x})^2(\pi_{2p_y})^2(\pi_{2p_z})^2(\pi_{2p_y}^*)^1(\pi_{2p_z}^*)^1]$$

在 O_2 的分子中，两个 O 原子之间有 1 个 σ 键和 2 个三电子 π 键。

O_2 的分子结构式：　$O\overset{\cdot\cdot\cdot}{\underset{\cdot\cdot\cdot}{\text{——}}}O$

O_2 分子的键级为：(8−4)/2＝2。

O_2^+ 的分子轨道表示式为：

$$O_2^+[(\sigma_{1s})^2(\sigma_{1s}^*)^2(\sigma_{2s})^2(\sigma_{2s}^*)^2(\sigma_{2p_x})^2(\pi_{2p_y})^2(\pi_{2p_z})^2(\pi_{2p_y}^*)^1]$$

在 O_2^+ 离子中，两个 O 原子之间有 1 个 σ 键、1 个 π 键和 1 个三电子 π 键：

$$O\underset{\cdot\cdot\cdot}{=\!=}O$$

其键级为(8−3)/2＝2.5

由 O_2^+ 离子和 O_2 的键级可以看出，O_2 的稳定性要比 O_2^+ 弱，破坏 O_2 中的 O—O 键需要消耗的能量比破坏 O_2^+ 中的 O—O 键需要消耗的能量要少，即 O_2 的键能要小于 O_2^+ 的键能。

【解题思路】键能和键级都可用来表示键的牢固程度。对于用同种原子所形成的键来说，键能的大小和键级的高低成正比。键级的高低可以用分子轨道理论求出。

（二）考点分析

本章的考点：

1. 离子键、共价键、σ 键、π 键、分子间作用力、氢键。
2. 价键理论、杂化轨道理论、价层电子对互斥理论、分子轨道理论、离子极化理论。
3. 分子的极性和键的极性。

【例 8-4】 以 O_2 和 N_2 分子结构为列，说明两种共价键理论的主要论点，比较 O_2 和 N_2 分子的稳定性和磁性。

解：O_2 中 O：$1s^2 2s^2 2p_x{}^1 2p_z{}^1 2p_y{}^2$

VB 法：两个 O 各以一个 $2p_x$ 电子（自旋反向）配对形成 σ 键（头碰头重叠），然后各以一个垂直于 σ 键轴的 $2p_z$ 电子"肩并肩"地重叠形成一个 π 键，O_2 中无单电子存在，抗磁性。

MO 法：　$O_2[KK(\sigma_{2s})^2(\sigma_{2s}^*)^2(\sigma_{2p_x})^2(\pi_{2p_y})^2(\pi_{2p_z})^2(\pi_{2p_y}^*)^1(\pi_{2p_z}^*)^1]$

故 O_2 中有一个 σ 键$(\sigma_{2p})^2$ 和两个三电子 π 键$[(\pi_{2p_y})^2(\pi_{2p_y}^*)^1$ 与$(\pi_{2p_z})^2(\pi_{2p_z}^*)^1$ 分别形成]，$O\overset{\cdot\cdot\cdot}{\underset{\cdot\cdot\cdot}{\text{——}}}O$。

O_2 的键级为 2，有磁性。

N_2 中 N：$1s^2 2s^2 2p_x{}^1 2p_y{}^1 2p_z{}^1$

VB 法：N_2 中两个 N_2 各以一个 $2p_x$ 电子（头碰头重叠、自旋反向）形成一个 σ 键，然后分别各以一个 $2p_y$ 和各以一个 $2p_z$ 电子形成两个 π 键，N_2 中无单电子存在，抗磁性。

MO 法：$N_2[KK(\sigma_{2s})^2(\sigma_{2s}^*)^2(\pi_{2p_y})^2(\pi_{2p_z})^2(\sigma_{2p_x})^2]$，故 N_2 中有一个 σ 键(σ_{2p_x})和两个 π 键$[(\pi_{2p_y})(\pi_{2p_z})]$，N≡N。

N_2 的键级为 3，无磁性。

由键级的大小可知：N_2 比 O_2 稳定。

考点：VB 法、MO 法。

【例 8-5】 某化合物的分子由原子序数为 6 的一个原子和原子序数为 8 的两个原子组成。

这两种元素应在周期表的哪一周期？哪一族？他们形成的化学键是共价型还是离子型？键是否有极性？分子（为直线型）是否有极性？

解：这两种元素分别为碳元素$_6C$和氧元素$_8O$，在周期表中位置分别为第二周期第ⅣA族和第二周期第ⅣA族，形成的化合物为CO_2，CO_2分子是由极性共价型形成的非极性分子，为直线型。

$$C：2s^2 2p_x^1 2p_y^1 2p_z \xrightarrow{激发} 2s^1 2p_x^1 2p_y^1 2p_z^1$$

$$O：2s^2 2p_x^2 2p_y^2 2p_z^1 \text{ 或 } 2s^2 2p_x^1 2p_y^1 2p_z^2$$

激发态的C原子以sp杂化，C原子的两个有成单电子的sp杂化轨道分别与两个自旋反向的O的成单电子$2p_x$轨道重叠形成两个σ键。C原子的$2p_y^1 2p_z^1$再分别与两个自旋反向的O的成单电子$2p_y^1 2p_z^1$轨道重叠电子自旋反向配对，形成两个π键。分子构型为：O=C=O。

考点：杂化轨道理论和分子的极性。

【例 8-6】 下列分子哪些是非极性的，哪些是极性的？根据偶极矩的数据，指出分子的极性和空间构型的关系。

$BeCl_2$　BCl_3　H_2S　HCl　CCl_4　$CHCl_3$

解：

分子	$BeCl_2$	BCl_3	H_2S	HCl	CCl_4	$CHCl_3$
偶极矩（μ）	0	0	3.67	3.57	0	3.50
极性或非极性	非极性	非极性	极性	极性	非极性	极性
空间构型	直线形	平面三角形	角形（V形）	直线形	正四面体	四面体

考点：分子的极性和空间构型的判断。

【例 8-7】 说明下列每组分子之间存在着什么形式的分子间作用力（取向力、诱导力、色散力、氢键）？

(1)苯和CCl_4　(2)甲醇和水　(3)HBr气体　(4)He和水　(5)NaCl和水

解：(1) 苯C_6H_6与CCl_4为非极性分子之间：色散力。

(2) 甲醇CH_3OH与水：为极性分子与极性分子之间：取向力、诱导力、色散力，此外尚存在氢键。

(3) HBr气体：为极性分子和极性分子之间：取向力、诱导力、色散力。

(4) He和水：为极性分子和非极性分子之间：诱导力、色散力。

(5) NaCl和水：取向力、诱导力、色散力。

考点：分子间作用力。

【例 8-8】 某化合物的分子组成是XY_4，已知X、Y原子序数为32、17。

(1) X、Y两元素电负性为2.02、2.83，判断X与Y之间的化学键的极性。

(2) 该化合物的空间结构、杂化类型和分子的极性。

(3) 该化合物在常温下为液体，问该化合物分子间作用力是什么？

(4) 若该化合物与$SiCl_4$比较，其熔沸点何者高？

解：32 号元素为 Ge，17 号元素为 Cl。

XY_4：$GeCl_4$，Ge 取 sp^3 杂化，分子构型为正四面体，无极性，分子之间只存在色散力。

$GeCl_4$ 较 $SiCl_4$ 分子量大，分子间作用力大，故熔沸点高。

考点：分子间作用力、分子的极性与结构判断。

【例 8-9】 指出下列各组化合物中，哪一个化合物的化学键极性最小？哪一个化学键极性最大？

①NaCl　$MgCl_2$　$AlCl_3$　$SiCl_4$　PCl_5　SCl_6

②LiF　NaF　KF　RbF　CsF

③AgF　AgCl　AgBr　AgI

解：①NaCl　$MgCl_2$　$AlCl_3$　$SiCl_4$　PCl_5　SCl_6

从左→右，电负性 ΔX 减小，键的极性减弱，SCl_6 极性最小，NaCl 极性最大。

②LiF　NaF　KF　RbF　CsF

从左→右，电负性 ΔX 增大，键的极性增强，LiF 极性最小，CsF 极性最大。

③AgF　AgCl　AgBr　AgI

从左→右，电负性 ΔX 减小，键的极性减弱，AgI 极性最小，AgF 极性最大。

考点：键的极性与电负性的关系。

四、补充习题

(一) 是非题

1. p 轨道肩并肩异号重叠，则是对称性不匹配。(　　)

2. 原子轨道之所以要杂化，是因为可以增加成键能力。(　　)

3. HCHO 分子中存在 3 个 σ 键，1 个 π 键。(　　)

4. 在 Na^+、Ca^{2+}、Zn^{2+} 等阳离子中，极化能力最大的是 Na^+，极化能力最小的是 Zn^{2+}。(　　)

5. 元素的基态原子有几个单电子，就只能形成几个共价键。(　　)

6. 所有正四面体的分子都是非极性分子。(　　)

7. 一般来说，σ 键比 π 键的键能大。(　　)

8. 现代价键理论认为，当两个原子接近时，原子中的单电子可以配对形成稳定的共价键。(　　)

9. 三电子键也可称为三键。(　　)

10. 结构相似的同系列物质的分子量越大，Van der Waals 力也越大，则沸点越高。(　　)

(二) 选择题

1. 单选题

(1) 下列说法错误的是(　　)

A. 化学键中，没有百分之百的离子键，也没有百分之百的共价键

B. 原子间电子云密度大的区域对两核吸引所形成的化学键叫共价键

C. 离子键有方向性和饱和性

D. 晶体中的微粒在三维空间有规则地排列，并具有一定的几何形状叫晶格

(2) 下列分子或离子具有顺磁性的是(　　)

A. N_2　　B. O_2　　C. F_2　　D. O_2^{2-}

(3) 溴水中，溴分子与水分子之间存在的作用力是(　　)

A. 取向力和诱导力　　B. 诱导力和色散力

C. 取向力　　D. 取向力和色散力

(4) 从键级大小来看，下列分子或离子中最稳定的是(　　)

A. H_2　　B. O_2　　C. O_2^-　　D. N_2

(5) 下列各化学键中，极性最小的是(　　)

A. O—F　　B. H—F　　C. C—F　　D. Na—F

(6) 下列分子中偶极矩等于零的是(　　)

A. $CHCl_3$　　B. H_2S　　C. NH_3　　D. CCl_4

(7) 下列分子或离子中，中心原子的最外层不含孤对电子的是(　　)

A. H_3O^+　　B. NH_3　　C. CCl_4　　D. H_2S

(8) 下列分子或离子中，具有反磁性的是(　　)

A. B_2　　B. O_2　　C. H_2^+　　D. N_2

(9) 按分子轨道理论，下列分子或离子中，键级最大的是(　　)

A. O_2^+　　B. O_2^{2+}　　C. O_2　　D. O_2^-

(10) 下列分子中，其形状不是直线形的是(　　)

A. CO　　B. CO_2　　C. $HgCl_2$　　D. H_2O

(11) 在下列各组分子中，分子之间只存在色散力的是(　　)

A. C_6H_6 和 CCl_4　　B. HCl 和 N_2　　C. NH_3 和 H_2O　　D. HCl 和 HF

2. 多选题

(1) 下列化合物中，属于离子型化合物的是(　　)

A. AgF　　B. AgCl　　C. $CaCl_2$　　D. HgO

(2) 下列化合物中没有氢键的是(　　)

A. C_2H_4　　B. NH_3　　C. HF　　D. CH_3Cl

(3) 下列离子中几何构型为三角锥型的是(　　)

A. ClO_2^-　　B. ClO_3^-　　C. ClO_4^-　　D. NH_3

(4) 下列分子或离子中中心原子属于 sp^2 杂化的是(　　)

A. NH_2^-　　B. H_2O　　C. BH_3　　D. SO_2

E. $CH_2=CH_2$

(5) 下列各组分子中，分子之间仅存在诱导力和色散力的是(　　)

A. C_6H_6 和 $CHCl_3$　　B. CS_2 和 N_2

C. NH_3 和 H_2O　　D. CO_2 和 HBr

E. $BeCl_2$ 和 SO_2

（三）填空题

1. HC≡CH 分子中存在________个 σ 键，________个 π 键。

2. NH_3 的中心原子是________，其价层电子对数是________对，孤对电子为________对，电子对在空间的构型为________形，由此可判断出中心原子采用________杂化。

3. p 轨道肩并肩异号重叠，则是对称性________，组合成的分子轨道为________。

4. 由于极化作用使化学键由________向________过渡，化合物溶解度________，稳定性和熔点________。

5. H_2O、H_2S、H_2Se、H_2Te 四种氢化物的沸点高低顺序为________，H_2O 分子间存在的作用力是________。

6. 根据价层电子对互斥理论，PO_4^{3-} 离子共有________对价层电子对，离子的空间构型为________，中心离子采用的杂化方式为________。

7. $COCl_2$（$\angle ClCCl = 120°$，$\angle OCCl = 120°$）中心原子的杂化轨道类型是________，该分子中 σ 键有________个，π 键有________个。

8. HgS 的颜色比 ZnS 的________，因为________。

9. NH_4^+ 离子中的中心原子采取了_________杂化；$BeCl_2$ 分子中的中心原子采取了_________杂化。

（四）简答题

1. 共价键为什么具有饱和性和方向性？

2. 下列离子分别属于何种电子构型？

Be^{2+} Fe^{3+} Cr^{3+} Fe^{2+} Hg^{2+} Ag^{+} Zn^{2+} Bi^{3+} Pb^{2+} Ti^{+} Li^{+} S^{2-} Br^{-} Sn^{4+}

3. 乙醇和二甲醚组成相同，但乙醇的沸点比二甲醚的沸点高，为什么？

4. 已知 NO_2、CS_2、SO_2 分子的键角分别为 132°、180°、120°，试推测它们的中心原子的轨道杂化的方式。

5. 为了有效地组成分子轨道，参与组合的原子轨道必须满足哪些条件？

6. 试用离子极化的观点，解释下列现象：

（1）AgF 易溶于水，AgCl、AgBr、AgI 难溶于水，且溶解度依次减小。

（2）AgCl、AgBr、AgI 的颜色依次加深。

7. 下列说法是否正确？说明原因。

（1）任何原子轨道都能有效地组合成分子轨道。

（2）凡是中心原子采用 sp^3 杂化轨道成键的分子，其空间构型必定是四面体。

（3）非极性分子中一定不含极性键。

（4）直线形分子一定是非极性分子。

（5）非金属单质的分子之间只存在色散力。

五、补充习题参考答案

(一) 是非题

1. × 2. √ 3. √ 4. × 5. ×

6. √ 7. √ 8. × 9. × 10. √

(二) 选择题

1. 单选题

(1) C (2) B (3) B (4) D (5) A (6) D

(7) C (8) D (9) B (10) D (11) A

2. 多选题

(1) AC (2) AD (3) BD (4) CDE (5) ADE

(三) 填空题

1. 3；2
2. N；4；1；四面体；三角锥；sp^3 不等性
3. 不匹配；反键分子轨道
4. 离子键；共价键；减小；降低
5. $H_2O>H_2Te>H_2Se>H_2S$；色散力、诱导力、取向力、氢键
6. 4；正四面体；sp^3 等性杂化
7. sp^2；3；1
8. 深；$r(Hg^{2+})>r(Zn^{2+})$，Hg^{2+}与S^{2-}间相互极化作用强使颜色加深
9. sp^3 不等性，sp 等性

(四) 简答题

1. **答**：共价键是由成键原子的最外层原子轨道相互重叠而形成的。原子轨道在空间有一定的伸展方向，除了 s 轨道呈球形对称外，p、d、f 轨道都有一定的空间伸展方向。为了形成稳定的共价键，原子轨道只有沿着某一特定方向才能达到最大程度的重叠，即共价键只能沿着某一特定的方向形成。因此共价键具有方向性。根据泡利不相容原理，一个轨道中最多只能容纳两个自旋方向相反的电子。因此，一个原子中有几个单电子，就可以与几个自旋相反的单电子配对成键，因此，共价键具有饱和性。

2. **答**：Be^{2+}、Li^+属 2 电子构型。

S^{2-}、Br^-属 8 电子构型。

Ag^+、Zn^{2+}、Sn^{4+}、Hg^{2+}属 18 电子构型。

Ti^+、Fe^{3+}、Cr^{3+}、Fe^{2+}属 9～17 电子构型。

Bi^{3+}、Pb^{2+}属 18＋2 电子构型。

3. **答**：乙醇和二甲醚分子都是极性分子，分子间都存在取向力、诱导力和色散力，由于两者的形成相同，因此 Van der Waals 力相近。但乙醇分子中含有羟基(—OH)，能形成分子间氢键；而二甲醚分子中虽然也有氧原子和氢原子，但氢原子没有和氧原子直接结合，不能形成氢键。由于氢键的形成，使乙醇分子之间的相互作用力比二甲醚分子之间的相互作

用力大，因此乙醇的沸点比二甲醚的沸点高。

4. **答**：NO_2 分子的键角为 132°，接近 120°，故 N 原子采取 sp^2 杂化。

CS_2 分子的键角为 180°，故 C 原子采取 sp 杂化。

SO_2 分子的键角为 120°，故 S 原子采取 sp^2 杂化。

5. **答**：为了有效地组成分子轨道，参与组合的原子轨道必须满足：

(1) 对称性匹配原则：只有对称性匹配的原子轨道才能组合成分子轨道。

(2) 能量近似原则：在对称性匹配的原子轨道中，只有能量相近的原子轨道才能组合成有效的分子轨道，而且能量愈相近愈好。

(3) 轨道最大重叠原则：对称性匹配的两个原子轨道进行线性组合时，其重叠程度愈大，则组合成的分子轨道的能量愈低，所形成的化学键愈牢固。

6. **答**：(1) Ag^+ 为 18 电子构型，其极化能力和变形性都很强。由 F^- 到 I^-，离子半径依次增大，离子的变形性依次增强，因此，由 AgF 到 AgI，阴、阳离子之间的相互极化作用依次增强，极性减弱，共价成分依次增大。由于 F^- 半径小，因此变形性小，AgF 为离子型化合物，易溶于水。而 AgCl、AgBr、AgI 为共价型化合物，极性依次减弱，因此难溶于水，并且溶解度依次减小。

(2) 在卤化银中，极化作用越强，卤化银的颜色越深。由于极化作用按 AgCl、AgBr、AgI 的顺序依次增强，因此 AgCl、AgBr、AgI 的颜色依次加深。

7. **答**：(1) 不正确。只有那些满足对称性匹配原则、能量相近原则和最大重叠原则的原子轨道才能有效地组合成分子轨道。

(2) 不正确。当中心原子用 4 个 sp^3 杂化轨道分别与 4 个相同原子键合时，形成的分子的构型是正四面体，当中心原子用 4 个 sp^3 杂化轨道分别与 4 个不同的原子形成的分子的构型为四面体，但不是正四面体。而当中心原子的 1 对孤对电子占据 sp^3 杂化轨道，中心原子与 3 个其他原子形成的分子构型为三角锥型；若中心原子的 2 对孤对电子分占 2 个 sp^3 杂化轨道，中心原子与 2 个其他原子形成的分子构型为角型。

(3) 不正确。含有极性键结构完全对称的分子也是非极性分子。

(4) 不正确。结构对称的直线型分子和由相同原子所形成的双原子分子是非极性分子。而由不同原子所形成的双原子分子为极性分子。

(5) 正确。非金属单质分子是非极性分子，分子间的作用力通常为色散力。

第九章 配位化合物

一、教学大纲要求

★掌握配位化合物的基本概念、定义、组成、命名。

★掌握配位平衡和稳定常数的意义，配位平衡与其他平衡的关系及有关计算。

▲熟悉配位化合物价键理论和晶体场理论的基本内容。

●了解配位化合物的类型。

二、重点内容

(一) 基本概念

1. 配位化合物的定义

配位化合物是由一定数目的配体和中心原子以配位键结合形成的化合物。

2. 配合物的组成

中心原子：具有空轨道可以接受孤对电子的原子或离子，又称配合物的形成体。

配位体或配体：可以给出孤对电子的分子或离子。只以一个配位原子和中心原子配位的配体称单基(齿)配体；有两个或两个以上的配位原子同时跟一个中心原子配位的配体称多基(齿)配体，如乙二胺 $NH_2—CH_2—CH_2—NH_2$、草酸根 $C_2O_4^{2-}$、EDTA 等。

配位原子：配体中直接和中心原子键合的原子。

配位数：直接和中心原子键合的配位原子的数目。单基配体配位数为配体个数，多基配体配位数为配体个数乘以齿数。

配离子的电荷：中心原子和配体两者电荷的代数和。

3. 配合物的命名

配合物的命名服从一般无机化合物的命名原则，它比无机化合物命名更复杂的地方在于配合物的内界。

内界与外界：通常是负离子在前，正离子在后，称之为某酸某或某化某，若外界为氢离子称为某酸。

内界的命名顺序：配体数⟶配体名称⟶合⟶中心原子名称⟶中心原子的氧化值。配体名称前用汉字一、二、三等表示配体数目，在中心原子后用罗马数字Ⅰ、Ⅱ、Ⅲ等加括号表示其氧化值，不同配体之间用中圆点“·”分开。

配体顺序：先无机后有机，先阴离子后中性分子。

4. 配位化合物的类型

简单配位化合物：由一个中心原子和若干个单齿配体形成的配合物。

螯合物：由一个中心原子和多齿配体形成的具有环状结构的配合物。螯合物具有特殊的稳定性，又称螯合效应。一般五原子环或六原子环比较稳定，而且环数越多越稳定。

多核配合物：含两个或两个以上中心离子(原子)的配合物。

(二) 配合物的化学键理论

1. 配合物的价键理论

价键理论的基本要点：中心原子和配体之间以配位键结合形成配合物。配体提供孤对电子，为电子对给予体；中心原子提供空轨道，进行杂化后来接受配体提供的孤对电子，是电子对接受体。两者之间轨道重叠而形成配位键，杂化轨道的数目等于配位数。杂化轨道的类型决定配合物的空间构型。

外轨型配合物：中心原子仅提供外层空轨道(如 $ns\ np\ nd$)杂化与配体结合形成的配合物。

内轨型配合物：中心原子提供内层空轨道 $(n-1)d$ 与外层空轨道($ns\ np$)进行杂化和配体结合形成的配合物。可通过测磁矩来判断配合物是内轨型或外轨型[磁矩：$\mu=\sqrt{n(n+2)}$(B. M.)，其中 n 为成单电子数]。

配离子的空间结构、配位数、稳定性等取决于杂化轨道的数目和类型。不同配位数对应的空间结构见表 9-1：

表 9-1　配离子的空间结构

配位数	空间构型	模型	杂化类型	实例
2	直线形		sp	$[Ag(NH_3)_2]^+$、$[Cu(CN)_2]^-$
3	平面三角	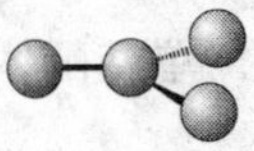	sp^2	$[HgI_3]^-$
4	四面体	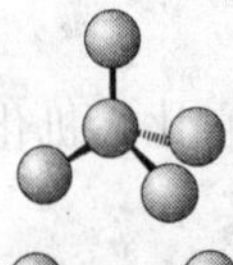	sp^3	$[Ni(Cl)_4]^{2-}$、$[Zn(NH_3)_4]^{2+}$
	平面四边形	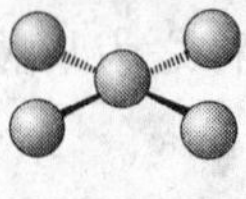	dsp^2	$[Ni(CN)_4]^{2-}$
5	三角双锥	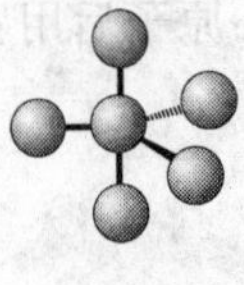	dsp^3	$[Fe(CO)_5]$

（续表）

配位数	空间构型	模型	杂化类型	实例
6	八面体	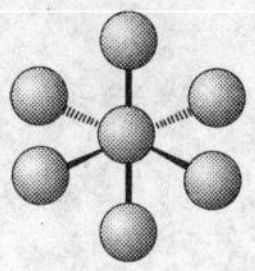	d^2sp^3（内轨型） sp^3d^2（外轨型）	$[Fe(CN)_6]^{4-}$、$[Co(NH_3)_6]^{3+}$ $[FeF_6]^{3-}$、$[Co(NH_3)_6]^{2+}$

配离子的几何异构：配离子的组成相同而配体的空间分布不同所产生的异构现象，称为顺式或反式异构体。

价键理论的应用：较好地说明了配合物的配位数与空间构型的关系；内、外轨杂化与配合物的稳定性；以及配合物的磁性等问题。

2. 配合物的晶体场理论

晶体场理论的基本要点：中心原子和配体之间以静电作用结合形成配合物；配体对金属离子的 d 轨道会产生斥力，使之发生能级分裂，一般会增加配合物的稳定性。

1）中心原子 d 轨道的能级分裂

①正八面体场中的能级分裂：$d_\gamma(d_{z^2}、d_{x^2-y^2})$和 $d_\varepsilon(d_{xy}、d_{xz}、d_{yz})$。

②四面体场中的能级分裂：$d_\varepsilon(d_{xy}、d_{xz}、d_{yz})$和 $d_\gamma(d_{z^2}、d_{x^2-y^2})$。

③平面四方形场中的能级分裂：五个简并 d 轨道分裂为不同能级的四组轨道。

2）晶体场分裂能

（1）分裂能的定义：d 轨道分裂后的最高能级和最低能级之间的能量差，以符号 Δ 表示（八面体场：$\Delta_o=10Dq$；四面体场：$\Delta_t=4.45Dq$；平面四边形场：$\Delta_s=17.42Dq$）。

（2）影响分裂能的因素

①空间构型与分裂能($\Delta_s>\Delta_o>\Delta_t$)；

②配体相同时，同种金属的离子电荷越高，Δ 值一般越大；

③配体和金属离子的电荷相同时，同族金属离子的 Δ 值自上而下增大；

④金属离子相同，配体不同时，Δ_o 按下列顺序变化，该顺序称为光谱化学序。$I^-<Br^-<S^-<Cl^-\approx \underline{S}CN^-<F^-<\underline{O}C(NH_2)_2<OH^-\approx \underline{O}NO^-<C_2O_4^{2-}<H_2O<\underline{N}CS^-<EDTA<py\approx NH_3<en<phen\approx \underline{N}O_2^-<CN^-\approx \underline{C}O$。下面画线的原子为与金属离子配位的原子。

3）成对能：当中心离子的一个轨道中已有一个电子占据时，要使第二个电子进入同一轨道并与第一个电子成对，必须克服电子间的相互排斥作用，所消耗的能量称为成对能，用符号 E_p 表示。

晶体场中 d 电子的排布：当 $E_p>\Delta_o$ 时，形成未成对电子数较多的 d 电子构型称为高自旋；当 $E_p<\Delta_o$ 时，形成未成对电子数较少的 d 电子构型称为低自旋。

4）晶体场稳定化能：在晶体场作用下，金属离子 d 轨道发生分裂，电子优先填充在较低能量的轨道上，体系的总能量往往比 d 轨道未分裂时降低，这种能量的降低称为晶体场稳定化能，用符号 E_c 表示。

晶体场理论的应用：可用于解释配合物的磁性、配离子的空间结构、配合物的颜色（$d-d$跃迁）。

（三）配位化合物的稳定性

1. 配位化合物的稳定常数

稳定常数：配离子的总生成反应的平衡常数，用 $K^{\ominus}_{稳}$ 表示。

$$M^{n+}+aL^{-1}=ML_a^{n-a}$$

$$K^{\ominus}_{稳}=\frac{c_{eq}(ML_a^{n-a})}{c_{eq}(M^{n+})\cdot[c_{eq}(L^{-1})]^a}$$

不稳定常数：配离子的总解离反应的平衡常数，用 $K^{\ominus}_{不稳}$ 表示。

$$K^{\ominus}_{不稳}=\frac{1}{K^{\ominus}_{稳}}$$

逐级稳定常数：每一步配离子生成反应的平衡常数，用 $K^{\ominus}_1$、$K^{\ominus}_2$、$K^{\ominus}_3$ 等表示。

$$M^{n+}+L^{-1}=ML^{n-1} \quad K^{\ominus}_1=\frac{c_{eq}(ML^{n-1})}{c_{eq}(M^{n+})\ c_{eq}(L^{-1})}$$

$$ML^{n-1}+L^{-1}=ML_2^{n-2} \quad K^{\ominus}_2=\frac{c_{eq}(ML_2^{n-2})}{c_{eq}(ML^{n-1})\ c_{eq}(L^{-1})}$$

$$ML_2^{n-2}+L^{-1}=ML_3^{n-3} \quad K^{\ominus}_3=\frac{c_{eq}(ML_3^{n-3})}{c_{eq}(ML_2^{n-2})\ c_{eq}(L^{-1})}$$

累积稳定常数：某一级配离子的总生成反应的平衡常数，用 $\beta^{\ominus}_1$、$\beta^{\ominus}_2$、$\beta^{\ominus}_3$、…、$\beta^{\ominus}_n$ 表示。

$$\beta^{\ominus}_n=K^{\ominus}_{稳}=K^{\ominus}_1K^{\ominus}_2\cdots K^{\ominus}_n$$

2. 影响配位化合物稳定性的因素

（1）中心原子的影响

①中心原子在周期表中的位置：过渡金属形成配合物的能力较强，其他元素特别是ⅠA、ⅡA族元素形成配合物的能力较弱。

②中心原子的半径和电荷：对于中心原子和配体之间主要以静电作用结合形成的配合物，在中心原子的价层电子构型相同时，中心原子的电荷越高，半径越小，形成的配合物越稳定，即 $K^{\ominus}_{稳}$ 越大。

③中心原子的电子层构型：电子层构型主要有8电子构型、18电子构型、(18+2)电子构型、9～17电子构型。对配合物稳定性的影响较复杂，主要需考虑配合物中的静电作用、共价作用。

（2）配位体的影响

①螯合效应：多齿配体与中心原子的成环作用使螯合物的稳定性比组成和结构相近的非螯合物的稳定性大得多。

②位阻效应和邻位效应：螯合剂的配位原子附近有体积较大的基团时，会对配合物的形成产生一定的阻碍作用，从而降低配合物的稳定性，称为位阻效应；配位原子的邻位基团产生的位阻效应特别显著，称为邻位效应。

3. 软硬酸碱规则与配离子稳定性

硬酸：接受电子对的原子氧化值高，极化作用弱，变形性小，没有易被激发的外层电子。

弱酸：接受电子对的原子氧化值低，极化作用强，变形性大，有易被激发的外层电子。

交界酸：介于硬酸和软酸之间。

硬碱：给出电子对的原子电负性高，变形性小，难于被氧化。

软碱：给出电子对的原子电负性低，变形性大，易被氧化。

交界碱：介于硬碱和软碱之间。

软硬酸碱规则：硬亲硬，软亲软，硬软交界就不管。即硬酸倾向与硬碱结合，软酸倾向与软碱结合，这样形成的配合物稳定性大；交界酸（或碱）与软碱（或酸）或硬碱（或酸）结合的倾向差不多，形成的配合物稳定性差别不大。

（四）配位平衡的移动

1. 配位平衡与酸碱电离平衡

配体的酸效应：当溶液酸度增加时，配体与 H^+ 结合使配位平衡向解离方向移动，导致配合物稳定性下降。配体碱性越强，配体的酸效应越强。

金属离子的水解效应：当溶液酸度降低时，金属离子发生水解反应而使配位平衡向解离方向移动，导致配合物稳定性下降。

2. 配位平衡与沉淀-溶解平衡

配位平衡与沉淀-溶解平衡相互影响时，总反应的平衡移动方向与 $K^{\ominus}_{稳}$、$K^{\ominus}_{sp}$ 的相对大小有关。$K^{\ominus}_{稳}$ 越大，越有利于向生成配合物的方向移动；$K^{\ominus}_{sp}$ 越小，越有利于向生成沉淀的方向移动。

3. 配位平衡与氧化还原平衡

氧化还原电对中，氧化态物质形成的配合物 $K^{\ominus}_{稳}$ 越大，电对的 $E^{\ominus}$ 越小；而还原态物质形成的配合物 $K^{\ominus}_{稳}$ 越大，电对的 $E^{\ominus}$ 越大。

$$[ML_a]^{n-a}+ne^-=M+aL^{-1}$$

$$E^{\ominus}\{[ML_a]^{n-a}/M\cdot L^{-1}\}=E^{\ominus}(M^{n+}/M)-\frac{0.0592}{n}\lg K^{\ominus}_{稳}\quad(298.15K\ 时)$$

$$[ML_a]^{n-a}+(n-m)e^-=[ML_a]^{m-a}\quad(n>m)$$

$$E^{\ominus}\{[ML_a]^{n-a}/[ML_a]^{m-a}\}=E^{\ominus}(M^{n+}/M^{m+})+\frac{0.0592}{n-m}\lg\frac{K^{\ominus}(ML_a^{m-a})}{K^{\ominus}(ML_a^{n-a})}\quad(298.15K\ 时)$$

4. 配合物的取代反应与配合物的“活动性”

取代反应：配合物可发生配体取代反应和金属离子取代反应。配合物取代反应的平衡常数 $K^{\ominus}=\frac{K^{\ominus}_{稳}(新)}{K^{\ominus}_{稳}(旧)}$。当 $K^{\ominus}=\frac{K^{\ominus}_{稳}(新)}{K^{\ominus}_{稳}(旧)}>1$，取代反应可自发进行。

配合物的“活动性”：配体可被其他配体快速取代的配合物，称为活性配合物，否则称为惰性配合物。配合物的“活动性”以反应速率的大小来表示，而配合物的热力学稳定性则以稳定常数或反应的平衡常数来表示。

三、疑难辨析

本章的疑点难点主要是：

1. 配位化合物的化学键理论。

2. 配位平衡与酸碱平衡、沉淀溶解平衡及氧化还原平衡的综合计算。

（一）典型例题分析

【例 9-1】 测得$[Co(NH_3)_6]^{2+}$和$[Co(CN)_6]^{4-}$的磁矩(μ)分别为 4.2B.M. 和 1.8B.M.。(1) 画出Co^{2+}分别与两种配体(NH_3、CN^-)成键时的价层电子分布；说明Co^{2+}各以何种杂化轨道与配体成键；这两种配离子具有何种空间构型？(2) 根据这两种配离子的价层电子分布，说明$[Co(NH_3)_6]^{2+}$和$[Co(CN)_6]^{4-}$的还原性的相对强弱。

解：(1) Co^{2+}分别与两种配体(NH_3、CN^-)成键时的价层电子分布见下图。

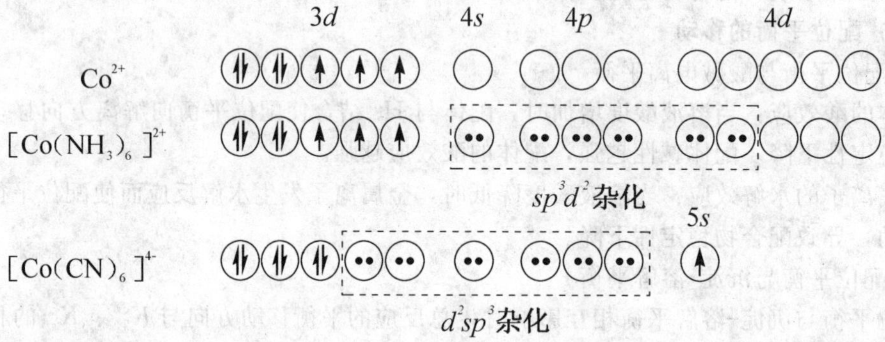

在$[Co(NH_3)_6]^{2+}$中，因为$\mu=4.2$B.M.，由$\mu=\sqrt{n(n+2)}$(B.M) 计算可得$n=3$(四舍五入,取整数),说明$[Co(NH_3)_6]^{2+}$中有 3 个成单电子，是外轨型，采用sp^3d^2杂化，是八面体空间构型。

在$[Co(CN)_6]^{4-}$中，因为$\mu=1.8$B.M.，由$\mu=\sqrt{n(n+2)}$(B.M) 计算可得$n=1$(四舍五入,取整数),说明$[Co(CN)_6]^{4-}$中只有 1 个成单电子，这个成单电子被挤到了 5s 轨道上，$[Co(CN)_6]^{4-}$是内轨型的，采用d^2sp^3杂化，也是八面体空间构型。

(2) 由于在$[Co(CN)_6]^{4-}$中，有 1 个价层电子成单地排在 5s 轨道上，在CN^-的排斥作用下，5s 轨道上的成单电子容易失去，从而显示较强的还原性。而在$[Co(NH_3)_6]^{2+}$中，5s 轨道上没有成单电子，所以它没有$[Co(CN)_6]^{4-}$那样强的还原性。

【解题思路】形成外轨型配合物时，中心原子的未成对电子数不变，而形成内轨型配合物时，中心原子的未成对电子数往往会减少。根据未成对电子数是否减少，可以判断Co^{2+}分别与两种配体(NH_3、CN^-)成键时的价层电子分布。

【例 9-2】 已知$[Co(CN)_6]^{3-}$的磁矩为零，试判断该配离子的几何构型和中心离子的杂化方式。用晶体场理论推测中心原子的 d 电子分布方式和晶体场稳定化能。

Co^{3+}的外层电子组态为$3s^23p^63d^6$。由$[Co(CN)_6]^{3-}$配离子的磁矩为零，可知在配离子中中心原子的六个 3d 电子挤在 3d 轨道上。因此，中心原子的杂化方式为d^2sp^3杂化，配离子的几何构型为八面体，中心原子的 d 电子分布为$(d_\varepsilon)^6(d_\gamma)^0$。配离子的晶体场稳定化能为：$E_c=6\times(-4Dq)+(3-1)E_p=-24Dq+2E_p$

【解题思路】由磁矩为零，可以推知金属离子没有未成对电子；晶体场稳定化能中成对能的计算要与球形场比较。

【例 9-3】 在浓度为 0.12mol·L^{-1} 的 $AgNO_3$ 溶液中，加入 NH_3 至生成 $[Ag(NH_3)_2]^+$ 达到平衡，然后加入 KCl 溶液使溶液中的 NO_3^- 浓度为 0.06mol·L^{-1}，Cl^- 浓度为 0.01mol·L^{-1}。问 NH_3 至少要大于什么浓度才能防止 AgCl 沉淀？{$K^{\ominus}_{稳}[Ag(NH_3)_2^+]=1.1\times10^7$，$K^{\ominus}_{sp}(AgCl)=1.8\times10^{-10}$}

解：为防止 AgCl 沉淀，溶液中允许的 Ag^+ 最大浓度为

$$c_{eq}(Ag^+)=\frac{K^{\ominus}_{sp}(AgCl)}{c_{eq}(Cl^-)}=\frac{1.8\times10^{-10}}{0.01}=1.8\times10^{-8}\text{mol·L}^{-1}$$

为计算方便，先假设全部 Ag^+ 都转化为 $[Ag(NH_3)_2]^+$，其浓度为 0.06mol·L^{-1}，然后建立离解平衡。设平衡时 $c_{eq}(NH_3)=x$ mol·L^{-1}，则

$$Ag^+ \quad + \quad 2NH_3 \rightleftharpoons [Ag(NH_3)_2]^+$$

平衡浓度/mol·L^{-1} 1.8×10^{-8} $\quad x \quad$ $0.06-1.8\times10^{-8}$

由于 $0.06-1.8\times10^{-8}\approx0.06$，故

$$K^{\ominus}_{稳}[Ag(NH_3)_2^+]=1.1\times10^7=\frac{c_{eq}[Ag(NH_3)_2^+]}{c_{eq}(Ag^+)\cdot[c_{eq}(NH_3)]^2}$$

$$=\frac{0.06}{1.8\times10^{-8}\cdot x^2}$$

解得 $x=0.55$mol·L^{-1}。

为防止 AgCl 沉淀，NH_3 的平衡浓度 $c_{eq}(NH_3)$ 必须大于 0.55mol·L^{-1}。

【解题思路】 假设 Ag^+ 全部转化为 $[Ag(NH_3)_2]^+$，建立平衡，结合题意求出 Ag^+ 的最大浓度，再由平衡求算 NH_3 的浓度。

(二) 考点分析

本章的考点主要是：

1. 配合物的组成、命名以及结构。
2. 配合物的稳定性。配合物的化学键理论。
3. 配位平衡与其他各类化学平衡之间的关系和有关计算。

【例 9-4】 填空题

(1) $[Cu(en)_2]Cl_2$ 的名称为________，中心离子为________，配位体为________，配位数为________。

答案：二氯化二乙二胺合铜（Ⅱ）；Cu^{2+}；en；4

考点：配合物的组成、命名。

(2) 测得 $[FeF_6]^{3-}$ 的磁矩为 5.88B. M.，可判断中心离子中具有________个未配对电子，属于________（内/外）轨型配合物。

答案：5；外

考点：内、外轨型配合物。

(3) 描述现象：往 $HgCl_2$ 溶液中逐滴加入 KI，先有________生成；继续滴加 KI，则________。

答案：红色沉淀；沉淀溶解为无色溶液

考点：配位平衡的移动。$HgCl_2+2KI=HgI_2(s)+2KCl, HgI_2+2I^-=[HgI_4]^{2-}$（无色）

（红色）

【例 9-5】 单项选择题

（1）硼酸溶于水显酸性，该酸性来源于（　　）

A. H_3BO_3 本身电离出的 H^+　　B. 空气中的 CO_2

C. H_3BO_3 水解　　D. H_3BO_3 中 B 与 H_2O 中 OH^- 发生加合的结果

答案：D

考点：配位反应。

（2）$[CrCl_2(NH_3)_4]^+$ 具有几何异构体的数目是（　　）

A. 2　　B. 3　　C. 4　　D. 6

答案：A

考点：配合物的几何异构。

（3）某金属离子形成低自旋配合物时有 1 个未成对电子，而形成高自旋配合物时有 5 个未成对电子。则此中心离子是（　　）

A. Cr^{3+}　　B. Fe^{3+}　　C. Fe^{2+}　　D. Co^{3+}

答案：B

考点：配合物的价键理论。

【例 9-6】 简答题

由于制备条件不同，Cr^{3+} 与 Cl^-、H_2O 可制得化学组成相同($CrCl_3·6H_2O$) 但颜色不同的三种化合物。一种为深绿色，$AgNO_3$ 可沉淀出所含 Cl^- 的 1/3；另一种为淡绿色，$AgNO_3$ 可沉淀出所含 Cl^- 的 2/3；第三种为紫色，$AgNO_3$ 可沉淀出所含的全部 Cl^-。写出 Cr^{3+} 的这三种配合物的化学式并命名。

答：第一种（深绿色）化学式：$[CrCl_2(H_2O)_4]Cl·2H_2O$

命名：二水合氯化二氯·四水合铬(Ⅲ)。

第二种（淡绿色）化学式：$[CrCl(H_2O)_5]Cl_2·H_2O$

命名：一水合二氯化氯·五水合铬(Ⅲ)。

第三种（紫色）化学式：$[Cr(H_2O)_6]Cl_3$

命名：三氯化六水合铬（Ⅲ）。

【解题思路】沉淀剂沉淀出的离子为外界离子，根据该离子的数目即可推出配合物的结构。

考点：配合物的命名。

【例 9-7】 计算题

（1）将 50ml 0.2mol·L^{-1} $AgNO_3$ 与 50ml 0.6mol·L^{-1} KCN 溶液混合，体积为 100ml，求：①在混合液中 $c_{eq}(Ag^+)$为多少？②向该混合液中加入 KI 固体多少克后才会生成 AgI 沉淀？由计算结果说明该反应现实是否可行？

{$K^{\ominus}_{稳}[Ag(CN)_2^-]=1.26\times10^{21}$, $K^{\ominus}_{稳}(AgI)=8.3\times10^{-17}$, 原子量：K=39, I=127}

解：设平衡时 Ag^+ 的浓度为 x

① $Ag^+ \quad + \quad 2CN^- \rightleftharpoons Ag(CN)_2^-$

初始浓度/$mol \cdot L^{-1}$ 0.1 0.3 0

平衡浓度/$mol \cdot L^{-1}$ x $0.3-2\times(0.1-x)$ $0.1-x$

$$K^{\ominus}_{稳}[Ag(CN)_2^-]=1.26\times10^{21}=\frac{c_{eq}[Ag(CN)_2^-]}{c_{eq}(Ag^+)\cdot[c_{eq}(CN^-)]^2}$$

$$=\frac{(0.1-x)}{x\times[0.3-2(0.1-x)]^2}$$

解得 $c_{eq}(Ag^+)=x=7.94\times10^{-21}mol\cdot L^{-1}$。

②当 $c_{eq}(I^-)>\frac{K^{\ominus}_{sp}(AgI)}{c_{eq}(Ag^+)}$时,才会生成 AgI 沉淀。

$$c_{eq}(I^-)>\frac{K^{\ominus}_{sp}(AgI)}{c_{eq}(Ag^+)}=\frac{8.3\times10^{-17}}{7.94\times10^{-21}}=1.05\times10^4 mol\cdot L^{-1}$$

需要加入 KI 固体的质量 m 为

$$m>1.05\times10^4\times0.1\times(39+127)\times10^{-3}=174kg$$

即在 0.1L 混合溶液中需要加入 KI 固体的质量 $m>174kg$ 时，才会生成 AgI 沉淀。因此，说明该反应现实是不可行的。

考点： 配位平衡与沉淀平衡的综合计算。

(2) 298.15K 时,$E^{\ominus}(Cu^{2+}/Cu)=0.3394V$,$K^{\ominus}_{稳}\{[Cu(NH_3)_4]^{2+}\}=2.3\times10^{12}$,试计算电对$[Cu(NH_3)_4]^{2+}/Cu$的标准电极电势，根据计算数据说明氨水能否储存在铜制容器中?

解： 电对$[Cu(NH_3)_4]^{2+}/Cu$的能斯特方程为:

$$E\{[Cu(NH_3)_4]^{2+}/Cu\}=E^{\ominus}(Cu^{2+}/Cu)+\frac{0.0592}{2}\lg\frac{c_{eq}\{[Cu(NH_3)_4]^{2+}\}}{[c_{eq}(NH_3)]^4\cdot K^{\ominus}\{[Cu(NH_3)_4]^{2+}\}}$$

标准状态下,$c_{eq}\{[Cu(NH_3)_4]^{2+}\}=c_{eq}(NH_3)=c^{\ominus}=1mol\cdot L^{-1}$

$$E\{[Cu(NH_3)_4]^{2+}/Cu\}=E^{\ominus}\{[Cu(NH_3)_4]^{2+}/Cu\}。$$

由上式可得:

$$E^{\ominus}\{[Cu(NH_3)_4]^{2+}/Cu\}=E^{\ominus}(Cu^{2+}/Cu)-\frac{0.0592}{2}\lg K^{\ominus}_{稳}\{[Cu(NH_3)_4]^{2+}\}$$

$$=0.3394-\frac{0.0592}{2}\lg(2.3\times10^{12})$$

$$=-0.0265V$$

在氨水溶液中，电对的标准电极电势由 0.3394V 降低到−0.0265V，Cu 的还原性增强，容易被氧化。因此，不能用铜器储存氨水。

考点： 配位平衡与氧化还原平衡（电极电势）的综合计算。

四、补充习题

(一) 是非题

1. 当分裂能 Δ_o 小于成对能 E_p 时，一定会形成高自旋配合物。(　)
2. 在螯合物中，中心原子的配位数一定不等于配体的数目。(　)

3. 螯合环的生成会使螯合物的稳定性增大，所以环上的原子越多，螯合物越稳定。（　）

4. 配合物的稳定常数越大，配合物一定越稳定。（　）

5. 一般来讲，内轨型配合物比外轨型配合物稳定。（　）

6. 配离子的不同几何构型，是由于中心原子采用不同类型的杂化轨道与配位体配合的结果。（　）

7. 由配合物的价键理论推知，$[Fe(CN)_6]^{3-}$是内轨型配合物。（　）

8. 在所有配合物中，强场情况下$\Delta_o > E_p$，中心原子(或离子)总是采取低自旋状态；弱场情况下$\Delta_o < E_p$，而总是采取高自旋状态。（　）

9. 配合物中心原子的配位数的大小，完全取决于中心原子和配位体的性质(它们的电荷、半径、核外电子排布等)。（　）

10. Li^+、Na^+、K^+、Rb^+、Cs^+等碱金属离子不易形成一般的配合物，但可以与某些螯合剂形成稳定的螯合物。（　）

11. $[Cr(H_2O)_6]^{3+}$是外轨型配离子，而$[Cr(CN)_6]^{3-}$是内轨型配离子。（　）

12. 按晶体场理论，金属离子与水分子形成的水合配离子均具有颜色。（　）

13. 在$[Ni(CN)_4]^{2-}$配离子中，Ni^{2+}离子采取sp^3杂化，配离子为四面体构型。（　）

14. 中心原子为中性原子或带正电荷的阳离子，不可能为带负电荷的阴离子。（　）

15. 一般来说，中心原子和配位原子的电负性相差越大，形成外轨型配合物的倾向越大。（　）

(二) 选择题

1. 单选题

(1) Co(Ⅲ)的八面体配合物$CoCl_m \cdot nNH_3$，若 1mol 配合物与$AgNO_3$作用生成 1molAgCl 沉淀，则m和n的值是（　）

A. $m=1$，$n=5$　B. $m=3$，$n=4$　C. $m=5$，$n=1$　D. $m=4$，$n=5$

(2) 已知$E^\ominus(Hg^{2+}/Hg)=0.854V$，$K^\ominus_{稳}(HgI_4^{2-})=6.8\times10^{29}$，则$E^\ominus(HgI_4^{2-}/Hg)$值为（　）

A. $-0.029V$　B. $0.029V$　C. $-0.912V$　D. $-1.737V$

(3) 下列配合物的稳定性，从大到小的顺序，正确的是（　）

A. $[HgI_4]^{2-} > [HgCl_4]^{2-} > [Hg(CN)_4]^{2-}$

B. $[Co(NH_3)_6]^{3+} > [Co(SCN)_4]^{2-} > [Co(CN)_6]^{3-}$

C. $[Ni(en)_3]^{2+} > [Ni(NH_3)_6]^{2+} > [Ni(H_2O)_6]^{2+}$

D. $[Fe(SCN)_6]^{3-} > [Fe(CN)_6]^{3-} > [Fe(CN)_6]^{4-}$

(4) 下列反应中配离子作为氧化剂的反应是（　）

A. $[Ag(NH_3)_2]Cl + KI \rightleftharpoons AgI(s) + KCl + 2NH_3$

B. $2[Ag(NH_3)_2]OH + CH_3CHO \rightleftharpoons CH_3COOH + 2Ag(s) + 4NH_3 + H_2O$

C. $[Cu(NH_3)_4]^{2+} + S^{2-} \rightleftharpoons CuS(s) + 4NH_3$

D. $3[Fe(CN)_6]^{4-} + 4Fe^{3+} \rightleftharpoons Fe_4[Fe(CN)_6]_3$

(5) 在$0.20mol \cdot dm^{-3}$ $[Ag(NH_3)_2]Cl$溶液中，加入等体积的水稀释（忽略离子强度影响），则浓度为原来浓度的 1/2 的物质是（　）

A. $[Ag(NH_3)_2]Cl$　　B. 离解达平衡时的 Ag^+

C. $NH_3 \cdot H_2O$　　D. Cl^-

(6) 向$[Cu(NH_3)_4]^{2+}$水溶液中通入氨气，则（　）

A. $K^{\ominus}_{稳}[Cu(NH_3)_4]^{2+}$增大　　B. $[Cu^{2+}]$增大

C. $K^{\ominus}_{稳}[Cu(NH_3)_4]^{2+}$减小　　D. $[Cu^{2+}]$减小

(7) 中心原子以 sp^3 杂化轨道形成配离子时，可能具有的几何异构体的数目是（　）

A. 4　B. 3　C. 2　D. 0

(8) Mn(Ⅱ)的正八面体配合物有很微弱的颜色，其原因是（　）

A. Mn(Ⅱ)的高能 d 轨道都充满了电子

B. d-d 跃迁是禁阻的

C. 分裂能太大，吸收不在可见光范围内

D. d^5 离子 d 能级不分裂

(9) 下列离子具有最大晶体场稳定化能的是（　）

A. $[Fe(H_2O)_6]^{2+}$　B. $[Ni(H_2O)_6]^{2+}$　C. $[Co(H_2O)_6]^{2+}$　D. $[Mn(H_2O)_6]^{2+}$

(10) 按晶体场理论，在八面体场中因场强不同有可能产生高自旋和低自旋的电子构型是（　）

A. d^1　B. d^3　C. d^5　D. d^8

(11) $[Fe(H_2O)_6]^{2+}$的晶体场稳定化能(E_c)是（　）

A. $-4Dq$　B. $-12Dq$　C. $-6Dq$　D. $-8Dq$

(12) Fe(Ⅲ)形成的配位数为 6 的外轨配合物中，Fe^{3+} 离子接受孤对电子的空轨道是（　）

A. d^2sp^3　B. sp^3d^2　C. p^3d^3　D. sd^5

(13) 已知巯基(—SH)与某些重金属离子形成强配位键，预计是重金属离子的最好的螯合剂的物质为（　）

A. CH_3—SH　　B. H—SH

C. CH_3—S—S—CH_3　　D. HS—CH_2—CH_2—CH_2—OH

(14) 已知某金属离子配合物的磁矩为 4.90B.M.，而同一氧化态的该金属离子形成的另一配合物，其磁矩为零，则此金属离子可能为（　）

A. Cr(Ⅲ)　B. Mn(Ⅱ)　C. Fe(Ⅱ)　D. Mn(Ⅲ)

(15) 已知$[PtCl_2(OH)_2]$有两种顺反异构体，成键电子所占据的杂化轨道应该是（　）

A. sp^3　B. d^2sp^3　C. dsp^2　D. sp^3d^2

(16) Fe^{3+}具有 d^5 电子构型，在八面体场中要使配合物为高自旋态，则分裂能 Δ_o 和电子成对能 E_p 所要满足的条件是（　）

A. Δ_o 和 E_p 越大越好　　B. $\Delta_o > E_p$

C. $\Delta_o < E_p$　　D. $\Delta_o = E_p$

(17) 下列八面体或正方形配合物中心原子的配位数有错误的是（　）

A. $[PtNH_2NO_2(NH_3)_2]$　　B. $[Co(NO_2)_2(en)_2Cl_2]$

C. $K_2[Fe(CN)_5(NO)]$　　D. $[PtCl(Br)(Py)(NH_3)]$

(18) $[Ca(EDTA)]^{2-}$配离子中，Ca^{2+}的配位数是（　　）

A. 1　　B. 2　　C. 4　　D. 6

(19) 假定下列配合物浓度相同，其中导电性（摩尔电导）最大的是（　　）

A. $[PtCl(NH_3)_5]Cl_3$　　B. $[Pt(NH_3)_6]Cl_4$

C. $K_2[PtCl_6]$　　D. $[PtCl_4(NH_3)_2]$

(20) 在$[Ru(NH_3)_4Br_2]^+$中，Ru 的氧化数和配位数分别是（　　）

A. +2 和 4　　B. +2 和 6　　C. +3 和 6　　D. +3 和 4

(21) 下列配离子中，无色的是（　　）

A. $[Ni(NH_3)_6]^{2+}$　　B. $[Cu(NH_3)_4]^{2+}$

C. $[Cd(NH_3)_4]^{2+}$　　D. $[CuCl_4]^{2-}$

(22) 下列配位平衡反应中，平衡常数 $K^{\ominus}>1$ 的是（　　）

A. $Ag(CN)_2^- + 2NH_3 \rightleftharpoons Ag(NH_3)_2^+ + 2CN^-$

B. $FeF_6^{3-} + 6SCN^- \rightleftharpoons Fe(SCN)_6^{3-} + 6F^-$

C. $Cu(NH_3)_4^{2+} + Zn^{2+} \rightleftharpoons Zn(NH_3)_4^{2+} + Cu^{2+}$

D. $HgCl_4^{2-} + 4I^- \rightleftharpoons HgI_4^{2-} + 4Cl^-$

(23) 下列配离子中，分裂能最大的是（　　）

A. $[Ni(CN)_4]^{2-}$　　B. $[Cu(NH_3)_4]^{2+}$　　C. $[Fe(CN)_6]^{4-}$　　D. $[Zn(CN)_4]^{2-}$

(24) 在$K[Co(C_2O_4)_2(en)]$中，中心离子的配位数为（　　）

A. 3　　B. 4　　C. 5　　D. 6

(25) 下列配合物中，不存在几何异构体的是（　　）

A. $[CrCl_2(en)_2]Cl$　　B. $[Pt(en)Cl_4]$

C. $[Cu(NH_3)_4(H_2O)_2]SO_4$　　D. $[Ni(CO)_2(CN)_2]$

(26) 顺铂是一种抗癌药物，其命名为顺-二氯·二氨合铂(Ⅱ)，由其命名可推论此配合物的空间构型和中心原子的杂化方式分别为（　　）

A. 四面体，sp^3 杂化　　B. 平面四方形，sp^3 杂化

C. 四面体，dsp^2 杂化　　D. 平面四方形，dsp^2 杂化

(27) 已知 298K 时，$K^{\ominus}_{稳}\{[Cu(NH_3)_4]^{2+}\}=2.0\times10^{13}$，$K^{\ominus}_{稳}\{[Ag(NH_3)_2]^+\}=1.0\times10^7$。则反应$[Cu(NH_3)_4]^{2+}+2Ag^+ = 2[Ag(NH_3)_2]^+ + Cu^{2+}$在 298K 时的标准平衡常数 $K^{\ominus}$ 为（　　）

A. 5.0×10^{-7}　　B. 5.0　　C. 0.20　　D. 2.0×10^6

(28) 按晶体场理论，中心离子的 d 轨道在晶体场的影响下发生（　　）

A. 重排　　B. 能级分裂　　C. 杂化　　D. 能级交错

(29) 已知$[Co(NH_3)_6]^{2+}$为外轨型配离子，$[Co(NH_3)_6]^{3+}$为内轨型配离子，则两种配离子中的成单电子数分别是（　　）

A. 3 和 4　　B. 1 和 0　　C. 3 和 0　　D. 1 和 4

2. 多选题

(1) 检验 Fe^{3+} 离子，可以采用的试剂是（　　）

A. KSCN　　B. $K_4[Fe(CN)_6]$

C. NaOH　　D. $K_3[Fe(CN)_6]$

(2) 形成外轨型配离子时，中心离子不可能采取的杂化方式是（　　）

A. sp^3 杂化　　B. dsp^2 杂化

C. sp^3d^2 杂化　　D. d^2sp^3 杂化

(3) 下列配合物属于高自旋的是（　　）

A. $[FeF_6]^{3-}$　　B. $[Fe(CN)_6]^{3-}$

C. $[Fe(H_2O)_6]^{3+}$　　D. $[Co(CN)_6]^{3-}$

(4) 分别向下列溶液中加入浓氨水，不形成氨配合物的是（　　）

A. $ZnCl_2$　　B. $FeCl_3$　　C. $NiSO_4$　　D. $Hg_2(NO_3)_2$

(5) 下列配合物有颜色的是（　　）

A. $[Ni(CN)_4]^{2-}$　　B. $[Co(NH_3)_6]^{3+}$

C. $[Cr(H_2O)_6]^{2+}$　　D. $[Ag(NH_3)_2]^+$

(三) 填空题

1. 命名下列配合物

(1) $[Pt(NO_2)(NH_3)(NH_2OH)(Py)]Cl$________

(2) $[Cr(C_2O_4)(OH)(H_2O)(en)]$________

(3) $[PtCl_2(OH)_2(NH_3)_2]$________

2. 配合物 $PtCl_4 \cdot 2NH_3$ 的水溶液不导电，加入硝酸银溶液也不产生沉淀，滴加强碱也无氨气放出，所以它的化学式是________，命名为________。

3. 配合物$[Co(NH_3)_4(H_2O)_2]SO_4$ 的内界是________，外界是________，配位体是________，配位原子是________，中心原子的配位数是________。

4. 配位化合物 $H[PtCl_3(NH_3)]$的中心离子是________，配位原子是________，配位数为________，它系统命名的名称为________。

5. 配合物 $(NH_4)_2[FeF_5(H_2O)]$ 的系统命名为________，配离子的电荷是________，配位体是________，配位原子是________。中心原子的配位数是________。根据晶体场理论，d^5 电子的排布为 ($\Delta_o < E_p$) ________，根据价键理论，中心原子的杂化轨道为________，属________型配合物。

6. 完成下面的表格

中心离子	d 轨道电子数	在八面体弱场中		在八面体强场中	
		未成对电子数	E_c	未成对电子数	E_c
Cr^{3+}					
Co^{2+}					
Cu^{2+}					
Fe^{2+}					
Mn^{2+}					

7. 向六水合铬(Ⅲ)离子水溶液中逐滴加入氢氧化钠水溶液，生成四羟基·二水合铬(Ⅲ)酸离子的逐级反应方程式分别为：

(1) ____；

(2) ____；

(3) ____；

(4) ____。

8. 由于$K^{\ominus}_{稳}[Fe(CN)_6^{3-}]>K^{\ominus}_{稳}[Fe(CN)_6^{4-}]$,由此可以判断这对电对即$[Fe(CN)_6^{3-}]/[Fe(CN)_6^{4-}]$的电极电势________电对$Fe^{3+}/Fe^{2+}$的电极电势。(用>或<表示)

9. 已知$E^{\ominus}(Mn^{3+}/Mn^{2+})=1.51V$,$E^{\ominus}[Mn(CN)_6^{3-}/Mn(CN)_6^{4-}]=0.224V$

则离子的稳定性是$Mn(CN)_6^{3-}$ ________ $Mn(CN)_6^{4-}$。(用>或<表示)

10. 已知$[Ni(CN)_4]^{2-}$磁矩等于零，$[Ni(NH_3)_4]^{2+}$的磁矩大于零，则前者的空间构型是________，杂化方式是________；后者的空间构型是________，杂化方式是________。

11. 下列各对配离子稳定性大小的对比关系是（用>或<表示）：

(1) $[Cu(NH_3)_4]^{2+}$ ________ $[Cu(en)_2]^{2+}$

(2) $[Ag(S_2O_3)_2]^{3-}$ ________ $[Ag(NH_3)_2]^{+}$

(3) $[FeF_6]^{3-}$ ________ $[Fe(CN)_6]^{3-}$

(4) $[Co(NH_3)_6]^{3+}$ ________ $[Co(NH_3)_6]^{2+}$

（四）简答题

1. 市售的用作干燥剂的蓝色硅胶，常掺有带有蓝色的Co^{2+}离子同氯离子键合的化合物，用久后，变为粉红色则无效。

(1) 写出蓝色化合物的化学式；

(2) 写出粉红色配离子的化学式；

(3) Co^{2+}离子的d电子数为多少？如何排布？

(4) 写出粉红色和蓝色化合物与水的有关反应，并配平之。

2. 有两种配合物A和B，它们的组成为Co 21.95%，Cl 39.64%，N 26.08%，H 6.38%，O 5.95%，并根据下面的实验结果，确定它们的化学式、中心离子和配位数。

(1) A和B的水溶液都呈微酸性，加入强碱并加热至沸时，有氨放出，同时析出Co_2O_3沉淀；

(2) 向A和B的溶液中加入$AgNO_3$溶液都生成AgCl沉淀；

(3) 过滤除去两种溶液中的沉淀后，再加$AgNO_3$溶液均无变化，但加热至沸时，在B的溶液中又有AgCl沉淀生成，其质量为原来析出沉淀的一半。

3. 试利用价键理论判断$[Mn(CN)_6]^{4-}$配离子中中心离子的轨道杂化类型、配离子的磁性和稳定性($\mu=1.8B.M.$)。

4. 试推测配离子$[Cu(CN)_4]^{3-}$的空间构型和颜色。

5. 已知$E^{\ominus}(Co^{3+}/Co^{2+})=1.82V$,$E^{\ominus}\{[Co(NH_3)_6]^{3+}/[Co(NH_3)_6]^{2+}\}=0.10V$,问：

(1) 在简单离子和配离子中，Co的何种氧化数较稳定？

(2) 为何$[Co(NH_3)_6]^{3+}$稳定性大于$[Co(NH_3)_6]^{2+}$？

(五) 计算题

1. 在1ml 0.04mol·L^{-1} $AgNO_3$ 溶液中，加入1ml 2mol·L^{-1} NH_3，计算在平衡后溶液中的Ag^+浓度。

2. 100ml 1mol·L^{-1} NH_3 中能溶解固体AgBr多少克？{$K^{\ominus}_{稳}[Ag(NH_3)_2^+]=1.7\times10^7$，$K^{\ominus}_{sp}(AgBr)=7.7\times10^{-13}$，M(AgBr)=188g·$mol^{-1}$}

3. 已知$E^{\ominus}(Au^+/Au)=1.69V$，$K^{\ominus}_{稳}[Au(CN)_2^-]=2\times10^{38}$，试求$E^{\ominus}[Au(CN)_2^-/Au]=$？

4. 已知$E^{\ominus}(Fe^{3+}/Fe^{2+})=0.77V$，$E^{\ominus}(Sn^{4+}/Sn^{2+})=0.15V$，$K^{\ominus}_{稳}(FeF_6^{3-})=1.1\times10^{12}$，通过计算说明下列物质能否发生氧化还原反应，若能发生写出其化学反应式。(设有关物质的浓度为1.0mol·L^{-1})

(1) 向$FeCl_3$溶液中加入NaF，然后再加$SnCl_2$。

(2) 向$Fe(SCN)_5^{2-}$溶液中加入$SnCl_2$。{$K^{\ominus}_{稳}[Fe(SCN)_5^{2-}]=2.6\times10^6$}

(3) 向$Fe(SCN)_5^{2-}$溶液中加入KI。[$E^{\ominus}(I_2/I^-)=0.54V$]

5. 一个铜电极浸在含有1.00mol·L^{-1}氨和1.0mol·L^{-1} $[Cu(NH_3)_4^{2+}]$的溶液中，以标准氢电极为正极，测得它与铜电极之间的电势差为0.030V，试计算配离子的稳定常数。已知$E^{\ominus}(Cu^{2+}/Cu)=0.34V$。

6. 已知向0.010mol·L^{-1} $ZnCl_2$ 溶液通H_2S至饱和，当溶液的pH=1.0时刚开始有ZnS沉淀产生，若在此$ZnCl_2$溶液加入1.00mol·L^{-1}KCN后通H_2S至饱和，求在多大pH时会有ZnS沉淀产生？{$K^{\ominus}_{稳}[Zn(CN)_4^{2-}]=5.0\times10^{16}$}

7. 等体积混合0.30mol·L^{-1} NH_3 溶液、0.30mol·L^{-1} NaCN溶液、0.030mol·L^{-1} $AgNO_3$ 溶液，求平衡时$Ag(CN)_2^-$和$Ag(NH_3)_2^+$浓度各是多少？{$K^{\ominus}_{稳}[Ag(CN)_2^-]=1.0\times10^{21}$，$K^{\ominus}_{稳}[Ag(NH_3)_2^+]=1.6\times10^7$}

五、补充习题参考答案

(一) 是非题

1. × 　2. √ 　3. × 　4. × 　5. √ 　6. √ 　7. √ 　8. ×
9. × 　10. √ 　11. × 　12. × 　13. × 　14. × 　15. √

(二) 选择题

1. 单选题

(1) B　(2) A　(3) C　(4) B　(5) D　(6) D　(7) D　(8) B
(9) B　(10) C　(11) A　(12) B　(13) D　(14) C　(15) C　(16) C
(17) B　(18) D　(19) B　(20) C　(21) C　(22) D　(23) A　(24) D
(25) B　(26) D　(27) B　(28) B　(29) C

2. 多选题

(1) AB　(2) BD　(3) AC　(4) BD　(5) ABC

(三) 填空题

1. (1) 氯化硝基·氨·羟氨·吡啶合铂(Ⅱ)　(2) 草酸根·羟基·水·乙二胺合铬(Ⅲ)

(3) 二氯二羟基二氨合铂(Ⅳ)

2. $[PtCl_4(NH_3)_2]$；四氯·二氨合铂(Ⅳ)

3. $[Co(NH_3)_4(H_2O)_2]^{2+}$；$SO_4^{2-}$；$NH_3$ 和 H_2O；N 和 O；6

4. Pt^{2+}；N、Cl；4；三氯·一氨合铂(Ⅱ)酸

5. 五氟·一水合铁(Ⅲ)酸铵；-2；F^-、H_2O；F、O；6；$d_\varepsilon^3 d_\gamma^2$；$sp^3d^2$；外轨

6.

		在八面体弱场中		在八面体强场中	
中心离子	d 轨道电子数	未成对电子数	E_c	未成对电子数	E_c
Cr^{3+}	3	3	$-12Dq$	3	$-12Dq$
Co^{2+}	7	3	$-8Dq$	1	$-18Dq+2Ep$
Cu^{2+}	9	1	$-6Dq$	1	$-6Dq$
Fe^{2+}	6	4	$-4Dq$	0	$-24Dq+2Ep$
Mn^{2+}	5	5	0	1	$-20Dq+2Ep$

7. (1) $Cr(H_2O)_6^{3+} + OH^- \rightleftharpoons [Cr(H_2O)_5(OH)]^{2+} + H_2O$

(2) $[Cr(H_2O)_5(OH)]^{2+} + OH^- \rightleftharpoons [Cr(H_2O)_4(OH)_2]^{+} + H_2O$

(3) $[Cr(H_2O)_4(OH)_2]^{+} + OH^- \rightleftharpoons [Cr(H_2O)_3(OH)_3](s) + H_2O$

(4) $[Cr(H_2O)_3(OH)_3](s) + OH^- \rightleftharpoons [Cr(H_2O)_2(OH)_4]^{-} + H_2O$

8. ＜

9. ＞

10. 平面四方形　dsp^2　四面体　sp^3

11. (1) ＜　(2) ＞　(3) ＜　(4) ＞

(四) 简答题

1. **答**：(1) $CoCl_2$

(2) $[Co(H_2O)_6]^{2+}$

(3) Co^{2+}　$3d^7$　(↑↓)(↑↓)(↑)(↑)(↑)

(4) $CoCl_2 + 6H_2O = [Co(H_2O)_6]Cl_2$

(蓝色)　(粉红色)

2. **答**：A：$[Co(NH_3)_5H_2O]Cl_3$；中心离子：Co^{3+}；配位数：6；

B：$[Co(NH_3)_5Cl]Cl_2 \cdot H_2O$；中心离子：$Co^{3+}$；配位数：6。

3. **答**：Mn^{2+} 价电子构型为 $3d^5$，CN^- 配体对中心离子的 d 电子影响较大，导致 Mn^{2+} 的 d 电子重排，Mn^{2+} 发生 d^2sp^3 杂化，形成八面体内轨型配离子，含有 1 个未成对电子，为顺磁性，在溶液中稳定性大，磁矩理论值 $\mu = \sqrt{1(1+2)}$ B. M. $=1.73$B. M，与实验值 1.8 B. M. 接近。

4. **答**：CN^- 虽为强场配体，但 Cu^+ 的价电子构型为 d^{10} 全满稳定结构，故 Cu^+ 发生 sp^3 杂化后与 CN^- 配位，配离子是四面体结构，因配离子中无未成对 d 电子，不能发生 $d-d$ 跃迁，该配离子无色。

5. **答**：(1) $E^{\ominus}(Co^{3+}/Co^{2+})=1.82V$，表明 Co^{3+} 有强氧化性，故其还原产物 Co^{2+} 比较稳定。而 $E^{\ominus}\{[Co(NH_3)_6]^{3+}/[Co(NH_3)_6]^{2+}\}=0.10V$，表明$[Co(NH_3)_6]^{2+}$ 有强还原性，因此其氧化产物$[Co(NH_3)_6]^{3+}$ 比较稳定。

(2) $[Co(NH_3)_6]^{2+}$ 为外轨型配离子，$[Co(NH_3)_6]^{3+}$ 为内轨型配离子，由于内层$(n-1)d$ 轨道能量较低，形成的配位键的键能较大，内轨型配合物的总键能往往大于相应的外轨型配合物，因此$[Co(NH_3)_6]^{3+}$ 比$[Co(NH_3)_6]^{2+}$ 稳定。

(五) 计算题

1. **解**：配位反应为 $Ag^+ + 2NH_3 = [Ag(NH_3)_2]^+$

由于溶液的体积增加一倍，$AgNO_3$ 浓度减少一半为 $0.02mol\cdot L^{-1}$，氨溶液为 $1mol\cdot L^{-1}$。NH_3 大大过量，故可认为几乎全部 Ag^+ 都生成$[Ag(NH_3)_2]^+$。

设平衡后，　$c_{eq}(Ag^+)=x mol\cdot L^{-1}$

$c_{eq}[Ag(NH_3)_2^+]=(0.02-x)mol\cdot L^{-1}$

NH_3 的总浓度为 $1mol\cdot L^{-1}$，$[Ag(NH_3)_2^+]$中的 NH_3 为 $2\times(0.02-x)mol\cdot L^{-1}$

平衡时　$c_{eq}(NH_3)=1-2\times(0.02-x)=(0.96+2x)mol\cdot L^{-1}$

因 x 值极小，可视　$0.02-x\approx0.02$

$0.96+2x\approx0.96$

$$K_{稳}^{\ominus}=\frac{c_{eq}[Ag(NH_3)_2^+]}{c_{eq}(Ag^+)\times[c_{eq}(NH_3)]^2}=1.7\times10^7$$

$$c_{eq}(Ag^+)=\frac{c_{eq}[Ag(NH_3)_2^+]}{1.7\times10^7\times[c_{eq}(NH_3)]^2}$$

$$c_{eq}(Ag^+)=x=\frac{0.02}{1.7\times10^7\times0.96^2}=1.28\times10^{-9}mol\cdot L^{-1}$$

答：平衡后溶液中的 Ag^+ 浓度为 $1.28\times10^{-9}mol\cdot L^{-1}$。

2. **解**：首先计算 1000ml $1mol\cdot L^{-1}NH_3$ 中能溶解多少克 AgBr。

$$AgBr+2NH_3=Ag(NH_3)_2^+ + Br^-$$

该反应的平衡常数

$$K^{\ominus}=\frac{c_{eq}[Ag(NH_3)_2^+]\times c_{eq}(Br^-)}{c_{eq}[Ag(NH_3)]^2}$$

分子分母均乘上 $c_{eq}(Ag^+)/c^{\ominus}$ 则

$$K^{\ominus}=\frac{c_{eq}[Ag(NH_3)_2^+]c_{eq}(Br^-)c_{eq}(Ag^+)}{c_{eq}[Ag(NH_3)]^2c_{eq}(Ag^+)}$$

$$=K_{稳}^{\ominus}[Ag(NH_3)_2^+]\times K_{sp}^{\ominus}(AgBr)$$

$$=1.7\times10^7\times7.7\times10^{-13}$$

$$=1.31\times10^{-5}$$

设平衡后，　$c_{eq}[Ag(NH_3)_2^+]=x$

则 $c_{eq}(Br^-)=x$ $c_{eq}(NH_3)=1-2x$

$\therefore K^\ominus=\frac{x^2}{(1-2x)^2}=1.31\times10^{-5}$

$\because K^\ominus$ 较小，AgBr 转化为$[Ag(NH_3)_2]^+$离子的部分很少，x 很小，故 $1-2x\approx1$

$\therefore x=3.62\times10^{-3}$

1000ml 1mol·L^{-1}NH_3 中能溶解 $3.62\times10^{-3}\times1\times188=0.68$gAgBr

则 100ml 1mol·L^{-1}NH_3 中能溶解 $3.62\times10^{-3}\times0.1\times188=0.068$gAgBr。

答：100ml 1mol·L^{-1}NH_3 中能溶解 $3.62\times10^{-3}\times188=0.068$gAgBr。

3. **解：**$Au(CN)_2^-+e^-=Au+2CN^-$

标准状态下，$c_{eq}[Au(CN)_2^-]=c_{eq}(CN^-)=1.0mol\cdot L^{-1}$

则有 $K^\ominus_{稳}[Au(CN)_2^-]=\frac{c_{eq}[Au(CN)_2^-]}{c_{eq}(Au^+)\times[c_{eq}(CN^-)]^2}=\frac{1}{c_{eq}(Au^+)}$

$$E^\ominus[Au(CN)_2^-/Au]=E^\ominus(Au^+/Au)+0.0592\lg\frac{1}{K^\ominus_{稳}[Au(CN)_2^-]}$$

$$=1.69+0.0592\lg\frac{1}{2\times10^{38}}$$

$$=-0.577V$$

4. **解：**(1)$E^\ominus(FeF_6^{3-}/Fe^{2+})=E^\ominus(Fe^{3+}/Fe^{2+})+0.0592\lg\frac{c_{eq}(Fe^{3+})}{c_{eq}(Fe^{2+})}$

$$=0.77+0.0592\lg\frac{1}{K^\ominus_{稳}(FeF_6^{3-})}$$

$$=0.77+0.0592\lg\frac{1}{1.1\times10^{12}}=0.06V$$

$E^\ominus(FeF_6^{3-}/Fe^{2+})<E^\ominus(Sn^{4+}/Sn^{2+})$，无氧化还原反应发生。

(2) $E^\ominus[Fe(SCN)_5^{2-}/Fe^{2+}]=E^\ominus(Fe^{3+}/Fe^{2+})+0.0592\lg\frac{1}{K^\ominus_{稳}[Fe(SCN)_5^{2-}]}$

$$=0.77+0.0592\lg\frac{1}{2.6\times10^6}=0.39V$$

$E^\ominus[Fe(SCN)_5^{2-}/Fe^{2+}]>E^\ominus(Sn^{4+}/Sn^{2+})$，能发生氧化还原反应。

$2Fe(SCN)_5^{2-}+Sn^{2+}=\!=\!=2Fe^{2+}+10SCN^-+Sn^{4+}$

(3) $E^\ominus[Fe(SCN)_5^{2-}/Fe^{2+}]<E^\ominus(I^2/I^-)$，无氧化还原反应发生。

5. **解：**$E^\ominus_{MF}=E^\ominus(H^+/H_2)-E^\ominus[Cu(NH_3)_4^{2+}/Cu]=0.030V$

即 $E^\ominus[Cu(NH_3)_4^{2+}/Cu]=-0.030V$

由 $E^\ominus[Cu(NH_3)_4^{2+}/Cu]=E^\ominus(Cu^{2+}/Cu)+\frac{0.0592}{2}\lg[c_{eq}(Cu^{2+})]$

$Cu^{2+}+4NH_3=\!=\!=Cu(NH_3)_4^{2+}$

得 $K^\ominus_{稳}=\frac{1}{c_{eq}(Cu^{2+})}$，即 $c_{eq}(Cu^{2+})=\frac{1}{K^\ominus_{稳}}$

$$E^\ominus[Cu(NH_3)_4^{2+}/Cu]=0.34+\frac{0.0592}{2}\lg\frac{1}{K^\ominus_{稳}}$$

$$-0.030=0.34-\frac{0.0592}{2}\lg K_{稳}^{\ominus}$$

$$K_{稳}^{\ominus}=3.16\times10^{12}$$

6. **解**：pH＝1.0　$c_{eq}(H^+)=0.10$

$c_{eq}(Zn^{2+})=0.010$

$$K_{sp}^{\ominus}(ZnS)=c_{eq}(Zn^{2+})\cdot c_{eq}(S^{2-})$$

$$=0.01\times\frac{K_1^{\ominus}K_2^{\ominus}c_{eq}(H_2S)}{[c_{eq}(H^+)]^2}$$

$$=K_1^{\ominus}K_2^{\ominus}c_{eq}(H_2S)$$

加入 KCN 后，设 $c_{eq}(Zn^{2+})=x$ 则

$$Zn^{2+} \quad + \quad 4CN^- \quad = \quad Zn(CN)_4^{2-}$$

平衡浓度/mol·L^{-1}　x　$1.0-4\times(0.01-x)$　$0.01-x$

$$K_{稳}^{\ominus}=\frac{c_{eq}[Zn(CN)_4^{2-}]}{c_{eq}(Zn^{2+})\times[c_{eq}(CN^-)]^4}$$

由于 $K_{稳}^{\ominus}$ 很大，故 x 很小，$0.01-x\approx0.01$；$1.0-4\times(0.01-x)=0.96+4x\approx0.96$，代入上式，得

$$5.0\times10^{16}=\frac{0.01}{x\times0.96^4}$$

解得 $x=2.35\times10^{-19}$

$c_{eq}(Zn^{2+})=2.35\times10^{-19}$ mol·L^{-1}

$$K_{sp}^{\ominus}(ZnS)=c_{eq}(Zn^{2+})\cdot c_{eq}(S^{2-})=2.35\times10^{-19}\times\frac{K_1^{\ominus}K_2^{\ominus}c_{eq}(H_2S)}{[c_{eq}(H^+)]^2}$$

$$K_1^{\ominus}K_2^{\ominus}c_{eq}(H_2S)/c^{\ominus}=2.35\times10^{-19}\times\frac{K_1^{\ominus}K_2^{\ominus}c_{eq}(H_2S)}{[c_{eq}(H^+)]^2}$$

得 $c_{eq}(H^+)=4.85\times10^{-10}$，pH＝9.31

7. **解**：设平衡时 $c_{eq}[Ag(NH_3)_2^+]=x$，

假定 Ag^+ 先与 CN^- 反应生成 $Ag(CN)_2^-$，因 CN^- 过量同时 $Ag(CN)_2^-$ 的稳定常数很大，Ag^+ 几乎全部转化为 $Ag(CN)_2^-$，即平衡时 $Ag(CN)_2^-$ 浓度为 0.010mol·L^{-1}，CN^- 浓度为 0.080mol·L^{-1}。在此基础上，有如下平衡：

$$Ag(CN)_2^-+2NH_3 = Ag(NH_3)_2^++2CN^-$$

平衡浓度/$c^{\ominus}$，　$0.010-x$　$0.10-2x$　x　$0.1-2(0.01-x)$

$$K^{\ominus}=\frac{c_{eq}[Ag(NH_3)_2^+][c_{eq}(CN^-)]^2}{c_{eq}[Ag(CN)_2^-][c_{eq}(NH_3)]^2}$$

$$=\frac{K_{稳}^{\ominus}[Ag(NH_3)_2^+]}{K_{稳}^{\ominus}[Ag(CN)_2^-]}=\frac{1.6\times10^7}{1.0\times10^{21}}=1.6\times10^{-14}$$

$K^{\ominus}$ 很小，说明平衡时$[Ag(NH_3)_2^+]$浓度很小，则有

$0.010-x\approx0.010$；$0.010-2x\approx0.010$；$0.1-2\times(0.01-x)=0.08+2x\approx0.08$，代入式中，得

$$\frac{x \times 0.08^2}{0.01 \times 0.1^2} = 1.6 \times 10^{-14}$$

解得 $x = 2.5 \times 10^{-16}$

则 $c_{eq}[Ag(NH_3)_2^+] = 2.5 \times 10^{-16}$

$c_{eq}[Ag(CN)_2^-] = 0.010 - x = 0.010 - 2.5 \times 10^{-16} \approx 0.010$

$\therefore c_{eq}[Ag(CN)_2^-] = 0.010 mol \cdot L^{-1}$，$c_{eq}[Ag(NH_3)_2^+] = 2.5 \times 10^{-16} mol \cdot L^{-1}$。

第十章 s 区元素

一、教学大纲要求

★掌握 s 区元素的通性。

★掌握 s 区元素重要化合物。

●了解 s 区元素化合物在医药中的应用。

二、重点内容

（一）s 区元素通性

（1）价电子构型：碱金属、碱土金属最外层电子排布分别为 ns^1 和 ns^2。

（2）氧化值：通常碱金属呈现+1 氧化值，碱土金属呈现+2 氧化值。

（3）金属性：碱金属、碱土金属都是活泼性很强的金属元素。碱金属原子只有一个价电子且原子半径较大，所形成的金属键较弱，容易失去最外层电子，是周期元素中金属性最强的元素。碱土金属最外层有两个电子参与成键，原子半径也小于同周期的碱金属，因此金属键比ⅠA 族强，它们的金属性比碱金属略差一些。

（4）强还原剂：碱金属和碱土金属单质都是强还原剂，碱金属有着更强的还原性。

（5）成键特征：碱金属和碱土金属在化合时，多以离子键为特征。

（6）锂、铍的特性：锂和铍由于原子半径相当小，离子的极化作用强，形成共价键的倾向比较显著。在ⅠA 和ⅡA 族元素中，锂和铍常常表现出与同族元素不同的化学性质，而是与右下角的元素镁和铝有许多相似之处（称为对角相似规则）。

（7）焰色反应：常见的碱金属和碱土金属及其挥发性化合物在火焰中灼烧，火焰均有特征的焰色。常利用焰色反应检定碱金属和碱土金属元素的存在。

（二）重要化合物

1. 氢化物

碱金属和钙、锶、钡在高温下都能直接与氢化合生成氢化物。这类氢化物都是白色盐状的离子晶体，故称为离子型氢化物或称盐型氢化物。

主要性质：离子型氢化物都是强还原剂[$E^{\ominus}(H_2/H^-)=2.23V$]，它们遇到含 H^+ 的物质，例如与水迅速反应放出氢气。

$$NaH+H_2O=NaOH+H_2\uparrow$$

2. 氧化物

碱金属、碱土金属和氧化合可生成普通氧化物、过氧化物和超氧化物。

1）普通氧化物：碱金属在空气中燃烧时，除锂生成氧化锂外，其他的碱金属的普通氧化物是用金属与它们的过氧化物或硝酸盐作用而制得的。碱土金属在室温或加热时，能与氧气直接化合生成氧化物，也可由碳酸盐或硝酸盐加热分解而制得。

主要性质：

（1）与水反应生成氢氧化物：碱金属氧化物与水反应生成相应的氢氧化物，反应程度由Li_2O到Cs_2O依次加强。

$$M_2O+H_2O=2MOH \quad （M为碱金属）$$

碱土金属氧化物基本为碱性氧化物（BeO为两性氧化物），其中氧化钙、氧化锶、氧化钡都能与水剧烈反应生成碱。

$$MO+H_2O=M(OH)_2 \quad （M为碱金属）$$

（2）热稳定性：碱金属氧化物、碱土金属氧化物都是稳定的化合物。氧化铍和氧化镁因为有很高的熔点，常用于制造耐火材料。

2）过氧化物（过氧化物中含有过氧离子O_2^{2-}）：碱金属都能形成过氧化物M_2O_2，碱土金属中的钙、锶、钡也能形成过氧化物MO_2。其中有实际应用价值的是过氧化钠。

过氧化钠是一种强氧化剂，与水或稀酸反应生成过氧化氢，过氧化氢立即分解放出氧气。

$$Na_2O_2+2H_2O=H_2O_2+2NaOH$$

$$2H_2O_2=2H_2O+O_2\uparrow$$

过氧化钠能与空气中的CO_2作用，放出氧气。

$$2Na_2O_2+2CO_2=2Na_2CO_3+O_2\uparrow$$

3）超氧化物（超氧化物中含有超氧离子O_2^-）：除锂、铍、镁外，其余碱金属和碱土金属都能形成超氧化物。其中钾、铷、铯在空气中燃烧能直接生成超氧化物。

超氧化物都是强氧化剂，与水和稀酸反应放出过氧化氢和氧气。

$$2MO_2+2H_2O=2MOH+H_2O_2+O_2\uparrow \quad （M为碱金属）$$

超氧化物能除去CO_2，并放出氧气。

$$4KO_2+CO_2=2K_2CO_3+2O_2\uparrow$$

3. 氢氧化物

主要性质：

（1）性状：碱金属和碱土金属氢氧化物都是白色固体，在空气中易与CO_2反应生成碳酸盐。

（2）溶解性：碱金属的氢氧化物易溶于水。碱土金属的氢氧化物溶解度较低，其溶解度由Be→Ba依次增大，氢氧化铍和氢氧化镁属难溶氢氧化物。

（3）碱性：碱金属和碱土金属氢氧化物中，除$Be(OH)_2$呈两性外，其他氢氧化物都是强碱或是中强碱。它们的碱性，在同族中自上至下递增。

$$LiOH<NaOH<KOH<RbOH<CsOH$$

$$Be(OH)_2<Mg(OH)_2<Ca(OH)_2<Sr(OH)_2<Ba(OH)_2$$

氢氧化物是否有两性及碱性强弱取决于它本身的离解方式。金属氢氧化物（ROH）在水中有两种离解方式，氢氧化物的离解方式与阳离子的极化作用有关。

$$R\,\vdots\!-OH \rightarrow R^+ + OH^- \qquad \text{碱式离解}$$

$$R-O\,\vdots\!-H \rightarrow RO^- + H^+ \qquad \text{酸式离解}$$

极化力的大小与离子势 ϕ 有关：$\phi=\frac{Z}{r}$

$\sqrt{\phi}<2.2$ 时　　氢氧化物呈碱性

$2.2<\sqrt{\phi}<3.2$ 时　　氢氧化物呈两性

$\sqrt{\phi}>3.2$ 时　　氢氧化物呈酸性

4. 重要的盐类

1）碳酸盐

（1）主要性质

①热稳定性：碱金属的碳酸盐一般具有较高的热稳定性，碱土金属的碳酸盐热稳定性比碱金属的碳酸盐要低，碱土金属的酸式碳酸盐热稳定性比正盐差。

②溶解性：碱金属的碳酸盐中，除碳酸锂外，其余均易溶于水。碱土金属的碳酸盐，除 $BeCO_3$ 外，其余都难溶于水，但它们在通入过量 CO_2 的水溶液中，由于形成酸式碳酸盐而溶解：

$$MCO_3(s)+CO_2+H_2O=M^{2+}+2HCO_3^- \quad (M=Ca、Sr、Ba)$$

难溶的碱土金属的碳酸盐，也可溶于稀的强酸溶液中，并放出 CO_2。

（2）重要碳酸盐：碳酸氢钠 $NaHCO_3$，俗称小苏打，它的水溶液呈弱碱性。常用于治疗胃酸过多和酸中毒，它在空气中会慢慢分解生成碳酸钠，应该密闭保存于干燥处。

碳酸钙 $CaCO_3$，是石灰石、大理石的主要成分，也是中药珍珠、钟乳石、海蛤壳的主要成分。

2）硫酸盐

（1）主要性质

①热稳定性：碱金属、碱土金属的硫酸盐具有较高的热稳定性，受热时难分解。

②溶解性：碱金属硫酸盐都易溶于水，碱土金属的硫酸盐大都难溶于水。

（2）重要的硫酸盐：$Na_2SO_4 \cdot 10H_2O$ 称为芒硝，在空气中易风化脱水变为无水硫酸钠。无水硫酸钠在中药中称玄明粉，为白色的粉末，有潮解性。在医药上，芒硝和玄明粉都用作缓泻剂。

$CaSO_4 \cdot 2H_2O$，俗称生石膏，受热脱去部分水生成烧石膏（煅石膏、熟石膏）$CaSO_4 \cdot \frac{1}{2}H_2O$。

$$2CaSO_4 \cdot 2H_2O = 2CaSO_4 \cdot \frac{1}{2}H_2O + 3H_2O$$

生石膏内服有清热泻火的功效。熟石膏有解热消炎的作用，是中医治疗流行性乙型脑炎“白虎汤”的主药之一。

硫酸钡($BaSO_4$)又叫重晶石，它是唯一无毒的钡盐，有强烈的吸收 X 射线的能力，医学上常用于胃肠道 X 射线造影检查。

3）氯化物

（1）主要性质

①热稳定性：碱金属、碱土金属的氯化物具有较高的热稳定性。

②溶解性：碱金属、碱土金属的氯化物都易溶于水。

（2）重要的氯化物：无水氯化钙 $CaCl_2$ 有强吸水性，是一种重要干燥剂。

氯化钡 $BaCl_2 \cdot 2H_2O$ 是重要的可溶性钡盐，可用于医药、灭鼠剂和鉴定 SO_4^{2-} 离子的试剂。氯化钡有剧毒，切忌入口。

氯化钠的矿物药名为大青盐。氯化钠它是维持体液平衡的重要盐分，常把氯化钠配制成生理盐水，供流血或失水过多的病人补充体液。

三、疑难辨析

（一）典型例题分析

【例 10-1】 为什么可以用 Na_2O_2 作为供氧剂？

答： 在潮湿的空气里，过氧化钠能与空气中的 CO_2 作用，放出氧气。

$$2Na_2O_2 + 2CO_2 = 2Na_2CO_3 + O_2 \uparrow$$

利用这一性质，过氧化钠可作高空飞行和潜水时的供氧剂。同时，过氧化钠无毒，为固体，未潮解时无腐蚀性，便于携带。

【例 10-2】 烧石膏为什么可用作石膏绷带？

答： 烧石膏 $CaSO_4 \cdot \frac{1}{2}H_2O$ 是生石膏 $CaSO_4 \cdot 2H_2O$ 加热至一定温度后，部分脱水的产物。

$$2CaSO_4 \cdot 2H_2O = 2CaSO_4 \cdot \frac{1}{2}H_2O + 3H_2O$$

这是一个可逆反应，当烧石膏与水混合成糊状时逐渐硬化并膨胀重新生成生石膏。外科用于制作石膏绷带。

（二）考点分析

【例 10-3】 选择题

（1）在周期表中ⅠA 族元素被称为碱金属元素的原因是（　　）

A. 碱性最强　　B. 不直接生成共价化合物

C. 金属氢氧化物溶于水呈强碱性　　D. ⅠA 族元素氢化物都是强还原剂

答案： C

【解题思路】 ⅠA 族元素的氧化物和氢氧化物多易溶于水呈强碱性，所以称为碱金属。ⅡA 族，由于钙、锶、钡的氧化物既有碱性（与碱金属相似），又有土性（与黏土中的氧化铝相似，熔点高又难溶于水），所以称为碱土金属。

（2）下列物质中热稳定性最高的是（　　）

A. $BeCO_3$　　B. $MgCO_3$　　C. $CaCO_3$　　D. $BaCO_3$

答案： D

【解题思路】碱土金属碳酸盐在常温下稳定，受热就分解为碱土金属氧化物和二氧化碳。碱土金属碳酸盐的热稳定性依 Be→Ba 的顺序增强。这是由于碱土金属离子半径逐渐增大，对 CO_3^{2-} 离子的极化作用减小。

【例 10-4】 完成并配平下列反应方程式：

(1) $Be(OH)_2(s)+OH^-(aq)\rightarrow$

反应方程式：$Be(OH)_2(s)+2OH^-(aq)=\!=\!=[Be(OH)_4]^{2-}(aq)$

【解题思路】氢氧化铍是两性的，所以能和碱反应。

(2) $Na_2O_2+MnO_4^-+H^+\rightarrow$

反应方程式：$5Na_2O_2+2MnO_4^-+16H^+=\!=\!=2Mn^{2+}+10Na^++5O_2\uparrow+8H_2O$

【解题思路】在过氧化钠中，氧的氧化值为－1，它有向－2 和零氧化值转化的两种可能性，因此它既有氧化性，又有还原性。Na_2O_2 主要作为氧化剂，尤其在酸性溶液中氧化性更强。只有遇到强氧化剂 MnO_4^- 等时，才表现出还原性。

四、补充习题

(一) 是非题

1. 碱金属单质不能在自然界存在。(　)

2. 无水 $CaCl_2$ 具有强的吸水性，可以干燥乙醇、氨等许多化合物。(　)

3. ⅠA 族元素与ⅠB 族元素原子的最外层都有一个 s 电子，故两者单质的活泼性基本相同。(　)

4. 碱金属元素是最活泼的金属元素。(　)

5. $BaSO_4$ 常用作胃肠道 X 光造影剂，而 $BaCO_3$ 绝不可以。(　)

6. 热稳定性：碱金属的碳酸盐＞碱土金属的碳酸正盐＞碱土金属的酸式盐。(　)

7. 碱金属和碱土金属的氢氧化物中只有 $Be(OH)_2$ 呈两性。(　)

8. 碱金属和碱土金属的过氧化物和超氧化物均能吸收 CO_2 再生 O_2。(　)

9. 碱金属的碳酸盐均易溶于水，碱土金属的碳酸盐均难溶于水。(　)

10. 超氧离子 O_2^- 中含有一个普通双键。(　)

(二) 选择题

1. 单选题

(1) 碱金属的价电子层结构是(　)

A. ns^1　　B. ns^2　　C. $(n-1)d^{10}ns^1$　　D. $(n-1)d^{1\sim9}ns^2$

(2) 碱金属元素在空气中燃烧，它们的产物是(　)

A. 都是氧化物 M_2O　　B. Na、K 的主要产物是 M_2O_2

C. K、Rb、Cs 主要产物是 MO_2　　D. Rb、Cs 的主要产物是 MO_3

(3) 下列碳酸盐中最易分解为氧化物的是(　)

A. $CaCO_3$　　B. $BaCO_3$　　C. $MgCO_3$　　D. $SrCO_3$

(4) Na_2O_2 与稀 H_2SO_4 反应的产物是(　)

A. Na_2SO_4、H_2O_2　　B. Na_2SO_4、O_2 和 H_2O

C. Na_2SO_3、H_2O　　D. $Na_2S_2O_8$、O_2

(5) 下列氯化物中能溶于有机溶剂的是（　　）

A. LiCl　　B. NaCl　　C. KCl　　D. $CaCl_2$

(6) 下列原子半径 r 的大小顺序，正确的是（　　）

A. $r(Mg)<r(K)<r(Ca)$　　B. $r(Mg)<r(Ca)<r(K)$

C. $r(Mg)>r(K)>r(Ca)$　　D. $r(K)>r(Mg)>r(Ca)$

(7) 与碱土金属相比，碱金属表现出（　　）

A. 较大的硬度　　B. 较高的熔点

C. 较小的离子半径　　D. 较低的电离能

(8) 下列化合物中熔点最高的是（　　）

A. MgO　　B. CaO　　C. SrO　　D. BaO

(9) 金属钠与下列溶液反应时，既有沉淀析出，又有气体逸出的是（　　）

A. $BaCl_2$　　B. K_2SO_4　　C. $FeCl_3$　　D. NH_4NO_3

(10) 碱金属作为还原剂适用于下列哪种情况（　　）

A. 低温时的水溶液　　B. 高温反应

C. 含有氧化性物质的水溶液　　D. 干态和有机反应中

2. 多选题

(1) 下列化合物中，属于离子型化合物的是（　　）

A. NaCl　　B. $CaCl_2$　　C. $AlCl_3$　　D. $FeCl_3$

(2) 下列物质加入水中有气体放出的是（　　）

A. K　　B. NaO　　C. Na_2CO_3　　D. K_2O_2

(3) 下列关于 Na_2O_2 的性质正确的是（　　）

A. 强氧化剂，有时也呈现还原性

B. 呈强碱性

C. 与水、稀酸或 CO_2 作用放出氧气

D. 熔融的过氧化钠遇棉花、炭粉、铝粉会爆炸

(4) 以下金属的极化作用强，形成共价键倾向比较显著的是（　　）

A. K　　B. Na　　C. Be　　D. Li

(5) 碱金属和 Ca、Sr、Ba 在高温下都能直接与 H 化合生成氢化物，这类氢化物都是白色盐状的离子晶体。以下能形成离子型氢化物或盐型氢化物的元素是（　　）

A. Ca　　B. Sr　　C. Ba　　D. Li

(三) 填空题

1. 实验室中将金属 Na 存放在________。
2. 实验室中将金属 Li 封存在________。
3. 中药芒硝的主成分是________。
4. 中药珍珠、钟乳石、海蛤壳的主要成分是________。
5. 碱金属氢化物中最稳定的是________。

6. 用于医药、灭鼠剂和鉴定 SO_4^{2-} 离子的试剂是________，用作泻剂的芒硝是________。

7. 俗称玄明粉的化合物是________。

8. 某元素与它的左上方或右下方另一元素的性质相似性被称为________规则。

9. 碱金属及碱土金属的挥发性盐类在无色火焰中灼烧时，火焰会产生________，该试验被称为________，可用于________。

10. 碱金属的过氧化物和超氧化物与 H_2O 和 CO_2 反应均会产生________，因此常用作________和________。

11. 碱金属氢氧化物的碱性从上至下________，碱土金属氢氧化物的碱性从上至下________。

（四）简答题

1. 为什么 $BaSO_4$ 在医学上常用于胃肠道疾病 X 射线透视造影检查？

2. 放置一段时间的 $Ba(OH)_2$ 溶液的瓶子内壁常蒙一层白色薄膜，这是什么物质？欲除去这层薄膜，应取何种物质洗涤？

3. 实验室盛放 NaOH 试剂的瓶子为什么不能用玻璃塞？

4. 完成并配平下列方程式：

$NaH + H_2O \longrightarrow$

$Na_2O_2 + H_2O \longrightarrow$

$KO_2 + CO_2 \longrightarrow$

$Na_2O_2 + CO_2 \longrightarrow$

5. 钙在空气中燃烧生成什么物质？产物与水作用有何现象发生？以化学反应式来说明。

6. 试述几种区别碳酸氢钠和碳酸钠的方法。

7. 有一种白色固体混合物，其中含有 KCl、$MgSO_4$、$BaCl_2$、$CaCO_3$ 中的几种，根据下列实验现象判断混合物中有哪几种化合物？

(1) 混合物溶于水得透明溶液。

(2) 对溶液做焰色反应，通过蓝色钴玻璃观察到紫色。

(3) 向溶液中加碱产生白色胶状沉淀。

8. *s* 区某金属 A 与水反应激烈，生成的产物之一 B 溶液呈碱性，B 与溶液 C 反应可得到中性溶液 D，D 在无色火焰中的焰色反应呈黄色。在 D 中加入 $AgNO_3$ 溶液有白色沉淀 E 生成，E 可溶于氨水中。一淡黄色粉末状物质 F 与金属 A 反应生成 G，G 溶于水得到 B 溶液。F 溶于水则得到 B 和 H 的混合溶液，H 的酸性溶液可使高锰酸钾溶液褪色，并放出气体 I。试确定各字母所代表物质的化学式，写出有关的化学方程式。

五、补充习题参考答案

（一）是非题

1. √　2. ×　3. ×　4. √　5. √

6. ×　7. √　8. √　9. ×　10. ×

(二) 选择题

1. 单选题

(1) A (2) C (3) C (4) A (5) A (6) B

(7) D (8) A (9) C (10) D

2. 多选题

(1) AB (2) AD (3) ABCD (4) CD (5) ABC

(三) 填空题

1. 煤油中 2. 固体石蜡中保存 3. $Na_2SO_4 \cdot 10H_2O$ 4. $CaCO_3$

5. LiH 6. $BaCl_2 \cdot 2H_2O$；$Na_2SO_4 \cdot 10H_2O$ 7. 无水 Na_2SO_4

8. 对角相似 9. 特征的焰色；焰色反应；鉴定某些金属离子

10. O_2；供氧剂；CO_2 吸收剂 11. 增强；增强

(四) 简答题

1. **答：** 可溶性钡盐如 $BaCl_2$ 等是有剧毒的。由于 $BaSO_4$ 的溶解度非常小，不溶于水和胃酸；能阻止 X 射线透过，不会被胃肠道所吸收且能完全排出体外，不会使人中毒，所以 $BaSO_4$ 可用于胃肠道疾病 X 射线透视造影检查。

2. **答：** $Ba(OH)_2$ 溶液的瓶子内壁上的白色薄膜是 $BaCO_3$，$Ba(OH)_2$ 可与空气中 CO_2 反应生成 $BaCO_3$。

$$Ba(OH)_2 + CO_2 = BaCO_3 + H_2O$$

用盐酸溶液洗涤瓶子内壁即可将白色薄膜 $BaCO_3$ 除去。

$$BaCO_3 + 2HCl = BaCl_2 + H_2O + CO_2$$

3. **答：** 实验室盛放 NaOH 试剂的瓶子要用橡皮塞子而不能用玻璃塞。因为 NaOH 能与玻璃中的主要成分 SiO_2 缓慢反应，生成可溶于水的具黏性的 Na_2SiO_3，将玻璃塞和瓶口粘在一起。

$$2NaOH + SiO_2 = Na_2SiO_3 + H_2O$$

4. **答：** $NaH + H_2O = NaOH + H_2\uparrow$

$2Na_2O_2 + 2H_2O = 4NaOH + O_2\uparrow$

$4KO_2 + 2CO_2 = 2K_2CO_3 + 3O_2\uparrow$

$2Na_2O_2 + 2CO_2 = 2Na_2CO_3 + O_2\uparrow$

5. **答：** 钙在空气中燃烧生成 CaO 和 Ca_3N_2：

$2Ca + O_2 = 2CaO$

$3Ca + N_2 = Ca_3N_2$

产物和水作用放出大量热，并能嗅到氨的气味。

$CaO + H_2O = Ca(OH)_2$

$Ca_3N_2 + 6H_2O = 3Ca(OH)_2 + 2NH_3\uparrow$

6. **答：** (1) 将酚酞指示剂加入 Na_2CO_3 水溶液，显红色。$NaHCO_3$ 溶液加入酚酞不变色。因为 Na_2CO_3 的碱性比 $NaHCO_3$ 强。

(2) 将 $NaHCO_3$ 固体加热有 CO_2 放出。Na_2CO_3 加热熔融而不分解。

(3) $NaHCO_3$ 溶解度较小，Na_2CO_3 易溶于水。

7. **答：**现象（1）说明混合物中没有 $CaCO_3$，不同时含有 $MgSO_4$、$BaCl_2$；（2）说明有 KCl；（3）说明有 $MgSO_4$。由此判断混合物中有 KCl 和 $MgSO_4$。

8. **答：**A、B、C、D、E、F、G、H、I 所代表物质的化学式依次为 Na、NaOH、HCl、NaCl、AgCl、Na_2O_2、Na_2O、H_2O_2、O_2。各步反应方程式表示如下：

$$2Na+2H_2O=2NaOH+H_2\uparrow$$

$$NaOH+HCl=NaCl+H_2O$$

$$NaCl+AgNO_3=AgCl\downarrow+NaNO_3$$

$$AgCl(s)+2NH_3\cdot H_2O=[Ag(NH_3)_2]Cl+2H_2O$$

$$Na_2O_2+2Na=2Na_2O$$

$$Na_2O_2+2H_2O=H_2O_2+2NaOH$$

$$5H_2O_2+6H^++2MnO_4^-=2Mn^{2+}+5O_2\uparrow+8H_2O$$

第十一章 p 区元素

一、教学大纲要求

▲熟悉 p 区元素性质与其电子层结构的关系。

▲熟悉 p 区各族元素的通性，并能运用学过的理论加以认识。

★掌握 p 区各族元素某些重要化合物的基本性质。

二、重点内容

(一) 卤族元素

1. 卤族元素的通性

1）价电子构型：卤素原子具有 ns^2np^5 的外层电子构型。

2）氧化值：常见氧化值为－1，也可显示＋1、＋3、＋5、＋7 的氧化值。

3）非金属性：卤族元素是同周期中最活泼的非金属元素。

4）强氧化性：卤素单质表现出强氧化性。

5）卤素性质递变具有明显的规律性：如共价半径、离子半径、溶沸点都随原子序数增大而增大，而电离能、电子亲和能、水合能、电负性等随原子序数增大而减小。

2. 重要化合物

1）卤化氢和氢卤酸

卤化氢是具有刺激性气味的无色气体，都是极性分子，易溶于水形成氢卤酸。

卤化氢和氢卤酸主要性质：

（1）热稳定性：卤化氢有较高的热稳定性，对热的稳定性按照 HF→HCl→HBr→HI 的顺序急剧下降。

（2）酸性：除氢氟酸外，其余的氢卤酸都是强酸，酸性按照 HCl→HBr→HI 的顺序依次增强。

（3）还原性：氢卤酸有一定的还原性，其还原能力按 HF→HCl→HBr→HI 的顺序增加。例如浓硫酸能氧化溴化氢和碘化氢，但不能氧化氟化氢和氯化氢。

$$2HBr + H_2SO_4(浓) = Br_2 + SO_2\uparrow + 2H_2O$$

$$8HI + H_2SO_4(浓) = 4I_2 + H_2S\uparrow + 4H_2O$$

（4）氢氟酸的特性

①氢氟酸是弱酸，但当浓度大于 $5mol\cdot L^{-1}$时，氢氟酸为强酸。

②氢氟酸具有与 SiO_2 或硅酸盐反应生成气态 SiF_4 的特殊性质。可利用这一性质来刻蚀

玻璃或溶解各种硅酸盐。

$$SiO_2 + 4HF = SiF_4 \uparrow + 2H_2O$$

2）卤化物和多卤化物

（1）卤化物：卤化物可分为金属卤化物和非金属卤化物，按卤化物的化学键型，也可大体分为离子型卤化物（如 KCl、$CaCl_2$、$FeCl_2$ 等）和共价型卤化物（$AlCl_3$、CCl_4、PCl_3 等）两大类型。

离子型卤化物具有较高的熔点和沸点，能溶于极性溶剂。共价型卤化物具有较低的溶、沸点，溶于水。有些共价型卤化物遇水发生水解反应。

（2）多卤化物：金属卤化物能与卤素单质和卤素互化物加合生成多卤化物。例如，配制药用碘酒（碘酊）时，加入适量的 KI 可使碘的溶解度增大。$KI + I_2 = KI_3$

3）卤素含氧酸及其盐：氯、溴和碘含氧酸，分别为次卤酸（HXO）、亚卤酸（HXO_2）、卤酸（HXO_3）和高卤酸（HXO_4）。

（1）次卤酸及其盐

①次卤酸主要化学性质

弱酸性：次卤酸（HXO）是弱酸。

不稳定性：次卤酸极不稳定，仅能存在于水溶液中，在水溶液中按下列两种方式进行分解：

分解反应 $2HXO = 2HX + O_2$

歧化反应 $3HXO = 2HX + HXO_3$

强氧化性：次卤酸都是强氧化剂，它具有漂白、杀菌的功能。氯水和漂白粉的漂白、杀菌功能是由于次氯酸的作用。

歧化反应：在酸性介质中，仅次氯酸根会发生歧化反应。在碱性介质中，卤素单质发生歧化反应生成 X^- 和 XO^- 离子，而 XO^- 离子易进一步歧化生成 XO_3^- 离子，XO^- 离子在碱性介质中的歧化速率与温度有关。

$$X_2 + 2OH^- = X^- + XO^- + H_2O$$

$$3XO^- = 2X^- + XO_3^-$$

②次卤酸盐：次卤酸盐中比较重要的是次氯酸盐。次氯酸钙 $Ca(ClO)_2$ 是漂白粉的有效成分。将氯气与廉价的消石灰作用，通过歧化反应可制得漂白粉

$$2Cl_2 + 3Ca(OH)_2 = Ca(ClO)_2 + CaCl_2 \cdot Ca(OH)_2 \cdot 2H_2O$$

（2）卤酸及其盐

①卤酸主要化学性质

热稳定性：卤酸的稳定性较次卤酸高，其稳定性按 $HClO_3 \rightarrow HBrO_3 \rightarrow HIO_3$ 的顺序依次增强。

酸性：卤酸都是强酸，其酸性按 $HClO_3 \rightarrow HBrO_3 \rightarrow HIO_3$ 的顺序依次减弱。

氧化性：卤酸的浓溶液都是强氧化剂，其中以溴酸的氧化性最强，$BrO_3^- > ClO_3^- > IO_3^-$。

②卤酸盐主要化学性质

热稳定性：卤酸盐的热稳定性皆高于其相应的酸。卤酸盐的热分解反应较为复杂，如氯

酸钾在催化剂的影响下，在不同的温度分解方式不同。

氧化性：卤酸盐在水溶液中氧化能力较弱，在酸性溶液中氧化性增强。其中最为重要的是氯酸钾。固体氯酸钾是强氧化剂，氯酸钾大量用于制造火柴、信号弹、焰火等。

（3）高卤酸及其盐

①高氯酸：是无机酸中最强的酸。浓热高卤酸都是强氧化剂，稀冷的高氯酸溶液几乎不显氧化性。高卤酸中以高溴酸的氧化性最强，高碘酸在酸性溶液中可将 Mn^{2+} 离子氧化为紫红色的 MnO_4^-，分析化学中常把 IO_4^- 当做稳定的强氧化剂使用。

$$2Mn^{2+} + 5IO_4^- + 3H_2O = 2MnO_4^- + 5IO_3^- + 6H^+$$

②高卤酸盐：高卤酸盐较为稳定，如 $KClO_4$ 的分解温度高于 $KClO_3$，用 $KClO_4$ 制成的炸药称“安全炸药”。

（二）氧族元素

1. 氧族元素的通性

1）价电子构型：氧族元素原子具有 ns^2np^4 的外层电子构型。

2）氧化值：常见氧化值为－2，也可显示＋2、＋4、＋6，氧显－2 氧化值（但 OF_2 中为＋2）。

3）非金属性：氧族元素的非金属活泼性弱于卤族元素。随着原子序数的增加，元素的非金属性逐渐减弱，元素的金属性逐渐增强。

4）氧族元素中最重要的元素氧和硫：氧的电负性最高，仅次于氟，所以性质非常活泼，与卤族元素较为相似。氧与大多数金属化合时主要形成离子型，化合物硫与大多数金属化合时主要形成共价化合物。

2. 重要化合物

1）过氧化氢：纯过氧化氢 H_2O_2 为淡蓝色黏稠液体，水溶液称双氧水，是极性分子。H_2O_2 分子中有一个过氧链（－O－O－），两端的氧原子各连着一个氢原子。其中氧原子均采取不等性 sp^3 杂化，几何构型像一本半敞开的书。

（1）过氧化氢主要化学性质

①弱酸性：过氧化氢是极弱的酸，在水中微弱地电离。

②不稳定性：高纯的 H_2O_2 在较低温度下是比较稳定的，缓慢分解放出 O_2，受热时剧烈分解。光照，碱性介质和少量重金属离子的存在，都将大大加快其分解速度。

$$2H_2O_2 = 2H_2O + O_2\uparrow$$

③氧化还原性：H_2O_2 既有氧化性又有还原性。在酸性溶液中 H_2O_2 是一种强氧化剂，在碱性介质中 H_2O_2 是中等强度的氧化剂，如：

$$3H_2O_2 + 2CrO_2^- + 2OH^- = 2CrO_4^{2-} + 4H_2O$$

当遇到强氧化剂时 H_2O_2 表现出还原性。

$$2KMnO_4 + 5H_2O_2 + 3H_2SO_4 = 2MnSO_4 + 5O_2\uparrow + K_2SO_4 + 8H_2O$$

（2）过氧化氢的鉴定(药典法)：利用它在酸性溶液中能与 $K_2Cr_2O_7$ 作用生成蓝紫色过氧化铬 CrO_5 的反应。

2）硫化氢和金属硫化物

（1）硫化氢：硫化氢是无色有臭鸡蛋味的有毒气体。H_2S 分子的结构与水类似，呈 V 形，分子的极性弱于水分子。

硫化氢主要化学性质：

①弱酸性：H_2S 的水溶液称为氢硫酸，是一种二元弱酸。

②还原性：H_2S 中的硫处于低氧化值(−2)，具有较强的还原性，能被氧化为单质硫或更高的氧化值。如：

$$2H_2S+O_2=2S\downarrow+2H_2O$$

在定性分析中，H_2S 还作为分离溶液中阳离子的沉淀剂。以醋酸铅试纸检验 H_2S 可使试纸变黑。

（2）金属硫化物：电负性较硫小的元素与硫形成的化合物称为硫化物，其中大多数为金属硫化物。

金属硫化物的主要性质

①难溶性：在金属硫化物中，碱金属硫化物和硫化铵易溶于水，其余大多数都是难溶于水，并具有特征性颜色的固体。

金属硫化物在酸中的溶解情况可分为下列三种类型：$K_{sp}^{\ominus}$ 较大的金属硫化物如 MnS、NiS、ZnS、FeS 等可溶于盐酸。$K_{sp}^{\ominus}$ 较小的金属硫化物如 CuS、Ag_2S、As_2S_3 等能溶于硝酸。$K_{sp}^{\ominus}$ 非常小的 HgS 只能溶于王水。

②水解性：S^{2-} 离子是弱酸根离子，所以不论是易溶硫化物还是难溶硫化物，都有不同程度的水解作用。高价金属硫化物几乎完全水解，如 Al_2S_3 在水溶液中实际是不存在的。

3）硫的含氧酸及其盐

硫能形成多种含氧酸，但许多不能以自由酸的形式存在，只能以盐的形式存在。

（1）亚硫酸及盐：二氧化硫水溶液称为亚硫酸 H_2SO_3。H_2SO_3 不能从水溶液中被分离出来。

亚硫酸及其盐的主要化学性质：

①酸性：亚硫酸是二元酸中的强酸，可以形成它的正盐和酸式盐。

②氧化还原性：亚硫酸及盐中硫的氧化值为+4，因此它们既有氧化性又有还原性，通常以还原性为主，产物为 SO_4^{2-}。亚硫酸、亚硫酸盐放置后，容易转变为硫酸、硫酸盐而失去还原性。

$$Na_2SO_3+Cl_2+H_2O=Na_2SO_4+2HCl$$

只有遇到强还原剂时，亚硫酸及其盐才表现出氧化性。

$$SO_3^{2-}+2H_2S+2H^+=3S\downarrow+3H_2O$$

（2）硫酸及其盐

硫酸是常用的高沸点(611K)酸。浓 H_2SO_4 易溶于水，溶解时产生大量的热。

①硫酸的结构：硫酸分子具有四面体构型，中心硫原子采用不等性 sp^3 杂化，与氧形成 σ 键，硫原子与两个非羟基氧原子之间还形成附加的 $d-p\pi$ 配键。

②硫酸主要的化学性质

酸性：硫酸是二元强酸。稀硫酸具有一般酸的通性，浓硫酸还具有两个特性。

强烈的吸水性和脱水性：浓 H_2SO_4 是工业和实验室中常用的干燥剂，如干燥氯气、氢气和二氧化碳等气体。它不但能吸收游离的水分，还能从糖类等有机化合物中夺取与水分子组成相当的氢和氧，使这些有机物炭化。浓 H_2SO_4 能严重地破坏动植物的组织。

强氧化性：浓 H_2SO_4 可以氧化多种金属和非金属，本身的还原产物通常是 SO_2。但在强还原剂作用下，可被还原为 S 或 H_2S。

$$C+2H_2SO_4(浓)=CO_2\uparrow+2SO_2\uparrow+2H_2O$$

$$4Zn+5H_2SO_4(浓)=4ZnSO_4+H_2S\uparrow+4H_2O$$

$$3Zn+4H_2SO_4(浓)=3ZnSO_4+S\downarrow+4H_2O$$

③硫酸盐：硫酸可以形成两种类型的盐，即正盐和酸式盐。大多数硫酸盐能溶于水，只有 $PbSO_4$、$CaSO_4$、$BaSO_4$ 等难溶于水。酸式硫酸盐都易溶于水，其水溶液呈酸性。

（3）硫代硫酸及其盐

①硫代硫酸（$H_2S_2O_3$）硫代硫酸极不稳定，不能游离存在，只能制得它的盐。

②硫代硫酸钠（$Na_2S_2O_3\cdot 5H_2O$），硫代硫酸钠俗称海波或大苏打，易溶于水，其水溶液显弱碱性。

硫代硫酸钠主要的化学性质：

遇酸分解：硫代硫酸钠在中性、碱性溶液中很稳定，在酸性溶液中迅速分解，得到 H_2SO_3 的分解产物 SO_2 和 S。定影液遇酸失效，是基于此反应。

$$Na_2S_2O_3+2HCl=2NaCl+S\downarrow+SO_2\uparrow+H_2O$$

还原性：$Na_2S_2O_3$ 是一个中等强度的还原剂，能和许多氧化剂发生反应。

$$2Na_2S_2O_3+I_2=Na_2S_4O_6+2NaI$$

$Na_2S_2O_3$ 若遇到 Cl_2、Br_2 等强氧化剂可被氧化为硫酸。

$$Na_2S_2O_3+4Cl_2+5H_2O=2H_2SO_4+2NaCl+6HCl$$

配位性：$S_2O_3^{2-}$ 离子有非常强的配合能力，是一种常用的配位剂。

$$2S_2O_3^{2-}+AgBr=[Ag(S_2O_3)_2]^{3-}+Br^-$$

$Na_2S_2O_3\cdot 5H_2O$ 在医药行业中用来做金属、砷化物、氰化物的解毒剂等。

（4）过二硫酸及其盐

①过二硫酸：过二硫酸 $H_2S_2O_8$ 化学性质与浓硫酸相似。过二硫酸有极强的氧化性，能使纸张炭化。

②过二硫酸盐：所有的过二硫酸盐都是强氧化剂，可将无色的 Mn^{2+} 离子氧化为紫色的 MnO_4^-。

$$2Mn^{2+}+5S_2O_8^{2-}+8H_2O\xlongequal{Ag^+}2MnO_4^-+10SO_4^{2-}+16H^+$$

（三）氮族元素

1. 氮族元素的通性

1）价电子构型：氮族元素的原子具有 ns^2np^3 的外层电子构型。

2）氧化值：主要氧化值为－3、＋3、＋5，氮族元素得电子趋势较小，显负价较为困难。

3）元素的性质：本族元素表现出从典型非金属元素到典型金属元素的完整过渡。氮和磷是典型的非金属，随着原子半径增大，砷过渡为半金属，锑和铋为金属元素。

4）成键特征：形成共价化合物，是本族元素的特征。

5）惰性电子对效应：本族元素从上到下，随着 ns^2 电子对稳定性增加，化合物由高氧化值(+5)稳定过渡到低氧化值(+3)稳定的趋势。

2. 重要化合物

1）氨和铵盐

(1) 氨：氨分子有较大极性，在液态和固态 NH_3 分子间还存在氢键，所以 NH_3 的凝固点、熔点、沸点、蒸发热都高于同族其他元素的氢化物。氨是一种有刺激性气味的无色气体，它极易溶于水。溶有氨的水溶液通常称为氨水，

氨主要的化学性质：

①弱碱性：氨有孤对电子，可以结合水分子中的 H^+，并放出一个 OH^-，氨水溶液呈弱碱性。

$$NH_3 + H_2O \rightleftharpoons NH_3 \cdot H_2O \rightleftharpoons NH_4^+ + OH^-$$

②还原性：氨分子中的 N 原子处于最低氧化值(−3)，因此氨具有还原性。

③加合性：氨分子中的氮原子上含有孤电子对，氨作为 Lewis 碱，能与许多含有空轨道的离子或分子形成各种形式的加合物。氨能和金属离子形成氨配合物，如 $[Ag(NH_3)_2]^+$ 等。

④取代性：氨分子中的氢原子能被其他原子或原子团所取代，生成氨基($-NH_2$)、亚氨基($=NH$)和氮化物($\equiv N$)的衍生物。

(2) 铵盐：氨和酸作用形成易溶于水的铵盐。铵盐的晶形、溶解度和钾盐、铷盐十分相似，因此在化合物分类时将铵盐归属于碱金属盐类。

铵盐主要的化学性质：

①水解性：由于氨呈弱碱性，所以铵盐都有一定程度的水解。

②稳定性：固体铵盐加热极易分解，其分解产物一般为氨和相应的酸。若相应酸具有氧化性，则分解出的氨被进一步氧化。

$$NH_4Cl = NH_3\uparrow + HCl\uparrow$$

$$2NH_4NO_3 = 2N_2 + O_2\uparrow + 4H_2O$$

铵盐在工农业生产应用广泛，NH_4Cl、$(NH_4)_2SO_4$ 等常用作化肥，NH_4NO_3 可用于制造炸药。

2）氮的含氧酸及其盐

(1) 亚硝酸及其盐：亚硝酸及其盐的主要化学性质：

①弱酸性：亚硝酸是一弱酸。

②稳定性：亚硝酸极易分解，只存在于冷的稀溶液中，浓溶液或加热时即分解为 NO 和 NO_2。亚硝酸盐比亚硝酸稳定。

$$2HNO_2 \longrightarrow H_2O + NO\uparrow + NO_2\uparrow$$

③氧化还原性：亚硝酸及其盐既有氧化性又有还原性。在亚硝酸及其盐中氮原子具有中间氧化值+3，在酸性介质中 NO_2^- 以氧化性为主。如：

$$2NO_2^- + 2I^- + 4H^+ = 2NO + I_2 + 2H_2O$$

只有遇到强氧化剂时，亚硝酸及其盐才显示还原性，被氧化为 NO_3^-。

$$2MnO_4^- + 5NO_2^- + 6H^+ = 2Mn^{2+} + 5NO_3^- + 3H_2O$$

④配位性：NO_2^- 是一个很好的配位体，能与许多过渡金属离子生成配离子。

(2) 硝酸及其盐：纯硝酸是无色透明的油状液体。溶有过多 NO_2 的浓 HNO_3 叫发烟硝酸。

①硝酸的结构：硝酸分子是平面型结构，中心原子 N 采取 sp^2 杂化，与两个非羟基氧原子形成一个三中心四电子离域 π 键(π_3^4)。在非羟基氧和氢原子之间还存在一个分子内氢键。

在 NO_3^- 离子中，N 原子与三个氧原子形成了一个四中心六电子离域 π 键(π_4^6)。

②硝酸主要的化学性质

强酸性：是无机酸三大强酸之一。

稳定性：硝酸不稳定，受热或见光时发生分解反应。实验室通常把浓 HNO_3 盛于棕色瓶中，存放于阴凉处。

$$4HNO_3 = 2H_2O + 4NO_2\uparrow + O_2\uparrow$$

强氧化性：硝酸最重要的化学性质是它的强氧化性。它能氧化许多非金属单质和除 Au、Pt 等贵重金属外的绝大多数的金属。通常反应得到的是多种还原产物的混合物。硝酸的还原产物主要取决于硝酸的浓度、金属的活泼性和反应的温度。浓硝酸与金属反应，主要还原产物是 NO_2，稀硝酸与不活泼金属反应，主要还原产物是 NO，而与活泼金属反应，主要还原产物是 NH_4^+。例如：

$$Cu + 4HNO_3(浓) = Cu(NO_3)_2 + 2NO_2\uparrow + 2H_2O$$

$$3Cu + 8HNO_3(稀) = 3Cu(NO_3)_2 + 2NO\uparrow + 4H_2O$$

$$4Zn + 10HNO_3(很稀) = 4Zn(NO_3)_2 + NH_4NO_3 + 3H_2O$$

此时不能误认为硝酸的浓度越稀，其氧化性就越强。

③硝酸盐：几乎所有的硝酸盐都是易溶于水的无色晶体。

硝酸盐主要的化学性质：

氧化性：硝酸盐的水溶液不显示氧化性，固体硝酸盐在受热时分解放出 O_2，表现出强的氧化性。

稳定性：硝酸盐在常温下是较稳定的，在高温时硝酸盐发生分解，热分解产物决定于盐的阳离子的性质。碱金属和碱土金属的硝酸盐加热分解为亚硝酸盐。电势顺序在 Mg 和 Cu 之间的金属硝酸盐分解为相应的氧化物。电势顺序在 Cu 以后的金属硝酸盐分解为金属。例如：

$$2AgNO_3 = 2Ag + 2NO_2\uparrow + O_2\uparrow$$

3) 磷酸及其盐：磷能形成多种含氧酸，其中最重要的是正磷酸(H_3PO_4)，简称磷酸。磷酸受强热时分子间脱水，生成焦磷酸等。

(1) 磷酸：磷酸主要的化学性质：

①酸性：磷酸是高沸点的三元中强酸。

②稳定性：磷酸很稳定，不挥发也不分解。

③氧化性：常温下没有氧化性。

(2) 磷酸盐：磷酸可形成正盐和两种酸式盐。

磷酸盐主要的性质：

①水溶性：绝大多数的磷酸二氢盐都易溶于水，而磷酸一氢盐和正盐除 K^+、Na^+、NH_4^+ 盐外都难溶于水。

②水解性：可溶性的磷酸盐在水中有不同程度的水解，使溶液显示不同的 pH 值。如磷酸钠水解使溶液呈碱性。酸式盐中由于同时发生水解和电离，溶液的酸碱性取决于水解和电离的相对强弱。Na_2HPO_4 水解倾向大于电离，其溶液显弱碱性；而 NaH_2PO_4 电离倾向大于水解，其溶液显酸性。

③配位性：磷酸根离子具有强的配位能力，能与许多金属离子形成可溶性配合物。

4) 砷的化合物

(1) 砷的氢化物：砷化氢 AsH_3 是无色带有大蒜味的剧毒气体。在缺氧的条件下，AsH_3 受热分解为单质砷。

AsH_3 是一种很强的还原剂，能使重金属从其盐中沉积出来。检出限量为 0.005mg（古氏试砷法）。

$$2AsH_3+12AgNO_3+3H_2O=As_2O_3+12HNO_3+12Ag\downarrow$$

(2) 砷的氧化物和含氧酸：砷有氧化值为 +3 和氧化值为 +5 的两种氧化物及其水合物。

①三氧化二砷(As_2O_3)：俗称砒霜，As_2O_3 是白色剧毒粉末，致死量是 0.1g。微溶于水生成亚砷酸 H_3AsO_3。

②五氧化二砷（As_2O_5）：易溶于水，其水合物砷酸 H_3AsO_4 是中等强度的三元酸。H_3AsO_4 在较强的酸性介质中，是中等强度的氧化剂。

③鉴定砷的“马氏试砷法”：是依据 AsH_3 受热分解的反应。将试样、锌和盐酸混合，使生成的气体导入热玻璃管中。若试样中含有砷的化合物，则生成的 AsH_3 在玻璃管壁的受热部位分解，砷积聚出现亮黑色的“砷镜”。(能检出 0.007mgAs)。有关方程式如下：

$$As_2O_3+6Zn+6H_2SO_4=2AsH_3\uparrow+6ZnSO_4+3H_2O$$

$$\llcorner\ 2As\downarrow(\text{砷镜})+3H_2\uparrow$$

5) 铋酸钠：铋酸钠（$NaBiO_3$）是一种很强的氧化剂。在酸性溶液中，能把 Mn^{2+} 氧化为 MnO_4^-。这一反应常被用来鉴定 Mn^{2+}。

$$2Mn^{2+}+5BiO_3^-+14H^+=2MnO_4^-+5Bi^{3+}+7H_2O$$

(四) 碳族元素

1. 碳族元素的概述

1) 价电子构型：碳族元素的原子具有 ns^2np^2 的外层电子构型。

2) 氧化值：惰性电子对效应在本族元素中表现得比较明显。碳、硅主要的氧化值为 +4，随着原子序数的增加，ns^2 电子对逐渐趋向稳定。锗、锡、铅中稳定氧化值逐渐由 +4 变为 +2。

3) 元素的性质：碳和硅为非金属元素，硅也呈现较弱的金属性，但仍以非金属性为主，锗是半金属元素，锡和铅是金属元素。

4）成键特征：形成共价化合物，是本族元素的特征。

5）同种原子自相结合成链的特性：碳族元素成链作用的趋势大小与键能有关，键能越高，成键作用就愈强。C—C 键、C—H 键和 C—O 键的键能都很高，C 的成链作用最为突出。这是碳元素能形成数百万种有机化合物的基础。

2. 重要化合物

1）碳酸及其盐：二氧化碳溶于水成碳酸。在 CO_2 溶液中只有一小部分 CO_2 生成 H_2CO_3，大部分是以水合分子的形式存在。

（1）碳酸：碳酸主要的性质：

①酸性：H_2CO_3 为二元弱酸。

②稳定性：H_2CO_3 很不稳定，浓度增大时立即分解放出 CO_2。

（2）碳酸盐：碳酸可形成正盐和酸式盐两种类型的盐。

碳酸盐的主要性质。

①溶解性：大多数酸式碳酸盐都易溶于水，铵和碱金属(锂除外)的碳酸盐易溶于水，其他金属的碳酸盐难溶于水。

②水解性：可溶性的碳酸盐和酸式碳酸盐都易发生水解而使溶液显碱性。碱金属的碳酸盐与水解性强的金属离子反应时，由于水解相互促进，得到的产物并不是该金属的碳酸盐，而是碱式碳酸盐或氢氧化物。

$$2Cu^{2+}+2CO_3^{2-}+H_2O=Cu_2(OH)_2CO_3\downarrow+CO_2\uparrow$$

$$2Al^{3+}+3CO_3^{2-}+3H_2O=2Al(OH)_3\downarrow+3CO_2\uparrow$$

③热稳定性：大多数碳酸盐和酸式碳酸盐受热时都易分解。碳酸的热稳定性比酸式碳酸盐小，酸式碳酸盐又低于相应的碳酸盐。

$$H_2CO_3<NaHCO_3<Na_2CO_3$$

2）硅酸及其盐：硅酸中以单酸形式存在的只有正硅酸 H_4SiO_4 和它的脱水产物偏硅酸 H_2SiO_3。习惯上把 H_2SiO_3 称为硅酸。

（1）硅酸：硅酸是极弱的二元酸，它的溶解度极小。SiO_2 是硅酸的酸酐，它不溶于水，硅酸可用可溶性硅酸盐与酸反应制备。

$$Na_2SiO_3+2HCl=H_2SiO_3+2NaCl$$

反应中生成的单分子硅酸并不随即沉淀出来，逐渐聚合成多硅酸后形成硅酸溶胶，并可进一步制备硅酸凝胶。硅酸凝胶烘干并活化，成为白色透明多孔性的固体，称为硅胶。硅胶有强烈的吸附能力，是很好的干燥剂、吸附剂。

（2）硅酸盐：自然界中硅酸盐种类很多。绝大多数的硅酸盐不溶于水。可溶性 Na_2SiO_3 是人工合成的硅酸盐，它强烈水解使溶液显碱性，硅酸钠的水溶液称为水玻璃（工业上也叫泡花碱）。

3）锡和铅的化合物

（1）二氯化锡：二氯化锡（$SnCl_2\cdot 2H_2O$）是一种无色的晶体，它易水解生成碱式盐沉淀。配制 $SnCl_2$ 溶液时必须先加入适量的盐酸抑制水解。

$$SnCl_2 + H_2O = Sn(OH)Cl \downarrow + HCl$$

$SnCl_2$ 有较强还原性，在酸性介质中能将 $HgCl_2$ 还原为 Hg_2Cl_2 及单质 Hg，此反应常用来检验 Hg^{2+} 和 Sn^{2+} 离子的存在。

$$2HgCl_2 + SnCl_2 = SnCl_4 + Hg_2Cl_2 \downarrow \text{（白色）}$$

$$Hg_2Cl_2 + SnCl_2 = SnCl_4 + 2Hg \downarrow \text{（黑色）}$$

(2) 铅的氧化物：铅的氧化物主要有 PbO 和 PbO_2。

PbO_2 在酸性溶液中是一个强氧化剂，能把浓盐酸氧化为氯气。

$$PbO_2 + 4HCl = PbCl_2 + 2H_2O + Cl_2 \uparrow$$

（五）硼族元素

1. 硼族元素的通性

1) 价电子构型：硼族元素的原子具有 ns^2np^1 的外层电子构型。

2) 缺电子原子：价电子构型为 ns^2np^1，因价电子数少于价电子层轨道数，硼族元素的原子称为缺电子原子。

3) 氧化值：硼族元素的主要氧化值为+3。随着原子序数的增加，由于 ns^2 惰性电子对稳定性增加，稳定氧化值由+3 变为+1。

4) 元素的性质：硼为非金属元素，其他都是金属元素。镓、铟、铊是稀有元素。

5) 成键特征：通过共用电子对生成共价化合物，是本族元素的特征。硼是缺电子原子，且具有电负性相对较高、半径较小的特点。因此在硼的化合物中除正常的 σ 键外，还能形成多中心键。

2. 重要化合物

1) 乙硼烷

(1) 乙硼烷的结构：乙硼烷 B_2H_6 是缺电子化合物。硼原子没有足够的价电子形成正常的 σ 键，而是形成了“缺电子多中心键”。在乙硼烷分子中两个 B 原子采取不等性 sp^3 杂化，六个原子共处于同一平面上。另外两个 H 原子分别在平面的上、下方，各和两个 B 原子相连接，形成垂直于平面的两个二电子三中心键。

(2) 乙硼烷主要性质

①常温下乙硼烷为有剧毒的气体。

②乙硼烷中含有多中心键，不稳定，在空气中激烈燃烧且释放出大量的热量。

③乙硼烷遇水，水解生成硼酸和氢气。

④乙硼烷具有强的还原性，如在有机反应中能将羰基选择性地还原为羟基。

2) 硼酸：硼酸是白色、有光泽的鳞片状晶体，有滑腻感，可作润滑剂。

硼酸是一元弱酸。H_3BO_3 的酸性并不是它本身能给出质子。硼酸是一个缺电子化合物，其中硼原子的空轨道加合了 H_2O 分子中的 OH^-，从而释出一个 H^+ 离子。

$$H_3BO_3 + H_2O = \left[\begin{array}{c} OH \\ | \\ HO—B—OH \\ | \\ OH \end{array}\right]^- + H^+$$

3）硼砂（四硼酸钠）：硼砂是最重要的硼酸盐，化学式为 $Na_2[B_4O_5(OH)_4]\cdot 8H_2O$，习惯上写为 $Na_2B_4O_7\cdot 10H_2O$。

硼砂是无色透明的晶体，硼砂易溶于水，水溶液显示强碱性。硼砂主要用于洗涤剂生产中的添加剂。

熔融硼砂可以溶解许多金属氧化物，生成不同颜色的偏硼酸的复盐。此性质称为硼砂珠试验，也被用于玻璃和搪瓷工业的上釉和着色。

三、疑难辨析

（一）典型例题分析

【例 11-1】 请解释下列事实：

（1）大苏打在照相机中用做定影剂。

解： $AgBr + 2Na_2S_2O_3 = Na_3[Ag(S_2O_3)_2] + NaBr$

用 $Na_2S_2O_3$ 使未感光的 AgBr 溶解，剩下金属 Ag 不再变化

【解题思路】 关键要记住 *p* 区元素中重要化合物的俗名、化学式及基本性质，大苏打即 $Na_2S_2O_3$，$S_2O_3^{2-}$ 离子具有非常强的配合能力，可与一些金属离子如 Ag^+ 生成稳定的配离子。

（2）氯水中通入 NaOH 味道消失。

解： $Cl_2 + 2NaOH = NaCl + NaClO + H_2O$

【解题思路】 碱性介质中，卤素单质会发生歧化反应生成 X 和 XO^- 离子，室温下 Cl_2 与 NaOH 作用生成 NaClO 和 NaCl。

（3）配制 $SnCl_2$ 溶液时，常加入盐酸溶液。

解： $SnCl_2 + H_2O = Sn(OH)Cl\downarrow + HCl$

加入盐酸，抑制水解。

【解题思路】 $SnCl_2$ 易水解生成碱式盐沉淀。

【例 11-2】 H_2O_2 既可以作氧化剂又可以作还原剂，试举例写出有关化学方程式。

解： 其作氧化剂，如：$4H_2O_2 + PbS = PbSO_4 + 4H_2O$

$$H_2O_2 + 2I^- + 2H^+ = I_2 + 2H_2O$$

其作还原剂，如：$H_2O_2 + Cl_2 = 2HCl + O_2$

$$2MnO_4^- + 5H_2O_2 + 6H^+ = 2Mn^{2+} + 5O_2\uparrow + 8H_2O$$

【解题思路】 *p* 区元素能发生诸多的氧化还原反应，关键是记住 *p* 区元素常见氧化值的变化情况，氧的氧化值有 −2、−1、0，H_2O_2 中氧的氧化值 −1，处于中间值，故表现为氧化还原性，产物分别是 H_2O、O_2。

【例 11-3】 写出下列化学方程式并配平。

（1）$MnO_4^- + NO_2^- + H^+ \longrightarrow$

解： $2MnO_4^- + 5NO_2^- + 6H^+ = 2Mn^{2+} + 5NO_3^- + 3H_2O$

【解题思路】 亚硝酸及其盐的主要化学性质是氧化还原性，一般在酸性介质中，呈现氧化性，只有遇到氧化剂如 MnO_4^- 时才显示还原性，氧化为 NO_3^-，MnO_4^- 在不同的介质中还原产物不同，酸性介质中还原为无色的 Mn^{2+}。

(2) $CuS+NO_3^-+H^+\longrightarrow$

解：$3CuS+2NO_3^-+8H^+=3Cu^{2+}+3S\downarrow+2NO\uparrow+4H_2O$

【解题思路】 金属硫化物难溶于水，除了碱金属硫化物和$(NH_4)_2S$外，在酸性溶液中控制一定的酸度使其溶解，溶解情况与溶度积常数$K_{sp}^{\ominus}$大小有一定关系。$K_{sp}^{\ominus}$较小的金属硫化物如CuS、HgS等能溶于HNO_3。而$K_{sp}^{\ominus}$非常小的HgS只能溶于王水。

(3) $SO_3^{2-}+H_2S+H^+\longrightarrow$

解：$SO_3^{2-}+2H_2S+2H^+=3S\downarrow+3H_2O$

【解题思路】 亚硫酸盐中S的氧化值为+4，既有氧化性又有还原性，通常以还原性为主，生成SO_4^{2-}，只有遇到强氧化剂如H_2S时，才表现出氧化性，生成$S\downarrow$。

【例 11-4】 如何用最简便的方法鉴别下列各组物质。

(1) $NaHCO_3$ 和 Na_2CO_3

解：加热固体，器壁有水雾形成或加热后产生的气体导入石灰水后变浑浊的为$NaHCO_3$，Na_2CO_3无此现象。

$$2NaHCO_3 = Na_2CO_3+H_2O+CO_2\uparrow \text{（加热）}$$

【解题思路】 碳酸盐的一个重要性质是热不稳定性，受热分解可产生CO_2气体，酸式碳酸盐比正盐稳定性差。$NaHCO_3$分解时温度(540K)远远低于Na_2CO_3(5000K)。

(2) $Na_2S_2O_3$ 和 Na_2SO_4

解：加碘溶液，碘液的黄色很快消失则为$Na_2S_2O_3$。

$$2Na_2S_2O_3+I_2 = 2NaI+Na_2S_4O_6$$

【解题思路】 $Na_2S_2O_3$是一个中等强度的还原剂，可被I_2氧化为连四硫酸钠，而Na_2SO_4不具有还原性。

【例 11-5】 试说明硫酸分子的结构，指出其中硫原子的杂化轨道和成键方式。

解：H_2SO_4分子具有四面体构型。中心原子S采用不等性sp^3杂化。硫原子与两个羟基氧原子分别形成σ键，硫原子以两对电子分别与两个氧原子形成S→O的σ配键，这四个σ键构成硫酸分子的四面体骨架。非羟基氧原子中含孤电子对的p_y和p_z轨道与硫原子空的d轨道重叠形成两个O→S的$d-p\pi$配键。它连同原子间的σ键统称$\sigma-\pi$配键，具有某种程度双键的性质(见下图)。这种$d-p\pi$配键在其他含氧酸中也是较常见的。

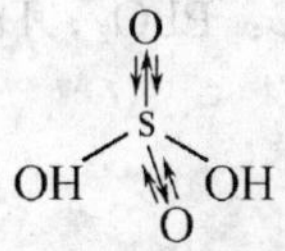

($p\pi$-d配键)

(二) 考点分析

【例 11-6】 填空题

(1) ClO_3^- 中心原子价层电子对的空间构型为________，杂化方式为________，孤对电子对数为________，离子的空间构型为________。

答案：四面体；sp^3；1；三角锥形

(2) 在过二硫酸盐、硫代硫酸盐、硫酸盐和连多硫酸盐中氧化能力最强的是________，还原能力最强的是________。

答案：过二硫酸盐；硫代硫酸盐

【例 11-7】 完成下列反应方程式

(1) $SiO_2+HF\rightarrow$

(2) $Mn_{2+}+IO_4^-+H_2O\rightarrow$

(3) $Au+HNO_3+4HCl\rightarrow$

(4) $Al_2S_3+H_2O\rightarrow$

(5) $AsH_3+AgNO_3+H_2O\rightarrow$

解 (1) $SiO_2+4HF = SiF_4\uparrow+2H_2O$

【解题思路】 氢氟酸可以刻蚀玻璃，溶解硅酸盐矿石。

(2) $2Mn^{2+}+5IO_4^-+3H_2O = 2MnO_4^-+5IO_3^-+6H^+$

【解题思路】 高碘酸是一稀溶的强氧化剂，在酸性溶液中可将 Mn^{2+} 氧化为紫色的 MnO_4^-。

(3) $Au+HNO_3+4HCl=H[AuCl_4]+NO\uparrow+2H_2O$

【解题思路】 王水(浓 HNO_3：浓 $HCl=1:3$)具有比 HNO_3 更强的氧化性，并具有强配位性的 Cl^-，能溶解 Au、Pt 等不与 HNO_3 反应的金属。

(4) $Al_2S_3+6H_2O=2Al(OH)_3+3H_2S\uparrow$

【解题思路】 S^{2-} 离子是弱酸根离子，其生成的盐类都会不同程度水解。高价金属硫化物几乎完全水解。水解性正是金属硫化物的一大特征。

(5) $2AsH_3+12AgNO_3+3H_2O=As_2O_3+12HNO_3+12Ag\downarrow$

【解题思路】 该反应就是古氏试砷法，利用砷的强还原性，使重金属离子从其盐中沉积出来。

【例 11-8】 推断题

红色固体氧化物 A，与稀硝酸作用时部分溶解生成无色溶液 B，未溶物变成棕色沉淀 C；C 与浓盐酸反应放出黄绿色气体 D，把 D 通入淀粉碘化钾溶液出现蓝色；溶液 B 中加入 KI 溶液出现黄色沉淀 E。指出 A、B、C、D、E 各物质的名称。

解：A：Pb_3O_4；B：$Pb(NO_3)_2$；C：PbO_2；D：Cl_2，E：PbI_2。

四、补充习题

(一) 是非题

1. I_2 易溶于 CCl_4、C_6H_6 等有机溶剂。(　　)
2. X^- 的还原能力由 $F^-\rightarrow I^-$ 依次减弱。(　　)
3. 通 H_2S 于 $Al_2(SO_4)_3$ 溶液中，得到 Al_2S_3 沉淀。(　　)
4. H_2O_2 分子中有一个过氧键(—O—O—)。(　　)
5. 市售质量分数为 37% 的盐酸浓度为 $16mol\cdot L^{-1}$。(　　)
6. $SnCl_4$ 比 $SnCl_2$ 稳定。(　　)

7. 氮比氧和氯稳定。（　）

8. NO_2^- 是一个很好的配位体，能与许多过渡金属离子生成配离子。（　）

9. Pb_3O_4 是氧化值为+2 的 PbO 及氧化值为+4 的 PbO_2 的混合氧化物。（　）

10. 硼可以形成 BF_6^{3-} 离子。（　）

（二）选择题

1. 单选题

(1) 在卤化氢中沸点最低的是（　）

A. HCl　B. HBr　C. HI　D. HF

(2) 碘在水中的溶解度很小，但在 KI 或其他碘化物的溶液中碘的溶解度增大是因为（　）

A. 发生了离解反应　B. 发生了配位反应

C. 发生了氧化还原反应　D. 发生了盐效应

(3) 下列物质中热稳定性最好的是（　）

A. $Ca(HCO_3)_2$　B. $NaHCO_3$　C. $CaCO_3$　D. H_2CO_3

(4) 对环境造成危害的酸雨主要是有下述哪种气体污染造成?（　）

A. CO_2　B. H_2S　C. SO_2　D. CO

(5) 下列金属硫化物不能在水溶液中制备的是（　）

A. ZnS　B. FeS　C. Al_2S_3　D. CuS

(6) 下列硫化物能溶于盐酸的是（　）

A. ZnS　B. CuS　C. Ag_2S　D. HgS

(7) 有关 Cl_2 的用途，不正确的论述是（　）

A. 用来制备 Br_2　B. 用来作为杀虫剂

C. 用在饮用水的消毒　D. 合成聚氯乙烯

(8) 在热碱性溶液中，次氯酸根离子不稳定，它的分解产物是（　）

A. $Cl^-(aq)$、$Cl_2(g)$　B. $Cl^-(aq)$、$ClO_3^-(aq)$

C. $Cl^-(aq)$、$ClO_2^-(aq)$　D. $Cl^-(aq)$、$ClO_4^-(aq)$

(9) 在常温下，Cl_2、Br_2、I_2 与 NaOH 作用正确的是（　）

A. Br_2 生成 NaBr、NaBrO　B. Cl_2 生成 NaCl、NaClO

C. I_2 生成 NaI、NaIO　D. Cl_2 生成 NaCl、$NaClO_3$

(10) 修复变暗的古油画，使其恢复原来的白色的方法是（　）

A. 用钛白粉细心涂描　B. 用清水小心擦洗

C. 用稀 H_2O_2 水溶液擦洗　D. 用 SO_2 漂白

(11) 硝酸盐热分解可以得到金属单质的是（　）

A. $AgNO_3$　B. $Pb(NO_3)_2$　C. $Zn(NO_3)_2$　D. $NaNO_3$

(12) 关于 HCl 性质，表述不正确者是（　）

A. 工业上重要的强酸　B. 具有强的还原性

C. 没有酸式盐　D. 工业盐酸因含有 $FeCl_3$ 等杂质而显黄色

(13) 过氧化氢中氧原子是采用何种杂化轨道成键（　　）

A. sp　　B. sp^2　　C. sp^3　　D. dsp^2

(14) 下列物质中，应用最广的还原剂是（　　）

A. $SnCl_4$　　B. HCl　　C. $SnCl_2$　　D. NaBr

(15) 下列各酸中酸性最强的酸是（　　）

A. H_2SO_4　　B. $HClO_4$　　C. HNO_3　　D. HCl

(16) 下列不能盛放在玻璃瓶中的酸是（　　）

A. H_2SO_4　　B. HNO_3　　C. HF　　D. $HClO_4$

(17) 下列硫酸盐氧化能力最强的是（　　）

A. Na_2SO_4　　B. Na_2SO_3　　C. $Na_2S_2O_3$　　D. $(NH_4)_2S_2O_8$

(18) 在水溶液中既具有氧化性，又具还原性的离子是（　　）

A. SO_4^{2-}　　B. SO_3^{2-}　　C. NO_3^-　　D. $S_2O_8^{2-}$

(19) 在下列化合物中，有分子内氢键存在的是（　　）

A. NH_3　　B. H_2SO_4　　C. H_2S　　D. HNO_3

(20) Pb^{2+}离子的电子构型是（　　）

A. 8 电子构型　　B. 18 电子构型

C. 18＋2 电子构型　　D. 9～17 电子构型

2. 多选题

(1) p 区元素含氧酸既可作氧化剂，又能作为还原剂的是（　　）

A. HNO_3　　B. H_3PO_4　　C. HNO_2　　D. $HClO_4$

E. H_2SO_3

(2) 关于 H_2O_2 的性质表述不正确的是（　　）

A. 在酸介质中既有氧化性，又有还原性

B. 在碱介质中，只有还原性，没有氧化性

C. 是直线分子

D. 可歧化分解放出氧气

E. 具有弱酸性

(3) 关于 H_2SO_4 性质，表述正确者是（　　）

A. 二元强酸　　B. 浓硫酸可漂白织物

C. 可形成正盐和酸式盐　　D. 碱金属硫酸盐(如 Na_2SO_4)不水解

E. 在浓硫酸中有氢键存在

(4) sp^3 杂化可以描述下列那一种分子中共价键的形成（　　）

A. H_2O_2　　B. H_2S　　C. NH_3　　D. HNO_3

E. BF_3

(5) 关于 $H_2S(g)$性质，表述正确的是（　　）

A. 臭鸡蛋气味　　B. 水溶液显酸性

C. 能与 $Pb(NO_3)_2$ 反应生成黑色沉淀　　D. 分子结构成直线形

E. 具有较强的还原性

(6) 对于硼酸下列说法正确的是（　　）

A. 是一元酸　　B. 具有氧化性

C. 是个固体酸　　D. 是缺电子化合物

E. 在水中完全电离

(三) 填空题

1. 卤化氢中沸点最高的是________。

2. 除氢氟酸外，氢卤酸的酸性按________的顺序依次增强。

3. 氧单质的两种同素异形体为________。

4. H_2S 分子之间存在的分子间作用力有________。

5. $Na_2S_2O_3 \cdot 5H_2O$ 俗称________或________，在酸性溶液中生成不稳定的________，治疗疥疮可利用 $Na_2S_2O_3$ 与酸反应，生成有杀菌能力的________和________。

6. 卤素单质的氧化性由强到弱的顺序是________。

7. 用于净水的明矾的化学式________。

8. Na_3PO_4、NaH_2PO_4、Na_2HPO_4 三种磷酸盐水溶液，它们酸性由大到小的顺序是________。

9. 水晶的主要成分是________。

10. 砒霜的化学式________。

11. $AlCl_3$ 分子为________分子，通常________形成________杂化的结构单元，然后借________使两个结构单元结合成________。

12. 二氧化铅具有两性，其________性大于________性。它与碱作用生成________，与酸作用生成________。

13. $Pb(Ac)_2$ 俗称为________，它是________电解质。

14. 气态三氧化硫的分子式为________，分子构型为________。S 原子与 O 原子间以________和________键相结合。

(四) 简答题

1. 漂白粉的漂白原理是什么？为什么漂白粉在潮湿的空气中会失效？

2. 分别写出 Zn 使 HNO_3 还原为 NO_2、NO、N_2O 和 NH_4^+ 的反应式。

3. 如何除去一氧化碳中的二氧化碳？

4. 硼酸溶液为什么可以用作医药冲洗剂？

5. 有一种盐 A，溶于水后加入稀盐酸有刺激性气体 B 产生，同时有黄色沉淀 C 析出。气体 B 能使高锰酸钾溶液褪色，通入氯气于 A 溶液中，氯的黄绿色消失，生成溶液 D，D 与可溶性钡盐生成白色沉淀 E，试确定 A、B、C、D、E 各为何物，写出有关的反应方程式。

6. 氯的电负性比氧小，但为何很多金属都比较容易和氯作用，而与氧反应较困难？

7. 为什么 AlF_3 的熔点高达 1290℃，而 $AlCl_3$ 却只有 190℃？

8. 为什么在室温下 H_2S 是气态而 H_2O 是液体？

9. 为什么 $SiCl_4$ 水解而 CCl_4 不水解？

10. 为什么说 H_3BO_3 是一个一元弱酸？

11. 一种纯的金属单质 A 不溶于水和盐酸，但溶于硝酸而得到 B 溶液，溶解时有无色气体 C 放出，C 在空气中可以转变为另一种棕色气体 D。加盐酸到 B 的溶液中能生成白色沉淀 E，E 可溶于热水中，E 的热水溶液与硫化氢反应得黑色沉淀 F。F 用 60％HNO_3 溶液处理可得淡黄色固体 G，同时又得 B 的溶液。根据上述现象试判断这七种物质各是什么？

12. 解释下列事实：

(1) 实验室内不能长久保存 Na_2S 溶液。

(2) 通 H_2S 于 Fe^{3+} 溶液中得不到 Fe_2S_3 沉淀。

五、补充习题参考答案

(一) 是非题

1. √	2. ×	3. ×	4. √	5. ×
6. √	7. √	8. √	9. √	10. ×

(二) 选择题

1. 单选题

(1) A	(2) B	(3) C	(4) C	(5) C
(6) A	(7) B	(8) B	(9) B	(10) C
(11) A	(12) B	(13) C	(14) C	(15) B
(16) C	(17) D	(18) B	(19) D	(20) C

2. 多选题

(1) CE	(2) BC	(3) ACDE	(4) ABC	(5) ABCE	(6) ACD

(三) 填空题

1. HF　2. HCl—HBr—HI　3. 氧气和臭氧

4. 取向力、诱导力、色散力　5. 大苏打；海波；$H_2S_2O_3$；SO_2；S

6. $F_2>Cl_2>Br_2>I_2$　7. $K_2SO_4 \cdot Al_2(SO_4)_3 \cdot 24H_2O$

8. $NaH_2PO_4>Na_2HPO_4>Na_3PO_4$　9. SiO_2

10. As_2O_3　11. 缺电子分子；Al；sp^3；四面体、氯桥键；共价的二聚分子 Al_2Cl_6

12. 酸；碱；铅酸盐；Pb(＋Ⅱ)盐。　13. 铅糖；弱

14. SO_3；平面三角形；σ 键；π 键

(四) 简答题

1. 答：漂白粉的有效成分是次氯酸钙。漂白粉中的次氯酸钙和潮湿空气中的 H_2O 和 CO_2 作用，逐渐释放出 HClO，而 HClO 不稳定，容易分解。所以漂白粉长期暴露在空气中会失效。

$$Ca(ClO)_2+CO_2+H_2O=CaCO_3\downarrow+2HClO$$

$$2HClO=2HCl+O_2\uparrow$$

2. 答：$Zn+4HNO_3(浓)=Zn(NO_3)_2+2NO_2\uparrow+2H_2O$

$3Zn+8HNO_3$(稀)$=3Zn(NO_3)_2+2NO\uparrow+4H_2O$

$4Zn+10HNO_3$(稀)$=4Zn(NO_3)_2+N_2O\uparrow+5H_2O$

$4Zn+10HNO_3$(很稀)$=4Zn(NO_3)_2+NH_4NO_3+3H_2O$

3. **答**：将混合气体通过 $Ca(OH)_2$ 溶液，CO_2 与 $Ca(OH)_2$ 反应生成 $CaCO_3$ 沉淀。CO 不与 $Ca(OH)_2$ 反应而被分离。

4. **答**：硼酸是弱酸，对人体的受伤组织有和缓的防腐消毒作用，对黏膜无刺激作用，是临床上常用的消毒防腐剂。1%～4%的硼酸水溶液常用作眼睛、口腔、伤口的冲洗剂。

5. **答**：A：$Na_2S_2O_3$　　B：SO_2　　C：S　　D：Na_2SO_4　　E：$BaSO_4$

反应方程式如下：

$Na_2S_2O_3+2HCl=2NaCl+SO_2\uparrow+H_2O+S\downarrow$(黄)

$Na_2S_2O_3+4Cl_2+5H_2O=Na_2SO_4+H_2SO_4+8HCl$

$Na_2SO_4+BaCl_2=2NaCl+BaSO_4\downarrow$(白)

6. **答**：因为氧气的离解能比氯气的要大得多，并且氧的第一、二电子亲和能之和为较大正值（吸热），而氯的电子亲和能为负值，因此，很多金属同氧作用较困难而比较容易和氯气作用。另外，又因为同种金属的卤化物的挥发性比氧化物更强，所以容易形成卤化物。

7. **答**：氟的电负性较氯大，氟的离子半径比氯小，故其变形性也小，氟与铝以离子键相结合，AlF_3 属离子型化合物，而 $AlCl_3$ 是共价型化合物，分子间借助弱的范德华力结合，所以 AlF_3 的熔点要比 $AlCl_3$ 高得多。

8. **答**：因为氧原子的电负性较大，半径又比硫原子小，因此，在水分子之间存在额外的氢键，使水在同族氢化物中具有较高的熔点，以致水在室温下还是液体。

9. **答**：$SiCl_4$ 具有空的 $3d$ 轨道可接受 H_2O 中的孤电子对而水解，CCl_4 无空的价层轨道不能接受 H_2O∶中的孤电子对，因此不能水解。

10. **答**：H_3BO_3 是一元弱酸，它的酸性是由于 B 的缺电子性，而加合了来自 H_2O 中氧原子上的孤电子对成配键，从而释放出 H^+，使溶液的 H^+ 浓度大于 OH^- 浓度的结果。

$$B(OH)_3+H_2O \rightleftharpoons [B(OH)_4]^-+H^+$$

11. **答**：A：Pb　B：$Pb(NO_3)_2$　C：NO　D：NO_2　E：$PbCl_2$　F：PbS　G：S

12. **答**：(1) Na_2S 被空气中 O_2 氧化生成 S，S 溶于 Na_2S 生成多硫化物。

(2) H_2S 具有还原性，而 Fe^{3+} 是中强氧化剂，它们之间会发生氧化还原反应，生成 Fe^{2+} 而得不到 Fe_2S_3 沉淀。

第十二章 d 区元素

一、教学大纲要求

▲熟悉 d 区元素的通性与其电子层结构的关系。

★掌握 d 区元素某些主要化合物的基本性质。

二、重点内容

(一) d 区元素的通性

d 区元素，亦称过渡元素，包括元素周期表中从第ⅢB 族到第Ⅷ族的 24 个元素（镧系、锕系元素除外）。价电子层构型为$(n-1)d^{1\sim9}ns^{1\sim2}$（钯例外，其价电子结构为$4d^{10}5s^{0}$）。由于 d 区元素的原子最外层只有 1～2 个电子，较易失去电子，它们都是金属元素。

1. 单质的相似性

1）物理性质：d 区元素的物理性质非常相似。由于外层 s 电子和 d 电子都参与形成金属键，所以它们的金属晶格能比较高，原子堆集紧密。因此，它们都是硬度大、密度大、熔点高、沸点高、有延展性及导热、导电性能良好的金属。

2）化学性质：d 区元素的化学性质差别不大。d 区元素除第ⅢB 族以外，其他各族从上至下金属性依次减弱。例如，第一过渡元素多数是活泼金属，它们都能置换酸中的氢，第二、第三过渡元素均不活泼，它们都很难和酸作用。

2. 氧化值的多变性

过渡元素最显著的特征之一，是它们有多种氧化值。过渡元素外层 s 电子与次外层 d 电子能级接近，因此除了最外层 s 电子参与成键外，d 电子也可以部分或全部参与成键，形成多种氧化值。

3. 易形成配合物

d 区元素最重要的特征之一，是易形成配合物。所有过渡元素的离子或某原子都可作为配合物的形成体，与许多配体形成稳定的配合物。d 区元素具有能级相近的价电子轨道，这种构型能接受配体的孤对电子形成配位键。所以有很强的形成配合物的倾向。

4. 水合离子大多具有颜色

d 区元素的离子在水溶液中显示出一定的颜色，这也是 d 区元素区别于普通金属离子的一个重要特征。水合离子的颜色随氧化值不同、水合程度的不同而异。这些水合离子的颜色同它们的 d 轨道未成对电子在晶体场作用下发生跃迁有关。

(二) d 区元素的重要化合物

1. 铬的化合物

铬是第四周期第ⅥB族的元素，价电子层构型为 $3d^5 4s^1$，它能形成从＋2 到＋6 各种氧化值的化合物，其中以＋3 价最稳定，＋6 价次之。

1) 铬(Ⅲ)的化合物

(1) 氧化物和氢氧化物

①氧化物(三氧化二铬 Cr_2O_3)：绿色 Cr_2O_3 固体微溶于水，熔点高，硬度大，呈两性，可溶于酸和碱。Cr_2O_3 常作为颜料（俗称铬绿）。

②氢氧化铬 $Cr(OH)_3$：向铬(Ⅲ)盐溶液中加入碱，可得灰绿色胶状水合氧化铬($Cr_2O_3 \cdot xH_2O$) 沉淀，习惯上以 $Cr(OH)_3$ 表示。$Cr(OH)_3$ 难溶于水，具有两性性，溶于酸生成蓝紫色的铬(Ⅲ)盐；溶于碱生成亮绿色的亚铬(Ⅲ)酸盐。

(2) 铬(Ⅲ)盐：铬(Ⅲ)盐的水溶液在不同条件下可呈现不同的颜色，一般是绿色、蓝紫色或紫色。例如 $CrCl_3$ 的稀溶液呈紫色，其颜色随温度、离子浓度而变化。

铬(Ⅲ)盐在酸性溶液中较稳定，Cr^{3+} 的还原性较弱，只有过硫酸铵、高锰酸钾等强氧化剂才能把它氧化。

铬(Ⅲ)盐在碱性溶液中以亚铬酸盐(CrO_2^-)的形式存在，具有还原性，可被 H_2O_2、Cl_2 等氧化剂氧化生成铬酸盐。

(3) 铬(Ⅲ)配合物：Cr^{3+} 离子的价电子层构型是 $3d^3 4s^0 4p^0$，有六个空轨道，容易形成 d^2sp^3 八面体型的配位化合物。水溶液中 Cr^{3+} 就是以六合水离子形式存在的。这些配合物在可见光照射下极易发生 d-d 跃迁，所以 Cr(Ⅲ)的配合物大都有颜色。

2) 铬(Ⅵ)的化合物

(1) 三氧化铬 CrO_3(暗红色)：CrO_3 易溶于水，形成黄色溶液，其中铬酸 $H_2Cr_2O_4$ 和重铬酸 $H_2Cr_2O_7$ 呈平衡状态，因此 CrO_3 可看成是它们的酸酐。CrO_3 有毒，易溶于水，熔点较低，热稳定性差，受热时可分解成 Cr_2O_3。

CrO_3 有强氧化性，广泛用作有机反应的氧化剂。

(2) 铬酸和重铬酸及其盐：铬酸和重铬酸均为强酸，只能存在于水溶液中。$H_2Cr_2O_4$ 为二元酸，酸性弱于 $H_2Cr_2O_7$。

重要可溶性铬酸盐有：$K_2Cr_2O_4$ 和 Na_2CrO_4。

重要铬酸盐主要性质：

①氧化性：在酸性溶液中，$Cr_2O_7^{2-}$ 离子具有强氧化性，其还原产物为 Cr^{3+} 离子。

②CrO_4^{2-} 和 $Cr_2O_7^{2-}$ 的平衡关系：

$$2CrO_4^{2-}(\text{黄色}) + 2H^+ \rightleftharpoons Cr_2O_7^{2-}(\text{橙红色}) + H_2O$$

CrO_4^{2-} 和 $Cr_2O_7^{2-}$ 离子之间的相互转化受溶液 pH 控制，酸性溶液中主要以 $Cr_2O_7^{2-}$ 离子形式存在，碱性溶液则主要以 CrO_4^{2-} 离子形式存在。

③沉淀反应：铬酸盐的溶解度一般比重铬酸盐小，因此，向可溶性重铬酸盐溶液中加入 Ba^{2+}、Pb^{2+}、Ag^+ 时，则生成相应的 $BaCrO_4$（黄色）、$PbCrO_4$（黄色）、Ag_2CrO_4（砖红色）沉淀。

$$4Ag^+ + Cr_2O_7^{2-} + H_2O = 2Ag_2CrO_4(s) + 2H^+$$

3) 铬(Ⅲ)化合物和铬(Ⅵ)化合物的转化：在酸性溶液中 Cr(Ⅵ)以 $Cr_2O_7^{2-}$ 形式存在，$Cr_2O_7^{2-}$ 是强氧化剂，本身被还原为 Cr^{3+}。在碱性溶液中 CrO_4^{2-} 的氧化性很弱，而 CrO_2^- 却有较强的还原性，本身被氧化剂氧化成 CrO_4^{2-}。

(1) 欲使铬(Ⅲ)化合物转为铬(Ⅵ)化合物，加入氧化剂，在碱性介质中较易进行。

$$2CrO_2^- + 3H_2O_2 + 2OH^- = 2CrO_4^{2-} + 4H_2O$$

(2) 欲使铬(Ⅵ)化合物转化为铬(Ⅲ)化合物，加入还原剂，在酸性介质中较易进行。

$$Cr_2O_7^{2-} + 3SO_3^{2-} + 8H^+ = 2Cr^{3+} + 3SO_4^{2-} + 4H_2O$$

2. 锰的化合物

锰是ⅦB 族元素，锰原子的价电子层构型为 $3d^54s^2$，它能形成从 +2 价到 +7 价各种氧化态的化合物，其中以 $+2(d^5)$、$+4(d^3)$、$+7(d^0)$ 价为稳定氧化值；+3、+6 价态在溶液中易发生歧化。

1) 锰(Ⅱ)的化合物

(1) 在酸性溶液中，Mn^{2+} 相当稳定，只可用强氧化剂如过二硫酸盐(Ag^+ 作催化剂)、二氧化铅、铋酸钠等，才能将其氧化成 Mn(Ⅶ)。

$$5PbO_2 + 2Mn^{2+} + 5SO_4^{2-} + 4H^+ = 2MnO_4^- + 5PbSO_4 + 2H_2O$$

(2) 在碱性介质中，Mn(Ⅱ)还原性较强，空气中的氧即可氧化 Mn(Ⅱ)为 Mn(Ⅳ)。

$$Mn^{2+} + 2OH^- = 2Mn(OH)_2(s)\text{(白色)}$$

$$2Mn(OH)_2 + O_2 = 2MnO(OH)_2(s)\text{(棕色)}$$

2) 锰(Ⅳ)的化合物：最重要的锰(Ⅳ)化合物是二氧化锰(MnO_2)。

MnO_2 主要性质是既具有氧化性，又具有还原性，但以氧化性为主。

(1) 在酸性介质中，MnO_2 是个强氧化剂。它与浓盐酸反应放出氯气，自身被还原成 Mn(Ⅱ)离子。

(2) 在碱性介质中，MnO_2 具有还原性，与 $KClO_3$、KNO_3 等氧化剂一起加热熔融可被氧化成深绿色的 K_2MnO_4。

3) 锰(Ⅵ)的化合物：最重要的锰(Ⅵ)化合物是 K_2MnO_4。

K_2MnO_4 在强碱性溶液中比较稳定，溶液呈现 MnO_4^{2-} 离子的深绿色。在中性水溶液中很容易歧化，如果溶液是酸性，歧化反应更快：

$$3MnO_4^{2-} + 2H_2O = 2MnO_4^- + MnO_2\downarrow + 4OH^-$$

虽然锰酸盐在酸性溶液中有强氧化性，但由于它易发生歧化反应，不稳定，所以不用作氧化剂。

4) 锰(Ⅶ)的化合物：最重要的锰(Ⅶ)化合物是 $KMnO_4$。深紫色晶体，常温下稳定，易溶于水，其水溶液呈紫红色。

$KMnO_4$ 主要的性质：

(1) 稳定性

①对热不稳定，加热到 200℃以上即分解放氧：

$$2KMnO_4 = K_2MnO_4 + MnO_2 + O_2\uparrow$$

②$KMnO_4$ 的水溶液在酸性溶液中缓慢分解，但光和 MnO_2 对其分解起催化作用，故配制好的 $KMnO_4$ 溶液应保存在棕色瓶中，放置一段时间后，需过滤除去 MnO_2。

$$4MnO_4^- + 4H^+ \longrightarrow 4MnO_2 + 3O_2\uparrow + 2H_2O$$

（2）强氧化性：强氧化性是 $KMnO_4$ 最突出的性质，它的氧化能力和还原产物随溶液的 pH 值不同而异。

酸性　$2MnO_4^- + 5SO_3^{2-} + 6H^+ \longrightarrow 2Mn^{2+} + 5SO_4^{2-} + 3H_2O$

中性或者弱碱性　$2MnO_4^- + 2SO_3^{2-} + H_2O \longrightarrow 2MnO_2 + 2SO_4^{2-} + 2OH^-$

强碱性　$2MnO_4^- + SO_3^{2-} + 2OH^- \longrightarrow 2MnO_4^{2-} + SO_4^{2-} + H_2O$

3. 铁、钴、镍的化合物

铁、钴、镍是第四周期Ⅷ族元素，性质非常相似，统称为铁系元素。铁的价电子层结构为 $3d^64s^2$，最重要的氧化值为＋2、＋3。钴、镍原子的价电子层结构分别为 $3d^74s^2$、$3d^84s^2$，钴常见氧化值为＋2、＋3，镍常见氧化值为＋2。

1）铁、钴、镍(Ⅱ)、(Ⅲ)氢氧化物：在铁(Ⅱ)、钴(Ⅱ)、镍(Ⅱ)的盐溶液中加入碱，均能得到相应的氢氧化物。

$Fe(OH)_2$，从溶液中析出时，往往得不到纯的 $Fe(OH)_2$，因其极不稳定，与空气接触后很快变成红棕色的氧化铁水合物 $Fe_2O_3 \cdot nH_2O$，习惯写作 $Fe(OH)_3$。

$Co(OH)_2$ 和 $Ni(OH)_2$ 只有在碱性溶液中，使用强氧化剂，例如 Br_2、NaOCl 等，才能使其氧化成 $Co(OH)_3$ 和 $Ni(OH)_3$。

（1）铁、钴、镍(Ⅱ)氢氧化物的主要性质

①碱性：$Fe(OH)_2$ 显碱性，$Co(OH)_2$ 有微弱的两性，$Ni(OH)_2$ 显碱性。

②还原性：还原性按 $Fe(OH)_2$、$Co(OH)_2$、$Ni(OH)_2$ 顺序递减。

（2）铁、钴、镍(Ⅲ)氢氧化物主要性质

①碱性：$Fe(OH)_3$ 略显两性，以碱性为主。$Co(OH)_3$、$Ni(OH)_3$ 显碱性。

②氧化性：按 $Fe(OH)_3$、$Co(OH)_3$、$Ni(OH)_3$ 顺序增强。

$Fe(OH)_3$ 与 HCl 反应与 $Co(OH)_3$、$Ni(OH)_3$ 不同。$Fe(OH)_3$ 发生中和反应，而 $Co(OH)_3$、$Ni(OH)_3$ 发生氧化反应。如 $Co(OH)_3$ 与盐酸作用时，还原为钴(Ⅱ)的盐。

$$2Co(OH)_3 + 6HCl = 2CoCl_2 + Cl_2 + 6H_2O$$

2）铁、钴、镍的(Ⅱ)、(Ⅲ)盐

（1）铁、钴、镍(Ⅱ)盐

①铁(Ⅱ)盐：最重要的亚铁盐是七水硫酸亚铁 $FeSO_4 \cdot 7H_2O$，它是淡绿色，俗称绿矾。其主要性质是还原性。在空气中，Fe(Ⅱ)盐的固体或溶液都可以被空气中的氧氧化成 Fe(Ⅲ)。如：

$$4Fe^{2+} + O_2 + 4H^+ \longrightarrow 4Fe^{3+} + 2H_2O$$

因此，在保存铁(Ⅱ)盐时，最好加几颗铁钉，以阻止 Fe^{2+} 被氧化：

$$Fe^{3+} + Fe \longrightarrow 2Fe^{2+}$$

②钴(Ⅱ)盐：常用钴盐是 $CoCl_6H_2O$（粉红色）。$CoCl_2$ 随所含水分子数的不同而呈现不同的颜色。因有吸水色变这一性质而被用作干燥剂。

$$CoCl_2\cdot 6H_2O \xrightarrow{52.3℃} CoCl_2\cdot H_2O \xrightarrow{90℃} CoCl_2\cdot H_2O \xrightarrow{120℃} CoCl_2$$

粉红　　紫红　　蓝紫　　蓝

如制备硅胶干燥剂，当硅胶干燥剂由蓝色变为粉红色时，表示已吸水达到饱和，再经烘干脱水又能重复使用。

③镍(Ⅱ)盐：常用镍盐是 $NiSO_4\cdot 7H_2O$(暗绿色)，$NiSO_4$ 大量用于电镀、制镍镉电池和煤染剂等。

(2) 铁、钴(Ⅲ)盐：在铁系元素中，只有铁、钴有氧化数为+3 的盐。已知的 Co(Ⅲ)盐为数不多，并且只能存在于固态中，溶于水即生成 Co(Ⅱ)盐，并放出氧气。

最重要的铁(Ⅲ)盐是三氧化铁，无水 $FeCl_3$ 为棕褐色的共价化合物，易升华，400℃时呈蒸气状态，以双聚分子 Fe_2Cl_6 存在。在溶液中 Fe^{3+} 离子的主要性质为氧化性。溶液中 Fe^{3+} 离子是中等强度的氧化剂，能将 I^- 氧化成单质 I_2，将 H_2S 氧化成单质 S，将 Sn(Ⅱ)氧化成 Sn(Ⅳ)等。

3) 铁、钴、镍的配合物：铁系元素都是很好的配合物形成体，可以形成多种配合物。Fe^{2+} 和 Fe^{3+} 易形成配位数为 6 的八面体型配合物；钴(Ⅱ)配合物易形成配位数为 6、4 的配合物，构型为八面体和四面体；钴(Ⅲ)配合物，易形成配位数为 6 的八面体构型；镍(Ⅱ)配合物的构型多样化，有八面体、平面正方形、四面体等构型。最常见的有下列几种：

(1) 氰配合物

①Fe^{2+} 和 Fe^{3+} 的氰配合物：六氰合铁(Ⅱ)酸钾 $K_4[Fe(CN)_6]\cdot 3H_2O$ 为黄色晶体，俗称黄血盐，又名亚铁氰化钾。

六氰合铁(Ⅲ)酸钾 $K_3[Fe(CN)_6]$，为深红色晶体，俗称赤血盐，又名铁氰化钾。

在含有 Fe^{2+} 的溶液中加入赤血盐溶液，在含有 Fe^{3+} 的溶液中加入黄血盐溶液，均能生成蓝色沉淀：

$$K^+ + Fe^{2+} + [Fe(CN)_6]^{3-} = KFe[Fe(CN)_6]\downarrow(蓝)$$

$$K^+ + Fe^{3+} + [Fe(CN)_6]^{4-} = KFe[Fe(CN)_6]\downarrow(蓝)$$

这两个反应常用来鉴定 Fe^{2+} 和 Fe^{3+}。

②钴和镍的氰配合物：如$[Co(CN)^6]^{4-}$(不稳定)、$[Co(CN)_6]^{3-}$。

Ni^{2+} 与过量 CN^- 形成$[Ni(CN)_4]^{2-}$配离子，它是由 Ni^{2+} 提供 dsp^2 杂化轨道形成的，是平面正方形稳定结构。

(2) 硫氰配合物

①Fe^{3+} 与 SCN^- 反应，形成血红色的$[Fe(SCN)_n]^{3-n}$($n=1\sim6$)，这一反应非常灵敏，常用来检验 Fe^{3+} 的存在。

②Co^{2+} 离子与 SCN^- 离子反应生成蓝色的$[Co(NCS)_4]^{2-}$离子，可以作为 Co^{2+} 离子的检验反应。$[Co(NCS)_4]^{2-}$ 在水溶液中易分解，但在丙酮或戊醇等有机溶剂中较稳定。

③Ni^{2+} 的硫氰配合物不稳定。

(3) 氨配合物

①由于 Fe^{2+}、Fe^{3+} 的水解倾向大，以及 $Fe(OH)_2$、$Fe(OH)_3$ 的 $K_{sp}^{\ominus}$ 较小的缘故，Fe^{2+}、

Fe^{3+} 难以形成稳定的氨合物，而是生成 $Fe(OH)_2$、$Fe(OH)_3$ 沉淀。

②Co^{2+} 离子与过量氨水反应形成土黄色的$[Co(NH_3)_6]^{2+}$配离子，但它不稳定，慢慢被氧化成为稳定的橙黄色的$[Co(NH_3)_6]^{3+}$。

③Ni^{2+} 在浓氨水中可形成较稳定的紫色的$[Ni(NH_3)_6]^{2+}$配离子。

三、疑难辨析

（一）典型例题分析

【例 12-1】 如何实现 Cr(Ⅵ)和 Cr(Ⅲ)之间的转化？写出有关方程式。

解：（1）Cr(Ⅵ)→Cr(Ⅲ)

例如：$Cr_2O_7^{2-} + 14H^+ + 6I^- = 2Cr^{3+} + 3I_2 + 7H_2O$

【解题思路】 在酸性介质中 Cr(Ⅵ)以 CrO_7^{2-} 形式存在，具有强氧化性，可用一般还原剂还原得到 Cr^{3+}。

$$Cr_2O_7^{2-} + 14H^+ + 6e^- = 2Cr^{3+} + 7H_2O \qquad E^{\ominus} = 1.33V$$

$$I_2 + 2e^- = 2I^- \qquad E^{\ominus} = 0.535V$$

（2）Cr(Ⅲ)→Cr(Ⅵ)

例如：$2CrO_4^- + 3Br_2 + 8OH^- = 2CrO_4^{2-} + 6Br^- + 4H_2O$

在碱性介质中 Cr(Ⅲ)有较强的还原性，可用一般氧化剂氧化得到 Cr(Ⅲ)。

$$CrO_4^{2-} + 4H_2O + 3e^- = Cr(OH)_4^- + 4OH^- \qquad E^{\ominus} = -0.12V$$

$$Br_2 + 2e^- = 2Br^- \qquad E^{\ominus} = 1.08V$$

【例 12-2】 举出三种能将 Mn(Ⅱ)直接氧化成 Mn(Ⅶ)的氧化剂，写出有关反应的条件和方程式。

解：（1）$K_2S_2O_8$（$AgNO_3$ 作催化剂）

$$5S_2O_8^{2-} + 2Mn^{2+} + 8H_2O = 10SO_4^{2-} + 2MnO_4^- + 16H^+$$

（2）$NaBiO_3$

$$5NaBiO_3 + 2Mn^{2+} + 14H^+ = 2MnO_4^- + 5Na^+ + 5Bi^{3+} + 7H_2O$$

（3）PbO_2

$$5PbO_2 + 2Mn^{2+} + 5SO_4^{2-} + 4H^+ = 2MnO_4^- + 5PbSO_4 + 2H_2O$$

【例 12-3】 在可溶性重铬酸盐溶液中加入 Ba^{2+}、Pb^{2+}、Ag^+ 时，为什么沉淀出的却是相应的铬酸盐沉淀？

解：铬酸盐的溶解度一般小于重铬酸盐，所以加入 Ba^{2+}、Pb^{2+}、Ag^+ 时，生成铬酸盐沉淀。例如：$Cr_2O_7^{2-} + H_2O + 2Pb^{2+} = 2PbCrO_4 \downarrow + 2H^+$

（二）考点分析

【例 12-4】 单项选择题

1. 将 K_2MnO_4 溶液调节到酸性时，可以观察到的现象是（　）

A. 紫红色褪去　　B. 绿色加深　　C. 有棕色沉淀生成

D. 溶液变成紫红色且有棕色沉淀生成

解：答案为 D

【解题思路】K_2MnO_4 在碱性溶液中比较稳定，溶液是 MnO_4^{2-} 离子的深绿色。在中性水溶液中很容易歧化，如果溶液是酸性，歧化反应更快。

$$3MnO_4^{2-}+2H_2O = 2MnO_4^{-}+MnO_2\downarrow+4OH^{-}$$

考点：K_2MnO_4 的性质。

2. 在 Fe^{3+} 溶液中加入 $NH_3\cdot H_2O$ 生成的物质是（　）

A. $Fe(OH)_3$　　B. $[Fe(OH)_6]^{3-}$

C. $[Fe(NH_3)_6]^{3+}$　　D. $[Fe(NH_3)_3(H_2O)_3]^{3+}$

解：答案为 A

【解题思路】由于 Fe^{3+} 的水解倾向大、$Fe(OH)_3$ 的 K_{sp} 较小的缘故，Fe^{3+} 难以形成稳定的氨合物，而是生成 $Fe(OH)_3$ 沉淀。

考点：Fe^{3+} 的性质。

【例 12-5】 多项选择题

对 d 区元素，下类说法正确的是（　）

A. 均为金属元素　　B. 有多种氧化值

C. 易形成配合物　　D. 在水中大多显颜色

E. 价电子层构型特点是 $(n-1)d^{10}ns^{1\sim2}$

解：答案为 A、B、C、D

【解题思路】要记住 d 区元素的通性，特别是要记住价电子层构型特征是 $(n-1)d^{1\sim9}ns^{1\sim2}$。

考点：d 区元素的通性。

【例 12-6】 为什么常用 $KMnO_4$ 和 $K_2Cr_2O_7$ 作试剂，而很少用 $NaMnO_4$ 和 $Na_2Cr_2O_7$ 作试剂？

答：$NaMnO_4$ 和 $Na_2Cr_2O_7$ 一般含有结晶水，组成不固定，易潮解，溶解度大，不如相应的钾盐稳定，纯度高。

【例 12-7】 计算说明怎样才能把以下实验做好。在 $FeCl_3$ 溶液中加 NH_4SCN，显血红色。接着加适量的 NH_4F，血红色溶液的颜色褪去。再加适量固体 $Na_2C_2O_4$，溶液变为黄绿色。最后加入等体积的 $2mol/dm^3$ NaOH 溶液，生成红棕色沉淀。

解：$Fe^{3+}+3SCN^{-}=Fe(SCN)_3$（血红色）　$K_1^{\ominus}=K_{稳}^{\ominus}=4.4\times10^5$

$Fe^{3+}+3F^{-}=FeF_3$　$K_{稳}^{\ominus}=1.13\times10^{12}$

$Fe^{3+}+3C_2O_4^{2-}=Fe(C_2O_4)_3^{3-}$　$K_{稳}^{\ominus}=2.0\times10^{20}$

$Fe^{3+}+3OH^{-}=Fe(OH)_3\downarrow$　$K^{\ominus}=1/K_{sp}^{\ominus}=1/(2.63\times10^{-39})=3.79\times10^{38}$

根据配合物的反应的稳定常数顺序，稳定常数小的配离子可以向稳定常数大的配离子转化。

$Fe(SCN)_3+3F^{-}=FeF_3+3SCN^{-}$（无色）　$K_2^{\ominus}=1.13\times10^{12}/(4.4\times10^5)=2.6\times10^6$

$FeF_3+3C_2O_4^{2-}=Fe(C_2O_4)_3^{3-}+3F^{-}$（黄绿色）　$K_3^{\ominus}=2.0\times10^{20}/(1.13\times10^{12})=1.8\times10^8$

$Fe(C_2O_4)_3^{3-}+3OH^{-}=Fe(OH)_3\downarrow+3C_2O_4^{2-}$（棕红色沉淀）

$K_4^{\ominus}=3.79\times10^{38}/(2.0\times10^{20})=1.89\times10^{18}$

计算结果表明，$K_1^{\ominus}<K_2^{\ominus}<K_3^{\ominus}<K_4^{\ominus}$，按照以上顺序即可做好各步转化反应。

考点：Fe^{3+} 的性质。

四、补充习题

（一）是非题

1. 黄色的 $BaCrO_4$ 沉淀与浓盐酸不会发生作用。（　　）
2. 向 K_2CrO_7 溶液中加入 Pb^{2+} 离子，生成的是黄色的 $PbCrO_4$ 沉淀。（　　）
3. $Mn(OH)_2$ 沉淀在空气中可以长期放置。（　　）
4. 将 H_2S 气体通入 $FeCl_3$ 溶液中，可以得到 Fe_2S_3。（　　）
5. Fe^{3+} 盐是稳定的，而 Ni^{3+} 盐在水溶液中尚未制得。（　　）
6. $FeSO_4$ 是最常用的铁剂，主要用于治疗缺铁性贫血。（　　）
7. 氧化锌具有收敛作用，能促进创面愈合。（　　）
8. 有空气存在时，铜能溶于氨水。（　　）
9. 含有 *d* 电子的原子都属于 *d* 区元素。（　　）
10. 铜族的金属活泼性比锌族的强。（　　）

（二）选择题

1. 单选题

（1）为什么不能用 $KMnO_4$ 和浓硫酸配制洗液（　　）

A. 在硫酸中高锰酸钾迅速分解而失效

B. 生成比硫酸酸性还强的 $HMnO_4$

C. 将生成会发生爆炸性分解的 Mn_2O_7

D. 洗涤仪器后生成的 MnO_2 不易处理

（2）当 MnO_4^- 和 I^- 在浓强碱性溶液中反应，产物最可能是（　　）

A. Mn(s)和 I_2　　B. MnO_4^{2-} 和 IO_3^-

C. MnO_2，O_2 和 IO^-　　D. Mn^{2+}和 I_2

（3）在酸性介质中，欲使 Mn^{2+} 氧化为 MnO_4^-，可加的氧化剂是（　　）

A. $KClO_3$　　B. $(NH_4)_2S_2O_8$(Ag^+ 催化)

C. $K_2Cr_2O_7$　　D. 王水

（4）下列试剂中，能把 Fe^{3+} 从 Al^{3+} 中分离出来的是（　　）

A. NaOH　　B. $NH_3 \cdot H_2O$

C. $(NH_4)_2CO_3$　　D. KCNS

（5）把铁片插入下列溶液，铁片溶解，并使溶液质量减轻的是（　　）

A. 稀硫酸　　B. 硫酸锌　　C. 硫酸铁　　D. 硫酸铜

（6）CrO_5 中 Cr 的氧化值为（　　）

A. 4　　B. 6　　C. 8　　D. 10

（7）不锈钢的主要成分是（　　）

A. Fe、Cr　　B. Fe、V　　C. Fe、Mn　　D. Fe、Ti

(8) 同一族过渡元素，从上到下，氧化态的变化是（ ）

A. 趋向形成稳定的高氧化态　　B. 趋向形成稳定的低氧化态

C. 先升高而后降低　　D. 没有一定规律

(9) 最适于对 $Fe(H_2O)_6{}^{2+}$ 描述的是（ ）

A. sp^3d^2 杂化，顺磁性　　B. sp^3d^2 杂化，反磁性

C. d^2sp^3 杂化，顺磁性　　D. d^2sp^3 杂化，反磁性

(10) 下列离子中难以和 NH_3 生成氨合配离子的是（ ）

A. Co^{2+}　　B. Fe^{2+}　　C. Ni^{2+}　　D. Co^{3+}

2. 多选题

(1) 将 Na_2O_2 投入 $FeCl_2$ 溶液中，可观察到的现象是（ ）

A. 生成白色沉淀　　B. 生成红褐色沉淀

C. 有气泡产生　　D. 无变化

E. 有黑色沉淀

(2) 第四周期的过渡元素，具备的性质是（ ）

A. 形成多种氧化态　　B. 形成配合物

C. 配位数为 4 或 6　　D. 形成的离子必须具有 $4s^23d^4$ 的电子排布

E. 在水中大多显色

(3) 下列论述中，不正确的是（ ）

A. 在酸性介质中，Cr(Ⅲ)的还原性比在碱性介质中强

B. 铬酸洗液为绿色，还有去污能力

C. 在 $K_2Cr_2O_7$ 溶液中加入 Ag^+ 离子，加热，能生成砖红色 $Ag_2Cr_2O_7$ 沉淀

D. Cr(Ⅵ)含氧酸根有颜色，是因为Cr—O之间有较强的极化效应

E. Cr(Ⅵ)在酸性溶液中是强氧化剂

(4) 下列物质能将 Mn^{2+} 氧化成 MnO_4^- 的是（ ）

A. 二氧化铅　　B. 双氧水

C. 高碘酸　　D. 铋酸钠

(三) 填空题

1. 唯一的无毒的钡盐是________，医学上常用作________。

2. 在酸性 $K_2Cr_2O_7$ 溶液中，加入 Ba^{2+} 生成沉淀物质为________。

3. ＋1 价铜在水溶液中不稳定，容易发生歧化反应。歧化反应为________，所以＋1 价铜在水溶液中只能以________和________形式存在。

4. $CrCl_3$ 溶液与氨水反应生成________色的________，该产物与 NaOH 溶液作用生成________色的________。

5. 高锰酸钾是强________，它在中性或弱碱性溶液中与 Na_2SO_3 反应的产物为________和________。

6. 多数过渡元素的离子________（有、无）未成对电子，所以相应的化合物具有________磁性；________的 d 电子数越多，磁矩 μ 也________。

7. 铬绿的化学式是________，铬酐的化学式是________，铬铁矿的主要成分为________，红矾钠的化学式是________。

8. 按照酸碱质子理论，$[Fe(H_2O)_5(OH)]^{2+}$ 的共轭酸是________，其共轭碱为________。

9. 实验室中作干燥剂用的硅胶常浸有________，吸水后成为________色水合物，分子式是________。

（四）简答题

1. 在 Fe^{3+} 的溶液中加入 KSCN 溶液时出现了血红色，但加入少许铁粉后，血红色立即消失，这是什么道理？

2. 铜器在潮湿空气中放置为什么会慢慢生成一层铜绿？

3. $Mn(OH)_2$ 液在空气中放置，为什么会发生颜色改变？

4. 向 Fe^{3+} 离子的溶液中加入硫氰化钾或硫氰化铵溶液时，然后再加入少许铁粉，有何现象，并说明之？

5. 金属 M 溶于稀盐酸时生成 MCl_2，其磁矩为 5.0B. M.。在无氧操作条件下，MCl_2 溶液遇 NaOH 溶液生成一白色沉淀 A。A 接触空气，就逐渐变绿，最后变成棕色沉淀 B。灼烧时 B 生成了棕红色粉末 C，C 经不彻底还原生成了铁磁性的黑色物 D。B 溶于稀盐酸生成溶液 E，它使 KI 溶液氧化成 I_2，但在加入 KI 前先加入 NaF，则 KI 将不被 E 所氧化。若向 B 的浓 NaOH 悬浮液中通入氯气时可得到一红色溶液 F，加入 $BaCl_2$ 时就会沉淀出红棕色固体 G，G 是一种强氧化剂。试确认 A 至 G 所代表的物质。

（五）推断题

1. 有一种黑色的固体铁的化合物 A，溶于盐酸时，可得到浅绿色溶液 B，同时放出有臭味的气体 C，将此气体导入硫酸铜溶液中得到黑色沉淀 D，若将 Cl_2 气通入 B 溶液中则溶液变成棕黄色 E，再加硫氰化钾溶液变成血红色 F。问：A、B、C、D、E、F 各为何物？并写出有关化学方程式。

2. 某黄色固体，不溶于水，而溶于稀的热盐酸生成橙红色溶液，冷却后析出白色沉淀，加热后白色沉淀又消失，此物质是什么？写出方程式。

3. 棕黑色粉末状物质 A，不溶于水和稀盐酸，但能溶于浓盐酸，生成浅粉红色溶液 B 和气体 C，向溶液中加入 NaOH 生成白色沉淀 D，振荡试管 D 又变成 A。问：A、B、C、D 各为何物，写出上述各步的方程式。

五、补充习题参考答案

（一）是非题

1. ×　2. √　3. ×　4. ×　5. √
6. √　7. √　8. √　9. ×　10. ×

（二）选择题

1. 单选题

(1) C　(2) B　(3) B　(4) A　(5) D

(6) B (7) A (8) A (9) A (10) B

2. 多选题

(1) BC (2) ABE (3) BC (4) ACD

(三) 填空题

1. $BaSO_4$；钡餐 2. $BaCrO_4$ 3. $2Cu^+ = Cu + Cu^{2+}$；配合物；沉淀

4. 灰绿色；$Cr(OH)_3$；深绿；$NaCrO_2$ 5. 氧化剂；MnO_2；Na_2SO_4

6. 有；顺；未成对电子；越大 7. Cr_2O_3；CrO_3；Fe $(CrO_2)_2$；$Na_2Cr_2O_7$

8. $[Fe(H_2O)_6]^{3+}$；$[Fe(H_2O)_4(OH)_2]^+$。

9. $CoCl_2$；粉红；$[Co(H_2O)_6]Cl_2$ 或 $CoCl_2 \cdot 6H_2O$。

(四) 简答题

1. **答**：$Fe^{3+} + nSCN^- = [Fe(SCN)n]^{3-n}$ $(n=1\sim6)$

由于有反应 $Fe^{3+} + Fe = Fe^{2+}$，加入铁粉使 Fe^{3+} 转化为 Fe^{2+}，破坏了$[Fe(SCN)_n]^{3-n}$，因此血红色消失。

2. **答**：铜在潮湿空气中发生下列反应，生成铜绿色的 $Cu_2(OH)_2CO_3$ 沉淀。

$$2Cu + O_2 + H_2O + CO_2 = Cu_2(OH)_2CO_3 \downarrow$$

3. **答**：$Mn(OH)_2$ 具有还原性，不稳定，在空气中易被氧化，反应方程式为：

$$2Mn(OH)_2(\text{白色}) + O_2 = 2MnO(OH)_2 \downarrow (\text{棕色})$$

4. **答**：向 Fe^{3+} 的溶液中加入 SCN^- 时，形成$[Fe(SCN)n]^{3-n}$ $(n=1\sim6)$而溶液呈血红色。若加入少许铁粉，使 Fe^{3+} 还原成 Fe^{2+}，破坏了$[Fe(SCN)n]^{3-n}$，因此，血红色又消失。

5. **答**：A：$Fe(OH)_2$ B：$Fe(OH)_3$ C：Fe_2O_3 D：Fe_3O_4

E：$FeCl_3$ F：Na_2FeO_4 G：$BaFeO_4$

(五) 推断题

1. **答**：A：FeS B：$FeCl_2$ C：H_2S D：CuS E：$FeCl_3$ F：$[Fe(NCS)n]^{3-n}$

$$FeS + 2HCl = FeCl_2 + H_2S \uparrow$$

$$CuSO_4 + H_2S = CuS \downarrow + H_2SO_4$$

$$2FeCl_2 + Cl_2 = 2FeCl_3$$

$$Fe^{3+} + nSCN^- = [Fe(SCN)n]^{3-n}$$

2. **答**：此固体为 $PbCrO_4$（黄）。

$$2PbCrO_4 + 4HCl = 2PbCl_2 + H_2Cr_2O_7 + H_2O\ (\text{稀})$$

$PbCl_2$ 不溶于冷水溶于热水。

3. **答**：A：MnO_2 B：$MnCl_2$ C：Cl_2 D：$Mn(OH)_2$

$$MnO_2 + 4HCl(\text{浓}) = MnCl_2 + Cl_2 \uparrow + 2H_2O$$

$$MnCl_2 + 2NaOH = Mn(OH)_2 \downarrow + 2NaCl$$

$$2Mn(OH)_2 + O_2 = 2MnO_2 + 2H_2O$$

第十三章 *ds* 区元素

一、教学大纲要求

▲熟悉 *ds* 区元素性质与其电子层结构的关系。

▲熟悉 *ds* 区各族元素的通性，并能运用学过的理论加以认识。

★掌握 *ds* 区各族元素某些重要化合物的基本性质。

二、重点内容

(一) *ds* 区元素的通性

(1) 价电子构型：*ds* 区元素具有$(n-1)d^{10}ns^{1\sim2}$的外层电子构型。

(2) 氧化值：ⅠB 族、ⅡB 族元素原子的$(n-1)d$ 和 ns 电子的能级相差不多，所以 d 电子也能参与反应，常见氧化值为+1、+2。

(3) 金属性：ⅠB 族、ⅡB 族元素原子价电子的有效核电荷比同周期ⅠA、ⅡA 元素大，而原子半径比ⅠA、ⅡA 元素小，电离能较ⅠA、ⅡA 元素高，所以 *ds* 区元素远不如碱金属、碱土金属活泼。尤其第六周期的金和汞，因为受到"镧系收缩"的影响，活泼性更差。

(4) 强的络合能力：ⅠB 族、ⅡB 族元素离子具有 18 电子构型或 9～17 电子构型，这种构型使 *ds* 区元素离子有强的极化力和明显的变形性，所以这两族元素与 d 区元素类似，易形成配合物。

(5) 单质的熔、沸点较低：ⅠB 族、ⅡB 族元素单质的熔、沸点较其他过渡元素低，特别是锌族元素，由于其原子半径较大，次外层 d 轨道全充满，不参与形成金属键，所以熔点、沸点更低。其中，汞的熔点在所有金属中最低，常温下就以液态存在。

(二) *ds* 区元素的重要化合物

1. 铜的化合物

1) 铜的氧化物和氢氧化物

(1) 氧化亚铜(Cu_2O)和氧化铜(CuO)：都是难溶于水的碱性氧化物。

自然界中存在的氧化亚铜(赤铜矿)多为棕红色。Cu_2O 溶于稀酸立即发生歧化反应生成 Cu 和 Cu^{2+}。Cu_2O 可溶于氨水生成无色的$[Cu(NH_3)_2]^+$配离子，但易被空气中的 O_2 氧化生成深蓝色的 $[Cu(NH_3)_4]^{2+}$配离子。

CuO 为黑色晶体，有很高的热稳定性。可溶于酸生成相应的盐。

(2) 氢氧化铜 $Cu(OH)_2$：显两性，以弱碱性为主，易溶于酸。溶于浓强碱生成亮蓝色的四羟基合铜(Ⅱ)配离子。

溶于氨水生成深蓝色的$[Cu(NH_3)_4]^{2+}$配离子。

临床医学上用碱性Cu(Ⅱ)盐溶液与还原剂（如尿液中的葡萄糖）反应，根据生成Cu_2O沉淀的多少(黄到红色)来诊断糖尿病。这一反应可用来鉴定醛。

$Cu^{2+}+4OH^-+CH_2OH(CHOH)_4CHO=Cu_2O\downarrow+CH_2OH(CHOH)_4COO^-+2H_2O$

2）铜(Ⅱ)盐

(1) $CuSO_4\cdot5H_2O$：俗称胆矾，受热后逐步脱水。无水硫酸铜($CuSO_4$)易溶于水，具很强的吸水性，吸水后即显示特征的蓝色。

(2) 无水$CuCl_2$：棕黄色固体，它是共价化合物。

(3) CuS：黑色沉淀，它在水中溶解度很小，不溶于非氧化性酸，能溶于热稀硝酸。

(4) 碱式碳酸铜$Cu_2(OH)_2CO_3$：俗称铜绿，是中药铜青的主要成分。

$$2Cu+O_2+H_2O+CO_2=Cu_2(OH)_2CO_3\downarrow$$

(5) Cu(Ⅱ)盐主要的化学性质

①Cu^{2+}的弱氧化性：Cu^{2+}离子氧化I^-为I_2，其还原产物Cu^+与溶液中过量的I^-生成CuI白色沉淀，在反应中，I^-既是还原剂，又是沉淀剂，故分析化学常用此反应测定Cu^{2+}的含量。

②Cu^{2+}的沉淀反应：Cu(Ⅱ)盐与Na_2CO_3溶液反应，生成碱式碳酸铜沉淀。与H_2S气体反应生成CuS沉淀。

3）Cu(Ⅰ)和Cu(Ⅱ)的相互转化：Cu(Ⅰ)的化合物在气态或固态时是比较稳定的。但是在水溶液中，Cu^+易发生歧化反应，生成Cu^{2+}和Cu。Cu^{2+}在水溶液中是稳定的。

使Cu(Ⅱ)转化为Cu(Ⅰ)：

(1) Cu^+生成沉淀：加还原剂和沉淀剂降低溶液中Cu^+的浓度，使之转化为沉淀。例如，$CuSO_4$溶液与KI反应生成白色CuI沉淀。其中I^-既是还原剂，又是沉淀剂。

$$2Cu^{2+}+4I^-=2CuI\downarrow+I_2$$

(2) Cu^+生成配合物：加还原剂和配位剂降低溶液中Cu^+的浓度，使之转化为配合物。例如，在热的盐酸溶液中，用铜屑还原$CuCl_2$，生成难溶于水的CuCl。其中Cu是还原剂，Cl^-是配合剂。

$$Cu^{2+}+Cu+2Cl^-=2CuCl\downarrow$$

4）铜(Ⅰ)和铜(Ⅱ)的配合物：Cu^+离子以配位数为2的直线形配离子最为常见，例如：$[CuCl_2]^-$、$[Cu(CN)_2]^-$、$[Cu(SCN)_2]^-$等。$[Cu(NH_3)_2]^+$(无色)易被空气中的O_2氧化生成深蓝色的$[Cu(NH_3)_4]^{2+}$。

Cu^{2+}离子具有很强的形成配合物的倾向。Cu^{2+}与配体一般形成配位数为4的正方形配合物，例如$[Cu(H_2O)_4]^{2+}$、$[Cu(NH_3)_4]^{2+}$、$[CuCl_4]^{2-}$等。Cu^{2+}还可和一些有机配合剂(如乙二胺等)形成稳定的螯合物$[Cu(en)_2]^{2+}$。Cu^{2+}的一些有机配体配合物可作为催化剂，例如，二乙二胺合铜(Ⅱ)$[Cu(en)_2]^{2+}$可以催化H_2O_2的分解反应。

2. 银的化合物

1）银的氧化物和氢氧化物

(1) 氧化银(Ag_2O)：呈暗棕色，微溶于水，溶液显碱性。Ag_2O能溶于HNO_3生成$AgNO_3$，也能溶于氨水生成$[Ag(NH_3)_2]^+$配离子。

Ag_2O 具有氧化性，能氧化 CO 为 CO_2。

（2）氢氧化银（AgOH）：在溶液中极不稳定，立即脱水变成棕黑色的 Ag_2O。

2）硝酸银：硝酸银（$AgNO_3$）为无色晶体，易溶于水，不水解。$AgNO_3$ 晶体对热不稳定，在光照下或含微量有机物时都可促使 $AgNO_3$ 分解。因此硝酸银应保存在棕色瓶中。

$$2AgNO_3 = 2Ag + 2NO_2\uparrow + O_2\uparrow$$

$AgNO_3$ 有一定的氧化性，能破坏和腐蚀有机组织，使蛋白质沉淀。本身则被还原成黑色的单质 Ag，故皮肤或衣物与 Ag（Ⅰ）盐接触会变黑。

3）银的配合物：Ag^+ 离子具有 5*s* 5*p* 空轨道，通常以 *sp* 杂化轨道与配位体形成配位数为 2 的直线形配离子。常见的有 $[Ag(NH_3)_2]^+$、$[AgCl_2]^-$、$[Ag(CN)_2]^-$、$[Ag(S_2O_3)_2]^{3-}$、$[Ag(SCN)_2]^-$ 等。其中 $[Ag(NH_3)_2]^+$ 能被甲醛或葡萄糖还原为金属银，用于制造保温瓶胆和镜子镀银，此反应称为银镜反应，可用来检验醛类化合物。

3. 汞的化合物

汞能形成 Hg（Ⅰ）和 Hg（Ⅱ）两类化合物，Hg（Ⅰ）是以双聚离子 Hg_2^{2+} 的形式存在的，两个 Hg(I)共用 1 对 6*s* 电子，彼此达到稳定的电子构型。

1）汞的氧化物：氧化汞（HgO）根据制备方法和条件的不同，氧化汞有黄色和红色两种不同的变体。HgO 为碱性氧化物，在水中溶解度小，有毒。能溶于稀酸。

2）氯化汞和氯化亚汞

（1）氯化汞（$HgCl_2$）：为无色晶体，溶于水，有剧毒。熔点较低，易升华，因而俗名升汞。中药上把它叫做白降丹。$HgCl_2$ 为共价型化合物，氯原子以共价键与汞原子结合成直线型分子 Cl—Hg—Cl。

（2）氯化亚汞（Hg_2Cl_2）：为白色固体，难溶于水。少量的 Hg_2Cl_2 无毒，因味略甜，俗称甘汞。为中药轻粉的主要成分。Hg_2Cl_2 的分子结构也为直线型（Cl—Hg—Hg—Cl）。Hg_2Cl_2 常用于制作甘汞电极。Hg_2Cl_2 见光易分解，因此应把它保存在棕色瓶中。

$$Hg_2Cl_2 = HgCl_2 + Hg$$

3）硝酸汞和硝酸亚汞：硝酸汞和硝酸亚汞是常用可溶性汞盐。

（1）硝酸汞$[Hg(NO_3)_2 \cdot H_2O]$：无色晶体，剧毒，受热分解出 HgO、NO_2、O_2。$Hg(NO_3)_2$ 在水中强烈水解生成碱式盐沉淀，配制时需溶于稀 HNO_3 以防水解。

$$2Hg(NO_3)_2 + H_2O = HgO \cdot Hg(NO_3)_2\downarrow + 2HNO_3$$

（2）硝酸亚汞$[Hg_2(NO_3)_2]$：无色晶体，剧毒，受热分解出 HgO、NO_2。$Hg_2(NO_3)_2$ 也易水解，形成碱式硝酸亚汞。

4）硫化汞（HgS）：天然硫化汞矿物叫做辰砂或朱砂，呈朱红色，中药用作安神镇静药。

硫化汞是溶解度最小的金属硫化物，它不溶于盐酸及硝酸，但溶于王水生成配离子。HgS 也溶于硫化钠溶液，生成 $[HgS_2]^{2-}$。

$$HgS + S^{2-} = [HgS_2]^{2-}$$

$[HgS_2]^{2-}$ 遇酸将重新析出 HgS 沉淀。

5）Hg（Ⅰ）和 Hg（Ⅱ）的相互转化：Hg_2^{2+} 在溶液中比较稳定，不易发生歧化反应。相反，在溶液中 Hg^{2+} 可氧化 Hg 而生成 Hg_2^{2+}。$Hg^{2+} + Hg = Hg_2^{2+}$。欲使 Hg_2^{2+} 发生歧化反

应，可采用使其形成沉淀或稳定的配合物的方法。

(1) 加入沉淀剂使 Hg_2^{2+} 生成沉淀：

$$Hg_2^{2+}+2OH^- \xlongequal{} HgO\downarrow(黄)+Hg\downarrow(黑)+H_2O$$

(2) 加入配位剂使 Hg_2^{2+} 生成稳定的配合物：

$$Hg_2^{2+}+2I^- = Hg_2I_2\downarrow(绿色)$$

$$Hg_2I_2+2I^- = [HgI_4]^{2-}(无色)+Hg\downarrow(黑色)$$

6) 汞的配合物：Hg^{2+} 为18电子层结构特征，故有较强形成配合物的倾向，易和 Cl^-、Br^-、I^-、CN^-、SCN^- 等形成稳定的配离子，配位数一般为2或4，配位数为4的配合物为四面体形。

Hg_2^{2+} 形成配合物的倾向较小。

三、疑难辨析

(一) 典型例题分析

【例 13-1】 回答以下问题：

(1) $CuSO_4$ 是杀虫剂，为什么要和石灰混用？

答： $CuSO_4$ 水解显酸性，加适量石灰，可中和其酸性。

【解题思路】 硫酸铜为强酸弱碱盐，溶于水发生水解显酸性：

$$Cu^{2+}+2H_2O \xlongequal{} Cu(OH)_2+2H^+$$

加适量的石灰 CaO 可中和其酸性：$CaO+2H^+ \xlongequal{} Ca^{2+}+H_2O$。$Cu(OH)_2$ 两性偏弱碱。

(2) 为什么 $AgNO_3$ 固体或溶液要用棕色试剂瓶储存？

答： 因为 $2AgNO_3 \xlongequal{光} 2Ag+2NO_2\uparrow+O_2\uparrow$。

【解题思路】 $AgNO_3$ 为无色晶体，对热不稳定，400℃即分解为单质银、二氧化氮和氧气。在光照下或晶体含微量有机物时都可促使 $AgNO_3$ 按上式分解。因此硝酸银应保存在棕色瓶中。

(3) Hg_2Cl_2 是利尿剂，为什么有时服用含 Hg_2Cl_2 的药剂后反而中毒？

解： 因为 $Hg_2Cl_2 \xlongequal{光} HgCl_2+Hg$。

【解题思路】 $HgCl_2$ 剧毒。而少量 Hg_2Cl_2 无毒，但 Hg_2Cl_2 在光照下会分解为剧毒的 $HgCl_2$ 和 Hg，而导致中毒。

【例 13-2】 向含有 Cu^{2+}、Ag^+、Zn^{2+}、Hg^{2+}、Hg_2^{2+} 离子的混合溶液中加入过量的氨水，溶液中有哪些物质？沉淀中有哪些物质？若将氨水换成 NaOH 试液又将如何？

答： (1) 加入过量氨水时：

溶液中有：$[Cu(NH_3)_4]^{2+}$、$[Ag(NH_3)_2]^+$、$[Zn(NH_3)_4]^{2+}$

沉淀中有：$HgNH_2Cl$、Hg

(2) 加入过量 NaOH 时：

溶液中有：$[Cu(OH)_4]^{2-}$、$[Zn(OH)_4]^{2-}$(或 $ZnO_2^{-}+2H_2O$)

沉淀中有：Ag_2O、HgO、Hg

【解题思路】

1. 加入过量氨水时：Cu^{2+}离子以 dsp^2 杂化轨道接受 NH_3 的孤对电子形成平面四方形的$[Cu(NH_3)_4]^{2+}$。Ag^+离子以 sp 杂化轨道形成直线形的$[Ag(NH_3)_2]^+$。Zn^{2+}离子以 sp^3 杂化轨道接受 NH_3 的孤对电子形成正四面体形的$[Zn(NH_3)_4]^{2+}$。Hg^{2+}离子与 NH_3 作用则生成白色的氯化氨基汞($HgNH_2Cl$)沉淀。Hg_2^{2+} 离子与 NH_3 作用则发生歧化反应生成白色的氯化氨基汞沉淀和黑色的单质汞沉淀。

2. 加入过量 NaOH 时：Cu^{2+}离子和 Zn^{2+}离子都先生成两性氢氧化物沉淀：$Cu(OH)_2\downarrow$、$Zn(OH)_2\downarrow$，继而进一步溶于碱生成四羟合铜离子$[Cu(OH)_4]^{2-}$和四羟合锌离子$[Zn(OH)_4]^{2-}$。而 Ag^+ 与 OH^- 作用很难得到白色的 AgOH 沉淀，生成的 AgOH 极不稳定，立即脱水变成黑色的 Ag_2O。Hg^{2+}与 OH^- 作用生成黄色的 HgO 沉淀。Hg_2^{2+} 与 OH^- 作用则歧化为 HgO(黄)和 Hg(黑)。

【例 13-3】 推断题

某红色不溶于水的固体 A，与稀硫酸反应，微热，得到蓝色溶液 B 和暗红色的沉淀物 C。取上层蓝色溶液 B 加入氨水生成深蓝色溶液 D。加入过量 KCN 溶液则生成无色溶液 E。推断 A、B、C、D 各为何物？

答：A：Cu_2O　　B：$CuSO_4$　　C：Cu　　D：$Cu(NH_3)$　　E：Cu(CN)

【解题思路】 1. Cu_2O(红色)$+H_2SO_4$(稀)$=\!=\!=CuSO_4$(蓝色)+Cu(暗红色)$+H_2O$

2. $CuSO_4$(蓝色)$+4NH_3=\!=\!=[Cu(NH_3)_4]SO_4$(深蓝色)

3. $[Cu(NH_3)_4]^{2+}$(深蓝色)$+4CN^-=\!=\!=[Cu(CN)_4]^{2-}$(无色)$+4NH_3$

(二) 考点分析

【例 13-4】 填空题

(1) 在 $CuSO_4$ 和 $HgCl_2$ 溶液中各加入适量 KI 溶液，将分别产生________和________，后者进一步与 KI 溶液作用，最后会因生成________而溶解。

答案：$CuI\downarrow+I_2$；$HgI_2\downarrow$；$[HgI_4]^{2-}$

【解题思路】 Hg^{2+}与 I^- 反应时先生成红色 HgI_2 沉淀，在过量 I^- 作用下，HgI_2 溶解生成四面体形的 $[HgI_4]^{2-}$ 配离子。

考点：$HgCl_2$ 的性质。

(2) AgBr 溶于 $Na_2S_2O_3$ 生成________，若加入 KI 则可生成________，再加入 KCN 可形成________，最后加入 Na_2S 则生成________。

答案：$[Ag(S_2O_3)_2]^{3-}$；AgI；$[Ag(CN)_2]^-$；Ag_2S

【解题思路】 配合物的 $K^{\ominus}_{稳}$ 值越大，越易形成相应配合物，沉淀越易溶解；而沉淀的 $K^{\ominus}_{sp}$越小，则配合物越易解离生成沉淀。即：$[Ag(S_2O_3)_2]^{3-}$ 的 $K^{\ominus}_{稳}$ (2.9×10^{13}) $<$ $[Ag(CN)_2]^-$ 的 $K^{\ominus}_{稳}$ (1.3×10^{21})。AgI 的 $K^{\ominus}_{sp}(8.3\times10^{-17})$ $>$ Ag_2S 的 $K^{\ominus}_{sp}(6.3\times10^{-50})$。

(3) 在 Hg^{2+}、Cd^{2+}、Mn^{2+}、Cu^{2+}、Zn^{2+}的浓度均为 $0.1mol\cdot L^{-1}$的溶液中，盐酸的浓度均为 $0.3mol\cdot L^{-1}$。通入 H_2S 时不生成沉淀的离子是________。

答案：Mn^{2+}，Zn^{2+}

【解题思路】 在金属硫化物中，除碱金属硫化物和硫化铵易溶于水外，大多数的金属硫化物都是难溶于水的固体。难溶金属硫化物在酸中的溶解情况与溶度积常数的大小有关。$K_{sp}^{\ominus}$较大的金属硫化物，如 MnS、ZnS、FeS 等可溶于稀盐酸中。CdS、PbS 等溶于浓盐酸。$K_{sp}^{\ominus}$较小的金属硫化物，如 CuS、Ag_2S 等溶于硝酸。$K_{sp}^{\ominus}$非常小的 HgS 只能溶于王水。因此，在酸性溶液中通入 H_2S，仅可供给低浓度的 S^{2-}，所以溶度积常数较大的 MnS 和 ZnS 不生成沉淀。

【例 13-5】 写出下列化学方程式并配平。

1）$Cu^{2+}+I^- \rightarrow$

解： 反应式为：$2Cu^{2+}+4I^-=2CuI\downarrow+I_2$。

【解题思路】 Cu^{2+}离子氧化 I^- 为 I_2，其还原产物 Cu^+ 与溶液中过量的 I^- 生成 CuI 白色沉淀。在反应中，I^- 既是还原剂，又是沉淀剂。

（2）$Cu+CuCl_2+HCl$（浓）$\rightarrow$

$Cu+CuCl_2=2CuCl$

$CuCl+Cl^-=[CuCl_2]^-$

解： 反应式为：$Cu+CuCl_2+2HCl$(浓)$=2H[CuCl_2]$

【解题思路】 反应中，Cu 是还原剂，Cl^- 是配合剂。

（3）$AgI(s)+CN^- \rightarrow$

解： 反应式为：$AgI(s)+2CN^-=[Ag(CN)_2]^-+I^-$

【解题思路】 AgI 的溶度积虽然较小，但在溶液中仍溶解有极少量的 Ag^+ 离子，Ag^+ 属软酸，而 CN^- 属软碱，“软软结合”能生成稳定性较大的二氰合银(Ⅰ)配离子而使 AgI 溶解。

（4）$Ag^+ +Cr_2O_7^{2-}+H_2O \rightarrow$

解： 反应式为：$4Ag^+ +Cr_2O_7^{2-}+H_2O=2Ag_2CrO_4\downarrow+2H^+$

【解题思路】 银（Ⅰ）和铬（Ⅵ）都为最高氧化态，都只有氧化性而不具还原性，所以不发生氧化还原反应。而 $Cr_2O_7^{2-}$ 在中性溶液中多以 CrO_4^{2-} 存在，CrO_4^{2-} 与 Ag^+ 可结合生成 Ag_2CrO_4 砖红色沉淀。

（5）$Hg_2^{2+}+H_2S \rightarrow$

解： 反应式为：$Hg_2^{2+}+H_2S=HgS\downarrow$（黑）$+Hg\downarrow$（黑）$+2H^+$

【解题思路】 Hg_2^{2+} 在溶液中比较稳定，不易发生歧化反应。若向含 Hg_2^{2+} 的溶液中加入某种能与 Hg^{2+} 离子生成难溶性沉淀或稳定配合物的试剂，Hg_2^{2+} 就可发生歧化反应。H_2S 中的 S^{2-} 可与 Hg^{2+} 生成 HgS 沉淀。

【例 13-6】 选用适当的试剂分别溶解下列各化合物，写出有关的化学方程式。

AgI　　　CuS　　　HgS

解： 用 KCN 溶 AgI：$AgI+2KCN=K[Ag(CN)_2]+KI$

用 HNO_3 溶 CuS：$3CuS+8HNO_3$(浓)$=3Cu(NO_3)_2+3S\downarrow+2NO\uparrow+4H_2O$

用王水溶 HgS：$3HgS+2HNO_3+12HCl=3H_2[HgCl_4]+3S\downarrow+2NO\uparrow+4H_2O$

【解题思路】 AgI 的溶度积在卤化银中是最小的，选用 CN^- 作配合剂，使 AgI 溶解生成配合物中稳定常数最大，最稳定的$[Ag(CN)_2]^-$。CuS 难溶于稀盐酸和浓盐酸，能溶于硝酸。

即利用硝酸的氧化性，把CuS溶液中极少量的S^{2-}不断氧化为S沉淀，从而使CuS的沉淀溶解平衡向溶解方向移动。HgS的溶度积常数非常小，只溶于王水。即利用硝酸的氧化性和Cl^-作配位剂，生成$[HgCl_4]^{2-}$和S↓，使溶液中S^{2-}和Hg^{2+}的离子浓度乘积小于它的溶度积。

【例13-7】 鉴别题

Hg_2Cl_2、AgCl和CuCl均是白色固体，试用一种试剂将它们区别开来。写出有关反应方程式。

解： 用氨水：Hg_2Cl_2(白色)$+2NH_3=HgNH_2Cl\downarrow$(白色)$+NH_4Cl+Hg\downarrow$(黑)

AgCl(白色)$+2NH_3=[Ag(NH_3)_2]Cl$（无色）

CuCl(白色)$+2NH_3=[Cu(NH_3)_2]Cl$（无色）

$2[Cu(NH_3)_2]^++O_2+4NH_3\cdot H_2O=2\ [Cu(NH_3)_4]^{2+}$(深蓝色)$+2OH^-+3H_2O$

【解题思路】 Hg_2Cl_2与氨水作用发生歧化反应，有白色→黑色的变化。AgCl、CuCl与氨水作用是利用配位平衡破坏沉淀平衡，用配位剂促使沉淀的溶解，即形成稳定配合物。AgCl溶于氨水有白色→无色的变化。CuCl与氨水作用，先生成$[Cu(NH_3)_2]^+$，但$[Cu(NH_3)_2]^+$迅速被空气中的O_2氧化变成$[Cu(NH_3)_4]^{2+}$，故有白色→无色→深蓝色的变化。

四、补充习题

（一）是非题

1. 在所有的金属中，熔点最高的是副族元素，熔点最低的也是副族元素。（　）

2. 铜和锌都属*ds*区元素，它们的性质虽有差别，但(+2)态的相应化合物性质很相似，而与其他同周期过渡元素(+2)态的相应化合物差别就比较大。（　）

3. 在$CuSO_4\cdot 5H_2O$中的5个H_2O，其中有4个配位水，1个结晶水，加热脱水时，应先失结晶水，而后才失去配位水。（　）

4. Zn^{2+}、Cd^{2+}、Hg^{2+}都能与氨水作用，形成氨的配合物。（　）

5. 氯化亚铜是反磁性的，其化学式应该用CuCl来表示；氯化亚汞也是反磁性物质，其化学式应该用Hg_2Cl_2表示。（　）

（二）选择题

1. 单选题

(1) 关于Cu(Ⅱ)与Cu(Ⅰ)的稳定性与相互转化，下列说法不正确的是（　）

A. 高温干态时一价铜稳定

B. 二价铜的水合能大，在水溶液中二价铜稳定

C. 若要使反应$Cu^{2+}+Cu \rightleftharpoons 2Cu^+$顺利进行，必须加入沉淀剂或配位剂

D. 任何情况下一价铜在水溶液中都不能稳定存在

(2) 在碱性物质中硫酸铜溶液与$C_6H_{12}O_6$反应生成（　）

A. $CuO+Cu$　　B. Cu_2O

C. $Cu(OH)_2+Cu$　　D. $Cu_2O+Cu+CuO$

(3) 在$Hg_2(NO_3)_2$溶液中，加入下列试剂不能生成黑色分散细珠汞的为（　）

A. 强碱溶液　　B. 通入硫化氢

C. 稀盐酸　　D. 氨水

(4) 下列配离子中无色的是（　）

A. $[Cu(NH_3)_2]^+$　　B. $[CuCl_4]^{2-}$

C. $[Cu(NH_3)_4]^{2+}$　　D. $[Cu(H_2O)_4]^{2+}$

(5) 关于反应 $2Cu^{2+}+4I^- \rightleftharpoons 2CuI\downarrow+I_2$ 不正确的说法是（　）

A. 本反应可用于制备 CuI

B. 本反应进行得很完全是因为 I^- 既是还原剂又是沉淀剂

C. 本反应能有效地防止一价铜歧化是由于生成了难溶的 CuI

D. 反应进行时有大量副产物 CuI_2

(6) 向汞盐溶液中加入过量的浓氨水后生成（　）

A. $Hg(OH)_4^{2-}$　　B. $[Hg(NH_3)_4]^{2+}$

C. $HgNH_2Cl$　　D. $Hg+HgNH_2Cl$

(7) 向一白色固体中加入氨水后变为黑色固体，此白色固体为（　）

A. $HgCl_2$　　B. AgCl　　C. Hg_2Cl_2　　D. $ZnCl_2$

(8) 在下列溶液中分别加入 NaOH 溶液，能产生氧化物沉淀的是（　）

A. Cu^{2+}　　B. Ag^+　　C. Zn^{2+}　　D. Cd^{2+}

(9) 下列硫化物只溶于王水的是（　）

A. CuS　　B. Ag_2S　　C. CdS　　D. HgS

(10) 下列硫化物可溶于非氧化性浓酸的是（　）

A. CuS　　B. CdS　　C. Ag_2S　　D. HgS

2. 多选题

(1) 下列关于 Ag 的性质描述正确的是（　）

A. 银是延展性很好的银白色金属

B. 金属银是所有金属中导电性能最好的

C. Ag^+ 与配体所形成的配合物一定没有颜色

D. 金属银的表面失去光泽通常是由于形成了 Ag_2O

(2) $CuSO_4$ 溶液与 KI 的反应中，I^- 所起的作用是（　）

A. 还原剂　　B. 氧化剂　　C. 络合剂　　D. 沉淀剂

(3) 需要在棕色瓶中保存的物质是（　）

A. HNO_3 溶液　　B. $KMnO_4$ 溶液　　C. Hg_2Cl_2　　D. $CuCl_2$ 溶液

E. $AgNO_3$ 溶液

(4) 能溶解硫化汞的物质是（　）

A. 浓硫酸　　B. 浓硝酸　　C. 硫化钠　　D. 浓氢氧化钠

E. 王水

(5) 下列物质中可能与 Zn^{2+} 形成配合物的是（　）

A. NH_3　　B. $B(CH_3)_3$　　C. H_2O　　D. CN

E. OH^-

(三) 填空题

1. CuCl 为________色沉淀，溶于氨水有________色的 $Cu(NH_3)_2^+$ 离子生成。

2. 在 $HgCl_2$ 溶液中通入适量二氧化硫生成________色沉淀物，其为________。

3. 氢氧化铜呈微弱的________，它能溶于过量的强碱溶液，生成________。

4. 在含有氯化锌和氯化汞的混合液中，加入过量稀氨水产生白色沉淀________，生成________离子仍存在于溶液中。

5. 在含有 $Zn(NO_3)_2$ 和 $Hg_2(NO_3)_2$ 的混合液中，加入过量稀氨水产生灰色沉淀________，生成________离子仍存在于溶液中。

6. 所有金属中导电导热性最好的是________，居第二位的是________。

7. ⅠB 和ⅡB 族元素从上到下活泼性依次________，只有________能与盐酸反应产生氢气。

8. ⅡB 族金属与稀盐酸和稀硫酸反应缓慢的是________，而完全不反应的是________。

9. ⅠB 族三种金属中，在有空气存在时能缓慢溶于稀酸的是________，而只能溶于王水的是________。

10. 在常温下，将 NaOH 溶液滴入 $CdSO_4$ 和 $HgSO_4$ 溶液中，分别得到________，________。

11. *ds* 区元素中导电导热性最好的是________，延展性最好的是________，熔点最低的是________，化学性质最活泼的是________。

12. $AgNO_3$ 溶液与过量的氨水反应生成________色的________，该物质具有________性，可与葡萄糖溶液在加热条件下反应而在试管中形成________。

13. 在 $CuSO_4$ 溶液中，加入过量 NaCN(aq)，溶液的颜色由________色变为________色，并有________气体生成。在所得溶液中通入 H_2S，将________黑色硫化物沉淀生成。

14. 氧化锌是________色固体，属于________性氧化物，它________溶于盐酸，________溶于氢氧化钠溶液。

(四) 简答题

1. 什么条件下可使二价汞和一价汞互相转化，各举三个反应方程式加以说明。

2. 加热分解 $CuCl_2·2H_2O$ 时为什么得不到无水 $CuCl_2$？

3. CuCl、AgCl、Hg_2Cl_2 都是难溶于水的白色粉末，试区别这三种金属氯化物。

4. Hg_2Cl_2、AgCl 和 CuCl 均是白色固体，试用一种试剂将它们区别开来。写出有关反应方程式。

5. 分别向硝酸银、硝酸铜和硝酸汞溶液中加入过量的碘化钾溶液，各得到什么产物？写出化学反应方程式。

6. 为什么当硝酸作用于$[Ag(NH_3)_2]Cl$ 时，会析出沉淀？请说明所发生反应的本质。

7. 化合物 A 是一种黑色固体，它不溶于水、稀 HAc 与 NaOH 溶液，而易溶于热 HCl 中，生成一种绿色的溶液 B。如溶液 B 与铜丝一起煮沸，即逐渐变成土黄色溶液 C。溶液 C 若用大量水稀释时会生成白色沉淀 D，D 可溶于氨溶液中生成无色溶液 E。E 暴露于空气中则迅速变成蓝色溶液 F。往 F 中加入 KCN 时，蓝色消失，生成溶液 G。往 G 中加入锌粉，则生成红色沉淀 H，H 不溶于稀酸和稀碱中，但可溶于热 HNO_3 中生成蓝色的溶液 I。往 I 中慢慢加入 NaOH 溶液则生成蓝色沉淀 J，如将 J 过滤，取出后强热，又生成原来的化合物 A。根据上述的现象试判断 A、B、C、D、E、F、G、H、I、J 各是什么化合物？

（五）推断题

1. 含有ⅠA 和ⅠB 两种离子的混合液，向其中加入氯化钠溶液产生白色沉淀 A，过滤分离后，向 A 中加入氨水部分溶解为无色溶液 B，向其中加硝酸产生白色沉淀 C，而部分沉淀 A 加氨水后转化为灰黑色沉淀 D。将 D 溶于硝酸形成无色溶液，往此溶液中加入 KI 产生橘红色沉淀 E。判断 A、B、C、D、E 各为何物。

2. 一种白色混合物，加水部分溶解为氯化物溶液 A，不溶部分 B 仍为白色。往 A 中滴加 $SnCl_2$ 先产生白色沉淀 C，而后产生灰黑色沉淀 D，往 A 溶液中加入氨水生成白色沉淀 E，而往不溶物 B 中加入氨水则 B 溶解为无色溶液 F，再加入硝酸而 B 重现。判断 A、B、C、D、E、F 各为何物。

3. 有一白色沉淀，加入 2mol 氨水，沉淀溶解，再加 KBr 溶液即析出浅黄色沉淀，此沉淀可溶于 $Na_2S_2O_3$ 溶液中，再加入 KI 溶液又见黄色沉淀，此沉淀溶于 KCN 溶液中，最后加入 Na_2S 溶液时析出黑色沉淀。问：(1) 白色沉淀为何物？(2) 写出各步反应方程式。

五、补充习题参考答案

（一）是非题

1. √　2. ×　3. ×　4. ×　5. √

（二）选择题

1. 单选题

(1) D　(2) B　(3) C　(4) A　(5) D

(6) C　(7) C　(8) B　(9) D　(10) B

2. 多选题

(1) ABC　(2) AD　(3) ABCE　(4) CE　(5) ACDE

（三）填空题

1. 白；无　2. 白；Hg_2Cl_2　3. 两性；$[Cu(OH)_4]^{2-}$

4. $HgNH_2Cl$；$Zn(NH_3)_4^{2+}$　5. $HgNH_2NO_3+Hg$；$[Zn(NH_3)_4]^{2+}$

6. 银；铜　7. 减弱；Zn、Cd　8. Cd；Hg　9. Cu；Au　10. $Cd(OH)_2$；HgO

11. Ag；Au；Hg；Zn　12. 无；$[Ag(NH_3)_2]^+$；氧化性；银镜　13. 蓝；无；$(CN)_2$；无

14. 白；两；能；能

（四）简答题

1. **答：**二价汞的化合物与汞反应，或二价汞的化合物与二氧化硫反应均可使使二价汞变为一价汞：

$$Hg(NO_3)_2+Hg(过量)=\!=\!=Hg_2(NO_3)_2$$

$$HgCl_2+Hg=\!=\!=Hg_2Cl_2$$

$$2HgCl_2+SO_2+2H_2O=\!=\!=Hg_2Cl_2+H_2SO_4+2HCl$$

在 Hg_2^{2+} 离子中加入沉淀剂和配位剂使 Hg^{2+} 的浓度大大降低或使亚汞离子歧化，可使一价汞变为二价汞：

$$Hg_2^{2+} + 4CN^- = [Hg(CN)_4]^{2-} + Hg\downarrow$$

$$Hg_2^{2+} + H_2S = HgS\downarrow + Hg\downarrow + 2H^+$$

$$Hg_2^{2+} + 4I^- = [HgI_4]^{2-} + Hg\downarrow$$

2. **答**：$CuCl_2 \cdot 2H_2O$ 受热时水解而挥发出氯化氢，形成碱式盐，因此得不到无水盐。

$$2[CuCl_2 \cdot 2H_2O] = Cu(OH)_2 \cdot CuCl_2 + 2HCl\uparrow + 2H_2$$

要得到无水盐，必须在氯化氢气流中进行。

3. **答**：分别取三种盐放入试管中，向各试管中加入氨水放置一段时间，有黑色沉淀出现的是 Hg_2Cl_2，先变成无色溶液后又变为蓝色的是 CuCl，溶解得到无色溶液的是 AgCl，反应如下：

$$Hg_2Cl_2 + 2NH_3 = HgNH_2Cl\downarrow + NH_4Cl + Hg\downarrow$$

$$CuCl + 2NH_3 = [Cu(NH_3)_2]^+ + Cl^-$$

$$4[Cu(NH_3)_2]^+ + 8NH_3 \cdot H_2O + O_2 = 4[Cu(NH_3)_4]^{2+} + 4OH^- + 6H_2O$$

$$AgCl + 2NH_3 = [Ag(NH_3)_2]^+ + Cl^-$$

4. **答**：用氨水：Hg_2Cl_2(白色)$+2NH_3 = HgNH_2Cl\downarrow$(白色)$+NH_4Cl+Hg\downarrow$(黑)

AgCl(白色)$+2NH_3 = [Ag(NH_3)_2]Cl$(无色)

CuCl(白色)$+2NH_3 = [Cu(NH_3)_2]Cl$(无色)

$2[Cu(NH_3)_2]^+ + O_2 + 4NH_3 \cdot H_2O = 2[Cu(NH_3)_4]^{2+}$(深蓝色)$+2OH^- + 3H_2O$

5. **答**：$Ag^+ + I^- \rightarrow AgI\downarrow$(黄色)，$Cu^{2+} + 4I^- \rightarrow 2CuI\downarrow$(白色)$+I_2$(棕色)，

$Hg^{2+} + 2I^- \rightarrow HgI_2\downarrow$(红色)，$HgI_2 + 2I^- \rightarrow [HgI_4]^{2-}$(无色)

6. **答**：配体的酸效应：$[Ag(NH_3)_2]^+ \rightleftharpoons Ag^+ + 2NH_3, NH_3 + H^+ \rightleftharpoons NH_4^+$，使 AgCl 的 $J_c > K_{sp}$，有 AgCl 白色沉淀产生。

7. **答**：A：CuO　B：$CuCl_2$　C：$H[CuCl_2]$　D：CuCl　E：$[Cu(NH_3)_2]^+$

F：$[Cu(NH_3)_4]^{2+}$　G：$[Cu(CN)_4]^{2-}$　Cu　I：$Cu(NO_3)_2$　J：$Cu(OH)_2$

(五) 推断题

1. **答**：A. AgCl 和 Hg_2Cl_2　B. $Ag(NH_3)_2^+$　C. AgCl

D. $HgNH_2Cl$ 和 Hg　E. HgI_2

2. **答**：A. $HgCl_2$　B. AgCl　C. Hg_2Cl_2

D. Hg　E. $HgNH_2Cl$　F. $[Ag(NH_3)_2]^+$

3. **答**：(1) 白色沉淀为 AgCl

(2) 各步反应为：$AgCl + 2NH_3 = [Ag(NH_3)_2]Cl$

$$[Ag(NH_3)_2]Cl + KBr = AgBr\downarrow + KCl + 2NH_3$$

$$AgBr + 2Na_2S_2O_3 = Na_3[Ag(S_2O_3)_2] + NaBr$$

$$Na_3[Ag(S_2O_3)_2] + KI = AgI\downarrow + Na_2S_2O_3 + KNaS_2O_3$$

$$AgI + 2KCN = K[Ag(CN)_2] + KI$$

$$2K[Ag(CN)_2] + Na_2S = Ag_2S\downarrow + 2KCN + 2NaCN$$

模拟试题（一）

（成都中医药大学）

一、选择题（2分×15）

1. 下列各组化合物中，不能共存于同一溶液的是（　　）

A. NaOH　Na_2S　　B. $Na_2S_2O_3$　H_2SO_4

C. $SnCl_2$　HCl　　D. KNO_2　KNO_3

2. 下列电子构型中，电离能最小的是（　　）

A. ns^2np^3　B. ns^2np^4　C. ns^2np^5　D. ns^2np^6

3. 下列分子中偶极矩等于零的是（　　）

A. $CHCl_3$　B. H_2S　C. NH_3　D. CCl_4

4. 下列各物质只需要克服色散力就能沸腾的是（　　）

A. H_2O　B. Br_2　C. NH_3　D. C_2H_5OH

5. AgCl在下列溶液中(浓度均为$1mol·L^{-1}$)溶解度最大的是（　　）

A. NH_3　B. $Na_2S_2O_3$　C. KI　D. NaCN

6. 今有4种硝酸盐溶液，$Cu(NO_3)_2$、$AgNO_3$、$Hg(NO_3)_2$、$Hg_2(NO_3)_2$，往这些溶液中分别滴加下列哪一种试剂即可将它们区别开来（　　）

A. H_2SO_4　B. HNO_3　C. HCl　D. 氨水

7. 形成外轨型配合物时，中心离子不可能采取的杂化方式是（　　）

A. dsp^2　B. sp^3　C. sp　D. sp^3d^2

8. 下列混合溶液中，缓冲能力最强的是（　　）

A. $0.5mol·L^{-1}$ HAc－$0.5mol·L^{-1}$ NaAc的溶液

B. $2.0mol·L^{-1}$ HAc－$0.1mol·L^{-1}$ NaAc的溶液

C. $1.0mol·L^{-1}$ HCl－$0.1mol·L^{-1}$ NaAc的溶液

D. $0.5mol·L^{-1}$ NH_4Cl－$0.5mol·L^{-1}$ HCl的溶液

9. 分子轨道理论认为，下列哪种分子或离子不存在（　　）

A. H_2^-　B. He_2^+　C. Li_2　D. Be_2

10. 下列各组量子数中，不合理的是（　　）

A. $n=5$，$l=4$，$m=3$，$m_s=+1/2$

B. $n=3$，$l=2$，$m=-2$，$m_s=+1/2$

C. $n=5$，$l=5$，$m=-2$，$m_s=+1/2$

D. $n=3$，$l=2$，$m=0$，$m_s=-1/2$

11. 某两个电对的标准电极电势值相差越大，则它们之间的氧化反应（　　）

A. 反应速度越快

B. 反应进行得越完全

C. 氧化剂和还原剂之间转移的电子数越多

D. 反应越容易达到平衡

12. 按晶体场理论，在八面体场中因场强不同有可能产生高自旋和低自旋电子构型的是（　　）

A. d^1　　B. d^3　　C. d^5　　D. d^8

13. 反应 $2SO_2(g)+O_2(g) \rightleftharpoons 2SO_3(g)$ 达到平衡时，保持体积不变，加入惰性气体 He，使总压力增加一倍，则（　　）

A. 平衡向左移动　　B. 平衡向右移动

C. 平衡不移动　　D. $K^\ominus$ 增大一倍

14. HSO_4^- 的共轭酸和共轭碱分别是（　　）

A. H_2SO_4　SO_4^{2-}　　B. HSO_3^-　SO_4^{2-}

C. H_2SO_4　SO_4^{2-}　　D. HSO_3^-　SO_3^{2-}

15. O_2^- 的分子轨道电子排布式正确的是（　　）

A. $[KK(\sigma_{2s})^2(\sigma_{2s}^*)^2(\sigma_{2p_x})^2(\pi_{2p})^4(\pi_{2p}^*)^3]$

B. $[KK(\sigma_{2s})^2(\sigma_{2s}^*)^2(\sigma_{2p_x})^2(\pi_{2p})^4(\pi_{2p}^*)^4]$

C. $[KK(\sigma_{2s})^2(\sigma_{2s}^*)^2(\sigma_{2p_x})^2(\pi_{2p})^4(\pi_{2p}^*)^2]$

D. $[KK(\sigma_{2s})^2(\sigma_{2s}^*)^2(\sigma_{2p})^4(\pi_{2p_x})^2(\pi_{2p}^*)^3]$

二、填空题（1分×15）

1. 计算下列盐溶液的 pH 值：（已知 $K^\ominus_{b,氨水}=1.8\times10^{-5}$，$K^\ominus_{a,HCN}=6.2\times10^{-10}$）

（1）$0.5mol\cdot L^{-1}$ NH_4NO_3，pH=__________

（2）$0.040mol\cdot L^{-1}$ NaCN，pH=__________

2. ⅢA～ⅤA 族自上至下，低氧化态趋于稳定，这种现象常归因于________电子对自上至下稳定性增加，这种现象称为________效应。

3. 酸碱质子论认为酸碱反应的实质是____________________。

4. 在 $NaHCO_3-Na_2CO_3$ 的缓冲溶液中，抗酸成分是________，抗碱成分是________，缓冲容量大小与________和________有关。

5. 配合物 $NH_4[Cr(SCN)_4(NH_3)_2]$ 的命名为________，其配位原子是________，配位数为________。

6. 写出下列元素的名称或元素符号：

（1）3*d* 轨道全充满，4*s* 轨道上有一个电子的元素是________。

（2）4*p* 半充满的元素是________。

7. 配制 $SnCl_2$ 溶液时，必须加入________。

三、判断题（1分×10）

1. AgCl 在 0.1mol·L^{-1} $NaNO_3$ 的溶液中溶解度比在水中的大些。（ ）

2. 某物质在 298K 时分解率为 15%，在 373K 时分解率为 30%，由此可知该物质的分解反应为放热反应。（ ）

3. 当化学平衡移动时，标准平衡常数也一定随之改变。（ ）

4. 改变氧化还原反应中反应物的浓度，可能使哪些 $E^{\ominus}_{MF}$ 值接近零的反应逆转。（ ）

5. 将 0.1mol·L^{-1} $[Cu(NH_3)_4]SO_4$ 溶液加入等体积水稀释，则 $c(Cu^{2+})$ 变为原来的 1/2。（ ）

6. 缓冲溶液具有抗无限稀释的作用。（ ）

7. 由极性共价键组成的分子可能是非极性分子。（ ）

8. 某金属离子在八面体弱场中的磁矩为 4.9B. M.，而它在八面体强场中的磁矩为零，该中心离子可能是 Fe^{2+}。（ ）

9. H_2O、NH_3、CH_4 分子中的中心原子虽都是 sp^3 杂化，但它们的分子构型各不相同。（ ）

10. 溶度积和溶解度的换算公式适用于任何难溶电解质。（ ）

四、完成并配平氧化还原反应方程式（3分×5）

1. $Mn^{2+} + S_2O_8^{2-} + H_2O \rightarrow$

2. $MnO_4^- + H_2O_2 + H^+ \rightarrow$

3. $Na_2S_2O_3 + I_2 \rightarrow$

4. $SnCl_2$(过量)$+ HgCl_2 \rightarrow$

5. $CrO_2^- + H_2O_2 + OH^- \rightarrow$

五、计算题（30分）

1. 取 0.50mol·L^{-1}某弱酸 HB 溶液 30.0ml 与 0.50mol·L^{-1} NaOH 溶液 10.0ml 混合，并用水稀释至 100ml。已知此缓冲溶液的 pH 为 6.00，求 HB 的 K_a 值。

2. 一个半电池中，一根铂丝渗入一含有 0.85mol·L^{-1} Fe^{3+} 和 0.010mol·L^{-1} Fe^{2+} 的溶液中，另一个半电池是金属 Cd 渗入 0.50mol·L^{-1}的 Cd^{2+} 溶液中，试答：

（1）当电池产生电流时，何者是正极，何者是负极？

（2）写出电池符号和电池反应。

(3) 计算该电池反应的平衡常数。已知：$E^{\ominus}(Fe^{3+}/Fe^{2+})=0.77V$，$E^{\ominus}(Cd^{2+}/Cd)=-0.40V$。

3. 某溶液中含 0.10mol·$L^{-1}$$Cd^{2+}$ 和 0.10mol·$L^{-1}$$Zn^{2+}$，为使 Cd^{2+} 形成 CdS 沉淀而与 Zn^{2+} 分离，S^{2-} 浓度应控制在什么范围内？已知：$K^{\ominus}_{sp}(CdS)=8\times10^{-27}$，$K^{\ominus}_{sp}(ZnS)=2.93\times10^{-25}$。

模拟试题（二）

（浙江中医药大学）

一、判断题（共 10 分，每题 1 分）

1. $FeCl_3$ 可将 I^- 氧化为 I_2，但在 $FeCl_3$ 溶液中有大量的 F^- 存在，则 $FeCl_3$ 就不能将 I^- 氧化成 I_2，只能把 F^- 氧化成 F_2。（　　）

2. 元素 V 的价电子层结构为 $3d^34s^2$，元素 Cr 的价电子层结构为 $3d^44s^2$。（　　）

3. 非电解质稀溶液具有渗透压是由于溶液的饱和蒸气压比纯溶剂的要小。（　　）

4. 浅蓝色二价铜离子水溶液中，加入氨水得海蓝溶液，再加入稀 H_2SO_4，则海蓝色又变成浅蓝色。（　　）

5. SiO_2 晶体中 Si—O 键是共价键，共价键十分牢固，SiO_2 的熔点很高，在 CO_2 晶体中 C—O 键也是共价键，因此 CO_2 的熔点也很高。（　　）

6. 在液氨中，HAc 是强酸，在 H_2O 中 HAc 是弱酸。（　　）

7. 溶解度大的物质，电离度一定大，电离度大的物质溶解度也一定大。（　　）

8. 温度一定时，在稀溶液中，不管 H^+ 和 OH^- 如何变动，$c(H^+)\cdot c(OH^-)=1\times10^{-14}$。（　　）

9. 下列分子中，键的极性大小次序为 NaF＞HCl＞HI＞F_2。（　　）

10. 酸碱质子论认为：NH_4^+ 在水溶液中是一个酸。（　　）

二、选择题

A 型题：（共 20 分，每题 1 分）

1. 在 0.2mol·L^{-1}HCl 中通入 H_2S 至饱和，溶液中 S^{2-} 浓度(mol·L^{-1}）是（　　）
（已知：H_2S 的 $K_{a1}^{\ominus}=1.32\times10^{-7}$，$K_{a2}^{\ominus}=7.08\times10^{-15}$，饱和 H_2S 的浓度为 0.1mol·L^{-1}）

A. 1.32×10^{-7}　　B. 5.36×10^{-8}　　C. 7.08×10^{-15}
D. 2.34×10^{-21}　　E. 9.35×10^{-22}

2. 反应 $3A^{2+}+2B \rightleftharpoons 3A+2B^{3+}$ 在标准状态下的电动势为 1.80V，某浓度时反应的电池电动势为 1.6V，则此时该反应的 $\lg K^{\ominus}$ 值是（　　）

A. 3×1.8/0.0592　　B. 3×1.6/0.0592　　C. 6×1.8/0.0592
D. 6×1.6/0.0592　　E. 1.8×0.0592/6

3. $NH_3\cdot H_2O$ 在下列溶剂中电离度最大的是（　　）

A. H_2O　　B. HAc　　C. 液体 NaOH
D. NH_2OH　　E. C_2H_5OH

4. 有关氧化数的叙述，下列正确的是（　　）

A. 氢的氧化数总是＋1

B. 氧的氧化数总是－2

C. 单质的氧化数可以是0，可以是正整数

D. 氧化数可以是整数、分数或负数

E. 多原子离子中，各原子的氧化数代数和为零

5. 氯苯的偶极矩为1.73×10^{-30}C. M.，预计对二氯苯的偶极矩为（　　）

A. 3.46×10^{-30}C. M　B. 1.73×10^{-30}C. M　C. 8.65×10^{-30}C. M

D. 0C. M　E. 1.73×10^{-29}C. M

6. 形成高自旋配合物的判断条件是（　　）

A. 晶体场分裂能

B. 电子成对能

C. 晶体场分裂能大于电子成对能

D. 晶体场分裂能小于电子成对能

E. 以上均非

7. 在酸性介质中下列离子相遇能发生反应的是（　　）

A. Ag^+和Fe^{3+}　B. Sn^{2+}和Fe^{2+}　C. Br^-和I^-

D. Sn^{2+}和Hg^{2+}　E. MnO_4^- 和H^+

8. 某原子中的五个电子，分别具有如下量子数，其中能量最高的为（　　）

A. 2，1，1，－1/2　B. 3，2，－2，－1/2　C. 2，0，0，－1/2

D. 3,1,1,＋1/2　E. 3，0，0，＋1/2

9. 0.2L $ZnCO_3$饱和溶液中，溶质的物质的量为7.5×10^{-7}mol，若不考虑溶解后离子的水解等因素，$ZnCO_3$的$K_{sp}^{\ominus}$为（　　）

A. 8.78×10^{-13}　B. 3.51×10^{-12}　C. 1.41×10^{-11}

D. 5.52×10^{-8}　E. 2.21×10^{-7}

10. 欲破坏$[Fe(SCN)_6]^{3-}$，可使用的试剂是（　　）

A. HCl　B. H_2SO_4　C. Zn　D. NaF　E. NaCl

11. 氢原子的基态能量为$E_1=-13.6$ev，在第六玻尔轨道的电子总能量是（　　）

A. $E_1/36$　B. $E_1/6$　C. $6E_1/2$　D. $6E_1$　E. $36E_1$

12. 下列基态中具有d^8电子构型的是（　　）

A. Co^{3+}　B. Fe^{2+}　C. Ni^{2+}　D. Cr^{3+}　E. Fe^{3+}

13. 共价键的特点是（　　）

A. 方向性和饱和性　B. 方向性和极性　C. 饱和性和极性

D. 电负性和共用性　E. 电负性和极性

14. 当角量子数是5时，可能的简并轨道数是（　　）

A. 5　B. 6　C. 7　D. 11　E. 13

15. 下列各组离子中的所有离子都能将I^-离子氧化的是（　　）

A. Hg^{2+}，Ni^{2+}，Fe^{2+}　　B. Ag^{+}，Sn^{2+}，Fe^{3+}
C. Co^{2+}，$Cr_2O_7^{2-}$，Sb^{3+}　　D. MnO_4^{-}，Cu^{2+}，Fe^{3+}
E. F^{-}，Cl^{-}，Br^{-}

16. 在主量子数为 3 的电子层中，能容纳的最多电子数是（　　）
A. 28　B. 18　C. 32　D. 36　E. 60

17. 某元素 D 具有[Ar]$3d^2 4s^2$ 电子排布，它和溴生成的符合族号的溴化物分子式为（　　）
A. DBr_3　B. DBr_2　C. DBr　D. DBr_4　E. D_2Br

18. 原子轨道之所以要发生杂化是因为（　　）
A. 进行电子重排　B. 增加配对电子数　C. 增加成键能力
D. 保持共价键的方向　E. 使不成键的原子轨道能够成键

19. 下列氯化物共价性最强的是（　　）
A. $CaCl_2$　B. $MgCl_2$　C. $FeCl_3$　D. $HgCl_2$　E. $AlCl_3$

20. 下列物质中，相互间的作用只存在色散力的是（　　）
A. He 和 Ne　B. C_2H_5OH 和 H_2O
C. NH_3 和 H_2O　D. HF 和 HF　E. K^+ 和 Cl^-

B 型题：（共 10 分，每题 1 分）

A. 0　B. −2　C. +2　D. −3　E. −1

21. 在 CO 分子中，C 的氧化数是（　　）
22. 在 H_2O_2 分子中，O 元素的氧化数是（　　）
23. 在 Mg_3N_2 中 N 的氧化数是（　　）

A. 0　B. 5　C. 3　D. 4　E. 2

24. 基态 Mn 未配对的电子数是（　　）
25. 基态 Co 未配对的电子数是（　　）

A. F　B. Na　C. Mg　D. P　E. S

26. 以上元素原子半径最大的是（　　）
27. 以上元素第一电离能最大的是（　　）

A. $CuCO_3$　B. $CuCl_2$　C. $Cu_2(OH)_2CO_3$　D. Hg_2Cl_2　E. HgS

28. 朱砂是指（　　）
29. 铜绿是指（　　）
30. 甘汞是指（　　）

X 型题：（共 10 分，每题 1 分）

31. HCO_3^- 在水溶液中发生的反应有（　　）
A. 电离　B. 配合　C. 水解　D. 加成　E. 氧化

32. 分裂能 Δ 的大小与（　　）

A. 配离子构型有关　B. 配位体的性质有关　C. 温度有关

D. 金属离子的氧化态有关　E. 配离子的浓度有关

33. 加热可释放出 NH_3 气的铵盐为（　　）

A. $(NH_4)_2SO_4$　B. $(NH_4)_2Cr_2O_7$　C. $(NH_4)_3PO_4$

D. NH_4NO_3　E. NH_4HSO_4

34. 当 $n=3$，$l=2$ 时 m 的值可以是（　　）

A. $m=0$　B. $m=+3$　C. $m=-3$

D. $m=+1$　E. $m=-2$

35. 在 HAc 溶液中加入 NaCl，将有（　　）

A. 溶液 pH 值升高　B. 溶液中离子强度增加　C. 溶液 pH 值降低

D. 同离子效应　E. 盐效应

36. 下列离子中，容易水解的是（　　）

A. Na^+　B. Ca^{2+}　C. Al^{3+}

D. Fe^{3+}　E. Bi^{3+}

37. 试判断下列哪种中间价态的物质可自发地发生歧化反应（　　）

A. $O_2 \xrightarrow{+0.682} H_2O_2 \xrightarrow{+1.77} H_2O$

B. $MnO_4^{2-} \xrightarrow{+2.26} MnO_2 \xrightarrow{+1.51} Mn^{2+}$

C. $Hg^{2+} \xrightarrow{+0.920} Hg_2^{2+} \xrightarrow{+0.793} Hg$

D. $Cu^{2+} \xrightarrow{+0.195} Cu^+ \xrightarrow{+0.522} Cu$

E. $Co^{3+} \xrightarrow{+1.82} Co^{2+} \xrightarrow{-0.277} Co$

38. 具有 18+2 电子构型的离子为（　　）

A. Cu^+　B. Ag^+　C. Sn^{2+}

D. Fe^{2+}　E. Pb^{2+}

39. 影响弱电解质电离度的因素有（　　）

A. 弱电解质的本性　B. 弱电解质溶液的浓度　C. 温度

D. 其他强电解质的存在　E. 不受任何条件影响

40. 下列分子中，偶极矩不等于零的分子是（　　）

A. CCl_4　B. NH_3　C. PCl_3

D. BF_3　E. CO_2

三、填空题（共 10 分，每空 0.5 分）

1. 分子间作用力（范德瓦尔斯力）包括________、________和________。

2. pH＝2.00 与 pH＝13.00 的两种强酸、强碱溶液等体积混合后，溶液的 pH 值为________。

3. 25℃时 Cl_2、Br_2、I_2 的键能变化规律为________。

4. 0.1mol·L^{-1} HCl、0.1mol·L^{-1} HBr、0.1mol·L^{-1}HI 酸性大小顺序是________。

5. NaH 为________型化合物。

6. 向 5ml 0.1mol·L^{-1}NaAc 溶液中加入 1 滴酚酞试液时溶液呈________颜色；当把溶液加热至沸腾时，溶液呈________颜色，这是因为________。

7. I_2 与碱在任何温度下作用得到的产物都是________。

8. Zn＋$HClO_4$(稀)反应产物为________。

9. AsH_3 中 As 的氧化数为________。

10. 在 NH_3 中 N 原子采用________杂化。

11. 凡能提供________称为路易斯碱，凡能提供出________称为路易斯酸。

12. 同离子效应使弱电解质的电离度________。

13. 离子极化的发生使键型由离子型向共价型转化，晶型由________晶体向________晶体转化。

14. 钠原子最外层有一个电子，描述这个电子的运动状态的四个量子数是________。

四、简答题（共 10 分，每题 5 分）

1. 已知$[Co(NH_3)_6]^{2+}$为高自旋配合物，而$[Co(NH_3)_6]^{3+}$为低自旋配合物，试从晶体场稳定化能角度，解释两者稳定性大小。

2. 有四瓶试剂 Na_2SO_4、Na_2SO_3、$Na_2S_2O_3$、Na_2S 其标签已脱落，只要加一种试剂就把它们初步鉴别出来，怎样鉴别？

五、完成并配平反应方程式（共 10 分，每题 2 分）

1. $Co(OH)_3$＋HCl→

2. As_2O_3＋Zn＋H^+→

3. Cu_2O＋H_2SO_4(稀)→

4. NO_2^-＋I^-＋H^+→

5. $K_2Cr_2O_7$＋H_2SO_4(浓)→

六、计算题（共 20 分，每题 6～7 分）

1. 为使氨水中的 $c(OH^-)$为 10^{-5}mol·L^{-1}，应向 1L0.1mol·L^{-1}氨水溶液中添加多少克 NH_4Cl？(设 NH_4Cl 的加入不影响溶液的体积。已知氨水 $K_b^{\ominus}=1.74\times10^{-5}$，$NH_4Cl$ 的分子量为 53.5)

2. 计算 0.010 mol·L^{-1} H_2CO_3 溶液中的 H^+、HCO_3^- 和 CO_3^{2-} 的浓度。(已知：$K_{a1}^{\ominus}=4.17\times10^{-7}$，$K_{a2}^{\ominus}=5.62\times10^{-11}$)

3. 已知 $Ag^+ + e \rightleftharpoons Ag \quad E^{\ominus}=+0.7996V$

$AgI + e \rightleftharpoons Ag + I^- \quad E^{\ominus}=-0.1522V$

求 AgI 的 $K_{sp}^{\ominus}$值。

模拟试题（三）

（安徽中医药大学）

一、选择题（每题1分，共30分）

（一）单选题

1. 可逆反应达化学平衡的条件是（　　）

A. 反应已经停止　　B. $k_{正}=k_{逆}$　　C. $v_{正}=v_{逆}$　　D. $\Delta_r G_m^{\ominus}=0$

2. 下列四种溶液中，离子强度最大的是（　　）

A. 0.10 mol·L^{-1}的 NaCl 溶液　　B. 0.10 mol·L^{-1}的 $CaCl_2$ 溶液

C. 0.10 mol·L^{-1}的$(NH_4)_2SO_4$ 溶液　　D. 0.10 mol·L^{-1}的 $CuSO_4$ 溶液

3. 室温下，pH＝1 的 HCl 溶液和 pH＝12 的 NaOH 溶液等体积混合后，溶液的 pH 值应是（　　）

A. 1～2　　B. 3～4

C. 6～7　　D. 11～12

4. 0.10mol·L^{-1}的 HAc 溶液，其 pH＝2.87，将其冲稀 1 倍，该溶液的 pH 值变为（　　）

A. 2.87　　B. 2.87÷2

C. 2.87×2　　D. 以上均不正确

5. 配制 pH＝7 的缓冲溶液，为使体系具有较大的缓冲容量，应选择的缓冲溶液是(　　)

A. 0.010mol·L^{-1}的 NaH_2PO_4－0.010mol·L^{-1}的 Na_2HPO_4

B. 0.10mol·L^{-1}的 NaH_2PO_4－0.10mol·L^{-1}的 Na_2HPO_4

C. 0.15mol·L^{-1}的 NaH_2PO_4－0.050mol·L^{-1}的 Na_2HPO_4

D. 0.10mol·L^{-1}的 HAc－0.10mol·L^{-1}的 NaAc

6. 反应 $C(s)+O_2(g) \rightleftharpoons CO_2(g)$的标准平衡常数为 $K_1^{\ominus}$，反应 $2CO(g)+O_2(g) \rightleftharpoons 2CO_2(g)$的标准平衡常数为 $K_2^{\ominus}$，则反应 $2C(s)+O_2(g) \rightleftharpoons 2CO(g)$的标准平衡常数为(　　)

A. $2K_1^{\ominus}-K_2^{\ominus}$　　B. $(K_1^{\ominus})^2 \cdot K_2^{\ominus}$

C. $2K_1^{\ominus}/K_2^{\ominus}$　　D. $(K_1^{\ominus})^2/K_2^{\ominus}$

7. 某一难溶强电解质 A_2B 的溶解度为 1.0×10^{-3}mol·L^{-1}，则其溶度积为（　　）

A. 4.0×10^{-9}　　B. 2.0×10^{-6}

C. 1.0×10^{-9}　　D. 1.0×10^{-6}

8. 用同体积的下列溶液洗涤 $CaCO_3$ 沉淀损失最小的是（　　）

A. 0.1mol·$L^{-1}$$KNO_3$　　B. H_2O

C. 0.1mol·L^{-1}HCl　　D. 0.1mol·$L^{-1}$$Na_2CO_3$

9. 当溶液中氢离子浓度增加时，其氧化能力不增加的氧化剂是（　　）

A. $Cr_2O_7^{2-}$　　B. O_2

C. NO_3^-　　D. Ag^+

10. 某原电池由反应 $A+B^{2+} \rightleftharpoons A^{2+}+B$ 设计而成，在 298K 时，反应的标准平衡常数为 1.0×10^{-4}，则该电池的标准电动势为（　　）

A. 0.237V　　B. −0.237V

C. −0.118V　　D. 0.118V

11. 量子力学的一个原子轨道（　　）

A. 与玻尔理论中的原子轨道等同

B. 指 n 具有一定数值时的一个波函数

C. 指 n、l 具有一定数值时的一个波函数

D. 指 n、l、m 具有一定数值时的一个波函数

12. 在多电子原子中，各电子具有下列量子数，其中能量最高的电子是（　　）

A. 2，1，−1，1/2　　B. 2，0，0，−1/2

C. 3，1，1，−1/2　　D. 3，2，−1，1/2

13. 在 $n=3$ 的电子层中，l 的取值可以有（　　）

A. 3 个　　B. 2 个

C. 1 个　　D. 4 个

14. 下列偶极矩等于零的化合物是（　　）

A. H_2O　　B. NH_3

C. HF　　D. C_6H_6

15. 下列各物质中，键长最短的是（　　）

A. O_2　　B. O_2^+

C. O_2^-　　D. O_2^{2-}

16. N_2 分子能量最低的空轨道是（　　）

A. σ_{2p}　　B. π_{2p}^*

C. σ_{2p}^*　　D. π_{2p}

17. 下列各双原子分子中，表现为顺磁性的是（　　）

A. Be_2　　B. B_2

C. C_2　　D. N_2

18. BCl_3 分子与 HCl 分子之间存在的作用力是（　　）

A. 取向力和氢键　　B. 取向力、诱导力、色散力

C. 诱导力、色散力　　D. 色散力

19. 下列空间构型是四面体的配离子是（　　）

A. $[NiCl_4]^{2-}$　　B. $[Ni(CN)_4]^{2-}$

C. $[Pt(NH_3)_2Cl_2]$　　D. $[FeF_6]^{3-}$

20. 下列含氧酸既能作氧化剂又能作还原剂的是（　　）

A. H_3PO_4　　B. HNO_2

C. $H_2S_2O_8$　　D. HIO_4

(二) 多选题

1. 室温下，在 pH=12 的水溶液中，由 H_2O 电离出的氢氧根离子的相对浓度为（　　）

A. 1.0×10^{-7}　　B. 1.0×10^{-6}

C. 1.0×10^{-2}　　D. 1.0×10^{-12}

2. 反应：$C(s)+CO_2(g)\rightleftharpoons 2CO(g)$ 为吸热反应，采用下列哪种方法可使平衡向右移动（　　）

A. 升温　　B. 降温

C. 加压　　D. 减压

3. 医学临床上规定渗透浓度为 280～320mmol·L^{-1} 的溶液为生理等渗溶液，下列溶液中属于生理等渗溶液的是（　　）

A. 0.15mol·L^{-1}的 NaCl 溶液　　B. 0.30mol·L^{-1}的 NaCl 溶液

C. 0.15mol·L^{-1}的葡萄糖溶液　　D. 0.30mol·L^{-1}的葡萄糖溶液

4. 下列分子、离子中，属于两性物质的有（　　）

A. H_2O　　B. $H_2PO_4^-$

C. HCO_3^-　　D. Ac^-

5. 用 Nernst 方程式计算 Br_2/Br^- 电对的电极电势，下列叙述正确的是（　　）

A. Br_2 的浓度增大，E 增大　　B. Br^- 的浓度增大，E 减小

C. H^+ 浓度增大，E 减小　　D. 温度升高，E 增大

6. 若键轴为 x 轴，下列各组原子轨道能组成 π 分子轨道的有（　　）

A. $s-s$　　B. p_x-p_x

C. p_y-p_y　　D. p_z-p_z

7. 下列金属硫化物不能在水中制备的是（　　）

A. CuS　　B. Al_2S_3

C. Cr_2S_3　　D. ZnS

8. 检验 Fe^{3+} 离子可以采用的试剂是（　　）

A. KSCN　　B. $K_4[Fe(CN)_6]$

C. NaOH　　D. $K_3[Fe(CN)_6]$

9. 下列配合物属于高自旋的是（　　）

A. $[FeF_6]^{3-}$　　B. $[Fe(CN)_6]^{3-}$

C. $[Fe(H_2O)_6]^{3-}$　　D. $[Ni(CN)_4]^{2-}$

10. 下列配合物中心离子配位数为 6 的是（　　）

A. $[CaY]^{2-}$　　B. $[CoCl_2(en)_2]^+$

C. $[CoCl_3(NH_3)_3]$　　　　　　D. $[Ag(S_2O_3)_2]^{3-}$

二、判断题（1分×10）

1. 由于热力学能是状态函数，由热力学第一定律 $\Delta U=Q+W$，可知 Q 和 W 也是状态函数。（　）

2. 对于吸热反应，温度升高、标准平衡常数增大。（　）

3. 常温下，将一 pH 等于 5 的溶液稀释 1000 倍，其 pH 等于 8。（　）

4. H 原子的 3s、3p、3d 轨道能量相等。（　）

5. $KMnO_4$ 不论在酸性、中性还是碱性介质中均具有强氧化性。（　）

6. 在 NH_3 水溶液中加入少量 NH_4Cl 晶体使溶液的 α 减小、pH 增大。（　）

7. 分步沉淀时，总是 $K_{sp}^{\ominus}$ 小的先沉淀出来。（　）

8. 原子轨道的角度分布图与电子云的角度分布图是一样的。（　）

9. 由于配体是碱性的，所以提高 pH 值有利于增加配合物的稳定性。（　）

10. 若元素电势图从左至右按氧化值由高到低排列，则当 $E_{右}^{\ominus}>E_{左}^{\ominus}$ 时，位于中间的氧化态标况下即可发生歧化反应。（　）

三、填空题（每题1分，共20分）

1. 5.85gNaCl 溶解在 100g 水中，则 NaCl 的质量摩尔浓度为________。

2. Na_3PO_4、Na_2HPO_4、NaH_2PO_4、NaAc 四种盐溶液中，pH 值最大的是________，pH 值最小的是________。

3. $0.10mol\cdot L^{-1}$ H_2S 溶液中，$c_{eq}(H^+)$ 的近似计算公式为________，$c_{eq}(S^{2-})$ 近似等于________。

4. 王水溶解 HgS 同时采用了________和________两种沉淀溶解方法。

5. 标准状况下，下列反应均能自发进行：$Cl_2+2Fe^{2+}=2Fe^{3+}+2Cl^-$

$$2Fe^{3+}+2I^-=2Fe^{2+}+I_2$$

则在标准状况下，电对 Fe^{3+}/Fe^{2+}、Cl_2/Cl^-、I_2/I^- 中，最强的氧化剂是________，最强的还原剂是________。

6. 同一主族元素从上至下，原子半径________，同一周期元素从左至右，电负性________。

7. 第 n 电子层的轨道总数为________，最多容纳的电子数为________。

8. 共价键按其重叠方式不同，可分为________键和________键，其中________键不能单独存在。

9. 配合物 $[Co(NH_3)_2(H_2O)_2Cl_2]Cl$ 的名称为________，配位原子是________。

10. 从 HF 到 HI，键的极性大小依次为：________，其水溶液的酸性强弱依次为：________。

四、简答题（20分）

1. 试用杂化轨道理论解释 BCl_3 的空间构型是平面三角形，而 NCl_3 的空间构型是三角

锥形。(5分)

2. 某元素位于36号元素前，失去3个电子后，在角量子数为2的轨道上刚好半充满，该元素是何元素？写出其核外电子排布式，并指出属于哪一周期？哪一族？哪一区？(5分)

3. 铬的某化合物A是橙红色溶于水的固体，焰色反应呈黄色。将A用浓盐酸处理，产生黄绿色的气体B，并生成暗绿色的溶液C。在C溶液中加入KOH溶液，先生成灰绿色的沉淀D，继续加入过量的KOH溶液，则沉淀消失，生成绿色溶液E。在E溶液中加入H_2O_2，加热则生成黄色F溶液。F溶液加酸酸化，又转化为原来的化合物A的溶液。指出A、B、C、D、E、F各为何种化合物或离子，写出有关反应的离子反应式。(10分)

五、计算题 (20分)

1. 将$0.30mol\cdot L^{-1}CuSO_4$、$1.8mol\cdot L^{-1}NH_3\cdot H_2O$和$0.60mol\cdot L^{-1}NH_4Cl$三种溶液等体积混合，计算溶液中相关离子的平衡浓度，并判断有无$Cu(OH)_2$沉淀生成？

(已知：$K^{\ominus}_{稳}[Cu(NH_3)_4]=2.1\times10^{13}$, $K^{\ominus}_{sp}[Cu(OH)_2]=2.2\times10^{-20}$, $K^{\ominus}_{b}(NH_3\cdot H_2O)=1.8\times10^{-5}$)

2. 将氢电极插入含有$0.50mol\cdot L^{-1}$ HA和$0.10mol\cdot L^{-1}$ NaA的缓冲溶液中，作为原电池的负极。将银电极插入含有AgCl沉淀和$1.0mol\cdot L^{-1}Cl^-$的$AgNO_3$溶液中，将其作为原电池的正极。氢气的分压为标准压力时，测得原电池的电动势为0.450V。

①写出电池符号和电池反应式。

②计算正、负极的电极电势。

③计算负极溶液中的$c(H^+)$和HA的电离常数。

[已知：$E^{\ominus}(Ag^+/Ag)=0.7996V$, $K^{\ominus}_{sp}(AgCl)=1.8\times10^{-10}$]

模拟试题（四）

（山东中医药大学）

一、单项选择题（每题 1 分，共 40 分）

1. 在氨水中加入少量固体 NH_4Ac 后，溶液的 pH 值将（　　）

A. 增大　　B. 减小

C. 不变　　D. 无法判断

2. 下列溶液中不能组成缓冲溶液的是（　　）

A. NH_4 和 NH_4Cl　　B. $H_2PO_4^-$ 和 HPO_4^{2-}

C. 氨水和过量的 HCl　　D. NaOH 和过量的醋酸

3. 配制 $SbCl_3$ 水溶液的正确方法应该是（　　）

A. 先把 $SbCl_3$ 固体加入水中，再加热溶解

B. 先在水中加入足量 HNO_3，再加入 $SbCl_3$ 固体溶解

C. 先在水中加入适量 HCl，再加入 $SbCl_3$ 固体溶解

D. 先把 $SbCl_3$ 加入水中，再加 HCl 溶解

4. 室温下饱和 H_2S 溶液的浓度约为 $0.10 mol \cdot L^{-1}$，H_2S 的 $K_{a1}^{\ominus}$、$K_{a2}^{\ominus}$ 分别为 1×10^{-7}、1×10^{-14}，此时该溶液中 $c(S^{2-})(mol \cdot L^{-1})$ 是（　　）

A. 7.5×10^{-5}　　B. 5.7×10^{-9}

C. 5.7×10^{-8}　　D. 1×10^{-14}

5. 已知在室温时，醋酸的电离度约为 2.0%，其 $K_a^{\ominus}=1.75\times10^{-5}$，该醋酸的浓度（$mol \cdot L^{-1}$）是（　　）

A. 4.0　　B. 0.044

C. 0.44　　D. 0.005

6. 已知 $NH_3 \cdot H_2O$ 的 $K_b^{\ominus}=1.8\times10^{-5}$，则其共轭酸的 $K_a^{\ominus}$ 值为（　　）

A. 5.6×10^{-10}　　B. 1.8×10^{-10}

C. 1.8×10^{-9}　　D. 5.6×10^{-5}

7. 把 $0.2 mol \cdot L^{-1}$ 的 NH_4Ac 溶液稀释一倍或加热，NH_4Ac 的水解度将（　　）

A. 增大　　B. 减小

C. 稀释时增大，加热时减小　　D. 稀释时减小，加热时增大

8. 下列说法错误的是（　　）

A. 浓度越大，活度系数越大　　B. 浓度越大，活度系数越小

C. 浓度极稀时，活度系数接近于 1　　D. 浓度一定时，活度系数越大，则活度越大

9. $Mg(OH)_2$ 在下列哪种溶液中溶解度最大（　　）

A. 纯水　　B. 0.1mol·L^{-1}的 HAc 溶液

C. 0.1mol·L^{-1}的 $NH_3·H_2O$ 溶液　　D. 0.1mol·L^{-1}的 $MgCl_2$ 溶液

10. $Mg(OH)_2$ 的溶度积是 1.2×10^{-11}(291K)，在该温度下，下列 pH 值中，哪一个是 $Mg(OH)_2$ 饱和溶液的 pH 值（　　）

A. 10.2　　B. 7

C. 5　　D. 3.2

11. $La_2(C_2O_4)_3$ 饱和溶液的浓度为 1.1×10^{-6}mol·L^{-1}，其溶度积为（　　）

A. 1.2×10^{-12}　　B. 1.7×10^{-28}

C. 1.6×10^{-30}　　D. 1.7×10^{-14}

12. $CaSO_4$ 在 $NaNO_3$ 中的溶解度比它在纯水中的溶解度（　　）

A. 略有增大　　B. 略有减少

C. 相等　　D. 无法判断

13. 电池反应为：$2Fe^{2+}$(1mol·L^{-1})$+I_2=2Fe^{3+}$(0.0001mol·L^{-1})$+2I^-$(0.0001mol·L^{-1})，则对应的原电池符号正确的是（　　）

A. (－)Fe | Fe^{2+}(1mol·0L^{-1})，Fe^{3+}(0.0001mol·L^{-1}) ‖ I^-(0.0001mol·L^{-1})，I_2 | Pt(＋)

B. (－)Pt | Fe^{2+}(1mol·L^{-1})，Fe^{3+}(0.0001mol·L^{-1}) ‖ I^-(0.0001mol·L^{-1}) | I_2(s)(＋)

C. (－)Pt | Fe^{2+}(1mol·L^{-1})，Fe^{3+}(0.0001mol·L^{-1}) ‖ I^-(0.0001mol·L^{-1})，I_2 | Pt(＋)

D. (－)Pt | I_2，I^-(0.0001mol·L^{-1}) ‖ Fe^{2+}(1mol·L^{-1})，Fe^{3+}(0.0001mol·L^{-1}) | Pt(＋)

14. 有关标准氢电极的叙述，不正确的是（　　）

A. 标准氢电极是指将吸附纯氢气(1.01×10^5Pa)达饱和的镀铂黑的铂片浸在 H^+ 浓度为 1mol·L^{-1}的酸性溶液中组成的电极

B. 使用标准氢电极可以测定所有金属的标准电极电势

C. H_2 分压为 1.01×10^5Pa，H^+ 的浓度已知，但不是 1mol·L^{-1}的氢电极也可用来测定其他电极电势

D. 任何一个电极的电势绝对值都无法测得，电极电势是指定标准氢电极的电势为0而测出的相对电极电势

15. 当溶液中增加 H^+ 浓度时，氧化能力不增强的氧化剂是（　　）

A. NO_3^-　　B. $Cr_2O_7^{2-}$

C. O_2　　D. AgCl

16. 下列电极反应，其他条件不变时，将有关离子浓度减半，电极电势增大的是（　　）

A. $Cu^{2+}+2e^-=Cu$　　B. $I_2+2e^-=2I^-$

C. $Fe^{3+}+e^-=Fe^{2+}$　　D. $Sn^{4+}+2e^-=Sn^{2+}$

17. 对于电对 Zn^{2+}/Zn，增大其 Zn^{2+} 的浓度，则其标准电极电势值将（　　）

A. 增大　　B. 减小

C. 不变　　D. 无法判断

18. 对于银锌原电池：(－)Zn | Zn^{2+}(1mol·L^{-1}) ‖ Ag^+(1mol·L^{-1}) | Ag(＋)，已知 $E^{\ominus}$

$(Zn^{2+}/Zn)=-0.76V$，$E^{\ominus}(Ag^{+}/Ag)=0.799V$，则该电池的标准电动势是（　　）

A. 1.180V　　B. 0.076V

C. 0.038V　　D. 1.56V

19. 玻尔理论不能解释（　　）

A. H原子光谱为线状光谱

B. 在一给定的稳定轨道上，运动的核外电子不发射能量——电磁波

C. H原子的可见光区谱线

D. H原子光谱的精细结构

20. 下列说法不正确的是（　　）

A. Ψ表示电子的几率密度　　B. Ψ没有直接的物理意义

C. Ψ是薛定谔方程的合理解　　D. Ψ就是原子轨道

21. 已知多电子原子中，下列各电子具有如下量子数，其中能量最高的为（　　）

A. 2，0，0，−1/2　　B. 2，1，1，−1/2

C. 4，2，2，+1/2　　D. 4，1，1，−1/2

22. 对于原子中的电子，下面哪组量子数组是容许的（　　）

A. $n=4$，$l=-2$，$m=1$　　B. $n=3$，$l=1$，$m=2$

C. $n=2$，$l=2$，$m=-1$　　D. $n=6$，$l=0$，$m=0$

23. 在主量子数为4的电子层中，能容纳的最多电子数是（　　）

A. 18　　B. 24

C. 32　　D. 36

24. 下列说法不正确的是（　　）

A. 氢原子中，电子的能量只取决于主量子数n

B. 多电子原子中，电子的能量不仅与n有关，还与l有关

C. 波函数由四个量子数确定

D. $m_s=\pm 1/2$表示电子的自旋有两种方式

25. 下列说法错误的是（　　）

A. 电子的钻穿效应越强，电子能量越低

B. 电子所受屏蔽效应越强，电子能量越低

C. n值相同，l越小，则钻穿效应越强

D. 屏蔽效应和钻穿效应的结果引起能级交错

26. 下列原子中第一电离势最大的是（　　）

A. Be　　B. C

C. Al　　D. Si

27. 下列说法中不正确的是（　　）

A. σ键的一对成键电子的电子密度分布对键轴方向呈圆柱型对称

B. σ键比π键活泼性高，易参与化学反应

C. 配位键是由一个原子提供电子对为两个原子共用而形成的共价键

D. 成键电子的原子轨道重叠程度越大，所形成的共价键越牢固

28. 关于杂化轨道的说法正确的是（　　）

A. 凡中心原子采取 sp^3 杂化轨道成键的分子其几何构型都是正四面体

B. CH_4 分子中的 sp^3 杂化轨道是由 4 个 H 原子的 1*s* 轨道和 C 原子的 2*p* 轨道混合而成的

C. sp^3 杂化轨道是由同一原子中能量相近的 *s* 轨道和 *p* 轨道混合起来形成的一组能量相等的新轨道

D. 凡 AB_3 型的共价化合物，其中心原子 A 均采用 sp^3 杂化轨道成键

29. 对于 H_2O 来说，下列说法正确的是（　　）

A. 为非极性分子　　B. 以等性 sp^3 杂化

C. 有两对未成键电子　　D. 空间构型为 T 形

30. 下列分子中具有直线形结构的是（　　）

A. NH_3　　B. BF_3

C. H_2O　　D. $BeCl_2$

31. PCl_5 分子的空间构型是（　　）

A. 四面体形　　B. 三角锥形

C. 三角双锥形　　D. 平面三角形

32. 下列分子中偶极矩为零的是（　　）

A. NF_3　　B. NO_2

C. PCl_3　　D. BCl_3

33. I_2 的 CCl_4 溶液中分子间主要存在的作用力是（　　）

A. 色散力　　B. 取向力

C. 诱导力　　D. 取向力、诱导力、色散力

34. H_2O 的反常熔、沸点归因于（　　）

A. 分子间作用力　　B. 配位键

C. 离子键　　D. 氢键

35. $[Co(NH_3)_5H_2O]Cl_3$ 的正确命名是（　　）

A. 一水·五氨基氯化钴　　B. 三氯化一水·五氨合钴(Ⅱ)

C. 三氯化五氨·水合钴(Ⅲ)　　D. 三氯化水·五氨合钴(Ⅲ)

36. 对中心或原子的配位数，下列说法不正确的是（　　）

A. 能直接与中心原子配位的原子数目称为配位数

B. 中心原子电荷越高，配位数就越大

C. 中性配体比阴离子配体的配位数大

D. 配位体的半径越大，配位数越大

37. 已知 AgI 的 $K_{sp}^{\ominus}=K_1$，$[Ag(CN)_2]^-$ 的 $K_{稳}^{\ominus}=K_2$，则下列反应的平衡常数为（　　）

$$AgI(s)+2CN^- \rightleftharpoons [Ag(CN)_2]^- + I^-$$

A. $K_1 \cdot K_2$　　B. K_1/K_2

C. K_2/K_1　　D. K_1+K_2

38. 配合物的空间构型和配位数之间有着密切的关系，配位数为 6 的配合物的空间立体构型是（　　）

A. 正四面体　　B. 正八面体

C. 平面正方形　　D. 三角形

39. 硼酸的分子式为 H_3BO_3，所以它是（　　）

A. 三元酸　　B. 二元酸

C. 一元弱酸　　D. 一元强酸

40. 下列物质中不能将 Mn^{2+} 氧化成 MnO_4^- 的是（　　）

A. 双氧水　　B. 二氧化铅

C. 铋酸钠　　D. 过二硫酸盐（Ag^+ 作催化剂）

二、判断题（每题 1 分，共 10 分）

1. 一定温度下在纯水中加入少量强酸，水的离子积不会发生改变。（　）
2. 两个不同浓度的同种弱酸，较浓的酸的电离度比较稀的酸的电离度小。（　）
3. 沉淀转化反应的平衡常数越大沉淀的转化就越容易进行。（　）
4. 分步沉淀时，$K_{sp}^{\ominus}$ 较小的难溶物首先生成沉淀。（　）
5. 电子云的角度分布图有“+”、“−”号，原子轨道的角度分布图没有。（　）
6. 电子结构式为[Ar]$3d^6 4S^2$ 的元素是 Fe。（　）
7. 只有 s 电子和 s 电子配对，才能形成 σ 键。（　）
8. 原子所能形成的共价键的数目等于气态原子的未成对电子数。（　）
9. 在[FeF_6^{3-}]溶液中加入强酸，不会影响其稳定性。（　）
10. 在 $K_2Cr_2O_7$ 溶液中，加入 $Pb(NO_3)_2$ 溶液，得到 $PbCr_2O_7$ 沉淀。（　）

三、填空题（每空 1 分，共 20 分）

1. 已知 $K^{\ominus}(NH_3 \cdot H_2O) = 1.8 \times 10^{-5}$，则 $NH_3 \cdot H_2O$ - NH_4Cl 缓冲溶液的缓冲范围是________。

2. 将 0.1mol·L^{-1} 醋酸溶液稀释到 0.05mol·L^{-1}，溶液中的 H^+ 浓度就减少到原来的________。

3. 原子序数为 24 的元素属于________周期，________族，________区。

4. 共价键的特征是________，________。

5. 配合物中，中心离子与配位体之间以________键结合，外界与内界之间以________键结合。

6. 从金属离子的水解效应的角度考虑，增加溶液的酸度，使配合物的稳定性________。

7. 镧系收缩效应造成________周期同族元素的原子半径相近，性质相似。

8. 卤素含氧酸中最强的酸是________，卤酸中氧化性最强的酸是________。

9. 写出下列矿物药的主要化学成分：朱砂________，朴硝________，轻粉________，升药________，铅糖________。

10. $KMnO_4$ 作为氧化剂，其还原产物在中性介质中是棕色的________，在强碱性介质中是绿色的________。

四、名词解释（每题 2 分，共 10 分）

1. 电子云
2. 电负性
3. π 键
4. 不等性杂化
5. 螯合物

五、计算题（每题 10 分，共 20 分）

1. 已知原电池(−)Cd | Cd^{2+} ‖ Ag^+ | Ag(+)　[$E^{\ominus}(Ag^+/Ag)=0.7996V$, $E^{\ominus}(Cd^{2+}/Cd)=-0.4030V$]

(1) 写出电池反应。

(2) 计算平衡常数 $K^{\ominus}$。

(3) 若平衡时 Cd^{2+} 离子浓度为 0.1mol·L^{-1}，则 Ag^+ 离子浓度为多少？

2. 10ml 0.1mol·L^{-1} 的 $CuSO_4$ 溶液与 10ml 6.0mol·L^{-1} 氨水混合后达平衡。

(1) 计算溶液中 Cu^{2+} 及 $[Cu(NH_3)_4]^{2+}$ 的浓度各是多少？

(2) 若向此溶液中加入 1.0ml 0.2mol·L^{-1} NaOH 溶液，问是否有 $Cu(OH)_2$ 沉淀生成？

($K^{\ominus}_{稳}[Cu(NH_3)_4{}^{2+}]=4.68\times10^{12}$，$K^{\ominus}_{sp}[Cu(OH)_2]=1.6\times10^{-19}$)

模拟试题（五）

（天津中医药大学）

一、判断题（1 分×10）

1. 若两种溶液的渗透压力相等，其物质的量浓度也相等。

2. 将相同质量的葡萄糖和尿素分别溶解在 100g 水中，则形成的两份溶液在温度相同时的 Δp、ΔT_b、ΔT_f、π 均相同。

3. 对于吸热反应，温度升高，标准平衡常数增大。

4. 在 NaAc 与 HCl 的反应中，反应平衡常数等于醋酸的电离平衡常数的倒数。

5. 总浓度越大，缓冲容量越大，缓冲溶液的缓冲能力越强。

6. 某一离子被沉淀完全表明溶液中该离子的浓度为零。

7. p 区和 d 区元素多有可变的氧化值，s 区元素（H 除外）没有可变的氧化值。

8. 氢键是有方向性和饱和性的一类化学键。

9. 弱酸和盐类所组成的溶液可构成缓冲溶液。

10. 配位数是指配合物中配位原子与中心离子（或原子）配位的数目。

二、选择题（1 分×10）

1. 配制 $SnCl_2$ 水溶液，为抑制 $SnCl_2$ 水解，应（　　）

A. 加碱　　B. 溶于酸后再稀释　　C. 加热　　D. 少加水

2. 在一定温度下，当 HAc 的浓度变大时，$K_a^{\ominus}$ 值（　　）

A. 变大　　B. 变小　　C. 不变　　D. 需要计算决定

3. $Na_2S_4O_6$ 中 S 的氧化数为（　　）

A. +2　　B. +2.5　　C. +5　　D. +10

4. $K_{sp}^{\ominus}(AgCl)=1.8\times10^{-10}$，$K_{sp}^{\ominus}(AgBr)=5.0\times10^{-13}$，若溶液中 $c(Cl^-)=c(Br^-)$，当向混合溶液中滴加 $AgNO_3$ 溶液时，首先析出的沉淀是（　　）

A. AgCl　　B. AgBr

C. Ag_2O　　D. AgCl 和 AgBr 的混合物

5. 某温度时，反应 $CO(g)+H_2O(g) \rightleftharpoons CO_2(g)+H_2(g)$ 已达到平衡，$\Delta_r H<0$，为了提高 CO 的转化率，可采取的措施是（　　）

A. 增加总压力　　B. 减少总压力　　C. 升高温度　　D. 降低温度

6. 一般可以作为缓冲溶液的是（　　）

A. 弱酸弱碱盐的溶液　　B. 弱酸（或弱碱）及其盐的混合溶液

C. pH 值总不会改变的溶液　　D. 电离度不变的溶液

7. CaF_2在 $0.1mol\cdot L^{-1}$的 NaF 溶液中的溶解度（　）

A. 比在水中的大　B. 比在水中的小　C. 与水中的相同　D. 不确定

8. 在 HCl 分子中，原子轨道的重叠方式为

A. *p-p* 重叠　B. *s-p* 重叠　C. *s-s* 重叠　D. *d-d* 重叠

9. 指出下列物质沸点高低的顺序中，不正确的是（　）

A. $H_2S>H_2O$　B. $Br_2>Cl_2$　C. $PH_3>SiH_4$　D. $CCl_4>CH_4$

10. 当溶液中 $c(H^+)$ 增加时，氧化能力不增加的氧化剂是（　）

A. $Cr_2O_7^{2-}$　B. MnO_4^-　C. NO_3^-　D. $[PbCl_6]^{2-}$

三、填空题（1 分/空×20）

1. 溶度积常数和其他化学平衡常数一样，只与________有关。
2. 短周期元素中，电负性从左到右依次________。
3. HSO_4^-的共轭酸和共轭碱分别是______和______。
4. 当还原型物质的浓度减小时，电极电位________。
5. 一般来说，含氧酸盐在______介质中，氧化性较强。
6. 第五周期共有______种元素，正好和______内容纳的电子数相同。
7. NaCl 熔点比 $AlCl_3$______，其原因是________。
8. NH_3采用______杂化，空间构型为________。
9. 往 $0.1mol\cdot L^{-1}$HAc 溶液中，加入氯化钠固体，此时溶液中的 $c(H^+)$ 将______，这是由______效应引起的。
10. H_2O 分子间存在的作用力有______、______、______、______。
11. ________叫外轨型配合物。
12. σ 键是________对称。

四、简答题（10 分）

1. 用杂化轨道理论解释 BCl_3的空间构型是平面三角形，而 NCl_3的空间构型是三角锥形。(3 分)
2. 写出 O_2和 O_2^{2-}的分子轨道电子排布式，计算键级，并说明磁性。(4 分)
3. 在临床补液时为什么一般要输等渗溶液？(3 分)

五、填表题（1 分/空×10）

原子序数	元素符号	电子排布式	周期	族	区
24					
	Se				

六、计算题（10分×4）

1. 在50ml 0.1mol·L^{-1}HAc溶液中，加入多少克NaAc固体，才能使溶液pH=5.5？（忽略固体的加入对溶液体积的影响，$K_a^{\ominus}=1.75\times10^{-5}$）

2. 在浓度均为0.10mol·L^{-1}的Zn^{2+}和Mn^{2+}溶液中通入H_2S气体，问哪种物质先沉淀？pH值控制在什么范围可以使二者完全分离？

已知H_2S的$K_{a1}^{\ominus}=1.32\times10^{-7}$，$K_{a2}^{\ominus}=7.08\times10^{-15}$，$K_{sp}^{\ominus}(MnS)=4.65\times10^{-14}$，$K_{sp}^{\ominus}(ZnS)=2.93\times10^{-25}$。

3. 写出下列电池的电极反应及电池反应。

(−)Cd | Cd^{2+}(0.01mol·L^{-1}) ‖ Cl^-(0.5mol·L^{-1}) | Cl_2(101325Pa) | Pt(+)

计算298.15K时，正负极的电极电势及电池电动势。

已知$E^{\ominus}(Cl_2/Cl^-)=1.3583V$，$E^{\ominus}(Cd^{2+}/Cd)=-0.4030V$

4. 通过计算说明当溶液中$S_2O_3^{2-}$、$[Ag(S_2O_3)_2]^{3-}$的浓度均为0.10mol·L^{-1}时，加入KI固体使$c(I^-)=0.10mol\cdot L^{-1}$（忽略体积变化），是否产生AgI沉淀？

已知$[Ag(S_2O_3)_2]^{3-}$的$K_{稳}^{\ominus}=2.9\times10^{13}$，$K_{sp}^{\ominus}(AgI)=8.3\times10^{-17}$

模拟试题（六）

（长春中医药大学）

一、单项选择题（20 分）

1. 化学反应达到平衡的特征是（　　）
   A. 正反应停止　　B. 反应物与产物浓度相等
   C. 逆反应停止　　D. 逆反应速率等于正反应速率
2. 稀溶液依数性的本质是（　　）
   A. 渗透压　　B. 沸点升高　　C. 蒸气压降低　　D. 凝固点降低
3. 质量相等的阻冻剂乙醇、甲醛、甘油、葡萄糖中，效果最好的是（　　）
   A. 乙醇 C_2H_5OH　　B. 甘油 $C_3H_8O_3$
   C. 甲醛 HCHO　　D. 葡萄糖 $C_6H_{12}O_6$
4. 在 H_3PO_4 溶液中存在着的离子种类有（　　）
   A. 3 种　　B. 5 种　　C. 1 种　　D. 4 种
5. 对同一弱酸溶液（　　）
   A. 浓度越小，则 pH 值越大，酸的解离度越大
   B. 浓度越大，则 pH 值越大，酸的解离度越大
   C. 浓度越小，则 pH 值越小，酸的解离度越小
   D. 浓度越大，则 pH 值越大，酸的解离度越小
6. 下列化合物中偶极矩为零的物质是（　　）
   A. HF　　B. BF_3　　C. $CHCl_3$　　D. H_2S
7. 下列硫化物不溶于水和稀酸而溶于硝酸的是（　　）
   A. MnS　　B. CuS　　C. ZnS　　D. MgS
8. 下列卤化物在水中溶解度最小的是（　　）
   A. AgF　　B. AgCl　　C. AgBr　　D. AgI
9. 下列过程不属于氧化-还原反应的是（　　）
   A. Cl_2 溶于水　　B. 制取漂白粉
   C. 实验室制 Cl_2　　D. 实验室制 HCl
10. 波函数 $\Psi_{2,0,0}$ 代表（　　）轨道
   A. 2s　　B. 2p_x　　C. 2p_z　　D. 2p_y
11. 下列离子属于 18 电子构型的是（　　）
   A. Zn^{2+}　　B. Fe^{2+}　　C. Ca^{2+}　　D. Al^{3+}

12. 最适合于对$[Fe(H_2O)_6]^{2+}$描述的是（　　）

A. sp^3d^2 杂化，顺磁性　　B. sp^3d^2 杂化，反磁性

C. d^2sp^3 杂化，顺磁性　　D. d^2sp^3 杂化，反磁性

13. 没有π键存在的分子是（　　）

A. C_2H_4　　B. CH_3OH　　C. C_2H_2　　D. CH_2O

14. 对无机酸而言，酸性最强的是（　　）

A. HNO_3　　B. H_2SO_4　　C. $HClO_4$　　D. HCl

15. 要对I^-氧化成I_2进行检验，又不增加新的杂质，应选的氧化剂是（　　）

A. $KMnO_4$　　B. H_2O_2　　C. $K_2Cr_2O_7$　　D. $Fe_2(SO_4)_3$

16. 硫代硫酸钠用作重金属离子的解毒剂，是因为它的（　　）

A. 酸性　　B. 还原性　　C. 络合性　　D. 氧化性

17. 硼酸溶于水显酸性，该酸性来源于（　　）

A. H_3BO_3 本身电离出 H^+

B. 空气中的 CO_2

C. H_3BO_3 水解

D. H_3BO_3 中 B 与 H_2O 中 OH^- 发生加合的结果

18. 下列氢氧化物碱性最强的是（　　）

A. NaOH　　B. CsOH　　C. RbOH　　D. KOH

19. 在水溶液中易发生歧化反应的离子是（　　）

A. Cu^+　　B. Hg_2^{2+}　　C. Ag^+　　D. Fe^{2+}

20. 在 $FeCl_3$ 与 KSCN 的混合液中加入过量 NaF，其现象是（　　）

A. 产生沉淀　　B. 变为无色　　C. 颜色加深　　D. 无变化

二、填空题（30 分）

1. HPO_4^{2-} 的共轭碱是________。

2. 将 Na_2CO_3 和 $Al_2(SO_4)_3$ 溶液相混合，最后得到的产物是______________。

3. 往 $0.1mol·L^{-1}$ HAc 溶液中加入 NaCl 固体，此时溶液中的 $c(H^+)$将________，这是由________效应引起的。

4. 在 $Cu^{2+}+2e \rightleftharpoons Cu$ 体系中加入氨水，则由于________的生成而使 Cu^{2+} 的氧化能力比原来________。

5. $S_4O_6^{2-}$ 中 S 的氧化数是________，Na_2O_2 中 O 的氧化数是________。

6. 描述 Na 原子最外层电子运动状态的四个量子数的组合为 $n=$________，$l=$________，$m=$________，$m_s=$________。

7. np 原子轨道径向分布图的峰值数为________个。在多电子原子中，n 相同，l 越小的电子钻到核附近的概率越________，受到其他电子的________也就越小。

8. He 和 H_2O 分子之间存在的分子间作用力类型有________。

9. 在$[CoF_6]^{3-}$中 F^- 为____________场配位体，$[CoF_6]^{3-}$为____________自旋型配离

子。$[CoF_6]^{3-}$ 的晶体场稳定化能 E_c = ________ Dq。

10. 配合物$[Zn(NH_3)_4](OH)_2$中，中心离子的配位体是____________，配位原子是________。

11. 碱金属过氧化物的化学通式是________，其中过氧化钠常用作防毒面具、急救器中的供氧剂，其原因可用化学反应方程式：

________________________来解释。

12. “王水”由 A ________和 B ________组成，其体积比例(A∶B)为________。

13. 往 $HgCl_2$ 溶液中逐滴加入 KI，先有红色的________沉淀生成，该沉淀溶于过量的 KI 生成无色的________溶液。

14. 写出下列药物的主要化学成分：双氧水________，珍珠________，砒霜________，密陀僧________。

15. 对于放热反应来说，升高温度会使其反应的转化率________。

16. 提高水的沸点可采用的方法有

(1) ____。

(2) ____。

三、简答题（16 分）

1. 写出 22 号钛元素和 47 号银元素的价电子层结构，并说明它们在第几周期，第几族，哪个区？(5 分)

2. 分别写出 O_2 和 O_2^{2-} 的分子轨道电子排布式，指出各自的磁性状况（顺/反），并通过键级比较它们的键的强度的大小。(6 分)

3. 在图中的括号填入适当的物质：(5 分)

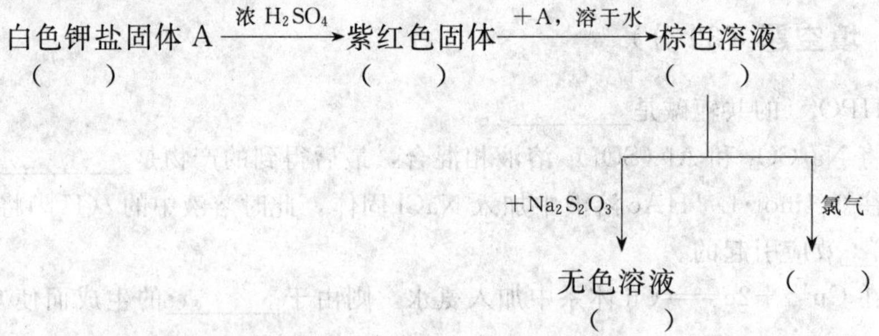

四、完成并配平下列反应方程式（或离子式）(10 分)

1. PbO_2 与浓 HCl 作用。

2. 固体 $AgNO_3$ 受热完全分解。

3. 在酸性介质中，$KMnO_4$ 与 Na_2SO_3 反应。

4. 在碱性溶液中，CrO_2^- 被 H_2O_2 氧化。

5. $HgCl_2$ 溶液与过量的 $SnCl_2$ 反应。

五、计算题（24 分）

1. 往 400ml 0.2mol·L^{-1} $NH_3·H_2O$ 和 0.3mol·L^{-1} NH_4Cl 的缓冲溶液中加入 0.05mol·L^{-1}的 NaOH 溶液 100ml，求该溶液的 pH 值。（6 分）

［注：$K_b^{\ominus}(NH_3·H_2O) = 1.8\times10^{-5}$］

2. 将 50ml 0.2mol·L^{-1} $AgNO_3$ 与 50ml 0.6mol·L^{-1} KCN 溶液混合，体积为 100ml，求：①在混合液中 $c_{eq}(Ag^+)$为多少？②向该混合液中加入 KI 固体多少克后才会生成 AgI 沉淀？由计算结果说明该反应现实是否可行？（8 分）

（注：$K_{稳}^{\ominus}[Ag(CN)_2^-] = 1.26\times10^{21}$。$K_{sp}^{\ominus}(AgI) = 8.3\times10^{-17}$。原子量：K＝39，I＝127）

3. 已知：

$$MnO_4^- + 8H^+ + 5e^- \rightleftharpoons Mn^{2+} + 4H_2O \qquad E^{\ominus} = 1.491V$$

$$Cl_2 + 2e^- \rightleftharpoons 2Cl^- \qquad E^{\ominus} = 1.356V$$

将以上两个电极组成原电池：

①写出原电池反应式及原电池符号；

②计算 298.15K 时该原电池反应的平衡常数；

③当 $c(H^+) = 10mol·L^{-1}$，其他条件不变，此时原电池的电动势为多少？（10 分）

模拟试题（七）

（广西中医药大学）

一、判断题（每小题1分，共10分）

1. 改变生成物的浓度，使 $J>K^{\ominus}$，平衡将会向右移动。（ ）

2. 稀释10ml 0.1mol·L^{-1}HAc溶液至100ml，则HAc的电离度增加，平衡向右移动，氢离子浓度增加。（ ）

3. 多元弱酸强碱盐与弱酸强碱盐一样，水解显碱性。（ ）

4. $CaCO_3$ 在NaCl溶液中的溶解度比在纯水中溶解度更大。（ ）

5. 电极电势最大的电对，其还原型物质是最弱的还原剂。（ ）

6. 已知：$E^{\ominus}(A^+/A)<E^{\ominus}(B^+/B)$则可以判断在标准状态下反应：

$B+A^+ \rightleftharpoons B^+ +A$ 自发向右进行。（ ）

7. 当角量子数为2时，有5种取向，且能量不同。（ ）

8. 凡是中心原子采用 sp^3 杂化轨道成键的分子，其空间构型必是四面体。（ ）

9. 分子间作用力既无饱和性又无方向性。氢键具有饱和性又有方向性。（ ）

10. 配位数是指配合物中配位原子与中心离子（或原子）配位的数目。（ ）

二、填空题（每空格1分，共30分）

1. 一定温度下，已知反应：$H \rightleftharpoons G$ 的平衡常数为 $K_1^{\ominus}$，$G+W \rightleftharpoons V$ 的平衡常数为 $K_2^{\ominus}$，则反应 $H+W \rightleftharpoons V$ 的平衡常数为 $K^{\ominus}=$________。

2. 在200ml 0.4mol·L^{-1}NaAc溶液的pH值________7，倒去100ml NaAc溶液后，pH值________，若再加入100ml 0.2mol·L^{-1}盐酸，pH值________，继续在上述混合溶液中加入少量0.1mol·L^{-1}NaOH溶液，则pH值________。

3. 定温下，难溶强电解质溶液中，任意状态下________称为离子积(J)。

4. 氧化剂具有氧化性，________电子，表现为________，本身被还原称为________反应。

5. 将电对 Fe^{3+}/Fe^{2+}($E^{\ominus}=0.77V$)与电对 Cl_2/Cl^- ($E^{\ominus}=1.36V$)组成原电池，原电池符号为：________。

6. 氢原子光谱实验证明了________________________。

7. 其他电子对某一电子排斥的作用相当于削弱了核电荷对该电子的吸引作用，把这种作用称为________。电子穿过内层钻到核附近回避了其他电子的屏蔽作用，把这种作用称为________。

8. n 相同，l 不同的能级，由于钻穿能力 $ns > np > nd > nf$，所以轨道能级有：________。

9. 价电子层结构为 $3d^5 4s^1$ 的元素，属于第________周期，第________族，是________区元素，原子序数为________，元素名称是________。

10. C_2H_4 分子中 C 采用________杂化，有________个 π 键。

11. $[Co(NO_2)_2(en)_2]Cl$ 的配位数是________，配体是________和________，配位原子是________、________，配合物名称为________。

12. 写出下列矿物药的主要成分：

煅石膏：__________；皂矾：__________；朱砂：__________。

三、单项选择题（每题 1 分，共 24 分）

1. 反应 $A+B \rightleftharpoons C+D(\Delta_r H^\ominus < 0)$，若温度升高 10℃，其结果是（　　）

A. 使平衡常数减小　　B. 使平衡常数增大

C. 对反应没有影响　　D. 不改变反应速率

2. 将 0.1mol·L^{-1} 的 HAc 溶液加水稀释至原体积的 2 倍时，其 $c_{aq}(H^+)$ 和 pH 值的变化分别为（　）

A. 增大和减小　　B. 减小和增大　　C. 减小和减小　　D. 增大和增大

3. 已知：$NH_3 \cdot H_2O$ $pK_b^\ominus = 4.76$，HAc $pK_a^\ominus = 4.76$，H_2CO_3 $pK_{a1}^\ominus = 6.38$，$H_2PO_4^-$ $pK_{a2}^\ominus = 7.21$，要配制 pH＝6.5 的缓冲溶液，应选择的缓冲对是（　）

A. $NH_3 \cdot H_2O$ 和 NH_4Cl　　B. H_2CO_3 和 $NaHCO_3$

C. NaH_2PO_4 和 Na_2HPO_4　　D. HAc 和 NaAc

4. 难溶物 $Mg(OH)_2$ 的溶解度为 s(mol·L^{-1})，其溶度积 $K_{sp}^\ominus$ 等于（　　）

A. $K_{sp}^\ominus = s^2$　　B. $K_{sp}^\ominus = 2s^2$　　C. $K_{sp}^\ominus = 4s^2$　　D. $K_{sp}^\ominus = 4s^3$

5. 已知：AgCl 的 $K_{sp}^\ominus = 1.8 \times 10^{-10}$，$Ag_2CrO_4$ 的 $K_{sp}^\ominus = 1.1 \times 10^{-12}$，在含有等浓度的 CrO_4^{2-} 和 Cl^- 的混合溶液中逐滴加入 $AgNO_3$ 时，所发生的现象是（　　）

A. 两者都不产生沉淀　　B. Ag_2CrO_4 先沉淀

C. 两者同时产生沉淀　　D. AgCl 先沉淀

6. 电对(Cl_2/Cl^-，O_2/H_2O，Fe^{3+}/Fe^{2+}，Sn^{4+}/Sn^{2+})中，随着溶液 H^+ 浓度的增加，氧化型物质氧化性增大的是（　　）

A. Cl_2　　B. O_2　　C. Fe^{3+}　　D. Sn^{4+}

7. 已知电对的标准电极电势：I_2/I^- 的 $E^\ominus = +0.54V$，Fe^{3+}/Fe^{2+} 的 $E^\ominus = +0.771V$。溶液中不能共存的一对离子是（　　）

A. I_2，Fe^{2+}　　B. Fe^{3+}，I^-　　C. I^-，Fe^{2+}　　D. Fe^{2+}，Fe^{3+}

8. 在多电子原子中，具有下列各组量子数的电子中能量最高的是（　　）

A. 2，1，＋1，－1/2　　B. 3，1，0，－1/2

C. 4，2，＋1，＋1/2　　D. 4，1，－1，＋1/2

9. 水(H_2O)与乙醇(CH_3CH_2OH)之间的作用力有（　　）

A. 取向力和诱导力　　B. 诱导力和色散力

C. 取向力、诱导力和氢键　　D. 取向力、诱导力、色散力和氢键

10. 中心原子采取 sp^2 杂化的分子是（　）

A. NH_3　　B. H_2O　　C. PCl_3　　D. BCl_3

11. 下列化合物中含有极性共价键的是（　）

A. Na_2O_2　　B. $KClO_3$　　C. Na_2O　　D. KI

12. 下列分子中偶极矩等于零的是（　）

A. $CHCl_3$　　B. H_2S　　C. CCl_4　　D. NH_3

13. 下列化合物中，分子间不存在氢键的是（　）

A. NH_3　　B. H_2O　　C. HNO_3　　D. HBr

14. 组成为 $CrCl_3 \cdot 6H_2O$ 的配合物，向其溶液中加入足量 $AgNO_3$，有 2/3 的 Cl^- 沉淀析出，可以推断该配合物的结构式为（　）

A. $[Cr(H_2O)_4Cl_2]Cl \cdot 2H_2O$　　B. $[Cr(H_2O)_5Cl]Cl_2 \cdot H_2O$

C. $[Cr(H_2O)_3Cl_3] \cdot 3H_2O$　　D. $[Cr(H_2O)_6]Cl_3$

15. 下列配体中，能作为螯合剂与中心离子形成螯合物的是（　）

A. SCN^-　　B. $S_2O_3^{2-}$　　C. $C_2O_4^{2-}$　　D. CH_3NH_2

16. 下列配合物中属内轨型配合物的是（　）

A. $K_2[PtCl_6]$　　B. $K_3[FeF_6]$

C. $[Co(NH_3)_6]Cl_2$　　D. $[Co(NH_3)_6]Cl_3$

17. 氯的含氧酸及盐中，热稳定性较高的是（　）

A. $NaClO_4$　　B. NaClO　　C. $HClO_3$　　D. HClO

18. 在医疗上可作为卤素和重金属离子中毒的解毒剂是（　）

A. Na_2S　　B. $Na_2S_2O_3$　　C. Na_2SO_3　　D. Na_2SO_4

19. 下面分子或离子结构中含 π_3^4 大 π 键的是（　）

A. NH_3　　B. NO_3^-　　C. HNO_3　　D. SO_4^{2-}

20. 下列物质中热稳定性最好的是（　）

A. H_2CO_3　　B. $NaHCO_3$　　C. Na_2CO_3　　D. $CaCO_3$

21. 下列物质在水溶液中不能稳定存在的是（　）

A. Al_2S_3　　B. PbS　　C. HgS　　D. CuS

22. 下列氢氧化物在空气中放置不易被氧化的是（　）

A. $Ni(OH)_2$　　B. $Fe(OH)_2$　　C. $Co(OH)_2$　　D. $Mn(OH)_2$

23. 临床上常用的消毒剂 $KMnO_4$ 溶液具有较强氧化性，无论是酸性、中性、碱性溶液皆有氧化性，其还原产物分别为（　）

A. MnO_2、Mn^{2+}、MnO_4^{2-}　　B. MnO_4^{2-}、Mn^{2+}、MnO_2

C. MnO_4^{2-}、MnO_2、Mn^{2+}　　D. Mn^{2+}、MnO_2、MnO_4^{2-}

24. 具杀菌能力，可用于游泳池、蓄水池消毒，防止藻类生长。能与石灰配成消灭病虫害的波尔多液。内服可作催吐剂，外用可治疗沙眼、结膜炎等病，为中药胆矾主要成分的是

（　）

A. $FeSO_4 \cdot 7H_2O$　　B. $MgSO_4 \cdot 7H_2O$

C. $NaSO_4 \cdot 10H_2O$　　D. $CuSO_4 \cdot 5H_2O$

四、完成并配平下列反应式（每题 2 分，共 8 分）

1. $Cu_2O + NO_3^- \rightarrow$
2. $Cr_2O_7^{2-} + SO_2 \rightarrow$
3. $MnO_4^- + SO_3^{2-} + H^+ \rightarrow$
4. $H_2O_2 + Fe^{2+} + H^+ \rightarrow$

五、简答题（每小题 2 分，共 8 分）

1. 为什么 $K_2Cr_2O_7$ 能氧化浓 HCl 中的 Cl^- 离子，而不能氧化浓度比 HCl 大得多的 NaCl 溶液中的 Cl^- 离子？（$Cr_2O_7^{2-}/Cr^{3+}$ 的 $E^\ominus = 1.33V$，Cl_2/Cl^- 的 $E^\ominus = 1.36V$）

2. 为什么说硼族元素是缺电子原子？硼酸为什么是一元弱酸？

3. 在 Fe^{2+} 盐溶液中加入 NaOH 溶液，在空气中放置后得到什么产物？解释并写出相关的离子反应式。

4. 为什么商品 NaOH 中常含有 Na_2CO_3？怎样简便地检验和除去？解释并写出相关的离子反应式。

六、计算题（共 20 分）

1. 某一元弱酸钠盐 30.00ml，浓度为 $0.1mol \cdot L^{-1}$，向其加入 15.00ml 的 $0.1mol \cdot L^{-1}$ HCl 溶液，测得溶液 pH 值为 4.29。计算该弱酸的电离常数。（6 分）

2. 298K 时，有原电池如下：

$(-)Pt \mid Cl_2(p^\ominus) \mid Cl^-(c^\ominus) \parallel H^+(c^\ominus), Mn^{2+}(c^\ominus), MnO_4^-(c^\ominus) \mid Pt(+)$

(1) 写出电池反应式。

(2) 计算反应的平衡常数。

(3) 若原电池中其他条件不变，使 $c(Cl^-) = c(H^+) = 1.0 \times 10^{-3} mol \cdot L^{-1}$，求原电池的电动势，说明此时电池反应进行的方向。[$E^\ominus(Cl_2/Cl^-) = 1.358V$，$E^\ominus(MnO_4^-/Mn^{2+}) = 1.15V$]（10 分）

3. 已知电对 $Au^+ + e^- = Au$ 的 $E^\ominus = 1.68V$，计算电对：$[Au(CN)_2]^- + e^- = Au + 2CN^-$ 的 $E^\ominus$。已知 $K^\ominus_{稳}[Au(CN)_2^-] = 2 \times 10^{38}$。（4 分）

模拟试题（八）

（南京中医药大学）

一、判断题（共10分，每题1分）

1. 在298K时水的$K_w^\ominus$是1.0×10^{-14}，313K时$K_w^\ominus$是3.8×10^{-14}，在313K时$c(H^+)=1.0\times10^{-7}$ mol·L^{-1}的溶液是碱性的。（　）

2. 中和等体积和等浓度的不同弱酸，所需的碱量是不同的。（　）

3. 相同原子间双键的键能等于其单键键能的二倍。（　）

4. 原子形成共价键的数目，等于原子的未成对电子数。（　）

5. 溶解度大的物质，电离度一定大，电离度大的物质溶解度也一定大。（　）

6. $FeCl_3$ 可将I^-氧化为I_2，但如$FeCl_3$溶液中有大量的F^-存在，则$FeCl_3$不能将I^-氧化成I_2，只能把F^-氧化成F_2。（　）

7. O_2分子中，在两个氧原子间有一个σ键，两个三电子π键。（　）

8. 原子轨道是由n、l两个量子数决定的。（　）

9. 元素V的价电子层结构为$3d^34s^2$，元素Cr的价电子层结构为$3d^44s^2$。（　）

10. $[Cu(NH_2CH_2CH_2NH_2)_2]^{2+}$配离子，$Cu^{2+}$的配位数为2，配位原子为N。（　）

二、单项选择题（共20分，每题1分）

1. 配制$SnCl_2$溶液时，必须加（　）

A. 足量的水　　B. 盐酸　　C. 碱　　D. Cl_2

2. 加热就能生成少量氯气的一组物质是（　）

A. NaCl和H_2SO_4　　B. NaCl和MnO_2

C. HCl和Br_2　　D. HCl和$KMnO_4$

3. 已知H_2S的$K_{a1}^\ominus=1.32\times10^{-7}$，$K_{a2}^\ominus=7.08\times10^{-15}$，在0.30mol·L^{-1} HCl中通入$H_2S$至饱和，溶液中$S^{2-}$浓度（mol·L^{-1}）是（　）

A. 2.5×10^{-18}　　B. 1.0×10^{-21}　　C. 2.5×10^{-17}　　D. 2.0×10^{-19}

4. $NH_3\cdot H_2O$在下列溶剂中电离度最大的是（　）

A. H_2O　　B. HAc　　C. NaOH　　D. NH_2OH

5. 下列哪种分子的偶极矩不等于零（　）

A. CS_2　　B. CO_2　　C. BF_3　　D. H_2O_2

6. 价电子层结构为$3d^{10}4s^1$的元素的原子序数是（　）

A. 11　　B. 19　　C. 29　　D. 47

7. BF_3 和 NH_3 反应，它们之间形成（　　）

A. 氢键　　B. 大π键　　C. 分子间作用力　　D. 配位键

8. NH_4^+ 的共轭碱是（　　）

A. NH_3　　B. NH_2^-　　C. KOH　　D. $NH_3 \cdot H_2O$

9. 有关氧化数的叙述，下列哪项正确（　　）

A. 氢的氧化数总是+1

B. 氧的氧化数总是−2

C. 单质的氧化数可以是0，可以是正整数

D. 氧化数可以是整数、分数或负数

10. 下列已配平的半反应中正确的是（　　）

A. $SnO_2^{2+} + OH^- = SnO_2^{2-} + H_2O + 2e$

B. $Cr_2O_7^{2-} + 14H^+ + 3e = 2Cr^{3+} + 7H_2O$

C. $Bi_2O_3 + 10H^+ + 2e = Bi^{3+} + 5H_2O$

D. $H_3AsO_3 + 6H^+ + 6e = AsH_3 + 3H_2O$

11. 下列氯化物中，共价性最强的是（　　）

A. $FeCl_2$　　B. $ZnCl_2$　　C. $HgCl_2$　　D. $FeCl_3$

12. 在 NH_3 分子中，H—N—H 键键角是（　　）

A. 109°28′　　B. 104°45′　　C. 107°28′　　D. 120°

13. 加热熔化只需打开分子间作用力的物质是（　　）

A. $MgCl_2$　　B. SiO_2　　C. Na　　D. CO_2（固）

14. $Mg(OH)_2$ 的 $K_{sp}^{\ominus}$ 为 5.61×10^{-12}，它的溶解度（$mol \cdot L^{-1}$）为（　　）

A. 1.1×10^{-4}　　B. 2.6×10^{-5}　　C. 1.9×10^{-5}　　D. 4.2×10^{-6}

15. 下列各物质中，热稳定性最高的是（　　）

A. NH_4HCO_3　　B. Ag_2CO_3　　C. Na_2CO_3　　D. $CaCO_3$

16. 决定多电子原子的能量 E 的是（　　）

A. n　　B. n 和 l　　C. n、l、m　　D. l

17. 在下列试剂中能用来分离 Fe^{3+} 和 Al^{3+} 的是（　　）

A. $NH_3 \cdot H_2O$　　B. KSCN　　C. $(NH_4)_2CO_3$　　D. NaOH

18. 根据下列哪个反应设计的原电池不需用惰性电极（　　）

A. $Cr_2O_7^{2-} + 6I^- + 14H^+ = 2Cr^{3+} + 3I_2 + 7H_2O$

B. $2Ag + 2HI = 2AgI \downarrow + H_2$

C. $Cu^{2+} + Ni = Ni^{2+} + Cu$

D. $Cl_2 + 2Br^- = Br_2 + 2Cl^-$

19. 有一含有 Cl^-、Br^-、I^- 的混合溶液，欲使 I^- 氧化为 I_2，而不使 Br^- 和 Cl^- 氧化，应选用下列哪种试剂（　　）

A. $KMnO_4$　　B. $K_2Cr_2O_7$　　C. $Fe_2(SO_4)_3$　　D. $SnCl_4$

20. 已知 Ag_2CrO_4 和 AgCl 溶度积分别为 1.1×10^{-12} 和 1.8×10^{-10}，向含有 CrO_4^{2-} 和 Cl^- 各 0.1mol·L^{-1}的溶液中滴加 $AgNO_3$ 溶液，现象为（　）

A. Ag_2CrO_4先沉淀

B. AgCl 先沉淀至 $c(Cl^-)$ ＝0 mol·L^{-1}

C. Ag_2CrO_4 沉淀完全后 AgCl 也开始沉淀

D. AgCl 沉淀完全后 Ag_2CrO_4 也开始沉淀

三、B 型题（共 10 分，每题 1 分）

A. －3　　B. －1　　C. 1

D. 4　　E. 6

1. $Cr_2O_7^{2-}$分子中铬的氧化值是（　）
2. Na_2SO_3分子中硫的氧化值是（　）
3. H_2O_2分子中氧的氧化值是（　）

A. $CuCO_3$　　B. $CuCl_2$　　C. $Cu_2(OH)_2CO_3$

D. Hg_2Cl_2　　E. HgS

4. 朱砂的主要成分是（　）
5. 铜绿的主要成分是（　）
6. 甘汞的主要成分是（　）

A. 大于 0.60%　　B. 0.60%　　C. 0.42%

D. 1.8×10^{-3}%　　E. 0.30%

7. 0.5 mol·L^{-1} $NH_3\cdot H_2O$ 溶液中，$NH_3\cdot H_2O$ 的电离度是（　）
8. 含 NaOH(1mol·L^{-1}) 的 0.5mol·L^{-1}$NH_3\cdot H_2O$ 溶液中 $NH_3\cdot H_2O$ 的电离度是（　）
9. 含 NaCl(1mol·L^{-1})的 0.5mol·L^{-1}$NH_3\cdot H_2O$ 溶液中 $NH_3\cdot H_2O$ 的电离度是（　）
10. 含 NH_4Cl(1mol·L^{-1})的 0.5mol·L^{-1} $NH_3\cdot H_2O$ 溶液中 $NH_3\cdot H_2O$ 的电离度是（　）

四、多项选择题（共 10 分，每题 1 分）

1. 用 Nernst 方程式计算 Br_2/Br^-电对的电极电位，下列叙述中正确的是（　）

A. Br_2 浓度增大，E 值增加　　B. Br^-浓度增大，E 值减小

C. H^+ 浓度增大，E 值减小　　D. H^+ 浓度增大，E 值增加

E. 温度增高，E 值增加

2. 能与 EDTA 形成螯合物的是（　）

A. Ag^+　　B. Pb^{2+}　　C. Na^+

D. Ca^{2+}　　E. K^+

3. 下列化合物中有氢键的是（　）

A. NH_3　　B. PH_3　　C. 邻硝基苯酚

D. H_2S　　E. HF

4. 下列量子数，不合理的是（　　）

A. (3, 3, 0, $-1/2$)　　B. (3, 2, 0, $+1/2$)　　C. (3, 1, 0, $-1/2$)

D. (3, -1, 0, $+1/2$)　　E. (3, -2, 2, 1/2)

5. 当 $n=3$，$l=2$ 时，m 的值可以是（　　）

A. 0　　B. $+2$　　C. $+3$

D. -3　　E. 1

6. 下列中间价态的物质可自发发生歧化反应的是（　　）

A. $O_2 \underline{+0.682} H_2O_2 \underline{+1.77} H_2O$

B. $MnO_4^{2-} \underline{+2.26} MnO_2 \underline{+1.51} Mn^{2+}$

C. $Hg^{2+} \underline{+0.920} Hg_2^{2+} \underline{+0.793} Hg$

D. $Cu^{2+} \underline{+0.195} Cu^+ \underline{+0.522} Cu$

E. $Co^{3+} \underline{+1.82} Co^{2+} \underline{-0.277} Co$

7. 根据酸碱质子论，下列分子或离子中是碱（不是酸）的有（　　）

A. NH_4^+　　B. PO_4^{3-}　　C. HCO_3^-

D. S^{2-}　　E. Ac^-

8. 下列离子中，容易水解的是（　　）

A. Na^+　　B. Ca^{2+}　　C. Al^{3+}

D. Fe^{3+}　　E. Bi^{3+}

9. 具有18＋2电子构型的离子是（　　）

A. Cu^+　　B. Ag^+　　C. Sn^{2+}

D. Fe^{2+}　　E. Pb^{2+}

10. 与分裂能Δ的大小有关的因素是（　　）

A. 配离子构型　　B. 配位体的性质　　C. 温度

D. 金属离子的价态　　E. 金属离子的颜色

五、填空题（共10分，每空1分）

1. 原子中电子排布为 $1s^2 2s^2 2p^6 3s^2 3p^6 3d^5 4s^2$ 的元素其最高氧化态为＋7，元素符号是________。

2. 在血红色$[Fe(SCN)_6]^{3-}$溶液中，通入 H_2S 气体后红色消失，这是因为__________。

3. $[Co(H_2O)(NH_3)_3Cl_2]Cl$ 命名为____________。

4. ⅠB、ⅡB族元素的价电子层结构是__________。

5. 镧系元素原子结构的特点是电子充填在__________亚层上。

6. 25℃时 Cl_2、Br_2、I_2 的键能变化规律为__________。

7. 0.1 $mol \cdot L^{-1}$ HCl、0.1 $mol \cdot L^{-1}$ HBr、0.1 $mol \cdot L^{-1}$ HI 酸性大小排列是__________。

8. 在平面四方形配离子中，中心离子的 d 轨道分裂为________组。

9. $CrCl_3$ 在碱性介质中以________离子形式存在。

10. 在 NH_3 中 N 原子采用__________杂化。

六、简答题（共 10 分，每题 5 分）

1. Co^{3+} 与 Fe^{3+} 离子与配体 H_2O 和 CN^- 都能形成八面体配合物，分别计算晶体场稳定化能，并比较其稳定性。

2. 准确地解释如下反应：

$K_2Cr_2O_7 + 14\ HCl(浓) = 2CrCl_3 + 3Cl_2\uparrow + 2KCl + 7H_2O$

已知 $E^{\ominus}(Cr_2O_7^{2-}, H^+/Cr^{3+}) = +1.33V$，$E^{\ominus}(Cl_2/Cl^-) = +1.36V$

七、完成和配平反应方程式（共 10 分，每题 2 分）

1. $Hg_2I_2 + NH_3 \cdot H_2O \rightarrow$
2. $Na_2S_2O_3 + I_2 \rightarrow$
3. $MnO_4^- + SO_3^{2-} + H^+ \rightarrow$
4. $Cr_2O_7^{2-} + Cl^- + H^+ \rightarrow$
5. $As_2O_3 + Zn + H^+ \rightarrow$

八、计算题（共 20 分，第 1、2 小题各 7 分，第 3 小题 6 分）

1. 已知 $Ag^+ + e^- \rightleftharpoons Ag \quad E^{\ominus} = +0.7996V$；$AgI + e^- \rightleftharpoons Ag + I^- \quad E^{\ominus} = -0.1522V$。求 AgI 的 $K_{sp}^{\ominus}$ 值。

2. 向 1L 0.1 $mol \cdot L^{-1}$ 的 $CuSO_4$ 溶液中加入 1L 6$mol \cdot L^{-1}$ 的氨水，求平衡时溶液中的 Cu^{2+} 浓度？已知 $K_{稳}^{\ominus}[Cu(NH_3)_4^{2+}] = 2.1 \times 10^{13}$

3. 在 20ml 0.2 $mol \cdot L^{-1}$ 的氨水溶液中加入等体积 0.1$mol \cdot L^{-1}$ HCl，求溶液的 pH 值？已知 $K_b^{\ominus}$（NH_3）$= 1.8 \times 10^{-5}$

模拟试题（九）

（上海中医药大学）

一、选择题（共20题，每小题1分，共20分）

1. 在一个多电子原子中，具有下列各套量子数（n，l，m，s_i）的电子，能量最大的电子具有的量子数是（　　）

A. 3，2，+1，$+\frac{1}{2}$　　B. 2，1，+1，$-\frac{1}{2}$

C. 3，1，0，$-\frac{1}{2}$　　D. 3，1，−1，$+\frac{1}{2}$

2. 下列离子中外层 d 轨道达半满状态的是（　　）

A. Cr^{3+}　　B. Fe^{3+}　　C. Co^{3+}　　D. Cu^{+}

3. 下列分子或离子中，构型不为直线形的是（　　）

A. $BeCl_2$　　B. CS_2　　C. I_3^-　　D. I_3^+

4. 在 Br－CH＝CH－Br 分子中，C－Br 键的轨道重叠方式是（　　）

A. sp-p　　B. sp^2-s　　C. sp^2-p　　D. sp^3-p

5. 已知$[Co(NH_3)_6]^{2+}$为外轨型配离子，$[Co(NH_3)_6]^{3+}$为内轨型配离子，则两种配离子中的成单电子数分别是（　　）

A. 3和4　　B. 1和4　　C. 1和0　　D. 3和0

6. 在$[Al(OH)_4]^-$中 Al^{3+} 的杂化轨道类型是（　　）

A. sp^2　　B. sp^3　　C. dsp^2　　D. sp^3d^2

7. $Fe^{2+}+3Ac^- \rightleftharpoons [Fe(Ac)_3]^-$ 向这个体系中加入少量 HCl，平衡移动的方向是（　　）

A. 不移动　　B. 向右　　C. 向左　　D. 无法确定

8. 中药朱砂的主要成分是（　　）

A. HgS　　B. $HgCl_2$　　C. HgO　　D. Hg_2Cl_2

9. 下列溶液输入人体内，会使红细胞发生溶血现象的是（　　）

A. 50.0g/L 葡萄糖溶液　　B. 9.0g/L NaCl 溶液

C. 12.5g/L $NaHCO_3$　　D. 35.0g/L 葡萄糖溶液

10. 下列溶液：①0.01mol/kg 蔗糖；②0.01 mol/kg 葡萄糖；③0.01 mol/kg 尿素；④0.01 mol/kg NaCl溶液，沸点排列顺序正确的是（　　）

A. ①>②>③>④　　B. ④>③>②>①

C. ④>③=②>①　　D. ①=②>③>④

11. 一定温度下，某气相反应 $3A_2(g)+B_2(g)\rightleftharpoons 2C_2(g)$ 达到平衡后，若加入“惰性气体”，以下陈述正确的是（　　）

A. 如果加入后体系总压不变，平衡会发生移动

B. 如果加入后体系总压不变，平衡会向右移动

C. 如果加入后各物质分压不变，总压增加，将使平衡发生移动

D. 如果加入后各物质分压不变，总压增加，平衡将向右移动

12. 向稀 HCN 溶液中加入等物质的量的固体 NaCN，所生成的溶液中数值不变的是（　　）

A. pH　　B. OH^- 的浓度　　C. 电离平衡常数　　D. 电离度

13. 浓度为 0.10 $mol \cdot L^{-1}$ 的 NaH_2PO_4 溶液的 pH 约为（　　）

（已知 H_3PO_4 的 $K_{a1}^{\ominus}=6.9\times10^{-3}$，$K_{a2}^{\ominus}=6.1\times10^{-8}$，$K_{a3}^{\ominus}=4.8\times10^{13}$）

A. 4.69　　B. 5.26　　C. 7.21　　D. 9.70

14. 配制 pH 为 9.0 的缓冲溶液，应选择（　　）

A. HAc-NaAc　　B. $NaHCO_3$-Na_2CO_3

C. $NH_3 \cdot H_2O$-NH_4Cl　　D. HCOOH-NaOH

15. Ag_2CrO_4 的 $K_{sp}=1.1\times10^{-12}$，其饱和溶液中 Ag^+ 浓度是（　　）

A. $6.5\times10^{-5} mol \cdot L^{-1}$　　B. $2.1\times10^{-6} mol \cdot L^{-1}$

C. $1.0\times10^{-6} mol \cdot L^{-1}$　　D. $1.3\times10^{-4} mol \cdot L^{-1}$

16. 向有 AgCl 固体存在的饱和 AgCl 溶液中加入等体积的 2mol/L 的 $NaNO_3$ 溶液时，AgCl 的溶解度变化是（　　）

A. 变大　　B. 变小　　C. 不变　　D. 不能确定

17. 下列说法正确的是（　　）

A. 两种难溶电解质，其中 $K_{sp}^{\ominus}$ 小的溶解度一定小

B. 溶液中存在两种可与同一沉淀剂生成沉淀的离子，则 $K_{sp}^{\ominus}$ 小的一定先生成沉淀

C. 难溶电解质的 $K_{sp}^{\ominus}$ 与温度有关，其测定值也与溶液的离子强度有关

D. 同离子效应使难溶电解质的溶解度变小，也使 $K_{sp}^{\ominus}$ 变小

18. 在原电池中发生氧化反应的是（　　）

A. 正极　　B. 负极　　C. 盐桥　　D. 氧化剂

19. 下列电池中电动势最大的是（　　）

A. $(-)Cu|Cu^{2+}(1mol \cdot L^{-1}) \| Ag^+(1mol \cdot L^{-1})|Ag(+)$

B. $(-)Cu|Cu^{2+}(0.1mol \cdot L^{-1}) \| Ag^+(0.1mol \cdot L^{-1})|Ag(+)$

C. $(-)Cu|Cu^{2+}(1mol \cdot L^{-1}) \| Ag^+(0.1mol \cdot L^{-1})|Ag(+)$

D. $(-)Cu|Cu^{2+}(0.1mol \cdot L^{-1}) \| Ag^+(1mol \cdot L^{-1})|Ag(+)$

20. 用 Pt 作电极电解硫酸镁溶液时，下列叙述正确的是（　　）

A. 阴极析出单质镁　　B. 阴极放出氢气

C. 阴极析出二氧化硫　　D. 阳极放出氢气

二、判断题（本题共 10 小题，每小题 1 分，共 10 分）

1. 对于反应前后分子数相等的反应，增加压力不一定对平衡产生影响。（　）
2. 在相同浓度的两种一元酸溶液中，它们的氢离子浓度是相同的。（　）
3. 298K 时，pH 值小于 7 的溶液一定是酸。（　）
4. HgS 是溶解度较小的金属硫化物，它不溶于浓硝酸，可溶于王水。（　）
5. 一般来讲，内轨型配合物比外轨型配合物稳定。（　）
6. 元素周期表中电负性最大的元素是 He。（　）
7. 对于多电子原子来说，主量子 n 数值越大，轨道能量就越高。（　）
8. 配合物中心原子的配位数不小于配位体数。（　）
9. 凡是中心原子采用 sp^3 杂化轨道成键的分子，其空间构型都是四面体。（　）
10. $[Fe(SCN)_6]^{3-}$ 在酸性溶液中能稳定存在。（　）

三、填空题（本题共 15 空格，每空格 1 分，共 15 分）

1. 用价层电子对互斥理论，推断下列物质的空间构型。

CO_3^{2-}：__________；NH_4^+：__________；PCl_5：__________

2. 在$[Co(NO_2)_3(NH_3)_3]$中，配体为________和________，配位原子为________，配位数为________。

3. 溶解 2.44g 硫于 40.0g 苯中，溶液的凝固点下降 1.62K，此溶液中硫分子是由____个硫原子组成的。（已知苯的 $K_f=5.10K \cdot kg/mol$）

4. 升高温度，对于吸热反应，平衡将向着________（正、逆）反应方向移动；若加入催化剂，平衡将________（会、不会）发生移动。

5. 将 pH＝4.50 和 pH＝8.50 的两种强电解质溶液等体积混合，所得溶液的 pH 值为________。

6. $Ca_3(PO_4)_2$ 溶度积 $K_{sp}^{\ominus}$ 和溶解度 s 之间关系为________。

7. 沉淀溶解的条件是 J ________（$>$；$=$；$<$）$K_{sp}^{\ominus}$。

8. 为了测定电极电势要使用参比电极，参比电极要求是可逆性好，电极电势基本不会随________变化而变化；国际上采用标准氢电极为参比标准，其标准电极电势的值为________。

四、简答题（本题共 5 小题，每小题 4 分，共 20 分）

1. 实验测得 $N_2 \rightarrow N_2^+$ 的电离能（1503kJ/mol）比 $N \rightarrow N^+$ 的电离能（1402kJ/mol）大，而 $O_2 \rightarrow O_2^+$ 的电离能（1164kJ/mol）比 $O \rightarrow O^+$ 的电离能（1314kJ/mol）小？请用分子轨道理论解释。

2. 命名下列配位化合物

（1）$[Pt(NH_2)(NO_2)(NH_3)_2]$

（2）$H_2[SiF_6]$

(3) $[Co(ONO)(NH_3)_5]SO_4$

(4) $[P_tCl_2(NH_3)_2]$

3. 将一小块0℃的冰放在0℃的水中，另一小块0℃的冰放在0℃的盐水中，现象有什么不同？为什么？

4. NaH_2PO_4既可以电离出H^+，又可以水解出OH^-。请用数据说明为什么NaH_2PO_4溶液显酸性。(已知H_3PO_4的$K_{a1}^{\ominus}=6.9\times10^{-3}$，$K_{a2}^{\ominus}=6.1\times10^{-8}$，$K_{a3}^{\ominus}=4.8\times10^{-13}$)

5. 完成以下反应方程式。

$PbO_2+Cr^{3+}\rightarrow Cr_2O_7^{2-}+Pb^{2+}+\cdots$

五、分析题（本题共3小题，每小题5分，共15分）

1. 某元素位于周期表中36号元素之前，该元素失去2个电子以后，在角量子数$l=2$的轨道上正好全充满，试分析：

(1) 该元素原子的电子排布式、价电子结构式。

(2) 该元素的原子序数、符号、所处周期和族。

(3) 该元素最高价氧化物水合物的分子式及酸碱性。

2. 某化合物的分子式为AB_4，A属第四主族元素，B属第七主族元素，A、B的电负性值分别为2.55和3.16，AB_4的空间构型为正四面体形，试分析：

(1) A原子与B原子成键时采取的杂化方式。

(2) A—B键的极性如何，AB_4分子的极性如何。

(3) AB_4在常温下为液体，该化合物分子间存在什么作用力。

(4) AB_4与$SiCl_4$相比，何者的熔沸点较高。

3. 在1L 0.10mol/L $ZnSO_4$溶液中含有0.010mol的Fe^{3+}杂质，希望通过调节溶液pH使Fe^{3+}生成$Fe(OH)_3$沉淀而除去该杂质，需要如何控制溶液的pH？

(已知$K_{sp}^{\ominus}[Fe(OH)_3]=4.0\times10^{-38}$；$K_{sp}^{\ominus}[Zn(OH)_2]=1.2\times10^{-17}$)

六、计算题（本题共2小题，每小题5分，共10分）

1. 298K时在Cu^{2+}的氨水溶液中，平衡时$[NH_3]=4.7\times10^{-4}$mol/L，并认为有50%的Cu^{2+}形成了配离子$[Cu(NH_3)_4]^{2+}$，余者以Cu^{2+}形式存在，求$[Cu(NH_3)_4]^{2+}$的不稳定常数。

2. 已知：$E^{\ominus}(I_2/I)=0.535V$，$E^{\ominus}(Cl_2/Cl^-)=1.358V$。计算电池反应

$Cl_2(100kP)+2I^-(0.1\ mol\cdot L^{-1})\rightleftharpoons 2Cl^-(0.01\ mol\cdot L^{-1})+I_2(s)$在25℃时的：

(1) 该反应的$K^{\ominus}$；(2) 该反应的E；(3) 指出反应的自发进行方向。

七、综合设计（本题共1小题，每小题10分，共10分）

1. 现有一混合溶液，其中含有Cr^{3+}、Fe^{3+}、Co^{2+}、Ni^{2+}四种离子，请设计一个定性分析的步骤来鉴别这四种离子。

模拟试题（十）

（黑龙江中医药大学）

一、选择题（25分）

1. 一定温度下，已知反应 $A \rightleftharpoons B$ 的平衡常数为 $K_1^\ominus$，$B+V \rightleftharpoons M$ 的平衡常数为 $K_2^\ominus$，则反应 $A+V \rightleftharpoons M$ 的平衡常数 $K^\ominus$ 可表示为（　　）

A. $K_1^\ominus \cdot K_2^\ominus$　　B. $(K_1^\ominus \cdot K_2^\ominus)^2$　　C. $\dfrac{K_1^\ominus}{K_2^\ominus}$　　D. $\dfrac{K_2^\ominus}{K_1^\ominus}$

2. 下列水溶液中 HAc 电离度最大的是（　　）

A. $0.2mol \cdot L^{-1}$ HAc 溶液

B. $0.2mol \cdot L^{-1}$ HAc 溶液与等体积纯水混合

C. $0.2mol \cdot L^{-1}$ HAc 溶液和等体积 $0.2mol \cdot L^{-1}$ HCl 混合

D. $0.2mol \cdot L^{-1}$ HAc 溶液和等体积 $0.2mol \cdot L^{-1}$ NaAc 混合

3. 下列措施中，可以使 NH_4Ac 和 NH_4Cl 的水解度都增大的是（　　）

A. 升高温度　　B. 降低温度　　C. 稀释溶液　　D. 增加盐的浓度

4. 要配制 pH 在 4～5 范围内的缓冲溶液，应选下列哪组溶液，才有最大的缓冲能力 $[K_a^\ominus(HAc)=1.8\times10^{-5}, K_a^\ominus(H_2PO_4^-)=6.23\times10^{-8}]$（　　）

A. $0.1mol \cdot L^{-1}HAc + 0.1mol \cdot L^{-1}NaAc$

B. $0.5mol \cdot L^{-1}Na_2HPO_4 + 0.5mol \cdot L^{-1}NaH_2PO_4$

C. $0.5mol \cdot L^{-1}HAc + 0.5mol \cdot L^{-1}NaAc$

D. $0.1mol \cdot L^{-1}Na_2HPO_4 + 0.1mol \cdot L^{-1}NaH_2PO_4$

5. 下列溶液不能组成缓冲溶液的是（　　）

A. HAc+NaAc　　B. $H_2PO_4^-$ 和 HPO_4^{2-}

C. HAc 和过量的 NaOH　　D. NaOH 和过量的 HAc

6. $NH_3 \cdot H_2O$ 的标准电离常数为 $K_b^\ominus$，则 NH_4Cl 的标准水解常数为（　　）

A. $\sqrt{K_b^\ominus K_w^\ominus}$　　B. $\dfrac{K_b^\ominus}{K_w^\ominus}$　　C. $\dfrac{K_w^\ominus}{K_b^\ominus}$　　D. $\sqrt{\dfrac{K_w^\ominus}{K_b^\ominus}}$

7. 在 AgCl 饱和溶液的体系中，有 AgCl 固体存在，当加入等体积的下列哪一种溶液时会使 AgCl 的溶解度更大一些（　　）

A. $1mol \cdot L^{-1}NaCl$　　B. $1mol \cdot L^{-1}AgNO_3$

C. $2mol \cdot L^{-1}NaNO_3$　　D. $1mol \cdot L^{-1}NaNO_3$

8. Ag_2CrO_4 的 $K_{sp}^\ominus$ 为 1.0×10^{-12}，在 CrO_4^{2-} 浓度为 $1.0\times10^{-4}mol \cdot L^{-1}$ 溶液中，Ag^+ 浓

度最大为（　　）

A. 5.0×10^{-9} mol·L^{-1}　　B. 1.0×10^{-9} mol·L^{-1}

C. 5.0×10^{-5} mol·L^{-1}　　D. 1.0×10^{-4} mol·L^{-1}

9. 某难溶电解质的溶解度和 $K_{sp}^{\ominus}$ 的关系是 $K_{sp}^{\ominus}=4s^3$，则它的分子式可能是（　　）

A. MA　B. M_2A_3　C. M_3A_2　D. M_2A

10. 弱酸的标准电离常数 $K_a^{\ominus}$ 由下列哪项性质决定（　　）

A. 弱酸的浓度　　B. 弱酸的电离度

C. 弱酸的本质和溶液的温度　　D. 弱酸分子的含氢数

11. 下列电极电势中，在其他条件不变的情况下，将其有关离子浓度减半时，电极电势增大的电极是（　　）

A. $Cu^{2+}+2e^- \rightleftharpoons Cu$　　B. $I_2+2e^- \rightleftharpoons 2I^-$

C. $Ni^{2+}+2e^- \rightleftharpoons Ni$　　D. $Sn^{4+}+2e^- \rightleftharpoons Sn^{2+}$

12. 在下列电对中，电极电势代数值最大的是（　　）

A. $K^{\ominus}(Ag^+/Ag)$　　B. $K^{\ominus}(AgI/Ag)$

C. $K^{\ominus}[Ag(CN)_2^-/Ag]$　　D. $K^{\ominus}[Ag(NH_3)_2{}^+/Ag]$

13. $MA(s)+e^- \rightleftharpoons M(s)+A^-$，此类难溶电解质 MA 的溶度积越小，其 $K^{\ominus}(MA/M)$ 将（　　）

A. 越高　B. 越低　C. 不受影响　D. 无法估计

14. 有一原电池 Pt | $Fe^{3+}(c_1)$,$Fe^{2+}(c_2)$ ‖ $Ce^{3+}(c_3)$,$Ce^{4+}(c_4)$ | Pt，下列哪一个反应可代表该原电池正向自发反应方向（　　）

A. $Ce^{3+}+Fe^{3+} \rightleftharpoons Ce^{4+}+Fe^{2+}$　　B. $Ce^{4+}+e^- \rightleftharpoons Ce^{3+}$

C. $Ce^{4+}+Fe^{2+} \rightleftharpoons Ce^{3+}+Fe^{3+}$　　D. $Ce^{3+}+Fe^{2+} \rightleftharpoons Ce^{4+}+Fe^{3+}$

15. 第 4 周期ⅥB 族元素的外层电子分布是（　　）

A. $4s^24p^6$　B. $3d^54s^1$　C. $3d^44s^2$　D. $4d^6$

16. 基态电子构型如下的原子中，半径最大的是（　　）

A. $1s^22s^2$　B. $1s^22s^22p^1$　C. $1s^22s^22p^63s^1$　D. $1s^22s^22p^63s^2$

17. 镧系收缩的后果之一是使下列哪组元素性质相似（　　）

A. Sc 和 La　B. 镧系和锕系　C. Zr 和 Hf　D. Mn 和 Tc

18. 在 PH_3 分子中，P 原子采用的杂化轨道是（　　）

A. sp^2　B. sp^3 等性杂化　C. sp^3 不等性杂化　D. dsp^2

19. 下列各种离子中，极化力最大的是（　　）

A. K^+　B. Ti^{2+}　C. Fe^{2+}　D. Mn^{2+}

20. 下列分子属于非极性分子的是（　　）

A. CO　B. NaCl　C. SO_3　D. NH_3

21. 在$[Co(en)(C_2O_4)_2]^-$配离子中，中心离子的配位数是（　　）

A. 2　B. 3　C. 4　D. 6

22. $[Cr(H_2O)_4Cl_2]^+$ 的可能异构体的数目是（　　）

A. 1　　B. 2　　C. 3　　D. 4

23. 已知$[Pd(Cl)_2(OH)_2]^{2-}$有两种不同的构型，则成键电子所占据的杂化轨道是（　　）

A. sp^3　　B. d^2sp^3　　C. sp^3或dsp^2　　D. dsp^2

24. 下列离子中，哪种离子生成八面体配离子时，可能构成高自旋和低自旋两种状态（　　）

A. Cr^{3+}　　B. Zn^{2+}　　C. Co^{2+}　　D. Ni^{2+}

25. 下列原子轨道中各有一个自旋方向相反的未成对电子，则沿着x轴方向可形成σ键的是（　　）

A. $2s$-$4d_{z^2}$　　B. $2p_x$-$2p_x$　　C. $2p_y$-$2p_y$　　D. $3d_{xy}$-$3d_{xy}$

二、判断题（10分）（在题号前用"√"或"×"表示）

（　　）1. 在难溶电解质的饱和溶液中，加入该难溶电解质可以增加它在水中的溶解度。

（　　）2. 已知电对$Cr_2O_7^{2-}+14H^++6e^-\rightleftharpoons 2Cr^{3+}+7H_2O$，当$H^+$浓度由标准态降至$10^{-14}mol\cdot L^{-1}$时，电对的电极电位升高，对应还原态的还原能力增强。

（　　）3. 原子轨道的角度分布图与电子云的角度分布图相同。

（　　）4. 色散力只存在于非极性分子之间。

（　　）5. 在O_2分子中存在一个σ键和2个三电子π键。

（　　）6. 在NH_3、PH_3、AsH_3中，沸点最低的是PH_3。

（　　）7. 在HNO_3分子中含有分子间氢键。

（　　）8. 在$K_2Cr_2O_7$溶液中，逐滴加入$Pb(NO_3)_2$溶液，可得到黄色的$PbCr_2O_7$的沉淀。

（　　）9. 含有氯化钴的硅胶干燥剂变成粉红色时，表示该干燥剂已失效

（　　）10. 某氧化还原反应在定温下进行时，只有当$E_{MF}^{\ominus}>0$时，该反应正向自发进行。

三、填空题（30分）

1. $0.1mol\cdot L^{-1}$ KCl溶液的离子强度是________。

2. NH_3-NH_4Cl缓冲溶液的缓冲范围为________。[已知$K_b^{\ominus}(NH_3)=1.8\times10^{-5}$]

3. $H_2PO_4^-$的共轭酸是________，共轭碱是________。

4. 根据$E^{\ominus}(PbO_2/PbSO_4)>E^{\ominus}(MnO_4^-/Mn^{2+})>E^{\ominus}(Sn^{4+}/Sn^{2+})$，可以判断组成电对的六种物质中，氧化性最强的是________。

5. 根据下列电位图判断，BrO^-歧化会生成________和________。

$$BrO_3^- \xrightarrow{0.45} BrO^- \xrightarrow{0.45} Br_2 \xrightarrow{1.07} Br^-$$

$$BrO^- \xrightarrow{0.76} Br^-$$

6. 在多电子原子中，由于________效应和________效应的存在，使得多电子原子中能级发生交错。

7. $n=3$，$l=1$ 的原子轨道的名称是________（用符号表示），它在空间有________种取向，若该原子轨道上电子为半充满时，应有____________个电子。

8. 某元素位于周期表中第四周期ⅦB族，其基态电子结构排布式为______________，属__________区。

9. BCl_3分子中B原子采取__________杂化，分子空间构型是__________。

10. 冰融化要克服__________，Na_2SO_4固体溶于水要克服__________。

11. $[Co(NH_3)_3(H_2O)Cl_2]^+$的名称是____________，中心离子的价态是__________，配位体是__________。

12. Zn^{2+}离子无色，从结构来看，与Zn^{2+}的最外层电子排布是____________有关，Ti^{3+}离子有一个未成对的d电子，由于这个电子发生________________而产生紫红色。

13. H_3BO_3是______元弱酸，它在水中的电离方程式是：______________________。

14. 离子极化的发生使键型由__________键向__________键转化，通常表现出化合物的溶沸点__________、溶解度__________。

15. $0.1mol \cdot L^{-1}$ NaAc、NaCN、H_3PO_4、NH_4Ac，pH值由小到大的次序为__________。

四、计算题（30分）

1. 已知HAc的电离度为2.0%，$K_a^\ominus=1.8\times10^{-5}$，计算该HAc溶液的浓度和$H^+$浓度。（5分）

2. 将$0.20\ mol \cdot L^{-1}$的$MgCl_2$溶液和$0.020mol \cdot L^{-1}\ NH_3 \cdot H_2O$溶液等体积混合；通过计算说明有无沉淀产生？（7分）

{已知：$K_{sp}^\ominus[Mg(OH)_2]=1.8\times10^{-11}$，$K_b^\ominus(NH_3 \cdot H_2O)=1.74\times10^{-5}$}

3. 将铜片插入$0.10\ mol \cdot L^{-1}\ CuSO_4$溶液中，银片插入$0.10\ mol \cdot L^{-1}\ AgNO_3$溶液中组成原电池。(1) 写出该原电池的符号；(2) 写出电极反应式和电池反应式；(3) 计算该原电池的电动势；(4) 求该原电池反应的标准平衡常数。{已知$E^\ominus(Cu^{2+}/Cu)=0.3419V$，$E^\ominus(Ag^+/Ag)=0.7996V$}。（9分）

4. 有一溶液含有$0.20\ mol \cdot L^{-1}\ NH_3$和$0.02\ mol \cdot L^{-1}\ NH_4Cl$，若与等体积的$0.30\ mol \cdot L^{-1}\ [Cu(NH_3)_4]^{2+}$溶液相混合问能否生成$Cu(OH)_2$沉淀？（9分）

（已知$K_{稳}^\ominus\{[Cu(NH_3)_4]^{2+}\}=4.8\times10^{12}$，$K_{sp}^\ominus\{Cu(OH)_2\}=2.2\times10^{-20}$，$K_b^\ominus(NH_3)=1.8\times10^{-5}$）

五、解答题（5分）

1. 试述药用碘酒中加入KI的目的及其化学反应原理。

2. 试用所学理论判断SOF_4分子中心原子的轨道杂化类型及分子空间空型。

模拟试题（十一）

（山西中医学院）

一、选择题（单选题，每道题仅有一个正确答案，共25分）

1. 下列分子属于极性分子的是（　　）

A. CO_2　　B. BF_3　　C. CBr_4　　D. NH_3

2. 下列物质能与 SCN^- 作用生成红色配离子的是（　　）

A. Fe^{2+}　　B. Co^{2+}　　C. Ni^{2+}　　D. Fe^{3+}

3. 下列方法中，能改变可逆反应的标准平衡常数的是（　　）

A. 改变体系的温度　　B. 改变反应物浓度

C. 加入催化剂　　D. 改变平衡压力

4. 下列叙述中正确的是（　　）

A. 反应物的转化率不随起始浓度而变化。

B. 一种反应物的转化率随另一种反应物的起始浓度而变。

C. 平衡常数不随温度变化。

D. 平衡常数随起始浓度不同而变化。

5. 在 $4NH_3(g)+5O_2(g)=4NO(g)+6H_2O(g)$ 平衡体系中，加入惰性气体以增加体系压力，这时（　　）

A. NO平衡浓度增加

B. NO平衡浓度减少

C. 加快正反应速度

D. 平衡时 NH_3 和NO的量并没有变化

6. 如果把醋酸钠固体加入到醋酸的稀溶液中，则该溶液的pH值（　　）

A. 增高　　B. 不受影响

C. 下降　　D. 先下降，后升高

7. 下列各物质水溶液中，pH<7的是（　　）

A. NH_4Ac　　B. Na_3PO_4　　C. NaAc　　D. NH_4NO_3

8. 已知 CaF_2 的 $K_{sp}^{\ominus}=4\times10^{-11}$，在氟离子浓度为2.0 $mol \cdot L^{-1}$ 时，钙离子浓度为（　　）

A. $2.0\times10^{-11}\ mol \cdot L^{-1}$　　B. $1.0\times10^{-11}\ mol \cdot L^{-1}$

C. $2.0\times10^{-12}\ mol \cdot L^{-1}$　　D. $2.5\times10^{-12}\ mol \cdot L^{-1}$

9. 下列四个构型中电离势最低的是（　　）

A. ns^2np^3　　B. ns^2np^4　　C. ns^2np^5　　D. ns^2np^6

10. 下列电子的量子数，状态不合理的是（　　）

A. 3　3　−1　+1/2　　B. 3　1　0　−1/2

C. 3　0　0　+1/2　　D. 3　2　1　+1/2

11. 分子间作用力有三种：(1) 色散力；(2) 诱导力；(3) 取向力。请问 He 和 CO_2之间存在哪几种力？（　　）

A. (1)(2)(3)　　B. (1)(2)　　C. (2)(3)　　D. (1)

12. 已知 H_2O_2的电势图

酸性介质中　$O_2 \xrightarrow{0.67V} H_2O_2 \xrightarrow{1.77V} H_2O$

碱性介质中　$O_2 \xrightarrow{-0.08V} H_2O_2 \xrightarrow{0.87V} 2OH^-$

说明 H_2O_2的歧化反应（　　）

A. 只在酸性介质中发生

B. 只在碱性介质中发生

C. 无论在酸性还是碱性介质中都发生

D. 无论在酸性还是碱性介质中都不发生

13. 在铜锌原电池的正极，加入氢氧化钠，则电池的电动势将（　　）

A. 减小　　B. 增大　　C. 不变　　D. 无法确定

14. 下列物质既有氧化性又有还原性的是（　　）

A. H_2S　　B. H_2SO_4　　C. Na_2SO_3　　D. 三种都是

15. 下列分子中沸点最高的是（　　）

A. HF　　B. HCl　　C. HBr　　D. HI

16. 下列分子中，键级为 2 的是（　　）

A. O_2　　B. Be_2　　C. N_2　　D. Cl_2

17. 硼酸的分子式为 H_3BO_3，它是（　　）

A. 三元酸　　B. 三元碱　　C. 一元弱酸　　D. 一元弱碱

18. $[FeF_6]^{3+}$是正八面体构型，它以下列哪种杂化轨道成键（　　）

A. sp^3d^2　　B. d^2sp^3　　C. sp^3d　　D. dsp^3

19. 关于主族元素周期性下列叙述中不正确的是（　　）

A. 同周期，从左向右，半径减小

B. 同周期，从左向右，第一电离势增大

C. 同周期，从左向右，第一电子亲和势增大

D. 同周期，从左向右，电负性减小

20. 下列物质不能直接溶于水配置的是（　　）

A. 氢氧化钠　　B. 硫酸钙　　C. 二氯化锡　　D. 醋酸钠

21. 基态原子中，核外电子排布所遵循的原则是（　　）

A. 保里不相容原理　　B. 能量最低原理

C. 洪特规则　　D. 同时遵守 A、B、C

22. 波函数（Ψ）用来描述（　　）

A. 电子运动的速度　　B. 电子的运动轨迹

C. 电子在空间的运动状态　　D. 电子出现的几率密度

23. 配位数为 6 的配离子的空间构型为（　　）

A. 直线形　　B. 平面三角形　　C. 平面正方形　　D. 八面体形

24. 下列配体中可作为螯合剂的是（　　）

A. NH_3　　B. Cl^-

C. H_2N-NH_2　　D. $NH_2CH_2CH_2NH_2$

25. 将氢氧化钠溶液逐滴加到少量 $CrCl_3$ 中，先生成灰蓝色沉淀，继而沉淀溶解，溶液呈绿色是由于生成（　　）

A. Cr^{3+}　　B. CrO_4^{2-}　　C. CrO_2^-　　D. $Cr_2O_7^{2-}$

二、判断题（10 分）

1. 直线性分子都是非极性分子，而非直线分子都是极性分子。（　　）

2. 稀 HNO_3 的还原产物是 NO，而浓 HNO_3 的还原产物是 NO_2，由此说明稀 HNO_3 比浓 HNO_3 的氧化性强。（　　）

3. $Ag(CN)_2]^-$ 配离子的几何构型为 V 型。（　　）

4. $[Fe(CN)_6]^{3-}$ 为内轨型配合物。（　　）

5. 元素周期表内同族元素的金属活泼性随原子序数增加而增强。（　　）

6. 标准氢电极的电极电势为零，是实际测定的结果。（　　）

7. 溶度积常数和其他化学平衡常数一样，只与温度有关，而与浓度无关。（　　）

8. 在三氯化铁溶液中加盐酸，溶液变得更加混浊。（　　）

9. 用分子轨道理论推知，O_2^-、O_2^{2-} 比 O_2 稳定。（　　）

10. 液态水中，水分子间存在取向力、诱导力、色散力和氢键。（　　）

三、填空题（每空 1 分，共 25 分）

1. BCl_3 杂化轨道类型________，分子的形状________；

NH_3 杂化轨道类型________，分子的形状__________。

2. $[Cu(NH_3)_4]SO_4$ 的名称为________，中心离子为________，配位体为________，配位原子为________，配位数为________。

3. 共价键的特征是__________和__________。

4. $Cu|CuSO_4(aq)$ 和 $Zn|ZnSO_4(aq)$ 用盐桥连接构成原电池。电池的正极是________，负极是________。在 $CuSO_4$ 溶液中加入过量氨水，溶液颜色变________（深或浅），这时电动势______（变大或变小，或不变），在 $ZnSO_4$ 溶液中加入过量氨水，这时电动势________（变大或变小，或不变）。

5. Cr 元素的核外电子排布为__________，价层电子构型为__________，属于________周期，________族。

6. 缓冲溶液能抵抗外加少量________、________的影响，而保持溶液的________基本不变的溶液。

7. 写出下列矿药物的主要成分（用化学式表示）：芒硝__________；砒霜__________。

四、完成并配平方程式（每小题 2 分，共 10 分）

1. $NaBiO_3 + Mn^{2+} + H^+ \rightarrow$
2. $MnO_2 +$ HCl(浓) $\rightarrow$
3. $Cl_2 + NaOH \rightarrow$
4. $Cr^{3+} + S_2O_8^{2-} + H_2O \rightarrow$
5. $KMnO_4 + K_2SO_3 + H_2SO_4 \rightarrow$

五、计算题（共 30 分）

1. 将铜片插于盛有 $0.5mol \cdot L^{-1}$的硫酸铜溶液的烧杯中，银片插于盛有 $0.5\ mol \cdot L^{-1}$的硝酸银溶液的烧杯中。已知：$E^{\ominus}(Ag^+/Ag) = 0.80V$，$E^{\ominus}(Cu^{2+}/Cu) = 0.34V$。

（1）写出该原电池的符号。

（2）写出电极反应式和原电池的电池反应。

（3）求该电池的电动势。

2. 现有 100ml 溶液，其中含有 0.001mol 的 NaCl 和 0.001mol 的 K_2CrO_4，当溶液中逐滴加入 $AgNO_3$时，问 AgCl 和 Ag_2CrO_4两种难溶电解质，哪种先沉淀？通过计算说明。当第二种离子开始沉淀时，问第一种离子是否沉淀完全？

{已知：$K_{sp}^{\ominus}(AgCl) = 1.8 \times 10^{-10}$，$K_{sp}^{\ominus}(Ag_2CrO_4) = 1.0 \times 10^{-12}$。忽略溶液的体积变化。}

模拟试题(十二)

(江西中医药大学)

一、填空题(每空1分,共15分)

1. 运用价层电子对互斥理论指出下列分子或离子的几何构型:

BCl_3＿＿＿＿＿　　ICl_4^-＿＿＿＿＿

2. 某一元弱酸在浓度为0.01 mol·L^{-1}时，电离度α=0.01 %，那么它的酸度常数为＿＿＿＿＿，该溶液的pH值为＿＿＿＿＿。

3. 氧化还原反应的实质是反应过程中有＿＿＿＿＿的得失或偏移；若化学反应方程中元素的＿＿＿＿＿发生变化，该反应就属于氧化还原反应。

4. 酸碱质子理论认为酸碱反应的实质是＿＿＿＿＿，而$H_2PO_4^-$应属于＿＿＿＿＿。

5. 已知某原子中的电子分别具有下列各套量子数:

A. 4，1，0，+1/2　　B. 3，1，+1，−1/2　　C. 3，0，0，+1/2

若按它们的能量由小到大的顺序排列，应该是＿＿＿＿＿。

6. 人体的血液中pH值应恒定在＿＿＿＿＿之间，这主要靠血液中各种缓冲系的缓冲作用来维持，其中缓冲系浓度最高，缓冲能力最大的是＿＿＿＿＿。

7. 已知H_3PO_4的$pK_{a2}^{\ominus}=7.21$，$pK_{a3}^{\ominus}=12.67$，则在100ml 0.100 mol·L^{-1} NaH_2PO_4和50ml 0.100 mol·L^{-1}NaOH的混合液中，pH=＿＿＿＿＿，其有效缓冲范围为＿＿＿＿＿。

8. 所有元素的原子中，电负性最大的是＿＿＿＿＿，第一电离能最大的是＿＿＿＿＿。

二、单项选择题(每题1分，共20分)

1. 某混合液中含有0.2mol NaH_2PO_4和0.1mol Na_2HPO_4，其pH值应取(　　)

A. $pK_{a1}^{\ominus}-\lg2$　　B. $pK_{a2}^{\ominus}+\lg2$　　C. $pK_{a1}^{\ominus}+\lg2$　　D. $pK_{a2}^{\ominus}-\lg2$

2. 在酸性介质中进行氧化还原反应$Cr_2O_7^{2-}+SO_3^{2-}\rightarrow Cr^{3+}+SO_4^{2-}$，配平后反应方程式中$H_2O$的化学计量系数是(　　)

A. 4　　B. 3　　C. 2　　D. 1

3. 已知0.01 mol·L^{-1}的弱酸HA溶液有1 %的电离，它的电离常数约为(　　)

A. 10^{-2}　　B. 10^{-6}　　C. 10^{-4}　　D. 10^{-5}

4. 下列摩尔浓度相同的溶液中，蒸气压下降最大的是(　　)

A. 葡萄糖溶液　　B. KCl溶液　　C. $CaCl_2$溶液　　D. HAc溶液

5. 气体反应$A(g)+B(g)\rightleftharpoons C(g)$，在密闭容器中建立化学平衡，如果温度不变，使体积缩小1/3，则平衡常数值为原来的(　　)

A. 3 倍 B. 1/3 倍 C. 9 倍 D. 其值不变

6. 下列物质中既有离子键，又有共价键的是（ ）

A. H_2O B. NaOH C. HCl D. SiO_2

7. 下列物质中不能作螯合剂的是（ ）

A. $H_2N—NH_2$ B. $^-OOC—COO^-$

C. EDTA D. $H_2N—CH_2—CH_2—NH_2$

8. 下列有关分步沉淀叙述中正确的是（ ）

A. 被沉淀离子浓度大的先沉淀 B. 沉淀时所需沉淀剂浓度小者先沉淀

C. 溶解度小的先沉淀出来 D. 溶度积值小的先沉淀

9. 在可逆反应 $mA(g)+nB(g) \rightleftharpoons dD(g)+eE(g)$ 达到平衡后，增大体系压强，平衡右移，下列关系一定成立的是（ ）

A. $n>d+e$ B. $m+n<d+e$ C. $m+n>d+e$ D. $n<d+e$

10. AgCl 在 a. 纯水、b. 0.1 $mol \cdot L^{-1}$ $CaCl_2$、c. 0.1 $mol \cdot L^{-1}$ NaCl、d. 0.1 $mol \cdot L^{-1}$ $NaNO_3$ 溶液中的溶解度（ ）

A. b>a>c>d B. d>c>a>b

C. c>a>d>b D. d>a>c>b

11. 如果将基态氮原子 $2p$ 轨道的电子运动状态描述为(2、1、0、1/2)、(2、1、0、−1/2)、(2、1、1、1/2)，则违背了（ ）

A. 能量最低原理 B. 对称性原则

C. 洪特规则 D. Pauli 不相容原理

12. 下列几种说法中，正确的是（ ）

A. 由同一种原子形成的分子可能有极性 B. 非极性分子中无极性键

C. 三原子分子 AB_2 一定为非极性分子 D. 四原子分子 AB_3 一定为非极性分子

13. 欲使 NH_3 电离度减小，且 pH 值升高，应在 NH_3 溶液中加入（ ）

A. 少量 H_2O B. 少量 NaOH C. 少量 NH_4Cl D. 少量 KCl

14. 已知：$E^{\ominus}(Sn^{4+}/Sn^{2+})=0.14$ V，$E^{\ominus}(Fe^{3+}/Fe^{2+})=0.77$ V，则不能共存于同一溶液中的一对离子是（ ）

A. Sn^{4+}，Fe^{2+} B. Fe^{3+}，Fe^{2+}

C. Fe^{3+}，Sn^{2+} D. Sn^{4+}，Sn^{2+}

15. 下列叙述错误的是（ ）

A. 溶液中 H^+ 浓度越大，pH 值越小

B. 在室温下，任何水溶液中，$c_{eq}(H^+) \cdot c_{eq}(OH^-)=10^{-14}$

C. 温度升高时，$K_w^{\ominus}$ 值变大

D. 在浓 HCl 溶液中，没有 OH^- 离子存在

16. 由两原子轨道有效地组成分子轨道时，必须首先满足下列（ ）原则

A. 对称性匹配原则 B. 能量相近原则

C. 最大重叠原则 D. 能量最低原则

17. 当溶液中的 H^+ 浓度增大时，氧化能力不增强的氧化剂是（ ）

A. $[PtCl_6]^{2-}$　　B. MnO_2　　C. MnO_4^-　　D. $Cr_2O_7^{2-}$

18. 已知某二元弱酸 H_2A 的 $pK_{a1}^{\ominus}=6.37$，$pK_{a2}^{\ominus}=10.25$，NaHA 与 Na_2A 组成的缓冲体系的缓冲范围为（　　）

A. 6.37～10.25　　B. 9.25～11.25

C. 5.37～7.37　　D. 7.37～11.25

19. 向 $Fe^{2+}+3Ac^- \rightleftharpoons [Fe(Ac)_3]^-$ 这个平衡体系中，分别进行如下实验操作：①加入 HCl；②加入少量 NaOH，平衡分别（　　）

A. ①向左②向右移动　　B. 均向右移动

C. 均向左移动　　D. 不移动

20. 已知 OF_2 分子的空间构型是“V”字型，则中心原子杂化轨道的类型是（　　）

A. dsp^2 等性杂化　　B. sp 等性杂化

C. sp^2 等性杂化　　D. sp^3 不等性杂化

三、简答题（每题 6 分，共 36 分）

1. 某元素的阳离子 M^{2+} 的 $3d$ 轨道中有 5 个电子，试写出 M 原子的核外电子排布式、M 原子的元素符号及其在周期表中的位置（周期、族）。

2. 简述化学平衡状态的重要特征。

3. 运用《无机化学》相关的基本原理解释下列实验事实：在 AgBr 饱和溶液中加入少量溴化钾会使溶液变浑浊，而再加入硫代硫酸钠却使浑浊澄清，随后加入碘化钾，又有黄色沉淀生成。

4. 乙烯分子的空间构型为平面构型，∠HCH 键角为 120°，请运用现代价键理论合理解释其分子构型及成键情况。

5. 需配制 pH＝4.0 的工作液 1000ml，实验室现有下列试剂：(1) HCl 0.10mol·L^{-1}，(2) NaAc 0.20mol·L^{-1}，请简述配制方法与步骤。

6. 对于化学反应 $N_2(g)+3H_2(g) \rightleftharpoons 2NH_3(g)$，$\Delta_r H^{\ominus}<0$，请从温度与体系压力两方面分析，为了提高氨气的产量，理论上应采用的最佳反应条件。

四、计算题（共 29 分）

1. 已知：$MnO_4^- + 8H^+ + 5e^- \rightleftharpoons Mn^{2+} + 4H_2O$　　$E^{\theta}=+1.51V$

$Fe^{3+} + e^- \rightleftharpoons Fe^{2+}$　　$E^{\theta}=+0.771V$

①在标态时组成原电池，用原电池符号表示，写出电池反应方程式。(3 分)

②试求标准电池电动势，以及该电池反应的化学平衡常数。(4 分)

③当$[H^+]=10.0$mol·L^{-1}，其他各离子浓度为 1.0 mol·L^{-1}时，计算该电池电动势。(3 分)

2. 混合溶液中含有 0.010mol·L^{-1}的 CrO_4^{2-} 和 0.10mol·L^{-1}的 Br^-，向该溶液中逐滴加入 $AgNO_3$ 溶液，何者先沉淀出来？能否用 $AgNO_3$ 将两者完全分离？

{已知 $K_{sp}^{\ominus}(Ag_2CrO_4)=9.0\times10^{-12}$、$K_{sp}^{\ominus}(AgBr)=5.35\times10^{-13}$}（10 分）

3. 50ml 0.1 mol·L^{-1} HAc 溶液与 25 ml 0.1 mol·L^{-1} NaOH 溶液相混合，是否具有缓冲作用？为什么？并计算该溶液的 pH 值。{已知：$K_a^{\ominus}(HAc)=1.76\times10^{-5}$}（9 分）

模拟试题（十三）

（辽宁中医药大学）

一、填空题（每空 1 分，共 15 分）

1. 能斯特提出了____________理论，圆满地解释了电极电势产生的成因；人为规定__________的电极电势为 0.0000V，作为零电势点。

2. 运用价层电子对互斥理论指出下列分子的几何构型：

BF_3____________，　　NH_3____________。

3. 俄国的化学家门捷列夫根据__________，绘制的元素周期表，在元素周期表中，共分为____________个周期。

4. 溶度积规则可以用来判断沉淀的生成和溶解；沉淀生成的条件是________，一般定性分析中，当被沉淀的离子的浓度小于________ $mol\cdot L^{-1}$，可以视为沉淀完全。

5. 释弱电解质溶液，其电离度将________，发生同离子效应其电离度将________。

6. 用半透膜将溶液隔开，如下式所示：

左	右
$c(Na_2SO_4)=0.15\ mol\cdot L^{-1}$	$c(KCl)=0.20\ mol\cdot L^{-1}$

其渗透方向为：__________。

7. 已知相同浓度的盐 NaA、NaB、NaC、NaD 的水溶液的 pH 值依次增大，则相同浓度的其共轭酸的电离度的大小次序是____________。

8. 若已知难溶强电解质 Ag_2SO_4 的溶解度为 $1.4\times10^{-5}\ mol\cdot L^{-1}$，则它的溶度积常数 $K_{sp}^{\ominus}$ 等于____________。

9. CO_2 为直线型分子，中心原子采取________等性杂化，CH_4 为正四面体型分子，中心原子采取________等性杂化。

二、选择题（每题 1 分，共 20 分）

1. 某温度下，反应 $SO_2+\frac{1}{2}O_2 \rightleftharpoons SO_3$ 的平衡常数 $K^{\ominus}=50$；在同一温度下，反应 $2SO_3 \rightleftharpoons 2SO_2+O_2$ 的平衡常数 $K^{\ominus}=$（　）

A. 2500　　B. 4×10^{-4}　　C. 100　　D. 2×10^{-2}

2. HCN 溶液中，加少量固体 NaCN 后，则 HCN 的（　）

A. $K_a^{\ominus}$ 变大　　B. 电离度升高

C. 溶液的 pH 值下降　　D. 溶液的 H^+ 浓度下降

3. 下列物质中不能作螯合剂的是（　）

A. $H_2N—CH_2—CH_2—NH_2$　B. $^-OOC—COO^-$

C. EDTA　D. $H_2N—NH_2$

4. 在所有元素的原子中，电离能、电子亲合能、电负性最大的分别为（　）

A. He、F、O　B. He、Cl、F　C. He、Cl、O　D. He、O、F

5. 下列摩尔浓度相同的溶液中，蒸气压下降最大的是（　）

A. 葡萄糖溶液　B. $CaCl_2$溶液

C. KCl 溶液　D. HAc 溶液

6. 下列有关分步沉淀叙述中正确的是（　）

A. 被沉淀离子浓度大的先沉淀　B. 溶解度小的先沉淀出来

C. 沉淀时所需沉淀剂浓度小者先沉淀　D. 溶度积值小的先沉淀

7. 根据酸碱质子理论，下列叙述中不正确的是（　）

A. 酸碱反应的实质是质子转移　B. 化合物中没有盐的概念

C. 酸失去质子后就成为碱　D. 酸愈强，其共轭碱也愈强

8. 某一原电池的总反应为 $A+B^{2+} \rightleftharpoons A^{2+}+B$，它的平衡常数值为 1.0×10^4，则该电池的电动势约为（　）

A. －0.5V　B. ＋0.07V　C. ＋0.12V　D. ＋1.20V

9. 下列方法中，能改变可逆反应标准平衡常数的是（　）

A. 改变体系的温度　B. 改变反应物浓度

C. 加入催化剂　D. 改变平衡压力

10. AgCl 在 a. 纯水、b. 0.1 $mol\cdot L^{-1}$ $CaCl_2$、c. 0.1 $mol\cdot L^{-1}$ NaCl、d. 0.1 $mol\cdot L^{-1}$ $NaNO_3$ 溶液中的溶解度（　）

A. b＞a＞c＞d　B. d＞a＞c＞b

C. d＞c＞a＞b　D. c＞a＞d＞b

11. 某缓冲溶液共轭碱的 $K_b=1.0\times10^{-6}$，从理论上推算该缓冲溶液的缓冲范围是（　）

A. 6～8　B. 5～6　C. 5～7　D. 7～9

12. 下列化合物中，不存在氢键的是（　）

A. CH_3F　B. H_3BO_3　C. HNO_3　D. NH_3

13. 量子力学所说的原子轨道是指（　）

A. 波函数 ψ_{n,l,m,s_i}　B. 概率密度

C. 电子云　D. 波函数 $\psi_{n,l,m,}$

14. 配合物$[Co(en)_2Cl_2]Cl$的中心离子配位数与氧化值分别为（　）

A. 6、＋3　B. 6、＋2　C. 4、＋3　D. 4、＋2

15. 如果将基态氮原子的 $2p$ 轨道的电子运动状态描述为（2，1，0，1/2）、（2，1，0，－1/2）、（2，1，1，1/2）。则违背了（　）

A. 洪特规则　B. pauli 不相容原理

C. 对称性原则　　D. 能量最低原理

16. 对于反应 $I_2+ClO_3^- \rightarrow IO_3^- + Cl_2$ 下列说法不正确的是（　　）

A. 此反应为氧化还原反应　　B. I_2 为氧化剂，ClO_3^- 为还原剂

C. 配平后 ClO_3^- 的系数为 2　　D. 反应过程中，I_2 失电子，ClO_3^- 得电子

17. 下列物质中，加入浓 HCl 不会变质的是（　　）

A. $[Cu(NH_3)_4]^{2+}$　　B. $[FeF_6]^{3-}$

C. $[Fe(SCN)_6]^{3-}$　　D. $[Fe(CN)_6]^{3}$

18. 下列物质中，既是质子酸，又是质子碱的是

A. S^{2-}　　B. OH^-　　C. $H_2PO_4^-$　　D. PO_4^{3-}

19. 欲增加 $Mg(OH)_2$ 在水中的溶解度，可采用的方法是（　　）

A. 加适量的水　　B. 加入 NH_4Cl 溶液

C. 加入 $MgSO_4$ 溶液　　D. 加入适量的乙醇

20. 下列元素原子电子层结构排布正确的是（　　）

A. Sc：[Ar]$3d^2 4s^1$　　B. Cu：[Ar]$3d^9 4s^2$

C. Cr：[Ar]$3d^5 4s^1$　　D. Fe：[Ar]$3d^7 4s^1$

三、简答题（每小题 6 分，共 36 分）

1. 在含有 Cu^{2+}、Zn^{2+}、Sn^{2+} 的混合溶液中：(1) 只还原 Sn^{2+}、Cu^{2+} 而不还原 Zn^{2+}；(2) 只还原 Cu^{2+} 而不还原 Sn^{2+}、Zn^{2+}。根据 $E^\ominus$ 值判断，应选择 Cu、H_2、Fe、Sn、KI 中哪个做还原剂？

$E^\ominus(Sn^{2+}/Sn)=-0.14\ V$，$E^\ominus(Cu^{2+}/Cu)=0.34V$，$E^\ominus(Zn^{2+}/Zn)=-0.76\ V$

$E^\ominus(H^+/H_2)=0.0000V$，$E^\ominus(Fe^{2+}/Fe)=-0.447V$，$E^\ominus(I_2/I^-)=0.54V$

2. 运用分子轨道理论解释 N_2、N_2^+、N_2^{2+} 的稳定性大小。

3. 请用价键理论解释配离子 $[NiCl_4]^{2-}$ 与 $[Ni(CN)_4]^{2-}$，成键时的中心离子和配位数均相同，但它们的空间构型与稳定性却不相同。

4. 简述原子核外电子排布的原则。

5. 需配制 pH=4.2 的工作液 1000ml，实验室现有下列试剂：(1) 0.10 $mol \cdot L^{-1}$ NaOH；(2) 0.20 $mol \cdot L^{-1}$ HAc。请简述配制方法与步骤。

6. 对于可逆反应：$2NO(g) \rightleftharpoons N_2(g)+O_2(g)$，$\Delta_r H^\ominus=-173.4\ kJ \cdot mol^{-1}$，化学反应达到平衡时，对该体系进行如下操作：(1) 增加 NO 的分压；(2) 增加整个体系的压力；(3) 降低体系的温度。平衡如何移动？是否改变化学平衡常数？

四、计算题（共 29 分）

1. 在血液中，H_2CO_3-$NaHCO_3$ 缓冲对的功能之一是从细胞组织中迅速地除去运动产生的乳酸[HLac，$K_a^\ominus(HLac)=8.4\times10^{-4}$]。已知 $K_1^\ominus(H_2CO_3)=4.3\times10^{-7}$，求 $HLac+HCO_3^- \rightleftharpoons H_2CO_3+Lac^-$ 的平衡常数 $K^\ominus$。（9 分）

2. 混合溶液中含有 0.010$mol \cdot L^{-1}$ 的 Pb^{2+} 和 0.10$mol \cdot L^{-1}$ 的 Ba^{2+}，向溶液中逐滴加入 K_2CrO_4 溶液，何者先沉淀出来？能否用 K_2CrO_4 将两者完全分离？（10 分）

$\{$已知：$K_{sp}^{\ominus}(PbCrO_4)=2.8\times10^{-13}$，$K_{sp}^{\ominus}(BaCrO_4)=1.2\times10^{-10}\}$

3. 已知铟（In）元素在酸性溶液中的电势图：

$$In^{3+}\underline{\quad?\quad}In^{+}\underline{\quad-0.147V\quad}In$$
$$\underline{\qquad\qquad-0.338V\qquad\qquad}$$

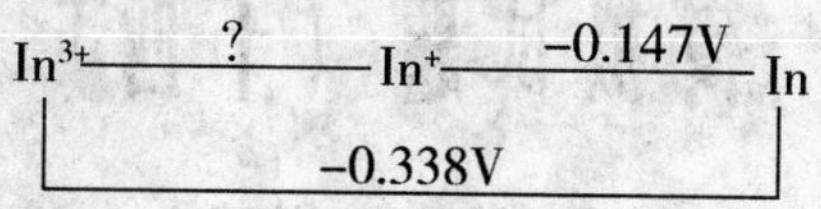

(1) 试求电对 In^{3+}/In^{+} 的标准电极电势？   （4分）

(2) 在水溶液中的 In^{+} 离子能否发生歧化反应？   （3分）

(3) 当金属铟与 H^{+} 离子发生反应时，得到的是哪种离子？   （3分）

模拟试题（十四）

（贵阳理工学院）

一、填空题（每空1分，共15分）

1. 根据原子轨道重叠方式的不同，可将共价键分为____________，其中____________重叠的程度少，所以不太稳定，发生化学反应时优先断裂。

2. 共价键具有____________和方向性，共价键之所以具有方向性，就其本质来说是因为____________________________________。

3. 一个化学反应在给定的条件下，既能向正反应方向进行，又能向逆反应进行，这种现象叫做____________；当正反应速率和逆反应速率相等时，反应物和生成物的量不再改变，体系所处的这种状态称为____________。

4. 已知电极电势：$E^{\ominus}(PbO_2/PbSO_4) > E^{\ominus}(MnO_4^-/Mn^{2+}) > E^{\ominus}(Sn^{4+}/Sn^{2+})$，那么可以判断组成三个电对的六种物质中，氧化性最强的是________，还原性最强的是________。

5. 若已知难溶强电解质 Ag_2SO_4 的溶解度为 1.4×10^{-5} mol·L^{-1}，则它的溶度积常数 $K_{sp}^{\ominus}$ 等于____________。

6. 已知某原子中的电子分别具有下列各套量子数：

A. 4，1，0，+1/2　　B. 3，1，+1，−1/2　　C. 3，0，0，+1/2

若按它们的能量由小到大的顺序排列，应该是____________。

7. 某缓冲溶液共轭碱的 $K_b^{\ominus}=1.0\times10^{-6}$，从理论上推算该缓冲溶液的缓冲范围是____________。

8. 产生渗透现象必须具备的两个条件是：(1) ____________ (2) ____________。

9. 在200ml 0.100 mol·L^{-1} NaH_2PO_4 和100ml 0.100 mol·L^{-1} NaOH的混合液中，抗酸成分是________，缓冲比为________。

二、选择题（每题1分，共20分）

1. 同体积的甲醛(CH_2O)溶液和葡萄糖($C_6H_{12}O_6$)溶液在指定温度下渗透压相等，溶液中甲醛和葡萄糖的质量比为（　　）

A. 6∶1　　B. 1∶6　　C. 1∶3　　D. 1∶1

2. H_2S 溶液中，加少量固体NaCN后，则HCN的（　　）

A. $K_a^{\ominus}$ 变大　　B. 电离度升高

C. 溶液的pH下降　　D. 溶液的 $c(H^+)$ 下降

3. 根据晶体场理论，在八面体晶体场由于场强的不同，有可能产生高自旋和低自旋排

布的电子构型是（　　）

A. d^5　　B. d^3　　C. d^8　　D. d^9

4. 在所有元素的原子中，电离能、电子亲合能、电负性最大的分别为：（　　）

A. He、F、O　　B. He、Cl、F　　C. He、Cl、O　　D. He、O、F

5. 根据价层电子对互斥理论，XeF_4分子的价层电子对数与空间构型分别为（　　）

A. 6对、正八面体　　B. 6对、正方形

C. 4对、正方形　　D. 4对、三角锥形

6. 对于A_mB_n型难溶强电解质，若其溶解度为s mol·L^{-1}，则s与$K_{sp}^{\ominus}$之间关系是（　　）

A. $K_{sp}^{\ominus}=m^m s^{m+n}$　　B. $K_{sp}^{\ominus}=m^m n^n s^{m+n}$

C. $K_{sp}^{\ominus}=(mns)^{m+n}$　　D. $K_{sp}^{\ominus}=n^n s^{m+n}$

7. 当可逆反应达到化学平衡时，下列叙述中不正确的是（　　）

A. 化学平衡是动态平衡　　B. 正、逆反应速率相等

C. 各反应物和生成物的浓度相等　　D. 化学平衡是有条件的

8. 增加溶液的酸度，对下列哪个氧化剂的氧化能力没有影响（　　）

A. $KMnO_4$　　B. MnO_2　　C. H_2O_2　　D. H_2PtCl_6

9. 下列方法中，能改变可逆反应标准平衡常数的是（　　）

A. 改变体系的温度　　B. 改变反应物浓度

C. 加入催化剂　　D. 改变平衡压力

10. 形成外轨型配合物时，中心离子不可能采用的杂化方式是（　　）

A. dsp^2杂化　　B. sp杂化　　C. sp^2杂化　　D. sp^3d^2杂化

11. 依数性产生的本质原因是（　　）

A. 沸点升高　　B. 凝固点下降　　C. 蒸气压下降　　D. 渗透压

12. 下列化合物中，不存在氢键的是（　　）

A. CH_3F　　B. H_3BO_3　　C. HNO_3　　D. NH_3

13. 当$n=2$，$l=1$时，m的取值可为（　　）

A. +2、+1　　B. +2、−2　　C. −1、0　　D. −1、−2

14. 配合物[Co(en)$_2$Cl$_2$]Cl的中心离子配位数与氧化值分别为（　　）

A. 6、+3　　B. 6、+2　　C. 4、+3　　D. 4、+2

15. 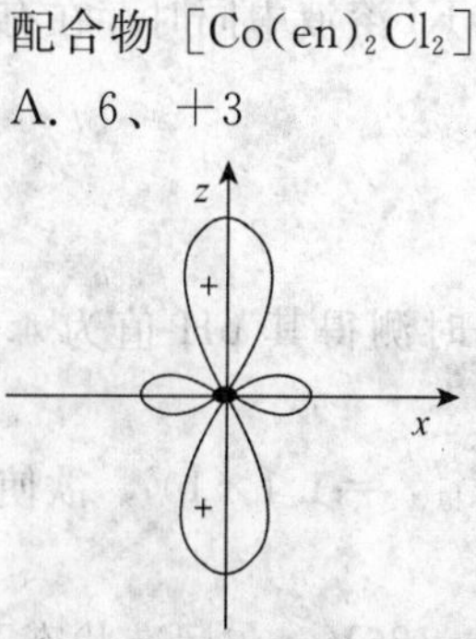

左图所示，正确的叙述是（　　）

A. 表示d_{z^2}原子轨道的形状　　B. 表示d_{z^2}原子轨道角度分布图

C. 表示$d_{x^2-y^2}$电子云角度分布图　　D. 表示$d_{x^2-y^2}$原子轨道的形状

16. $Cu_2S+HNO_3 \rightarrow Cu(NO_3)_2+S+NO+H_2O$，该方程配平后，$HNO_3$的系数是（　　）

A. 16　　B. 12　　C. 8　　D. 4

17. 反应 $N_2(g)+3H_2(g) \rightleftharpoons 2NH_3(g)$，$\Delta_r H^{\ominus}<0$，理论上采用的反应条件是（　　）

A. 低温低压　　B. 高温高压　　C. 低温高压　　D. 高温低压

18. 下列物质中，既是质子酸，又是质子碱的是（　　）

A. S^{2-}　　B. OH^-　　C. $H_2PO_4^-$　　D. PO_4^{3-}

19. 已知 0.01 mol·dm^{-3}的弱酸 HA 溶液有 1 %的电离，它的电离常数约为（　　）

A. 10^{-2}　　B. 10^{-6}　　C. 10^{-4}　　D. 10^{-5}

20. 下列元素原子电子层结构排布正确的是（　　）

A. Sc：[Ar]$3d^2 4s^1$　　B. Mo：[Ar]$4d^4 5s^2$

C. Cr：[Ar]$3d^5 4s^1$　　D. Fe：[Ar]$3d^7 4s^1$

三、简答题（每小题 6 分，共 36 分）

1. 某元素+1 氧化态的离子价层电子构型为 $3d^{10}$，请写该元素基态原子的原子序数与核外电子排布？并确定该元素在元素周期表中的位置（周期、族、区）？

2. 运用分子轨道理论解释：氧气分子具有顺磁性，O_2、O_2^+、O_2^- 的稳定性大小为：$O_2^+ > O_2 > O_2^-$。

3. 甲醛分子的空间构型为等腰三角形（如下图），请运用现代价键理论合理解释其分子构型及成键情况。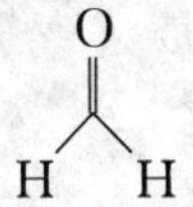

4. 向含有 Ag_2CO_3沉淀的溶液中分别加入下列物质：（1）Na_2CO_3、（2）KNO_3、（3）Na_2S、（4）HNO_3、（5）NaCN，对 Ag_2CO_3的沉淀溶解平衡移动有什么影响？

5. 化学平衡建立的条件是什么？达到化学平衡的标志是什么？化学平衡状态的本质特点是什么？

6. 运用《无机化学》相关的基本原理解释下列实验现象：在 KI 溶液中加入 CCl_4，然后滴加 $FeCl_3$溶液，并振摇，观察到 CCl_4层显紫红色，但如在 KI 溶液中同时存在有 KF，则 CCl_4层不显颜色。

四、计算题（共 29 分）

1. 已知在 298K 时，某一元弱酸浓度为 0.010 mol·L^{-1}时测得其 pH 值为 4.0，试求 $K_a^{\ominus}$和电离度 α 值。（8 分）

2. 已知 AgCl 的 $K_{sp}^{\ominus}$，$=1.77\times10^{-10}$，$[Ag(NH_3)_2]^+$ 的 $K_{稳}^{\ominus}$，$=1.1\times10^7$，欲使 0.10mol AgCl 溶于 1L 氨水中，所需氨水的最低浓度是多少？（10 分）

3. 已知：$E^{\ominus}(Ni^{2+}/Ni)=-0.257V$，$E^{\ominus}(Pb^{2+}/Pb)=-0.126V$，在标准状态下，由电对 Ni^{2+}/Ni 和 Pb^{2+}/Pb 组成原电池：

（1）写出原电池符号，原电池的电池反应方程式。　　（3 分）

（2）计算原电池的标准电动势与该电池反应的平衡常数。（3 分）

（3）在两半电池溶液中，同时加入 S^{2-} 溶液，并使之都达到 $c(S^{2-})=1.00\ mol\cdot L^{-1}$，求此时该原电池的电动势，并判断电池反应进行的方向？｛已知 $K_{sp}^{\ominus}(NiS)=1.07\times10^{-21}$，$K_{sp}^{\ominus}(PbS)=9.04\times10^{-29}$｝（5 分）

模拟试题（十五）

（湖南中医药大学）

一、单选题（共 20 分）

1. 下列反应达到平衡时，$2SO_2(g)+O_2(g)=2SO_3(g)$，保持体积不变，加入惰性气体He，使总压力增加一倍，则（　　）

A. 平衡向左移动　　B. 平衡向右移动

C. 平衡不移动　　D. $K^{\ominus}$ 增大一倍

2. 下列具有相同配位数的一组配合物是（　　）

A. $[Co(en)_3]Cl_3$　　$[Co(en)_2(NO_2)_2]$

B. $K_2[Co(NCS)_4]$　　$K_3[Co(C_2O_4)_2Cl_2]$

C. $[Pt(NH_3)_2Cl_2]$　　$[Pt(en)_2Cl_2]^{2+}$

D. $[Cu(H_2O)_2Cl_2]$　　$[Ni(en)_2(NO_2)_2]$

3. 关于原子轨道，下述观点正确的是（　　）

A. 原子轨道是电子运动的轨道

B. 某一原子轨道是电子的一种空间运动状态，即波函数 Ψ

C. 原子轨道表示电子在空间各点出现的概率

D. 原子轨道表示电子在空间各点出现的概率密度

4. 比较 O、S、As 三种元素的电负性和原子半径大小的顺序，正确的是（　　）

A. 电负性 O>S>As，原子半径 O<S<As

B. 电负性 O<S<As，原子半径 O<S<As

C. 电负性 O<S<As，原子半径 O>S>As

D. 电负性 O>S>As，原子半径 O>S>As

5. 下列电子构型中，第一电离能最小的是（　　）

A. ns^2np^3　　B. ns^2np^4　　C. ns^2np^5　　D. ns^2np^6

6. 下列分子或离子具有顺磁性的是（　　）

A. O_2^{2-}　　B. F_2　　C. O_2　　D. N_2

7. 下列分子中偶极矩等于零的是（　　）

A. $CHCl_3$　　B. H_2S　　C. NH_3　　D. CCl_4

8. 在水溶液中，Cu(Ⅱ)可以转化为 Cu(Ⅰ)，但需要具备一定的条件，该条件简述得最完全的是（　　）

A. 有还原剂存在即可

B. 有还原剂存在，同时反应中 Cu(Ⅰ)能生成沉淀

C. 有还原剂存在，同时反应中 Cu(Ⅰ)能生成配合物

D. 有还原剂存在，同时反应中 Cu(Ⅰ)能生成沉淀或配合物

9. 下列混合溶液中，缓冲能力最强的是（　　）

A. $0.5\ mol \cdot L^{-1}$ HAc-$0.5\ mol \cdot L^{-1}$ NaAc 的溶液

B. $2.0\ mol \cdot L^{-1}$ HAc-$0.1\ mol \cdot L^{-1}$ NaAc 的溶液

C. $1.0\ mol \cdot L^{-1}$ HCl-$1.0\ mol \cdot L^{-1}$ NaAc 的溶液

D. $0.5\ mol \cdot L^{-1}$ NH_4Cl-$0.5\ mol \cdot L^{-1}$ HCl 的溶液

10. 下列各组量子数（n，l，m，m_s）合理的是（　　）

A. 3，1，2，+1/2　　B. 1，2，0，+1/2

C. 2，1，−1，+1/2　　D. 3，3，2，+1/2

11. HCN 溶液中加入少量固体 NaCN 后，则（　　）

A. HCN 的 $K_a^{\ominus}$ 变大　　B. HCN 的 $K_a^{\ominus}$ 变小

C. HCN 的酸度变小　　D. HCN 的电离度升高

12. 久置的$[Ag(NH_3)_2]^+$强碱性溶液，因能产生 AgN_3（极不稳定）而有爆炸的危险，欲破坏$[Ag(NH_3)_2]^+$，可向溶液中加入某种试剂，下列四种溶液中，不能起到破坏$[Ag(NH_3)_2]^+$作用的是（　）

A. 氨水　　B. HCl　　C. H_2S　　D. $Na_2S_2O_3$

13. 反应式 $Mg(OH)_2 + 2NH_4^+ = Mg^{2+} + 2NH_3 \cdot H_2O$ 化学平衡常数 $K^{\ominus}$ =（　　）

A. $K_b^{\ominus}/K_2^{\ominus}$　　B. $K_{sp}^{\ominus}/(K_b^{\ominus})^2$

C. $K_{sp}^{\ominus}/(K_w^{\ominus})^2$　　D. $(K_w^{\ominus})^2/(K_b^{\ominus})^2$

14. 形成外轨型配合物时，中心离子不可能采取的杂化方式是（　）

A. dsp^2　　B. sp^3　　C. sp　　D. sp^3d^2

15. 下列物质中，属于路易斯酸的是（　）

A. NH_3　　B. Fe^{2+}　　C. I^-　　D. $C_6H_5NH_2$

16. 氨溶于水后，分子间产生的作用力有（　）

A. 取向力和色散力　　B. 取向力和诱导力

C. 诱导力和色散力　　D. 取向力、诱导力、色散力和氢键

17. 在 Na_2S 溶液中，$c(OH^-)$ =（　）

A. $\sqrt{K_a^{\ominus} \cdot c_{盐}}$　　B. $\sqrt{K_b^{\ominus} \cdot c_{盐}}$　　C. $\sqrt{\frac{K_w^{\ominus}}{K_{a1}^{\ominus}} \cdot c_{盐}}$　　D. $\sqrt{\frac{K_w^{\ominus}}{K_{a2}^{\ominus}} \cdot c_{盐}}$

18. 随着氢离子浓度的增大，下列哪个电对的电极电势不增大　　（　　）

A. O_2/H_2O　　B. NO_3^-/NO

C. Pb^{2+}/Pb　　D. MnO_2/Mn^{2+}

19. Fe_3O_4 中铁的氧化数为（　　）

A. +3　　B. 8/3　　C. +4　　D. +2

20. 已知 $[Mn(SCN)_6]^{4-}$ 的 $\mu = 6.1\mu_B$，该配离子属于（　　）

A. 外轨型、高自旋　　B. 外轨型、低自旋

C. 内轨型、高自旋　　D. 内轨型、低自旋

二、填空题（26 分）

1. 写出下列矿物药的主要成分：

朱砂__________　轻粉__________　砒霜__________

2. 写出下列元素的名称或元素符号：

(1) 3*d* 轨道全充满，4*s* 轨道上有一个电子的元素：

(2) 4*p* 半充满的元素：

3. 把氧化还原反应 $Fe^{2+} + Ag^{+} = Fe^{3+} + Ag$，在标准状况下，设法装配成原电池，正极的电极反应为__________，负极的电极反应为__________，电池装置符号为________________。

已知：$E^{\ominus}(Ag^{+}/Ag) = 0.80V$，$E^{\ominus}(Fe^{3+}/Fe^{2+}) = 0.77V$

4. 配制 $SnCl_2$ 溶液时，必须加入____________来进行配制。

5. 硼酸是______元弱酸。

6. HCHO 分子中存在______个 σ 键，______个 π 键。

7. 为有效组合成分子轨道，原子轨道必须符合的三原则是____________、____________、____________。

三、判断题（10 分）

(　　) 1. AgCl 在 $0.1\ mol \cdot L^{-1}$ $NaNO_3$ 中的溶解度比在水中的大些。

(　　) 2. 某物质在 298K 时分解率为 15%，在 373K 时分解率为 30%，由此可知该物质的分解反应为放热反应。

(　　) 3. 当化学平衡移动时，标准平衡常数也一定随之改变。

(　　) 4. 难溶强电解质的不饱和溶液中不存在沉淀溶解平衡。

(　　) 5. 标准氢电极的电极电势为零，是实际测定的结果。

(　　) 6. 改变氧化还原反应中反应物的浓度，能使那些 $E_{MF}^{\ominus}$ 值接近零的反应逆转。

(　　) 7. 含两个配位原子的配体称为螯合剂。

(　　) 8. 晶体场稳定化能与晶体场的强度有关，对配位原子来说，一般场强度从强到弱的是：C > N > X。

(　　) 9. 将 $0.1 mol \cdot L^{-1}$ $[Cu(NH_3)_4]SO_4$ 溶液加入等体积水稀释，则 $c(Cu^{2+})$ 变为原来的 1/2。

(　　) 10. $NH_3 + H_2O \rightleftharpoons NH_4^{+} + OH^{-}$，用质子理论分析，其中属质子酸的为 H_2O、NH_4^{+}。

四、完成并配平下列反应方程式（8 分）

1. PbO_2 + HCl（浓）→

2. $Fe^{2+}+Cr_2O_7{}^{2-}+H^+\rightarrow$

3. $NO_2{}^-+MnO_4{}^-+H^+\rightarrow$

4. $Na_2S_2O_3+I_2\rightarrow$

五、简答题（6 分）

请画出 p_z、$d_{x^2-y^2}$ 的原子轨道角度分布图

六、计算题（30 分）

1. 在 1.0L 浓度为 0.10mol·L^{-1} 的氨水溶液中：（1）加入 0.050mol $(NH_4)_2SO_4$ 固体，（2）加入 0.10mol HCl，问溶液的 pH 各为多少？已知：$K_b^\ominus(NH_3)=1.8\times10^{-5}$

2. 一个半电池中，一根铂丝浸入一含有 0.85mol·L^{-1} Fe^{3+} 和 0.010 mol·L^{-1} Fe^{2+} 的溶液中，另一个半电池是金属 Cu 浸入 0.50 mol·L^{-1} 的 Cu^{2+} 溶液中，试答：

（1）当电池产生电流时，何者是正极，何者是负极？

（2）写出电池反应。

（3）写出原电池符号。

（4）计算该电池反应的平衡常数。{已知：$E^\ominus(Cu^{2+}/Cu)=0.34V$，$E^\ominus(Fe^{3+}/Fe^{2+})=0.77V$}

3. 往 10ml 含 2 moL·L^{-1} 氨和 0.10 mol·L^{-1} $[Ag(NH_3)_2]^+$ 的溶液中，加入 10ml 浓度为 0.10mol·L^{-1} 的 KBr 溶液，问此条件下能否生成 AgBr 沉淀？

{已知：$K_{sp}^\ominus(AgBr)=5.0\times10^{-13}$　$K_{稳}^\ominus[Ag(NH_3)_2^+]=1.12\times10^7$}

模拟试题(十六)

(陕西中医学院)

一、选择题(在每小题四个备选答案中,选出一个正确答案,并将其标号填在题干的括号内。每小题1分,共20分)

1. 质量分数为63%,密度为 $1.40g·cm^{-3}$ 的浓硝酸 (M=63) 的物质的量浓度为 (　　) $mol·L^{-1}$

A. 30.0　　B. 1.40　　C. 6.80　　D. 14.0

2. 已知 H_2S 的 $K_{a_1}^{\ominus}=4.3\times10^{-7}$, $K_{a_2}^{\ominus}=5.6\times10^{-11}$。则 1L 0.10 $mol·L^{-1}$ H_2S 溶液中, S^{2-} 离子的浓度为 (　　)

A. 4.3×10^{-7}　　B. 5.6×10^{-11}　　C. 2.8×10^{-22}　　D. 7.6×10^{-6}

3. 下列溶液呈现碱性的是 (　　)

A. NH_4Ac　　B. NaAc　　C. $Al_2(SO_4)_3$　　D. NH_4Cl

4. 已知 $Mg(OH)_2$ 的 $K_{sp}^{\ominus}=4.0\times10^{-12}$, 则它的溶解度为 (　　)

A. 1.0×10^{-4}　　B. 1.0×10^{-3}　　C. 2.0×10^{-6}　　D. 2.0×10^{-3}

5. 已知 $E^{\ominus}(Cl_2/Cl^-)=1.36V$, $E^{\ominus}(I_2/I^-)=0.535V$, $E^{\ominus}(Fe^{3+}/Fe^{2+})=0.770V$, $E^{\ominus}(Sn^{4+}/Sn^{2+})=0.150V$。则 Cl_2、$SnCl_4$、$FeCl_3$、I_2 氧化性排列顺序为 (　　)

A. $SnCl_4>I_2>Cl_2>FeCl_3$　　B. $Cl_2>I_2>SnCl_4>FeCl_3$

C. $Cl_2>FeCl_3>I_2>SnCl_4$　　D. $Cl_2>I_2>FeCl_3>SnCl_4$

6. 某元素原子的价电子构型为 $3d^{10}4s^2$, 则该元素为 (　　)。

A. Mg　　B. Zn　　C. S　　D. Ca

7. 下列四组量子数中, 合理的一组是 (　　)

A. 2, 0, 0, $-\frac{1}{2}$　　B. 2, 0, 1, $+\frac{1}{2}$

C. 2, 2, 2, $-\frac{1}{2}$　　D. 1, 0, 0, $\pm\frac{1}{2}$

8. 下列各组元素的电负性大小次序正确的是 (　　)

A. S<N<O<F　　B. S<O<N<F

C. Si<Na<Mg<Al　　D. Br<H<Zn

9. 下列分子中, 中心原子采取不等性 sp^3 杂化的是 (　　)

A. BF_3　　B. CH_4　　C. CO_2　　D. NH_3

10. 下列配体中, 不属于多齿配体的是 (　　)

A. en　　B. $C_2O_4^{2-}$　　C. SCN^-　　D. EDTA

11. 下列配离子中，属于内轨性的配合物的是（　）

A. $[Fe(CN)_6]^{3-}$　　B. $[SiF_6]^{2-}$

C. $[PtCl_6]^{4-}$　　D. $[Co(H_2O)_6]^{2+}$

12. 下列各物质中，热稳定性最高的物质是（　）。

A. NH_4HCO_3　　B. Ag_2CO_3　　C. Na_2CO_3　　D. $CaCO_3$

13. 硼酸（H_3BO_3）是（　）弱酸

A. 一元　　B. 二元　　C. 三元　　D. 四元

14. 下列物质中，不存在氢键的是（　）

A. 冰　　B. 甲醇　　C. 氯仿　　D. 氨基酸

15. 糖尿病与下列那个元素有关（　）

A. 锌　　B. 铬　　C. 铁　　D. 铜

16. 欲配制 pH＝10.0 的缓冲溶液，应选用下列哪个缓冲对（　）

A. NaH_2PO_4-Na_2HPO_4　$pK_{a1}^{\ominus}=2.12$，$pK_{a2}^{\ominus}=7.20$，$pK_{a3}^{\ominus}=12.67$

B. NaAc-HAc　$pK_a^{\ominus}=4.75$

C. NH_3H_2O-NH_4Cl　$pK_b^{\ominus}=4.75$

D. H_2CO_3-$NaHCO_3$　$pK_{a1}^{\ominus}=6.37$，$pK_{a2}^{\ominus}=10.25$

17. 在反应 $CrO_2^- + H_2O_2 + OH^- \rightarrow CrO_4^{2-} + H_2O$ 中能作原电池正极电对的是（　）

A. CrO_4^{2-}/CrO_2^-　　B. CrO_2^-/H_2O_2

C. CrO_4^{2-}/H_2O　　D. H_2O_2/H_2O

18. 下列分子中，化学键为非极性键，而分子为极性分子的是（　）

A. F_2　　B. O_3　　C. CH_4　　D. NH_3

19. 用价层电子对互斥理论判断 SO_4^{2-} 可能的空间构型是（　）

A. 正四面体　　B. 平面三角形　　C. 三角锥形　　D. 平面正方形

20. 第一代抗癌配合物的代表物是（　）

A. 硼砂　　B. 顺铂　　C. 朱砂　　D. 轻粉

二、判断题（正确的填“√”，错误的填“×”。每小题 1 分，共 10 分）

（　）1. 同种类型的两种难溶电解质，$K_{sp}^{\ominus}$ 较大者，其溶解度也较大。

（　）2. 在 CH_4 分子中，C 原子用其 $2p$ 轨道与 H 的 $1s$ 轨道杂化形成了 C—H 键。

（　）3. 电对的电极电势随着 pH 值的改变而改变。

（　）4. 凡含氢的化合物中就有氢键，如 H_2O、NH_3、HF、CH_4 等。

（　）5. 由于 BF_3 的偶极矩为 0，分子为非极性分子，所以分子中无极性键。

（　）6. 两电极分别是：$Pb^{2+} + 2e^- = Pb(s)$　$\frac{1}{2}Pb^{2+} + e^- = \frac{1}{2}Pb(s)$，将两电极分别和标准氢电极组成原电池，则两个原电池的电动势相同，但反应平衡常数不同。

（　）7. 测不准原理表明同时准确测定电子的位置和运动速率是不可能的。

（　）8. 配合物中，配体个数与配位数相同。

(　　) 9. 缓冲溶液的缓冲范围一般是 $pK_a^\ominus \pm 1$ 或 $pK_b^\ominus \pm 1$。

(　　) 10. 只有能量相近、对称性匹配的原子轨道才能有效地组合成分子轨道。

三、填空题（每空 1 分，共 25 分）

1. 溶液的某些性质取决于其所含溶质微粒的数目，而与溶质的种类和本性无关，这些性质叫________，包括蒸气压________，凝固点________，沸点________以及溶液的渗透压。

2. $n=3$，$l=2$ 表示________能级（电子亚层），该能级有________个轨道，最多可填充________个电子，若某元素+2 价离子的该能级中有 5 个电子，该元素在周期表的第______周期________族________区。

3. BF_3分子的空间构型是________，B 采取的是________杂化。NH_3分子的空间构型是________，而 N 采取的是________杂化。

4. σ 键的成键方式为________，π 键的成键方式为________。________键的活泼性更强。

5. 配合物$[Pt(NH_3)_4]Cl_2$命名为________，中心离子为________，配位数为________。三氯化三（乙二胺）合铁（III）的化学式为________，配离子的空间构型是________。

6. 砒霜的化学成分是________，密陀僧的主要化学成分是________，$Na_2SO_4 \cdot 10H_2O$ 中药名称为________。

四、简答题（每小题 5 分，共 15 分）

1. 用离子-电子法配平下列化学方程式（写出配平过程）。

(1) $K_2Cr_2O_7 + HCl \rightarrow KCl + CrCl_3 + Cl_2 + H_2O$

(2) $CrO_2^- + H_2O_2 + OH^- \rightarrow CrO_4^{2-} + H_2O$

2. 指出下面分子的空间构型、C 原子的杂化方式，并说明分子中有几个 π 键：CH_4、C_2H_4、C_2H_2、HCHO。

3. 根据实验测得的磁矩，计算配离子中心原子的杂化类型和空间构型，并指出是内轨还是外轨配合物。$[Co(en)_3]^{2+}$，$\mu = 3.82\mu_B$。

五、计算题（每小题 10 分，共 30 分）

1. 通过计算说明 $0.01\ mol \cdot L^{-1}\ Pb^{2+}$ 开始沉淀及沉淀完全时的 pH 值。
已知 $K_{sp}^\ominus[Pb(OH)_2] = 1.0 \times 10^{-20}$。

2. 已知电位图：

$$E_B^\ominus\ (V):\ ClO_4^- \xrightarrow{+0.36} ClO_3^- \xrightarrow{+0.50} ClO^- \xrightarrow{+0.40} Cl_2 \xrightarrow{+1.36} Cl^-，则：$$

(1) 计算 $E_B^\ominus(ClO^-/Cl^-)$和 $E_B^\ominus(ClO_3^-/Cl^-)$。

(2) 判断反应 $3Cl_2 + 6OH^- = ClO_3^- + 5Cl^- + 3H_2O$ 的方向和程度。

(3) 可发生歧化反应的是那些物质？写出化学反应式。

3. 已知 $K_{稳}^\ominus[Ag(NH_3)_2^+] = 1.1 \times 10^7$，$K_{sp}^\ominus(AgCl) = 1.77 \times 10^{-10}$。计算 298.15K 时，AgCl 在 $6mol \cdot L^{-1}\ NH_3$溶液中的溶解度。

模拟试题参考答案

模拟试题（一）

一、选择题

1－5 题：BBDBD；6－10 题：DAADC；11－15 题：BCCAA

二、填空题

1. （1）pH＝4.87　　（2）pH＝10.81
2. ns^2；惰性电子对
3. 两对共轭酸碱对中的质子传递反应
4. CO_3^{2-}；HCO_3^-；缓冲溶液的总浓度；缓冲比（组分比）
5. 四硫氰酸·二氨合铬(Ⅲ)酸铵；S、N；6
6. （1）Cu；（2）As
7. 浓 HCl

三、判断题

1－5 题：√××√×　　6－10 题：×√√√×

四、完成并配平氧化还原反应方程式

1. $2Mn^{2+}+5S_2O_8^{2-}+8H_2O \xlongequal{Ag^+} 2MnO_4^-+10SO_4^{2-}+16H^+$
2. $2MnO_4^-+5H_2O_2+6H^+=2Mn^{2+}+5O_2+8H_2O$
3. $2Na_2S_2O_3+I_2=Na_2S_4O_6+2NaI$
4. $SnCl_2$(过量)$+HgCl_2=SnCl_4+Hg\downarrow$
5. $2CrO_2^-+3H_2O_2+2OH^-=2CrO_4^{2-}+4H_2O$

五、计算题

1. **解**：两种溶液混合前：

$n(HB)=0.50\times0.030=0.015mol$

$n(NaOH)=0.50\times0.010=0.0050mol$

两种溶液混合后：

$n_{eq}(B^-)=0.0050mol$

$n_{eq}(HB)=n(HB)-n(NaOH)=0.010mol$

$$pK_a^\ominus(HB)=pH-\lg\frac{n_{eq}(B^-)}{n_{eq}(HB)}$$

$$=pH-\lg\frac{n_{eq}(B^-)}{n_{eq}(HB)}$$

$$=6.00-\lg\frac{0.0050}{0.010}=6.30$$

$K_a^\ominus(HB)=5.0\times10^{-7}$

2. **解**：$E(Fe^{3+}/Fe^{2+})=E^\ominus+0.0592\lg\frac{c_{eq}(Fe^{3+})}{c_{eq}(Fe^{2+})}=0.77+0.0592\lg\frac{0.85}{0.01}=0.88$

$$E(Cd^{2+}/Cd)=E^\ominus+\frac{0.0592}{2}\lg c_{eq}(Cd^{2+})=-0.40+\frac{0.0592}{2}\lg0.50=-0.41$$

(1) 当电池产生电流时，Fe^{3+}/Fe^{2+}是正极，Cd^{2+}/Cd是负极。

(2) 电池符号：

$(-)Cd\mid Cd^{2+}(0.50mol\cdot L^{-1})\parallel Fe^{3+}(0.85mol\cdot L^{-1}),Fe^{2+}(0.01mol\cdot L^{-1})\mid Pt(+)$

电池反应：

$$Cd+2Fe^{3+}=Cd^{2+}+2Fe^{2+}$$

(3) 该电池反应的平衡常数：

$$\lg K=\frac{nE^\ominus}{0.0592}=\frac{2\times(0.77+0.40)}{0.0592}=39.5$$

$$K=3.2\times10^{39}$$

3. **解**：Cd^{2+}沉淀完全时所需S^{2-}的最低浓度为：

$$c(S^{2-})=\frac{K_{sp}^\ominus}{c(Cd^{2+})}=\frac{8.0\times10^{-27}}{1.0\times10^{-5}}=8.0\times10^{-22}mol\cdot L^{-1}$$

不使ZnS沉淀，S^{2-}的最高浓度为：

$$c(S^{2-})=\frac{K_{sp}^\ominus}{c(Zn^{2+})}=\frac{2.93\times10^{-25}}{0.10}=2.93\times10^{-24}mol\cdot L^{-1}$$

理论上S^{2-}离子在$8.0\times10^{-22}mol\cdot L^{-1}\sim2.93\times10^{-24}mol\cdot L^{-1}$之间就可以使CdS沉淀而$Zn^{2+}$留在溶液中。但由于两种沉淀溶度积相近，实际不能达到分离的目的。

模拟试题（二）

一、判断题

1—5题：×××√×　　　　6. √××√√

二、选择题

1—5 题：DCBDD；6—10 题：DDBCD；11—15 题：ACADD；16—20 题：BDCDA；21—25 题：CEDBC；26—30 题：BAECD；31. AC；32. ABD；33. AC；34. ADE；35. BCE；36. CDE；37. AD；38. CE；39. ABCD；40. BC

三、填空题

1. 取向力；诱导力；色散力　2. 12.65　3. $Cl_2>Br_2>I_2$　4. HCl<HBr<HI
5. 离子　6. 浅粉红色；深粉红色；温度升高，水解程度加剧　7. I^- 和 IO_3^-
8. $Zn(ClO_4)_2+H_2\uparrow$　9. −3　10. 不等性 sp^3 杂化
11. 孤对电子的物质；空轨道的物质　12. 减小　13. 离子型；分子型
14. $n=3$，$l=0$，$m=0$，$m_s=-1/2$

四、简答题

1. 答：Co^{3+} 价电子构型 $3d^6$，形成低自旋配合物为 $3d_\varepsilon^6$，CFSE＝6×(−4)＝−24Dq
Co^{2+} 价电子构型 $3d^7$，形成高自旋配合物为 $3d_\varepsilon^5 3d_\gamma^2$，CFSE＝2×6−5×4＝−8Dq
$[Co(NH_3)_6]^{3+}$ 稳定性较好。
2. 答：加入 HCl 即可。反应式略。

五、完成并配平反应方程式

1. $2Co(OH)_3+6HCl=2CoCl_2+Cl_2\uparrow+6H_2O$
2. $As_2O_3+6Zn+12H^+=2AsH_3\uparrow+6Zn^{2+}+3H_2O$
3. $Cu_2O+H_2SO_4=CuSO_4+Cu+H_2O$
4. $2NO_2^-+4H^++2I^-=I_2+2NO\uparrow+2H_2O$
5. $K_2Cr_2O_7+H_2SO_4(浓)=K_2SO_4+2CrO_3\downarrow+H_2O$

六、计算题

1. 解：$K_b^\ominus=\dfrac{c_{eq}(OH^-)\times c_{eq}(NH_4^+)}{c_{eq}(NH_3)}$

$$c_{eq}(NH_4^+)=K_b^\ominus\times\frac{c_{eq}(NH_3)}{c_{eq}(OH^-)}=(1.74\times10^{-5}\times0.1)/10^{-5}=0.174$$

$$c_{eq}(NH_4^+)=0.174\text{mol}\cdot\text{L}^{-1}$$

$$M(NH_4Cl)=35.5+14+4=53.5$$

$$m(NH_4Cl)=0.174\times1\times53.5=9.31(\text{g})$$

2. 解：$c_{eq}(H^+)=c_{eq}(HCO_3^-)=\sqrt{K_{a1}^\ominus\cdot c}=6.46\times10^{-5}$

$$c_{eq}(CO_3^{2-})=K_{a2}^\ominus=5.62\times10^{-11}$$

3. 解：$E^\ominus(AgI/Ag,I^-)=E^\ominus(Ag^+/Ag)+0.0592\lg c(Ag^+)$

∵电对 AgI/Ag, I^- 在标准状况下, $c(I^-)=1mol·L^{-1}$

∴ $0.0592\ \lg c(Ag^+)=E^{\ominus}(AgI/Ag,I^-)-E^{\ominus}(Ag^+/Ag)$

$=-0.152-(+0.7995)=-0.9515V$

∴ $c(Ag^+)=7.46\times10^{-17}$　　$K_{sp}^{\ominus}=7.46\times10^{-17}$

模拟试题（三）

一、选择题

(一) 单选题

1—5 题：CDADB；6—10 题：DADDC；11—15 题：DDADB；16—20 题：BBCAB

(二) 多选题

1. CD　2. AD　3. AD　4. ABC　5. BD

6. CD　7. BC　8. AB　9. AC　10. ABC

二、判断题

1—5 题：×√×√√；6—10 题：××××√

三、填空题

1. 1.00 $mol·kg^{-1}$
2. Na_3PO_4；NaH_2PO_4
3. $\sqrt{c(H_2S)K_{a1}^{\ominus}}$或$\sqrt{0.10K_{a1}^{\ominus}}$；$K_{a2}^{\ominus}$
4. 氧化还原；生成配合物
5. Cl_2；I^-
6. 逐渐增大；逐渐增大
7. n^2；$2n^2$
8. σ；π；π
9. 氯化二氯·二氨·二水合钴(Ⅲ)；N、O、Cl
10. 减小；增强

四、简答题

1. **答**：基态 B 原子的外层电子组态为 $2s^22p^1$，当与 Cl 原子化合时，B 原子采取 sp^2 杂化，形成 3 个能量相等的 sp^2 杂化轨道，每个杂化轨道中有 1 个单电子，杂化轨道的空间构型为平面三角形。B 原子采用 3 个 sp^2 杂化轨道分别与 3 个 Cl 原子含有单电子的 p 轨道形成 3 个 σ 键，所以 BCl_3 分子的空间构型为平面三角形。基态 N 原子的外层电子组态为 $2s^22p^3$，当与 Cl 原子化合时，N 原子采取不等性的 sp^3 杂化，杂化轨道的空间构型为四面体形，N原子的1对孤对电子占据了四面体的1个顶点，N原子用其余的3个 sp^3 杂化轨道分别与3个Cl原子含单电子的 p 轨道形成3个 σ 键，所以 NCl_3 分子的空间构型为三角锥形。

2. **答**：铁。元素符号Fe。核外电子排布式：$1s^2 2s^2 2p^6 3s^2 3p^6 3d^6 4s^2$ 或 $[Ar]\ 3d^6 4s^2$。属于第四周期，第Ⅷ族或第ⅧB族，d 区。

3. **答**：A：$Na_2Cr_2O_7$　B：Cl_2　C：$CrCl_3$　D：$Cr(OH)_3$　E：CrO_2^-　F：CrO_4^{2-}

离子反应式为：$Cr_2O_7^{2-}+6Cl^-+14H^+=2Cr^{3+}+3Cl_2\uparrow+7H_2O$

$$Cr^{3+}+3OH^-=Cr(OH)_3\downarrow$$

$$Cr(OH)_3+OH^-=CrO_2^-+2H_2O$$

$$2CrO_2^-+3H_2O_2+2OH^-=2CrO_4^{2-}+4H_2O$$

$$2CrO_4^{2-}+2H^+=Cr_2O_7^{2-}+H_2O$$

五、计算题

1. **解**：三种溶液混合后，$CuSO_4$、$NH_3\cdot H_2O$、NH_4Cl 的起始浓度分别变为 $0.10mol\cdot L^{-1}$、$0.60mol\cdot L^{-1}$、$0.20mol\cdot L^{-1}$。混合后，$NH_3\cdot H_2O$ 和 $CuSO_4$ 发生配位反应，由于氨水过量，几乎所有的 $CuSO_4$ 都生成了配合物。

设：反应后溶液中的 $c_{eq}(Cu^{2+})=x$，则：

$$4NH_3 \quad + \quad Cu^{2+} \rightleftharpoons [Cu(NH_3)_4]^{2+}$$

相对平衡浓度：$0.60-0.40+x\approx0.20$　　x　　$0.10-x\approx0.10$

代入稳定常数表达式：$K^\ominus_{稳}=\dfrac{c_{eq}[Cu(NH_3)_4^{2+}]}{c_{eq}(Cu^{2+})\cdot[c_{eq}(NH_3)]^4}$

$$=\frac{0.10}{x\cdot(0.20)^4}=2.1\times10^{13}$$

$$x=3.0\times10^{-12}$$

$$c_{eq}(Cu^{2+})=3.0\times10^{-12}mol\cdot L^{-1}$$

$$c_{eq}[Cu(NH_3)_4^{2+}]=0.10mol\cdot L^{-1}$$

溶液中的 $NH_3\cdot H_2O$ 和 NH_4Cl 组成缓冲溶液，由于 NH_4Cl 的同离子作用，$NH_3\cdot H_2O$ 的电离很少，所以溶液中的氨浓度为配合反应后剩余的氨浓度，即：

$$c_{eq}(NH_3)=c(NH_3)=0.20mol\cdot L^{-1}, c_{eq}(NH_4^+)=c(NH_4^+)=0.20mol\cdot L^{-1}$$

代入缓冲溶液计算公式得：

$$c_{eq}(OH^-)=\frac{K_b^\ominus\times c(NH_3)}{c(NH_4^+)}=K_b^\ominus=1.8\times10^{-5}mol\cdot L^{-1}$$

$$J=[c(Cu^{2+})]\cdot[c(OH^-)]^2=3.0\times10^{-12}\times[1.8\times10^{-5}]^2$$

$$<K_{sp}^\ominus[Cu(OH)_2]=2.2\times10^{-20}$$

所以无 $Cu(OH)_2$ 沉淀生成。

2. **解**：①原电池符号：

$(-)Pt(s)|H_2(p^\ominus)|HA(0.50mol\cdot L^{-1}), A^-(0.10mol\cdot L^{-1})\parallel Cl^-(c^\ominus)|AgCl(s)-Ag(s)(+)$

电池反应式：$2AgCl+H_2+2A^-\rightleftharpoons 2Ag+2HA+2Cl^-$

②$E_{(+)}=E^{\ominus}(AgCl/Ag)=E^{\ominus}(Ag^+/Ag)+0.0592\lg K_{sp}^{\ominus}(AgCl)$

$=0.7996+0.0592\lg 1.8\times10^{-10}$

$=0.223V$

由 $E_{MF}=E_{(+)}-E_{(-)}$ 得：

$E_{(-)}=E_{(+)}-E_{MF}=0.223-0.450=-0.227V$

③由能斯特方程式得：$E_{(-)}=E^{\ominus}(H^+/H_2)+\frac{0.0592}{2}\lg\frac{[c(H^+)]^2}{p_{H_2}/p^{\ominus}}$

$$-0.227=0.0592\lg[c(H^+)]$$

$$c(H^+)=1.46\times10^{-4}mol\cdot L^{-1}$$

由于氢离子是由 HA、A^- 组成的缓冲溶液提供的，将其代入缓冲溶液计算公式得：

$$K_a^{\ominus}=\frac{c_{eq}(H^+)\cdot c_{eq}(A^-)}{c_{eq}(HA)}$$

$$=\frac{1.46\times10^{-4}\times0.10}{0.50}=2.9\times10^{-5}$$

模拟试题（四）

一、单项选择题

1－5 题：BCCDB；6－10 题：AAABA；11－15 题：BACBD；16－20 题：BCDDA；21－25 题：CDCCB；26－30 题：BBCCD；31－35 题：CDADC；36－40 题：DABCA

二、判断题

1－5 题：√√√××；6－10 题：√××××

三、填空题

1. 8.26～10.26
2. 0.707 倍
3. 第四；ⅥB；*d*
4. 有方向性；有饱和性
5. 配位；离子
6. 增大
7. 第五、第六。
8. $HClO_4$；$HBrO_3$
9. HgS；$Na_2SO_4\cdot10H_2O$；Hg_2Cl_2；HgO；$Pb(Ac)_2$
10. MnO_2；MnO_4^{2-}

四、名词解释

1. 电子云：电子在核外空间出现几率密度分布的形象化表示。

2. 电负性：元素的原子在分子中吸引成键电子的能力。

3. π 键：原子轨道以“肩并肩”的方式发生轨道重叠，重叠部分通过一个键轴的平面具有镜面反对称性。

4. 不等性杂化：由于杂化轨道中有不参加成键的孤电子对的存在，而造成不完全等同的杂化轨道。

5. 螯合物：中心离子与多齿配体成键形成的具有环状结构的配合物。

五、计算题

1. 解：(1) 电池反应 $2Ag^{+}+Cd=Cd^{2+}+2Ag$

(2) $\lg K^{\ominus}=nE_{MF}^{\ominus}/0.0592$

$=2\times[0.7996-(-0.4030)]/0.0592$

$=40.63$

$\therefore K^{\ominus}=4.27\times10^{40}$

(3) $K^{\ominus}=\dfrac{c_{eq}(Cd^{2+})}{[c_{eq}(Ag^{+})]^{2}}=4.27\times10^{40}$

$c_{eq}(Ag^{+})=1.53\times10^{-21}\text{mol}\cdot\text{L}^{-1}$

2. 解：(1) $Cu^{2+} + 4NH_3 \rightleftharpoons [Cu(NH_3)_4]^{2+}$

开始： 0.050 3.0 0

平衡： x $3.0-4\times0.050+4x$ $0.050-x$

$$K_{稳}^{\ominus}=\frac{c_{eq}[Cu(NH_3)_4^{2+}]}{c_{eq}(Cu^{2+})\cdot[c_{eq}(NH_3)]^{4}}$$

$c_{eq}(Cu^{2+})=x=1.7\times10^{-16}\text{mol}\cdot\text{L}^{-1}$

$\therefore c_{eq}[Cu(NH_3)_4^{2+}]=0.050\text{mol}\cdot\text{L}^{-1}$

(2) $c_{eq}(OH^{-})=\dfrac{0.20\times1.0}{20+1.0}=9.5\times10^{-3}\text{mol}\cdot\text{L}^{-1}$

$c_{eq}(Cu^{2+})=\dfrac{1.7\times10^{-16}\times20}{20+1.0}=1.6\times10^{-16}\text{mol}\cdot\text{L}^{-1}$

$c_{eq}(Cu^{2+})\cdot c_{eq}(OH^{-})^{2}=1.4\times10^{-20}<K_{sp}^{\ominus}[Cu(OH)_2]$

∴无沉淀生成

模拟试题（五）

一、是非题

1—5 题：××√√× 6—10 题：×√××√

二、选择题

1—5 题：BCBBD 6—10 题：BBBAD

三、填空题

1. 温度 2. 增大 3. H_2SO_4 SO_4^{2-} 4. 增大 5. 酸性 6. 18、第五能级组

7. 高 Al^{3+} 极化作用比 Na^{+} 强 8. 不等性 sp^3 杂化 三角锥形 9. 增大 盐效应

10. 色散力 取向力 诱导力 氢键

11. 仅使用外层空轨道 *nsnpnd* 进行杂化形成的配合物　　12. 沿键轴呈圆柱形

四、简答题

1. 答：基态 B 原子的外层电子组态为 $2s^2 2p^1$，当与 Cl 原子化合时，B 原子采取 sp^2 杂化，形成三个能量相等的杂化轨道，杂化轨道的空间构型为平面三角形，B 原子用三个 sp^2 杂化轨道分别与 3 个 Cl 原子的 P 轨道形成三个 σ 键，所以 BCl_3 分子的空间构型是平面三角形；基态 N 原子的外层电子组态为 $2s^2 2p^3$，当与 Cl 原子化合时，N 原子采取不等性 sp^3 杂化，杂化轨道的空间构型为四面体，N 原子的 1 对孤对电子占据了四面体的 1 个顶点，N 原子用其余的三个 sp^3 杂化轨道分别与 3 个 Cl 原子含有单电子的 *p* 轨道形成 3 个 σ 键，所以 NCl_3 分子的空间构型是三角锥形。

2. 答 O_2：$[KK(\sigma_{2s})^2(\sigma_{2s}^*)^2(\sigma_{2p_x})^2(\pi_{2p_y})^2(\pi_{2p_z})^2(\pi_{2p_y}^*)^1(\pi_{2p_z}^*)^1]$

O_2^{2-}：$[KK(\sigma_{2s})^2(\sigma_{2s}^*)^2(\sigma_{2p_x})^2(\pi_{2p_y})^2(\pi_{2p_z})^2(\pi_{2p_y}^*)^2(\pi_{2p_z}^*)^2]$

O_2：键级 $=\dfrac{8-4}{2}=2$

O_2^{2-}：键级 $=\dfrac{8-6}{2}=1$

O_2 有 2 个未成对电子，顺磁性。

O_2^{2-} 没有未成对电子，逆磁性。

3. 答：使补液与病人血浆渗透压力相等，才能使体内水分调节正常并维持细胞的正常形态和功能，否则会造成严重后果。

五、填表

原子序数	元素符号	电子排布式	周期	族	区
24	Cr	$1s^2 2s^2 2p^6 3s^2 3p^6 3d^5 4s^1$	四	ⅥB	*d*
34	Se	$1s^2 2s^2 2p^6 3s^2 3p^6 3d^{10} 4s^2 4p^4$	四	ⅥA	*p*

六、计算题

1. **解**：pH＝5.5　$c(H^+)=3.16\times10^{-6}$

$$c(H^+)=K_a^\ominus\frac{c_{酸}}{c_{盐}}=1.75\times10^{-5}\times\frac{0.1}{c_{盐}}\quad 3.16\times10^{-5}=1.75\times10^{-5}\times\frac{0.1}{c_{盐}}$$

$$c_{盐}=\frac{1.75\times10^{-5}\times0.1}{3.16\times10^{-6}}=0.55\qquad 0.55\times\frac{50}{1000}\times82=2.3\text{g}$$

2. **解**：两种沉淀是同一类型，溶度积常数小的 ZnS 先沉淀。

MnS 开始沉淀的 $c(H^+)$ 为：

$$\therefore c(H^+)=\sqrt{\frac{K_{a1}^\ominus\cdot K_{a2}^\ominus\cdot c(H_2S)\cdot c(Mn^{2+})}{K_{sp}^\ominus(MnS)}}$$

$$=\sqrt{\frac{1.32\times10^{-7}\times7.08\times10^{-15}\times0.1\times0.1}{4.65\times10^{-14}}}=1.42\times10^{-5}\text{mol}\cdot\text{L}^{-1}$$

则 MnS 开始沉淀时的 pH＝4.85

ZnS 完全沉淀的 c（H^+）为：

$$\therefore c(H^+)=\sqrt{\frac{K_{a1}^{\ominus}\cdot K_{a2}^{\ominus}\cdot c(H_2S)\cdot c(Zn^{2+})}{K_{sp}^{\ominus}(ZnS)}}$$

$$=\sqrt{\frac{1.32\times10^{-7}\times7.08\times10^{-15}\times0.1\times10^{-5}}{2.93\times10^{-25}}}=5.6\times10^{-2}\text{mol}\cdot\text{L}^{-1}$$

则 ZnS 沉淀完全时的 pH＝1.25

因此，控制 pH 值在 1.25～4.85 之间，可使 ZnS 沉淀完全，而 MnS 不沉淀。

3. **解**：

$$E(Cl_2/Cl^-)=E^{\ominus}(Cl_2/Cl^-)+\frac{0.0592}{2}\lg\frac{\frac{p_{Cl_2}}{p^{\ominus}}}{[c(Cl^-)]^2}$$

$$=1.358+\frac{0.0592}{2}\lg\frac{1}{(0.5)^2}=1.376\text{V}$$

$$E(Cd^{2+}/Cd)=E^{\ominus}(Cd^{2+}/Cd)+\frac{0.0592}{2}\lg c(Cd^{2+})=1.358+\frac{0.0592}{2}\lg\frac{1}{(0.5)^2}=1376\text{V}$$

$$E_{MF}=E(Cl_2/Cl^-)-E(Cd^2+/Cd)=1.376-(-0.4621)=1.838\text{V}$$

4. **解**：设在 $S_2O_3^{2-}$ 和 $[Ag(S_2O_3)_2]^{3-}$ 的混合溶液中 Ag^+ 的浓度为 $x$mol·L^{-1}，则有：

$$Ag^+ + 2S_2O_3^{2-} \rightleftharpoons [Ag(S_2O_3)_2]^{3-}$$

平衡浓度（mol·L^{-1}）　　x　　$0.1+2x$　　$0.10-x$

当溶液中有大量的 $S_2O_3^{2-}$ 时，$[Ag(S_2O_3)_2]^{3-}$ 的解离受到抑制，$0.1+2x\approx0.1$

$0.10-x\approx0.1$

$$K_{稳}^{\ominus}=\frac{0.1}{x\times(0.1)^2}=2.9\times10^{13}$$

$c(Ag^+)=x=3.4\times10^{-13}\text{mol}\cdot\text{L}^{-1}$

$J=c(Ag^+)\cdot c(I^-)=3.4\times10^{-13}\times0.1=3.4\times10^{-14}>K_{sp}^{\ominus}(AgI)$

因此会产生 AgI 沉淀

模拟试题（六）

一、单项选择题

1－5 题：DCCBA；6－10 题：BBDDA；11－15 题：AABCB；16－20 题 CDBAB

二、填空题

1. PO_4^{3-}　2. $Al(OH)_3\downarrow$、$CO_2\uparrow$、Na_2SO_4　3. 增大；盐效应

4. $[Cu(NH_3)_4]^{2+}$；减小　5. 2.5；－1　6. 3；0；0；1/2(或－1/2)

7. $n-1$；大；屏蔽（斥力）　8. 诱导力、色散力　9. 弱；高；-4

10. NH_3；N　11. M_2O_2；$2Na_2O_2+2CO_2=2Na_2CO_3+O_2\uparrow$

12. 浓 HNO_3；浓 HCl；1∶3　13. HgI_2；$[HgI_4]^{2-}$

14. H_2O_2；$CaCO_3$；As_2O_3；PbO　15. 降低

16. (1) 提高外界压力；(2) 加入少量难挥发电解质

三、简答题

1. 答：s 区

元素	价电子层结构	周期	族	区
钛（*Ti*）	$3d^2 4s^2$	第四周期	Ⅳ*B*	d 区
银（*Ag*）	$4d^{10} 5s^1$	第五周期	Ⅰ*B*	d

2. 答：

O_2：$[KK(\sigma_{2s})^2(\sigma_{2s}^*)^2(\sigma_{2P_x})^2(\pi_{2P_y})^2(\pi_{2P_z})^2(\pi_{2P_y}^*)^1(\pi_{2P_z}^*)^1]$

O_2 中有 2 个未成对电子，是顺磁性物质。

键级＝(成键电子数－反键电子数)/2，故键级为 2。

O_2^{2-}：$[KK(\sigma_{2s})^2(\sigma_{2s}^*)^2(\sigma_{2P_x})^2(\pi_{2P_y})^2(\pi_{2P_z})^2(\pi_{2P_y}^*)^2(\pi_{2P_z}^*)^2]$

O_2^{2-} 中没有未成对电子，是反磁性物质，键级为 1。

由键级大小可判断它们的键强度为：$O_2>O_2^{2-}$

3. 答：

白色钾盐固体 A：	KI
紫红色固体：	I_2
棕色溶液：	KI_3
无色溶液：	$Na_2S_4O_6+NaI$
棕色溶液加氯气后：	$IO_3^-+Cl^-$

四、完成并配平下列反应方程式（或离子式）

1. $PbO_2+4HCl=PbCl_2+2H_2O+Cl_2\uparrow$

2. $2AgNO_3\xlongequal{\triangle}2Ag+2NO_2\uparrow+O_2\uparrow$

3. $2MnO_4^-+5SO_3^{2-}+6H^+=2Mn^{2+}+5SO_4^{2-}+3H_2O$

4. $2CrO_2^-+3H_2O_2+2OH^-=2CrO_4^{2-}+4H_2O$

5. $2HgCl_2+SnCl_2=Hg_2Cl_2\downarrow+SnCl_4$

$Hg_2Cl_2+SnCl_2=2Hg\downarrow+SnCl_4$

五、计算题

1. 解：400ml $NH_3\cdot H_2O-NH_4Cl$ 缓冲溶液与 100ml NaOH 溶液混合后，发生下列反应：

$$NH^{4+} + OH^- = NH_3 \cdot H_2O$$

因此，

$$c_{eq}(NH_3 \cdot H_2O) = \frac{400 \times 0.2 + 100 \times 0.05}{500} = 0.17 mol \cdot L^{-1}$$

$$c_{eq}(NH_4^+) = \frac{400 \times 0.3 - 100 \times 0.05}{500} = 0.23 mol \cdot L^{-1}$$

$NH_3 \cdot H_2O - NH_4Cl$ 缓冲溶液为弱碱及其盐组成的缓冲溶液，其 pH 值近似计算式为：

$$pH = 14 - pK_b^{\ominus} + \lg \frac{c(NH_3 \cdot H_2O)}{c(NH_4^+)}$$

$$= 14 - (-\lg 1.8 \times 10^{-5}) + \lg \frac{0.17}{0.23} = 9.12$$

2.**解：**

(1)设混合液中 $c_{eq}(Ag^+) = x\ mol \cdot L^{-1}$，则

	Ag^+	+ $2CN^-$	$\rightleftharpoons$ $[Ag(CN)_2]^-$
初始浓度/$mol \cdot L^{-1}$	0.1	0.3	0
平衡浓度/$mol \cdot L^{-1}$	x	$0.3 - 2 \times (0.1 - x)$	$0.1 - x$

有大量 CN^- 存在时，$[Ag(CN)_2]^-$ 的解离受到抑制，因此 $0.3 - 2 \times (0.1 - x) = 0.1 + 2x \approx 0.1$，$0.1 - x \approx 0.1$。

$$K_{稳}^{\ominus} = \frac{c_{eq}[Ag(CN)_2^-]}{c_{eq}(Ag^+)[c_{eq}(CN^-)]^2}$$

$$= \frac{0.1}{x \times 0.1^2} = 1.26 \times 10^{21}$$

解得 $c_{eq}(Ag^+) = x = 7.94 \times 10^{-21} mol \cdot L^{-1}$。

(2) 当 $c(Ag^+) \cdot c(I^-) > K_{sp}^{\ominus}(AgI) = 8.3 \times 10^{-17}$，会产生 AgI 沉淀。因此，

$$c(I^-) > K_{sp}^{\ominus}(AgI)/c(Ag^+) = \frac{8.3 \times 10^{-17}}{7.94 \times 10^{-21}}$$

$$= 1.05 \times 10^4 mol \cdot L^{-1}$$

在 100ml 该混合液中最少需要加入 KI 固体的质量为

$$m = 1.05 \times 10^4 \times 0.1 \times (39 + 127) = 1.74 \times 10^5 g$$

因此，该反应现实中不可行。

3.**解：**

(1)电池反应为

$$2MnO_4^- + 10Cl^- + 16H^+ = 2Mn^{2+} + 5Cl_2 \uparrow + 8H_2O$$

电池符号为

$(-)Pt, Cl_2(p) \mid Cl^-(c_1) \parallel Mn^{2+}(c_2), \mid MnO_4^-(c_3), H^+(c_4) \mid Pt(+)$

(2) 298.15K 时，该原电池反应的平衡常数为

$$\lg K^{\ominus} = \frac{nE_{MF}^{\ominus}}{0.0592} = \frac{n[E_+^{\ominus} - E_-^{\ominus}]}{0.0592}$$

$$=\frac{10\times(1.491-1.356)}{0.0592}=22.8$$

$K^{\ominus}=6.3\times10^{22}$

(3) $E_{-}=E_{-}^{\ominus}(Cl_2/Cl^{-})=1.356V$

$$E_{+}^{\ominus}=E(MnO_4^{-}/Mn^{2+})$$

$$=E^{\ominus}(MnO_4^{-}/Mn^{2+})+\frac{0.0592}{n}\lg\frac{c(MnO_4^{-})\times[c(H^{+})]^8}{c(Mn^{2+})}$$

$$=1.491+\frac{0.0592}{5}\lg\frac{1\times[10]^8}{1}$$

$$=1.586V$$

此时原电池的电动势为

$$E_{MF}=E_{+}-E_{-}=1.586-1.356=0.230V$$

模拟试题（七）

一、判断题

1—5 题：×××√√；6—10 题：×××√√

二、填空题

1. $K_1^{\ominus}\times K_2^{\ominus}$
2. 大于；不变；减小；基本不变
3. 各组分离子相对浓度幂的乘积
4. 得；氧化数降低；还原
5. $(-)Pt|Fe^{3+}(c_1),Fe^{2+}(c_2)\parallel Cl^{-}(c_3)|Cl_2(p)|Pt(+)$
6. 电子运动的能量是不连续的，即量子化的
7. 屏蔽效应；钻穿效应
8. $E_{ns}<E_{np}<E_{nd}<E_{nf}$
9. 四；Ⅵ；d；24；Cr
10. sp^2；1
11. 6；NO_2^{-}；en；N；N；一氯化二硝基·二乙二胺合钴(Ⅲ)
12. $CaSO_4\cdot1/2H_2O$；$FeSO_4\cdot7H_2O$；HgS

三、单项选择题

1—5 题：ABBDD；6—10 题：BBCDD；11—15 题：BCDBC；16—20 题：DABCC；21—24 题：AADD

四、完成并配平下列反应式

1. $3Cu_2O + 2NO_3^- + 14H^+ = 6Cu^{2+} + 2NO\uparrow + 7H_2O$
2. $Cr_2O_7^{2-} + 2H^+ + 3SO_2 = 2Cr^{3+} + 3SO_4^{2-} + H_2O$
3. $2MnO_4^- + 5SO_3^{2-} + 6H^+ = 2Mn^{2+} + 5SO_4^{2-} + 3H_2O$
4. $H_2O_2 + 2Fe^{2+} + 2H^+ = 2Fe^{3+} + 2H_2O$

五、简答题

1. **答**：$E^\ominus(Cr_2O_7^{2-}/Cr^{3+}) = +1.33V < E^\ominus(Cl_2/Cl^-) = +1.36V$

标准状态下，$c(H^+) = 1mol \cdot L^{-1}$时，$Cr_2O_7^{2-}$ 不能氧化 Cl^-。而在浓 HCl 中：

$$\because E(Cr_2O_7^{2-}/Cr^{3+}) = +1.33 + \frac{0.0592}{6}\lg\frac{[c(Cr_2O_7^{2-})]\cdot[c(H^+)]^{14}}{[c(Cr^{3+})]^2}$$

$$E(Cl_2/Cl^-) = +1.36 + \frac{0.0592}{2}\lg\frac{[p(Cl_2)/p^\ominus]}{[c(Cl^-)]^2}$$

在浓 HCl 中，由于 $c(H^+)$、$c(Cl^-)$都增大，使 $Cr_2O_7^{2-}/Cr^{3+}$ 的 E 增大而 Cl_2/Cl^- 的 E 减小，所以 $Cr_2O_7^{2-}$ 能氧化浓 HCl 中的 Cl^-。而在浓 NaCl 中，$c(H^+) \approx 10^{-7}$，使得 $Cr_2O_7^{2-}$ 的氧化能力明显低于 Cl^- 的还原能力，所以 $Cr_2O_7^{2-}$ 不能氧化浓 NaCl 中的 Cl^-。

2. **答**：因为硼族元素的价电子数少于价键轨道数，因此硼族元素为缺电子原子。

硼酸的酸性并不是它本身能给出质子，而是由于硼酸是一个缺电子化合物，硼原子能作为电子对接受体，加合了 H_2O 分子中的 OH^-，释放出一个 H^+ 离子，所以硼酸是一元弱酸。

3. **答**：因为 Fe^{2+} 具有还原性，生成 $Fe(OH)_2$ 后还原性更强：

$$Fe^{2+} + 2OH^- = Fe(OH)_2\downarrow \text{（白色）}$$

$$4Fe(OH)_2 + O_2 + 2H_2O = 4Fe(OH)_3\downarrow \text{（红棕色）}$$

4. **答**：因为 NaOH 易与空气中的 CO_2 作用，生成 Na_2CO_3。取少许商品，加入稀 HCl，若有 CO_2 气体产生，说明有 Na_2CO_3 杂质。将此品加适量水溶解，加入 $Ca(OH)_2$，则产生 Ca_2CO_3 沉淀，过滤除去。

$$2OH^- + CO_2 = CO_3^{2-} + H_2O$$

$$CO_3^{2-} + 2H^+ = CO_2\uparrow + H_2O$$

$$CO_3^{2-} + Ca(OH)_2 = Ca_2CO_3\downarrow + 2OH^-$$

六、计算题

1. **解**：混合后，过量的 NaA 和生成的 HA 组成缓冲溶液，此时：

$$c(NaA) = \frac{0.1\times30.0 - 0.1\times15.0}{30.0+15.0} = \frac{1}{30}mol \cdot L^{-1}$$

$$c(HA) = \frac{0.1\times15.0}{30.0+15.0} = \frac{1}{30}mol \cdot L^{-1}$$

$$pH = pK_a^{\ominus} - \lg \frac{c(HA)}{c(NaA)} = 4.29 - \lg \frac{1/30}{1/30} = 4.29$$

$$K_a^{\ominus} = 5.12 \times 10^{-5}$$

2. **解**：(1) $2MnO_4^- + 16H^+ + 10Cl^- = 5Cl_2 + 2Mn^{2+} + 8H_2O$

$$(2) \lg K^{\ominus} = \frac{n(E_+^{\ominus} - E_-^{\ominus})}{0.0592} = \frac{10 \times (1.51 - 1.38)}{0.0592} = 21.96$$

$$K^{\ominus} = 9.120 \times 10^{21}$$

$$(3) E(MnO_4^-/Mn^{2+}) = E^{\ominus}(MnO_4^-/Mn^{2+}) + \frac{0.0592}{5} \lg c(H^+)^8$$

$$= 1.51 + \frac{0.0592}{5} \lg 10^{-24}$$

$$= 1.226V$$

$$E(Cl_2/Cl^-) = E^{\ominus}(Cl_2/Cl^-) + \frac{0.0592}{2} \lg \frac{1}{c(Cl^-)^2}$$

$$= 1.358 + \frac{0.0592}{2} \lg 10^6$$

$$= 1.536V$$

$E_{MF} = 1.226 - 1.536 = -0.310$，此时电池反应逆向进行。

3. **解**：$E^{\ominus}[Au(CN)_2^-/Au] = E^{\ominus}(Au^+/Au) + 0.0592 \lg \frac{1}{K_{稳}^{\ominus}}$

$$= 1.68 - 0.0592 \lg 2.0 \times 10^{38}$$

$$= -0.587V$$

模拟试卷（八）

一、判断题

1－5 题：√××××；　　6－10 题：×√×××

二、单项选择题

1－5 题：BDBBD；6－10 题：CDADD；11－15 题：CCDAC　16－20 题：BDCCD

三、B 型题

1. E　2. D　3. B　4. E　5. C　6. D　7. B　8. D　9. A　10. D

四、多项选择题

1. BE　2. BD　3. ACE　4. ADE　5. ABE　6. AD　7. BDE

8. CDE 9. CE 10. ABD

五、填空题

1. Mn 2. 离解出的 Fe^{3+} 与 H_2S 反应，生成 Fe^{2+} 和 S，使平衡右移

3. 氯化二氯·三氨·一水合钴（Ⅲ） 4. $(n-1)\ d^{10}ns^{1-2}$ 5. $4f$ 6. $Cl_2>Br_2>I_2$

7. HCl＜HBr＜HI 8. 四组 9. CrO_2^- 10. 不等性 sp^3 杂化

六、简答题

1. Co^{3+} 电子构型为 $3d^6 4s^0$ Fe^{3+} 电子构型为 $3d^5 4s^0$

①与 H_2O 形成配离子时，H_2O 为弱场：

$[Co(H_2O)_6]^{3+}$ CFSE＝－4Dq， $[Fe(H_2O)_6]^{3+}$ CFSE＝0Dq

∴稳定性 $[Co(H_2O)_6]^{3+}>[Fe(H_2O)_6]^{3+}$

②与 CN^- 形成配离子时，CN^- 为强场：

$[Co(CN)_6]^{3-}$ CFSE＝－24Dq $[Fe(CN)_6]^{3-}$ CFSE＝－20Dq

∴稳定性 $[Co(CN)_6]^{3-}>[Fe(CN)_6]^{3-}$

2. $c(H^+)$ 增加，提高了 $E(Cr_2O_7^{2-})$ 的值，增加 $c(Cl^-)$，使 $E(Cl_2/Cl^-)$ 值降低，因而 $E(Cr_2O_7^{2-})>E(Cl_2/Cl^-)$，使反应发生。

七、完成和配平反应方程式

1. $Hg_2I_2+2NH_3\cdot H_2O=HgNH_2Cl\downarrow+Hg\downarrow+NH_4Cl+2H_2O$

2. $2Na_2S_2O_3+I_2=Na_2S_4O_6+2NaI$

3. $2MnO_4^-+5SO_3^{2-}+6H^+=2Mn^{2+}+5SO_4^{2-}+3H_2O$

4. $Cr_2O_7^{2-}+6Cl^-+14H^+=3Cl_2+2Cr^{3+}+7H_2O$

5. $As_2O_3+6Zn+12H^+=2AsH_3\uparrow+6Zn^{2+}+3H_2O$

八、计算题

1. $E^{\ominus}(AgI/Ag,I^-)=E^{\ominus}(Ag^+/Ag)+0.0592\lg c(Ag^+)$

∵电对 $AgI/Ag,I^-$ 在标准状况下，$c(I^-)=1mol\cdot L^{-1}$

$0.0592\lg c(Ag^+)=E^{\ominus}(AgI/Ag,I^-)-E^{\ominus}(Ag^+/Ag)=-0.1522-(+0.7996)=-0.9518V$

∴$c(Ag^+)=8.36\times10^{-17}$ $K_{sp}^{\ominus}=c(Ag^+)\cdot c(I^-)=8.36\times10^{-17}$

2. $c(Cu^{2+})=3.9\times10^{-17}mol\cdot L^{-1}$

3. 等体积混合，浓度各稀释一半，HCl 为 $0.05\ mol\cdot L^{-1}$，而盐酸与等量氨水起中和反应生成浓度为 $0.05\ mol\cdot L^{-1}$ 的 NH_4Cl，氨水浓度也为 $0.05\ mol\cdot L^{-1}$，构成缓冲溶液。

$$pH=14-pK_b^{\ominus}+\lg c_{碱}/c_{盐}=9.25$$

模拟试卷（九）

一、选择题

1—5 题：ABDCD；6—10 题：BCADB；11—15 题：ACACD　16—20 题：ACBDB

二、判断题

1—5 题：√××√√；6—10 题：××√×√

三、填空题

1. 平面三角形；正四面体型；三角双锥　2. NO_2；NH_3；N；6

3. 六　4. 正；不会　5. 4.85　6. $K_{sp}=108s^5$　7. ＜　8. 温度；0V

四、简答题

1. **答**：N_2的分子轨道排布式为：$[KK(\sigma_{2s})^2(\sigma_{2s}^*)^2(\pi_{2p})^4(\sigma_{2p})^2]$，从分子轨道排布式可以看出，$N_2 \to N_2^+$ 失去的是成键轨道上的一个电子，该电子能量较低，比较稳定，故电离能比相应原子的大；

而O_2的分子轨道排布式为：$[KK(\sigma_{2s})^2(\sigma_{2s}^*)^2(\sigma_{2p})^2(\pi_{2p})^4(\pi_{2p}^*)^2]$，从分子轨道排布式可以看出，$O_2 \to O_2^+$ 失去的是反键轨道上的一个电子，该电子能量较高，不稳定，很容易失去，故电离能比相应原子的要小。

2. **答**：(1) 氨基·硝基·二氨合铂（II）

(2) 六氟合硅（Ⅳ）酸

(3) 硫酸亚硝酸·五氨合钴（Ⅲ）

(4) 二氯·二氨合铂（II）

3. **答**：0℃的冰放在0℃的水中，冰水共存，冰不会融化；而0℃的冰放在0℃的盐水中，冰会融化。因为根据稀溶液的依数性，盐水的凝固点低于0℃，所以0℃的冰会吸热融化成水，使盐水温度降低。只要冰不是太多的情况下，少量的冰融化降低的温度不会使盐水结冰，故看到的现象只是冰的融化。

4. **答**：NaH_2PO_4的电离能力为$K_{a2}^{\ominus}=6.1\times10^{-8}$，$NaH_2PO_4$的水解平衡常数为

$$K_{b3}^{\ominus}=\frac{c_{eq}(OH^-)\cdot c_{eq}(H_3PO_4)}{c_{eq}(H_2PO_4^-)}=\frac{K_w^{\ominus}}{K_{a1}^{\ominus}}=\frac{1.0\times10^{-14}}{6.9\times10^{-3}}=1.45\times10^{-12}$$

$K_{a2}^{\ominus}>K_{b3}^{\ominus}$，所以 NaH_2PO_4的溶液显酸性。

5. **答**：$3PbO_2+2Cr^{3+}+H_2O \to Cr_2O_7^{2-}+3Pb^{2+}+2H^+$

五、分析题

1. **答**：依题意分析，该元素为锌，30号元素。

(1)$_{30}Zn$：$1s^2 2s^2 2p^6 3s^2 3p^6 3d^{10} 4s^2$、$3d^{10} 4s^2$

(2) 30、Zn、第四周期、ⅡB

(3) Zn $(OH)_2$、两性

2. **答**：(1) 该化合物为 CCl_4，空间构型为正四面体形，采取 sp^3 等性杂化。

(2) A—B 为极性共价键，AB_4 分子呈空间对称，所以是由极性键构成的非极性分子。

(3) 分子间只存在色散力。

(4) CCl_4的分子量比 $SiCl_4$的小，故色散力也小，所以熔沸点比 $SiCl_4$低。

3. **答**：Zn $(OH)_2$沉淀时，$c(OH^-)=\sqrt{\dfrac{1.2\times10^{-17}}{0.10}}=1.09\times10^{-8}\ mol\cdot L^{-1}$

$$pH=6.04$$

当 Fe^{3+} 完全沉淀时，$c(Fe^{3+})=10^{-5}mol/L$

$$c(OH^-)=\sqrt[3]{\frac{4\times10^{-38}}{10^{-5}}}=1.59\times10^{-11}mol\cdot L^{-1}\qquad pH=3.20$$

pH 应控制在：$3.20<pH<6.04$

六、计算题

1. **解**：由题意，假设 Cu^{2+} 的起始浓度是 a，则平衡时：

$$Cu^{2+}+4NH_3 \rightleftharpoons [Cu(NH_3)_4]^{2+}$$

平衡时　　$a/2$　　4.7×10^{-4}　　$a/2$

$$K^{\ominus}_{不稳}=\frac{c(Cu^{2+})\cdot c(NH_3)^4}{c[Cu(NH_3)_4^{2+}]}=\frac{\frac{a}{2}\times(4.7\times10^{-4})^4}{\frac{a}{2}}=(4.7\times10^{-4})^4=4.9\times10^{-14}$$

$[Cu(NH_3)_4]^{2+}$ 的不稳定常数为 4.9×10^{-14}。

2. **解**：(1) $PbCrO_4$　$E(I_2/I^-)=0.535V+\dfrac{0.0592}{2}\lg\dfrac{1}{0.1^2}=0.594V$

(2) $\lg K^{\ominus}=\dfrac{nE^{\ominus}}{0.0592}=\dfrac{2\times0.823}{0.0592}=27.8$

$K^{\ominus}=6.6\times10^{27}$

$E(Cl_2/Cl^-)=1.358+\dfrac{0.0592}{2}\lg\dfrac{100/100}{0.01^2}=1.476V$

$E_{MF}=E_+-E_-=1.476-0.594=0.882V$

(3) 正向能自发进行

七、综合设计

解：

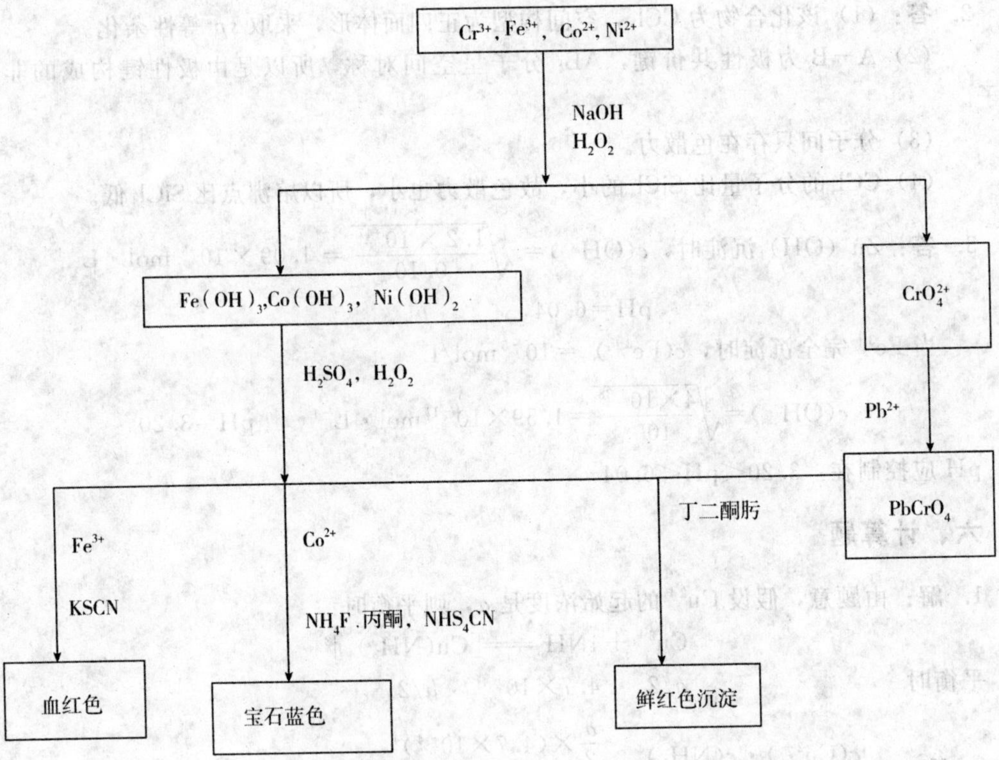

模拟试题（十）

一、选择题

1－5 题：ABACC　6－10 题：CCDDC；11－15 题：BABCB；16－20 题：CCCCC
21－25 题：DBDCB

二、判断题

1－5 题：×√××√　　6－10 题：√××√×

三、填空题

1. 0.1　　2. 3.75－5.75　　3. H_3PO_4　HPO_4^{2-}　　4. PbO_2　　5. BrO_3^-　Br^-
6. 屏蔽　钻穿　　7. 3p　3　3　　8. $1s^2 2s^2 2p^6 3s^2 3p^6 3d^5 4s^2$　d
9. sp^2 等性　平面三角　　10. 分子间作用力和氢键，离子键

11. 二氯·三氨·水合钴（Ⅲ）离子　+3　NH_3、H_2O、Cl^-　1

12. 填满　d-d 跃迁　　13. 一　$H_3BO_3 + H_2O \rightleftharpoons [B(OH)_4]^- + H^+$

14. 离子　共价　降低　减小，　15. $H_3PO_4 < NH_4Ac < NaAc < NaCN$

四、计算题

1. **解**：该 HAc 溶液的浓度为 c

$$HAc \rightleftharpoons H^+ + Ac^-$$

$$c(1-\alpha) \quad c\alpha \quad c\alpha$$

因为 HAc 的电离度为 2.0%，小于 5.0%，所以 $1-\alpha \approx 1$，

$K_a^\ominus = c\alpha^2$

$$\therefore c = \frac{K_a^\ominus}{\alpha^2} = \frac{1.8\times10^{-5}}{(2\%)^2} = 0.045$$

$$\therefore c(H^+) = c\alpha = 0.045\times2\% = 9.0\times10^{-4}$$

答：HAc 溶液的浓度为 0.045 $mol\cdot L^{-1}$，$c(H^+)$ 为 $9.0\times10^{-4} mol\cdot L^{-1}$。

2. **解**：两溶液等体积混合后各物质起始浓度为：$c(Mg^{2+}) = 0.10\ mol\cdot L^{-1}$，$c(NH_3\cdot H_2O) = 0.010\ mol\cdot L^{-1}$

混合溶液中的 OH^- 是由 $NH_3\cdot H_2O$ 提供的，设混合后 OH^- 的浓度为 x，则

$$NH_3\cdot H_2O \rightleftharpoons NH_4^+ + OH^-$$

$$0.010 - x \quad x \quad x$$

$\because 0.010/K_b^\ominus > 400$，　$\therefore 0.010 - x \approx 0.010$

$$\therefore x = \sqrt{0.010\times K_b^\ominus} = \sqrt{0.010\times1.74\times10^{-5}} = 4.17\times10^{-4} mol\cdot L^{-1}$$

所以混合溶液中有关的离子积为：

$$J = c(Mg^{2+})\cdot[c(OH^-)]^2 = 0.10\times(4.17\times10^{-4})^2 = 1.74\times10^{-8} > K_{sp}^\ominus[Mg(OH)_2]$$

所以两溶液混合后有 $Mg(OH)_2$ 沉淀产生。

3. **解**：　电对 Cu^{2+}/Cu 和 Ag^+/Ag 的电极电势分别为：

$$E(Cu^{2+}/Cu) = 0.3419 + \frac{0.0592}{2}\lg 0.10 = 0.3123\ V$$

$$E(Ag^+/Ag) = 0.7996 + 0.0592\lg 0.10 = 0.7404\ V$$

由于 $E(Ag^+/Ag) > E(Cu^{2+}/Cu)$，组成原电池时，电对 Ag^+/Ag 为正极，电对 Cu^{2+}/Cu 为负极。

(1) 原电池的符号为：$(-)Cu \mid Cu^{2+}(0.10 mol\cdot L^{-1}) \parallel Ag^+(0.10 mol\cdot L^{-1}) \mid Ag(+)$

(2) 正极反应为：　$Ag^+ + e^- \rightleftharpoons Ag$

负极反应为：　$Cu \rightleftharpoons Cu^{2+} + 2e^-$

原电池反应为：　$2Ag^+ + Cu \rightleftharpoons 2Ag + Cu^{2+}$

(3) $E_{MF} = E_+ - E_- = E(Ag^+/Ag) - E(Cu^{2+}/Cu) = 0.7404 - 0.3123 = 0.4281\ V$

该原电池的电动势为 0.4281V。

(4) $\lg K^{\ominus} = \frac{n(E_{+}^{\ominus} - E_{-}^{\ominus})}{0.0592} = \frac{2 \times (0.7996 - 0.3419)}{0.0592} = 15.46$

$\therefore K^{\ominus} = 2.88 \times 10^{15}$

该原电池反应的标准平衡常数为 2.88×10^{15}。

4. **解**：溶液等体积混合后，各物质浓度减半，则混合系中 0.10 $mol \cdot L^{-1}$ NH_3 和 0.01 $mol \cdot L^{-1}$ NH_4Cl 构成缓冲体系，$[Cu(NH_3)_4]^{2+}$ 为 0.15 $mol \cdot L^{-1}$。

$pOH = pK_{bNH_3}^{\ominus} - \lg \frac{c(NH_3)}{c(NH_4Cl)} = -\lg(1.8 \times 10^{-5}) - \lg \frac{0.10}{0.01}$

得到 $c(OH^-) = 1.81 \times 10^{-4} mol \cdot L^{-1}$

根据 $[Cu(NH_3)_4]^{2+} \rightleftharpoons Cu^{2+} + 4NH_3$

$\frac{c(Cu^{2+}) \cdot [c(NH_3)]^4}{c[Cu(NH_3)_4{}^{+}]} = \frac{1}{K_{稳}^{\ominus}[Cu(NH_3)_4^{2+}]}$

计算得到　$c(Cu^{2+}) = 7.14 \times 10^{-11} mol \cdot L^{-1}$

$c(Cu^{2+}) \times [c(OH^-)]^2 = 7.14 \times 10^{-11} \times (1.81 \times 10^{-4})^2 = 2.31 \times 10^{-18} > K_{sp}^{\ominus}[Cu(OH)_2]$

答：能生成 $Cu(OH)_2$ 沉淀。

五、解答题

1. **答**：药用碘酒中加入适量的 KI 可使 I_2 的溶解度增大，保持了碘的消毒杀菌作用。相关反应原理为 $KI + I_2 \rightleftharpoons KI_3$，随着 I_2 的消耗，反应可逆向移动，保持 I_2 的浓度及其杀菌能力。

2. **答**：通过元素电负性大小判断 SOF_4 的中心应为 S（正价的/电负性小的为中心），依据价层电子对互斥理论（VSEPR）判断，S 周围的价层电子对数（VP）为 5 对，由于 S 周围有 5 个配原子，所以 5 对 VP 均为成键电子对（BP），所以 S 周围的价层电子对的理想构型为三角双锥，从杂化轨道考虑应有 5 条杂化轨道，S 的价层轨道为 $3s3p3d$，所以应采取 sp^3d 轨道杂化，且作为配原子的 1 个 O 与 4 个 F 不同，所以分子空间结构为变形三角锥。

模拟试题（十一）

一、选择题

1－5 题：DDABB；6－10 题：ADBBA；11－15 题：DCACA；16－20 题：ACADC；21－25 题：DCDDC

二、判断题

1－5 题：×××√√；6－10 题：×√××√

三、填空题

1. sp^2　平面三角形　sp^3不等性杂化　三角锥形

2. 硫酸四氨合铜（Ⅱ）　Cu^{2+}　NH_3　N　4

3. 方向性　饱和性

4. Cu　Zn　变深（或深蓝）　变小　变大

5. $1s^2 2s^2 2p^6 3s^2 3p^6 3d^5 4s^1$　$3d^5 4s^1$　VI　副族

6. 强酸　强碱　pH　　　7. $NaSO_4 \cdot 10H_2O$　As_2O_3

四、完成并配平方程式

1. $5NaBiO_3 + 2Mn^{2+} + 14H^+ = 5Na^+ + 5Bi^{3+} + 2MnO_4^- + 7H_2O$

2. $MnO_2 + 4HCl = MnCl_2 + 2H_2O + Cl_2$

3. $Cl_2 + 2NaOH = NaCl + NaClO + H_2O$

4. $2Cr^{3+} + 3S_2O_8^{2-} + 7H_2O = Cr_2O_7^{2-} + 6SO_4^{2-} + 14H^+$

5. $2KMnO_4 + 5K_2SO_3 + 3H_2SO_4 = 2MnSO_4 + 6K_2SO_4 + 3H_2O$

五、计算题

1. **解**：(1) $(-)Cu(s)\,|\,Cu^{2+}(0.5mol \cdot L^{-1})\,\|\,Ag^+(0.5mol \cdot L^{-1})\,|\,Ag(s)(+)$

(2) 原电池反应：$Cu + 2Ag^+ \rightleftharpoons Cu^{2+} + 2Ag$

负极反应：$Cu - 2e^- \rightleftharpoons Cu^{2+}$

正极反应：$Ag^+ + e^- \rightleftharpoons Ag$

(3)$$E = E_+ - E_- = 0.80 + 0.0592\lg c(Ag^+) - \left[0.34 + \frac{0.0592}{2}\lg c(Cu^{2+})\right]$$

$$= 0.80 + 0.0592\lg 0.5 - (0.34 + \frac{0.0592}{2}\lg 0.5) = 0.45V$$

2. 由题意可知：

$$c(Cl^-) = \frac{0.001}{0.1} = 0.01mol \cdot L^{-1}, c(CrO_4^{2-}) = \frac{0.001}{0.1} = 0.01mol \cdot L^{-1}$$

AgCl 刚开始沉淀所需要的 Ag^+ 浓度是：

$$c(Ag^+) = \frac{K_{sp}^{\ominus}(AgCl)}{c(Cl^-)} = \frac{1.8 \times 10^{-10}}{0.01} = 1.8 \times 10^{-8} mol \cdot L^{-1} \quad (1)$$

Ag_2CrO_4 刚开始沉淀所需要的 Ag^+ 浓度是：

$$c(Ag^+) = \sqrt{\frac{K_{sp}^{\ominus}(Ag_2CrO_4)}{c(CrO_4^{2-})}} = \sqrt{\frac{1.0 \times 10^{-12}}{0.01}} = 1.0 \times 10^{-5} mol \cdot L^{-1} \quad (2)$$

∵(1) < (2)　∴AgCl 先沉淀。

当 CrO_4^{2-} 开始沉淀时，溶液对于 Ag_2CrO_4 来说已达到饱和，这时：

Ag^+ 同时满足两个沉淀平衡，即：

$AgCl \rightleftharpoons Ag^+ + Cl^-$　　　$c(Ag^+) = \dfrac{K_{sp}^{\ominus}(AgCl)}{c(Cl^-)}$

$Ag_2CrO_4 \rightleftharpoons 2Ag^+ + CrO_4{}^{2-}$　$c(Ag^+) = \sqrt{\dfrac{K_{sp}^{\ominus}(Ag_2CrO_4)}{c(CrO_4^{2-})}}$

$$\sqrt{\frac{K_{sp}^{\ominus}(Ag_2CrO_4)}{c(CrO_4^{2-})}} = \frac{K_{sp}^{\ominus}(AgCl)}{c(Cl^-)}$$

$$c(Cl^-) = \frac{K_{sp}^{\ominus}(AgCl)}{\sqrt{\dfrac{K_{sp}^{\ominus}(Ag_2CrO_4)}{c(CrO_4^{2-})}}} = \frac{1.8 \times 10^{-10}}{\sqrt{\dfrac{1.0 \times 10^{-12}}{0.01}}} = 1.8 \times 10^{-5}\ mol \cdot L^{-1}$$

由计算结果说明，Ag_2CrO_4 开始沉淀时，Cl^- 可以认为基本沉淀完全。

模拟试题（十二）

一、填空题

1. 平面正三角形　平面四方形
2. 1.0×10^{-10}　6
3. 电子　氧化数
4. 质子传递反应　两性物
5. C<B<A
6. 7.35～7.45　H_2CO_3-$NaHCO_3$
7. 7.21　6.21～8.21
8. F　He

二、单项选择题

1－5 题：DABCD；6－10 题：BABCD；11－15 题：CABCD；16－20 题：AABCD

三、简答题

1. 答：M 原子的核外电子排布式为［Ar］$3d^5 4s^2$，M 原子的元素符号为 Mn，为第四周期、第七副族的元素。

2. 答：化学平衡状态具有以下重要特点：

(1) 化学平衡建立的条件：正向反应和逆向反应的反应速率相等。

(2) 化学平衡建立的标志：反应物和生成物的浓度不随时间改变。

(3) 化学平衡是相对的和有条件的动态平衡。当外界因素改变时，正、逆反应速率发生变化，原有平衡将受到破坏，直至在新条件下又建立起新的化学平衡

3. 答：在 AgBr 饱和溶液中，存在沉淀溶解平衡 $AgBr \rightleftharpoons Ag^+ + Br^-$，当加入少量溴化钾，平衡往沉淀方向移动（即同离子效应），使溶液变浑浊。而再加入硫代硫酸钠溶液后，生成的沉淀固体 AgBr 与硫代硫酸钠发生如下配位反应：

$$AgBr(s) + 2S_2O_3{}^{2-} \rightleftharpoons [Ag(S_2O_3)_2]^{3-} + Br^-$$

而使溶液变澄清，随后加入碘化钾，又有 AgI 黄色沉淀生成。

4. **答**：根据杂化轨道理论，在乙烯分子中，其中心原子 C 在配原子 H 的作用下，$2s$ 中的一个电子受到能量的激发，跃迁到能量相近的 $2p$ 轨道，再拿出能量相近的一条 $2s$、两条 $2p$ 轨道，采用 sp^2 等性杂化，生成三条能量完全相等、空间呈平面三角形伸展的杂化轨道。配原子 H 沿着杂化轨道最大可能的重叠方向与之成键，先生成 2 个 σ 键，剩余的一个杂化轨道与另一 C 原子中的杂化轨道生成第 3 个 σ 键。未参与杂化的 p_z 轨道与另一 C 原子的 p_z 轨道形成一个 π 键，所以 C 原子与 C 原子形成双键，∠HCH 键角为 120°。

5. **答**：（1）选择合适的缓冲对：HAc-NaAc

（2）计算所需缓冲对的量：

$$pH = pK_a^\ominus + \lg \frac{c(\text{HCl}) \cdot V(\text{HCl})}{c(\text{NaAc}) \cdot V(\text{NaAc}) - c(\text{HCl}) \cdot V(\text{HCl})}$$

（3）用仪器进行校正：视情况而选用适当方法。

6. **答**：正反应是一个放热反应，从温度的角度来说，降低整个体系的温度，有利于有放热反应，平衡向右移动；正反应是一个气体体积减小的方向，从压力的角度来说，增加整个体系的压强，平衡就向右移动，有利于生成更多的氨气。综上所述，为了提高氨气的产量，理论上应采用的最佳反应条件是低温高压。

四、计算题

1. **解**：①原电池：$(-)\text{Pt} \mid Fe^{3+}(c_1), Fe^{2+}(c_2) \parallel MnO_4^-(c_3), Mn^{2+}(c_4), H^+(c_5) \mid \text{Pt}(+)$

电池反应方程式：$MnO_4^- + 5Fe^{2+} + 8H^+ \rightleftharpoons Mn^{2+} + 5Fe^{3+} + 4H_2O$

②标准电动势：$E_{MF}^\ominus = E_+^\ominus - E_-^\ominus = +0.739\text{V}$

根据 $\lg K^\ominus = \dfrac{nE_{MF}^\ominus}{0.0592} = \dfrac{5 \times 0.739}{0.0592}$，　　平衡常数 $K^\ominus = 10^{63}$

③根据能斯特公式，$c(H^+) = 10.0\text{mol} \cdot \text{L}^{-1}$ 时，$E_{MF} = 0.829\text{V}$

2. **解**：开始生成 Ag_2CrO_4 沉淀所需要的 Ag^+ 浓度为

$$[Ag^+]_1 > \sqrt{\frac{K_{sp}^\ominus(Ag_2CrO_4)}{c(CrO_4^{2-})}} = \sqrt{\frac{1.12 \times 10^{-12}}{0.01}} = 1.06 \times 10^{-5}\text{mol} \cdot \text{L}^{-1}$$

开始生成 AgBr 沉淀所需要的 Ag^+ 浓度为

$$[Ag^+]_2 > \frac{K_{sp}^\ominus(\text{AgBr})}{c(Br^-)} = \frac{5.35 \times 10^{-13}}{0.1} = 5.35 \times 10^{-12}\text{mol} \cdot \text{L}^{-1}$$

$\because c(Ag^+)_1 \gg c(Ag^+)_2$

∴先生成 AgBr 沉淀沉淀。

当开始生成 Ag_2CrO_4 沉淀时，溶液中 Br^- 浓度为

$$c(Br^-) = \frac{K_{sp}^\ominus(\text{AgBr})}{c(Ag^+)} = \frac{5.35 \times 10^{-13}}{1.06 \times 10^{-5}} = 5.05 \times 10^{-8}\text{mol} \cdot \text{L}^{-1} \ll 1.0 \times 10^{-6}\text{mol} \cdot \text{L}^{-1}$$

∴能用 $AgNO_3$ 将两者完全分离。

3. **解**：根据题意，HAc（过量）＋NaOH＝NaAc，消耗了一半的 HAc，剩余一半的 HAc 生成等量的 NaAc，混合溶液中形成 HAc-NaAc 缓冲溶液，因此具有缓冲作用，该缓冲体系的 pH 值：

$$pH = pK_a + \lg \frac{c(NaOH) \cdot V(NaOH)}{c(HAc) \cdot V(HAc) - c(NaOH) \cdot V(NaOH)} = 4.76 + \lg 1 = 4.76$$

模拟试题（十三）

一、填空题

1. 双电层　标准氢电极
2. 正三角形　三角锥形
3. 元素周期律　七
4. $J > K_{sp}^{\ominus}$　1.0×10^{-14} mol · L^{-1}
5. 增大　减小
6. 右→左
7. HA＞HB＞HC＞HD
8. 1.5×10^{-2} mol · L^{-1}
9. sp、sp^3

二、单项选择题

1－5 题：BDDBB，6－10 题：CDCAB，11－15 题：DADAA，16－20 题：BCCBC

三、简答题

1. 答：(1) 因为：$E^{\ominus}(Cu^{2+}/Cu) > E^{\ominus}(Sn^{2+}/Sn) > E^{\ominus}(Fe^{2+}/Fe) > E^{\ominus}(Zn^{2+}/Zn)$，所以只还原 Sn^{2+}、Cu^{2+} 而不还原 Zn^{2+}，应选择 Fe 作还原剂。

(2) 因为：$E^{\ominus}(Cu^{2+}/Cu) > E^{\ominus}(H^+/H_2) > E^{\ominus}(Sn^{2+}/Sn) > E^{\ominus}(Zn^{2+}/Zn)$，所以只还原 Cu^{2+} 而不还原 Sn^{2+}、Zn^{2+}，应选择 H_2 作还原剂。

2. 答：根据分子轨道理论，N_2、$N_2{}^+$、$N_2{}^{2+}$ 的分子轨道的电子排布为：

N_2：$[KK\ (\sigma_{2S})^2\ (\sigma_{2S}^*)^2\ (\pi_{2Py})^2\ (\pi_{2Pz})^2\ (\sigma_{2Px})^2]$　键级＝3.0

$N_2{}^+$：$[KK\ (\sigma_{2S})^2\ (\sigma_{2S}^*)^2\ (\pi_{2Py})^2\ (\pi_{2Pz})^2\ (\sigma_{2Px})^1]$　键级＝2.5

$N_2{}^{2+}$：$[KK\ (\sigma_{2S})^2\ (\sigma_{2S}^*)^2\ (\pi_{2Py})^2\ (\pi_{2Pz})^2\ (\sigma_{2Px})^0]$　键级＝2.0

∴N_2、$N_2{}^+$、$N_2{}^{2+}$ 的稳定性大小为 $N_2 > N_2{}^+ > N_2{}^+$。

3. 答：Cl^- 为弱场配体，不能使中心离子 Ni^{2+} 的内层 $3d$ 电子发生重排，中心离子采用 sp^3 外轨杂化，配离子 $[NiCl_4]^{2-}$ 的空间构型为正四面体；而 CN^- 为强场配体，使中心离子 Ni^{2+} 内层 $3d$ 电子发生重排，空出内层轨道，中心离子采用 dsp^2 内轨杂化，配离子 $[NiCN_4]^{2-}$ 的空间构型为平面四方形。

4. 答：原子核外电子排布的三个原则为：(1) 泡利不相容原理：在同一原子中，不能存在四个量子数完全相同的电子。(2) 能量最低原理：在不违反泡利不相容原理的前提下，电子总是优先占据能量最低的原子轨道，然后依次分布到能量较高的轨道。(3) 洪特规则：在同一亚层的等价轨道上，电子总是尽可能以自旋相同的方式占据不同的轨道。

5. 答：(1) 选择合适的缓冲对：HAc-NaAc

(2) 计算所需缓冲对的量：$pH = pK_a^\ominus + \lg \dfrac{c(NaOH) \cdot V(NaOH)}{c(HAc) \cdot V(HAc) - c(NaOH) \cdot V(NaOH)}$

(3) 用仪器进行校正：视情况而选用适当方法。

6. **答**：(1) 增加 NO 的分压，平衡向右移动，化学平衡常数不改变。

(2) 由于该反应前后气体分子数相等，增加整个体系的压力，平衡不移动，化学平衡常数也不改变。

(3) 正反应是一个放热反应，从温度的角度来说，降低整个体系的温度，有利于放热反应，平衡向右移动，化学平衡常数将增大。

四、计算题

1. **解**：∵ $HLac \rightleftharpoons H^+ + Lac^-$ (1) $K_a^\ominus(HLac) = 8.4\times10^{-4}$

$H_2CO_3 \rightleftharpoons H^+ + HCO_3^-$ (2) $K_1^\ominus(H_2CO_3) = 4.3\times10^{-7}$

而 $HLac + HCO_3^- \rightleftharpoons H_2CO_3 + Lac^-$ (3) $K^\ominus =$?

(3) = (1) − (2)，根据多重平衡原理：$K^\ominus = K_a^\ominus(HLac) / K_1^\ominus(H_2CO_3) = 1.95\times10^3$

2. **解**：开始生成 $PbCrO_4$ 沉淀所需要的 CrO_4^{2-} 浓度为

$$c(CrO_4^{2-}) \geqslant \frac{K_{sp}^\ominus(PbCrO_4)}{c(Pb^{2+})} = \frac{2.8\times10^{-13}}{0.01} = 2.8\times10^{-11}\,mol\cdot L^{-1}$$

开始生成 $BaCrO_4$ 沉淀所需要的 CrO_4^{2-} 浓度为

$$c(CrO_4^{2-}) \geqslant \frac{K_{sp}^\ominus(BaCrO_4)}{c(Ba^{2+})} = \frac{1.2\times10^{-10}}{0.10} = 1.2\times10^{-9}\,mol\cdot L^{-1}$$

∴先生成 $PbCrO_4$ 沉淀。

当开始生成 $BaCrO_4$ 沉淀时，溶液中 Pb^{2+} 浓度为

$$c(Pb^{2+}) = \frac{K_{sp}^\ominus(PbCrO_4)}{c(CrO_4^{2-})} = \frac{2.8\times10^{-13}}{1.2\times10^{-9}} = 2.3\times10^{-4}\,mol\cdot L^{-1} > 1.0\times10^{-5}\,mol\cdot L^{-1}$$

∴不能用 K_2CrO_4 将两者完全分离。

3. **解**：(1) 根据铟 (In) 元素的电势图可得：

$E^\ominus(In^+/In) = -0.147V, E^\ominus(In^{3+}/In) = -0.338V$

$$\because E^\ominus(In^{3+}/In) = -0.338 = \frac{n_1\times E^\ominus(In^{3+}/In^+) + n_2\times E^\ominus(In^+/In)}{n_1+n_2}$$

$$= \frac{2\times E^\ominus(In^{3+}/In^+) + 1\times(-0.147)}{2+1}$$

∴ $E^\ominus(In^{3+}/In^+) = -0.434V$

(2) ∵ $E^\ominus(In^+/In) = -0.147V > E^\ominus(In^{3+}/In^+) = -0.434V$

∴ 在水溶液中的 In^+ 离子不稳定，会发生歧化反应：$3In^+ \rightleftharpoons In^{3+} + 2In$

(3) 由于氧化还原反应首先发生在电极电势差值最大的两电对之间，因此，当金属铟与 H^+ 离子发生反应时，得到的是 In^{3+} 离子：$2In + 6H^+ \rightleftharpoons 2In^{3+} + 3H_2$

模拟试题（十四）

一、填空题

1. σ 键和 π 键　π 键　　2. 饱和性　原子轨道具有方向性
3. 化学反应的可逆性　化学平衡　　4. PbO_2　Sn^{2+}
5. $1.5\times10^{-2}mol\cdot L^{-1}$　　6. C＜B＜A　　7. 7～9
8. 半透膜　半透膜两边具有浓度差　　9. $HPO_4{}^{2-}$　1∶1

二、选择题

1－5 题：BDABB，6－10 题：BCDAA，11－15 题：CACAB，16－20 题：ACCBC

三、简答题

1. **答**：该元素基态原子的原子序数为 29，核外电子排布为 Cu：[Ar] $3d^{10}4s^1$，该元素在元素周期表中，属第四周期、IB 族、ds 区的元素。

2. **答**：根据分子轨道理论，O_2、$O_2{}^+$、$O_2{}^-$ 的分子轨道的电子排布为：

O_2：$[KK(\sigma_{2s})^2(\sigma_{2s}^*)^2(\sigma_{2p_x})^2(\pi_{2p_y})^2(\pi_{2p_z})^2(\pi_{2p_y}^*)^1(\pi_{2p_z}^*)^1]$　　键级＝2.0

$O_2{}^+$：$[KK(\sigma_{2s})^2(\sigma^{*2}_{s})^2(\sigma_{2p_x})^2(\pi_{2p_y})^2(\pi_{2p_z})^2(\pi_{2p_y}^*)^1(\pi_{2p_z}^*)^0]$　　键级＝2.5

$O_2{}^-$：$[KK(\sigma_{2s})^2(\sigma_{2s}^*)^2(\sigma_{2p_x})^2(\pi_{2p_y})^2(\pi_{2p_z})^2(\pi_{2p_y}^*)^2(\pi_{2p_z}^*)^1]$　　键级＝1.5

∴O_2 分子中具有两个单电子，氧气分子具有顺磁性。

O_2、$O_2{}^+$、$O_2{}^-$ 的稳定性大小为：$O_2{}^+>O_2>O_2{}^-$。

3. **答**：根据杂化轨道理论，在甲醛分子中，其中心原子 C 在配原子 H、O 的作用下，$2s$ 中的一个电子受到能量的激发，跃迁到能量相近的 $2p$ 轨道，再拿出能量相近的一条 $2s$、两条 $2p$ 轨道，采用 sp^2 等性杂化，生成三条能量完全相等、空间呈平面三角形伸展的杂化轨道。两个配原子 H 沿着杂化轨道最大可能的重叠方向与之成键，先生成 2 个 σ 键，剩余的一个杂化轨道与另一 O 原子中的杂化轨道生成第 3 个 σ 键。未参与杂化的 p_z 轨道与另一 O 原子的 p_z 轨道形成一个 π 键，所以 C 原子与 C 原子形成双键，使 C═O 双键的键长比 C－H 单键的键长短，所以甲醛分子的空间构型为等腰三角形。

4. **答**：沉淀溶解平衡：Ag_2CO_3（s）$\rightleftharpoons 2Ag^+ + CO_3{}^{2-}$

（1）加入 Na_2CO_3，同离子效应，平衡向左移动。

（2）加入 KNO_3，盐效应，平衡向右移动。

（3）加入 Na_2S，沉淀转化，平衡向右移动，转化成新的黑色沉淀 Ag_2S。

（4）加入 HNO_3，加酸使沉淀溶解，平衡向右移动。

（5）加入 NaCN，加配位剂使沉淀溶解，平衡向右移动，转化成 $[Ag(CN)_2]^-$。

5. **答**：（1）化学平衡建立的条件：正向反应和逆向反应的反应速率相等。

(2) 化学建立平衡的标志：反应物和生成物的浓度不随时间改变。

(3) 化学平衡是相对的和有条件的动态平衡。当外界因素改变时，正、逆反应速率发生变化，原有平衡将受到破坏，直至在新条件下又建立起新的化学平衡。

6. **答**：$\because E^{\ominus}(Fe^{3+}/Fe^{2+}) > E^{\ominus}(I_2/I^-)$

$\therefore 2Fe^{3+} + 2I^- \rightleftharpoons 2Fe^{2+} + I_2$ 自发正向进行。CCl_4 层显特征颜色：紫红。

如在 KI 溶液中同时存在有 KF，则 CCl_4 层不显颜色，是由于：

$Fe^{3+} + 6F^- \rightleftharpoons [FeF_6]^{3-}$，使溶液中的 Fe^{3+} 浓度大大降低。

$\because E(Fe^{3+}/Fe^{2+}) > E(I_2/I^-)$

该氧化还原反应：$Fe^{3+} + I^- \rightleftharpoons Fe^{2+} + I_2$ 逆向自发进行，所以 CCl_4 层不显颜色。

四、计算题

1. **解**：$c_{eq}(H^+) = 10^{-pH} = 10^{-4}\,mol \cdot L^{-1}$ 弱酸的电离平衡常数为：

$$K_a^{\ominus} = \frac{c_{eq}(H^+) \cdot c_{eq}(Ac^-)}{c_{eq}(HAc)} = \frac{[c_{eq}(H^+)]^2}{c_{eq}(HAc)} \approx \frac{10^{-8}}{0.01} = 1.0 \times 10^{-6}$$

$$\alpha = \frac{c_{eq}(H^+)}{c_{酸}} \times 100\% = 1\%$$

2. **解**：此类型题一般先把沉淀全部看作配合了，然后求出平衡时配合剂的浓度，最后再加上生成配离子所用的量，就是配合剂最初浓度。

设：达到平衡时，$c(NH_3) = x\,mol \cdot L^{-1}$，则

$$\underset{}{AgCl} + \underset{x}{2NH_3} \rightleftharpoons \underset{0.10}{[Ag(NH_3)_2]^+} + \underset{0.10}{Cl^-}$$

$$K^{\ominus} = \frac{c_{eq}[Ag(NH_3)_2^+] \cdot c_{eq}(Cl^-)}{[c_{eq}(NH_3)]^2} \times \frac{c_{eq}(Ag^+)}{c_{eq}(Ag^+)} = K_{sp}^{\ominus} \cdot K_{稳}^{\ominus} = 1.77 \times 10^{-10} \times 1.1 \times 10^7$$

$$= 1.95 \times 10^{-3} = \frac{0.1 \times 0.1}{x^2}$$

解得：x = 2.3mol/L　　所以氨水的最初浓度为 $2.5\,mol \cdot L^{-1}$。

3. **解**：(1) 原电池符号：$(-)Ni \mid Ni^{2+}(1.00\,mol \cdot L^{-1}) \parallel Pb^{2+}(1.00\,mol \cdot L^{-1}) \mid Pb(+)$

电池反应方程式：$Ni + Pb^{2+} \rightleftharpoons Ni^{2+} + Pb$

(2) $E_{池}^{\ominus} = E^{\ominus}(Pb^{2+}/Pb) - E^{\ominus}(Ni^{2+}/Ni) = -0.126 - (-0.257) = +0.131V$

根据 $\lg K^{\ominus} = \frac{nE_{池}^{\ominus}}{0.0592} = \frac{2 \times 0.131}{0.0592}$　　可得：$K^{\ominus} = 2.66 \times 10^4$

(3) 在两半电池溶液中，同时加入 S^{2-} 溶液，将分别发生如下反应：

$Ni^{2+} + S^{2-} = NiS\downarrow$　　$c_{eq}(Ni^{2+}) \cdot c_{eq}(S^{2-}) = K_{sp}^{\ominus}(NiS)$

$Pb^{2+} + S^{2-} = PbS\downarrow$　　$c_{eq}(Pb^{2+}) \cdot c_{eq}(S^{2-}) = K_{sp}^{\ominus}(PbS)$

当 $c(S^{2-}) = 1.00\,mol \cdot L^{-1}$ 时：　$c_{eq}(Ni^{2+}) = K_{sp}^{\ominus}(NiS)$、　$c_{eq}(Pb^{2+}) = K_{sp}^{\ominus}(PbS)$

$\therefore E(Ni^{2+}/Ni) = E^{\ominus}(Ni^{2+}/Ni) + 0.0592\lg K_{sp}^{\ominus}(NiS) = -0.876V$

$E(Pb^{2+}/Pb) = E^{\ominus}(Pb^{2+}/Pb) + 0.0592\lg K_{sp}^{\ominus}(PbS) = -0.953V$

$E_{MF} = E(Pb^{2+}/Pb) - E(Ni^{2+}/Ni) = -0.953 - (-0.876) = -0.077V < 0$

故此时电池反应将逆向进行。

模拟试题（十五）

一、单选题

1－5题：CABAB；6－10题：CDDAC；11－15题：CABAB；16－20题：DDCBA

二、填空题

1. HgS　Hg_2Cl_2　As_2O_3　　2. Cu　As

3. 正极：$Ag^+ + e^- \rightleftharpoons Ag$　负极：$Fe^{2+} - e^- \rightleftharpoons Fe^{3+}$

电池符号：(－)Fe | $Fe^{2+}(c_1)$，Fe^{3+} (c_2)‖$Ag^+(c_3)$|Ag(＋)

4. 浓盐酸　　5. 一元酸　　6. 3　1

7. 能量相近原则　对称性匹配原则　轨道最大重叠原则

三、判断题

1－5题：√××××；6－10题：√×√×√

四、完成并配平下列反应方程式

1. $PbO_2 + 4HCl$（浓）$= PbCl_2 + Cl_2 + 2H_2O$
2. $6Fe^{2+} + Cr_2O_7^{2-} + 14H^+ = 2Cr^{3+} + 6Fe^{3+} + 7H_2O$
3. $5NO_2^- + 2MnO_4^- + 6H^+ = 2Mn^{2+} + 5NO_3^- + 3H_2O$
4. $2Na_2S_2O_3 + I_2 = Na_2S_4O_6 + 2NaI$

五、简答题

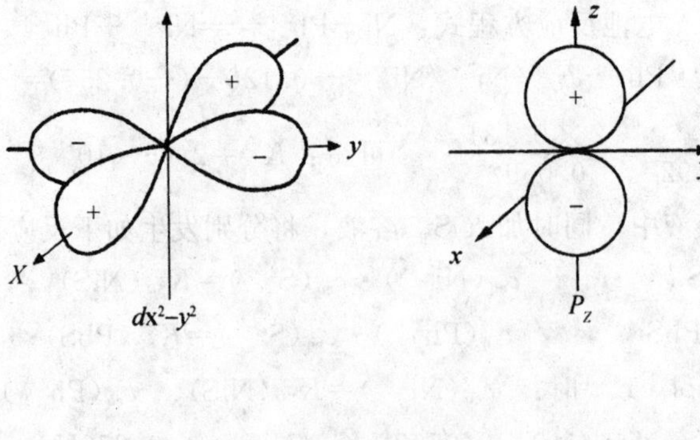

六、计算题

1. **解**：(1) 混合后为 0.10mol·L^{-1}的 NH_3 与 0.10mol·L^{-1}的 NH_4^+ 缓冲溶液

$pH = pK_a^{\ominus} = 4.74$

(2) 混合后为0.10mol·L^{-1}的NH_4Cl

$$c(H^+)=\sqrt{\frac{K_w^{\ominus}c}{K_b^{\ominus}}}=\sqrt{\frac{10^{-14}\times 0.1}{1.8\times 10^{-5}}}=7.45\times 10^{-6}$$

$$PH=5.13$$

2. **解**：$E(Cu^{2+}/Cu)=0.34+\frac{0.0592}{2}\lg 0.5=0.33V$

$$E(Fe^{3+}/Fe^{2+})=0.77+\frac{0.0592}{1}\lg\frac{0.85}{0.01}=0.88V$$

(1) 当电池产生电流时，电对Fe^{3+}/Fe^{2+}是正极，电对Cu^{2+}/Cu是负极。

(2) 电池反应：$2Fe^{3+}+Cu \rightleftharpoons 2Fe^{2+}+Cu^{2+}$

(3) 电池符号：(−)Cu|Cu^{2+}(0.50mol·L^{-1})||Fe^{2+}(0.85mol·L^{-1}),Fe^{3+}(0.01mol·L^{-1})|Pt(+)

(4) $\lg K=\frac{2\times(0.77-034)}{0.0592}=14.53$

$K=3.39\times 10^{14}$

3. **解**：$c(NH_3)=1$moL·L^{-1},$c(Br^-)=0.05$moL·L^{-1},$c[Ag(NH_3)_2{}^+]=0.05$moL·L^{-1}

设溶液中$c(Ag^+)$为x

$Ag^+ + 2NH_3 \rightleftharpoons [Ag(NH_3)_2]^+$

x $\quad 1+2x \quad 0.05-x$

$$K_{稳}^{\ominus}=\frac{0.05-x}{x(1+2x)}=1.12\times 10^7$$

$x=c(Ag^+)=4.7\times 10^{-9}$moL·$L^{-1}$

$J=4.7\times 10^{-9}\times 0.05=2.3\times 10^{-10}>K_{sp}^{\ominus}$，所以可以生成AgBr沉淀。

模拟试题（十六）

一、选择题

1—5题：DBBAC；6—10题：BAADC；11—15题：ACACB；16—20题：CDBAB

二、判断题

1—5题：√××××；6—10题：√√×√√

三、填空题

1. 依数性　下降　降低　升高
2. 3d　5　10　四　ⅦB　ds
3. 平面三角形　sp^2　三角锥　不等性sp^3
4. 头碰头　肩并肩　π

5. 氯化四氨合铂（Ⅱ） Pt（Ⅱ） 4 ［Fe(en)$_3$］Cl_3 八面体

6. As_2O_3 PbO 朴硝

四、简答题

1. **解** (1) $KMnO_4 + HCl \rightarrow KCl + MnCl_2 + Cl_2 + H_2O$

先写出离子方程式：$MnO_4^- + Cl^- \rightarrow Mn^{2+} + Cl_2 + H_2O$

还原反应： $MnO_4^- \rightarrow Mn^{2+}$

氧化反应： $Cl^- \rightarrow Cl_2$

各自配平： $MnO_4^- + 8H^+ + 5e^- \rightarrow Mn^{2+} + 4H_2O$ ①

$2Cl^- - 2e^- \rightarrow Cl_2$ ②

①×2+②×5，得：$2MnO_4^- + 10Cl^- + 16H^+ = 2Mn^{2+} + 5Cl_2 + 8H_2O$

还原为化学方程式：$2KMnO_4 + 16HCl = 2KCl + 2MnCl_2 + 5Cl_2 + 8H_2O$

(2) $CrO_2^- + H_2O_2 + OH^- \rightarrow CrO_4^{2-} + H_2O$

还原反应：$H_2O_2 \rightarrow H_2O$

氧化反应：$CrO_2^- \rightarrow CrO_4^{2-}$

各自配平：$H_2O_2 + H_2O + 2e^- \rightarrow H_2O + 2OH^-$ 即：$H_2O_2 + 2e^- \rightleftharpoons 2OH^-$ ①

$CrO_2^- + 4OH^- - 3e^- \rightarrow CrO_4^{2-} + 2H_2O$ ②

①×3+②×2 并化简，得：$2CrO_2^- + 3H_2O_2 + 2OH^- = 2CrO_4^{2-} + 4H_2O$

2. **解**：

分子式	分子的空间构型	C原子的杂化方式	π键数目
CH_4	正四面体	sp^3	0
C_2H_4	平面矩形	sp^2	1
C_2H_2	直线形	sp	2
HCHO	平面三角形	sp^2	1

3. **解**：根据 $\mu = \sqrt{n(n+2)} = 3.82$，可得 $n \approx 3$（未成对电子数），配位数为 6，Co^{2+}（$3d^7$，$n=3$），通过对比可以判断：$[Co(en)_3]^{2+}$ 的空间构型为八面体，中心原子的杂化类型为 sp^3d^2，为外轨配合物。

五、计算题

1. **解**：0.01 $mol \cdot L^{-1}$ Pb^{2+} 开始沉淀时

$$c(OH^-) = \sqrt{\frac{K_{sp}^{\ominus}[Pb(OH)_2]}{c(Pb^{2+})}} = \sqrt{\frac{1.0 \times 10^{-20}}{0.010}} = 1.0 \times 10^{-9}\ mol \cdot L^{-1},\ pOH = 9.00,$$

$pH = 14 - 9.00 = 5.00$

$c(Pb^{2+}) < 1.0 \times 10^{-5}\ mol \cdot L^{-1}$

$$c(OH^-) = \sqrt{\frac{K_{sp}^{\ominus}[Pb(OH)_2]}{c(Pb^{2+})}} = \sqrt{\frac{1.0 \times 10^{-20}}{1.0 \times 10^{-5}}} = 3.16 \times 10^{-8}\ mol \cdot L^{-1},\ pOH = 7.50,$$

$pH = 14 - 7.50 = 6.50$

∴0.01 mol·L^{-1} Pb^{2+}开始沉淀及沉淀完全时的 pH 值分别为 5.00 和 6.50。

2. **解**：(1) $E_B^{\ominus}(ClO^- /Cl^-) = \dfrac{0.40 \times 1 + 1.36 \times 1}{1+1} = 0.88V$

$$E_B^{\ominus}(ClO_3^- /Cl^-) = \frac{0.50 \times 4 + 0.40 \times 1 + 1.36 \times 1}{4+1+1} = 0.63V$$

(2) $\because E_B^{\ominus}(ClO_3^- / Cl_2) = \dfrac{0.50 \times 4 + 0.40 \times 1}{4+1} = 0.48V$

$$E_B^{\ominus}(Cl_2 / Cl^-) = 1.36V > E_B^{\ominus}(ClO_3^- / Cl_2) = 0.48V$$

$$\lg K^{\ominus} = \frac{n(E_+^{\ominus} - E_-^{\ominus})}{0.0592} = \frac{5 \times (1.36 - 0.48)}{0.0592} = 74.3$$

$$K^{\ominus} = 10^{74.3} \gg 1$$

∴反应：$3Cl_2 + 6OH^- \xlongequal{} ClO_3^- + 5Cl^- + 3H_2O$ 可完全彻底地正向进行。

(3) 可发生歧化反应的是 Cl_2、ClO^-、ClO_3^-，化学反应式如下：

$Cl_2 + 2OH^- = ClO^- + Cl^- + H_2O$　　$3Cl_2 + 6OH^- = ClO_3^- + 5Cl^- + 3H_2O$

$3ClO^- = ClO_3^- + 2Cl^-$　　$7ClO_3^- + H_2O = Cl_2 + 5ClO_4^- + 2OH^-$

$4ClO_3^- = Cl^- + 3ClO_4^-$

3. **解**：设 AgCl 在 6mol·L^{-1} NH_3溶液中的溶解度为 x mol·L^{-1}，根据平衡：

$$AgCl_{(s)} + 2NH_3 \rightleftharpoons Ag(NH_3)_2^+ + Cl^-$$

平衡浓度：　$6-2x$　　x　　x

$$K^{\ominus} = \frac{c_{eq}[Ag(NH_3)_2^+]c_{eq}(Cl^-)}{c_{eq}^2(NH_3)} = \frac{x^2}{(6-2x)^2} = K_s^{\ominus} \times K_{sp}^{\ominus}$$

$$= 1.1 \times 10^7 \times 1.77 \times 10^{-10} = 1.95 \times 10^{-3}$$

解方程得：　$x = 0.244$ mol·L^{-1}

∴AgCl 在 6mol·L^{-1} NH_3溶液中的溶解度为 0.244mol·L^{-1}。